电 气 消 防

(第二版)

孙景芝　韩永学　编著

中国建筑工业出版社

图书在版编目(CIP)数据

电气消防/孙景芝，韩永学编著. —2版. —北京：中国建筑工业出版社，2005
ISBN 978-7-112-07844-8

Ⅰ.电... Ⅱ.①孙... ②韩... Ⅲ.房屋建筑设备：消防设备：电气设备 Ⅳ.TU892

中国版本图书馆 CIP 数据核字（2005）第 129157 号

电 气 消 防
（第二版）

孙景芝　韩永学　编著

*

中国建筑工业出版社出版、发行（北京西郊百万庄）
各地新华书店、建筑书店经销
北京天成排版公司制版
廊坊市海涛印刷有限公司印刷

*

开本：787×1092毫米　1/16　印张：27　插页：2　字数：680千字
2006年1月第二版　　2015年8月第十九次印刷
定价：46.00元
ISBN 978-7-112-07844-8
(13798)

版权所有　翻印必究
如有印装质量问题，可寄本社退换
（邮政编码 100037）

本社网址：http://www.cabp.com.cn
网上书店：http://www.china-building.com.cn

本书向人们展示了电气消防的形成背景、技术基础及发展趋势，并对消防系统的构成、技术原理、安装、调试、预算、保养、验收及工程设计方法作了全面详细的介绍和论述。全书分八章，内容包括：建筑消防概论；火灾自动报警系统；消防灭火系统；安全疏散诱导与防排烟系统；消防系统的供电、安装、布线接地与预算；消防系统的开通调试验收及维护运行；消防系统的设计知识与应用实例；消防系统资质考试辅导及模拟训练等。

作者根据多年的电气消防课程教学实践及工程设计、图纸会审、安装、预算及工程调试的实践，将教学、设计、施工融为一体，克服了三者脱节的不足。为了适应各层次人员的学习，在编写中作了认真考虑和处理。为了适应高等院校教学需要，每章最后都有本章小结及习题；为供从事建筑电气消防工程的技术人员及大楼业主等阅读，均有相应的案例；为了供有关人员参加全国资质考试，书中专有一章辅导及模拟训练，再加上各章习题应有助于复习。本书既可作为高等院校教材，也可供有关技术人员参考。

责任编辑：唐炳文
责任设计：廖晓明
责任校对：李志瑛　张　虹

编 写 人 员

主　编：孙景芝　韩永学
副主编：曹　榆　王　刚　温红真　曹龙飞　孙继文
主　审：陈永江
参　编：刘卫华　王苏夏　王爱中　孙景翠　王丽君
　　　　　侯立新　于德水　李国军　张宝君　宋佳男
　　　　　庄若杉　任丽华　冯海军　丰海波　孙继武
　　　　　杨海军　邢德胜　韩　翀　王天一　王统杰
　　　　　卢顶明

再 版 前 言

《电气消防》自 2000 年 6 月出版发行以来,深受建筑电气专业师生、消防工程技术人员及广大读者的关注和好评,并已被多所高校相关专业作为教材,同时给予我们极大的鼓励与支持,又提出宝贵意见。一致认为:本书实用易懂,反馈意见良好。在此对广大读者深表谢意。第一版九次印刷,20000 册已经销售一空。然而,在此期间,消防技术飞速发展,另工程量清单计价方法在全国推行,考虑到消防知识应不断补充和完善,以适应发展的需要,特对本书进行了大量的修改。

本书主要针对从事建筑电气专业及相关专业的师生及消防工程技术人员编写的。在修改中考虑了新技术、新工艺、新材料及新方法在消防工程中的应用,紧紧围绕工程项目,做到了理论与实践的密切结合。本书是作者多年教学与工程实践的结晶,集消防原理、设计、安装调试、维护运行、预算于一体。考虑到资质考试,专门安排一章内容。本书以全、新且适用的特点面世,是电气消防从业人员的一本好书。

第二版编写中,我们从内容到结构都有一定的调整,增加了许多内容。

全书由孙景芝、韩永学任主编,曹榆、王刚、温红真、曹龙飞、孙继文任副主编,陈永红对本书进行了认真审阅。

本书再版期间,得到了海湾公司相关人员的大力支持,中国建筑工业出版社给予了大力支持和帮助,在此表示深深地感谢。

本书尽管再版,也难免有疏漏和不妥之处,恳请广大读者及时批评指正。

作 者
2005 年 7 月于哈尔滨

目 录

第一章 消防系统概论 ... 1
第一节 消防系统概述 ... 1
一、消防系统的发展 ... 1
二、消防系统的组成 ... 2
三、消防系统的分类 ... 3
第二节 火灾状况分析 ... 3
一、火灾形成条件 ... 3
二、造成火灾的原因 ... 5
三、抑制火灾的措施 ... 7
第三节 高层建筑的特点及相关区域的划分 ... 7
一、高层建筑的定义及特点 ... 7
二、高层建筑的分类及相关区域的划分 ... 9
第四节 消防系统设计、施工及维护技术依据 ... 17
一、法律依据 ... 17
二、设计依据 ... 17
三、施工依据 ... 18
本章小结 ... 19
习题 ... 19

第二章 火灾自动报警系统 ... 20
第一节 概述 ... 20
一、火灾自动报警系统的形成和发展 ... 20
二、火灾自动报警系统的组成 ... 21
第二节 火灾探测器 ... 24
一、探测器的分类及型号 ... 24
二、探测器的构造及原理 ... 27
三、探测器的选择及数量确定 ... 44
四、探测器的布置 ... 50
五、探测器的线制 ... 59
第三节 火灾报警系统附件 ... 63
一、编码手动报警按钮(亦称手动报警开关) ... 63
二、消火栓报警按钮 ... 65
三、现场模块 ... 68
四、声光报警盒(亦称声光讯响器) ... 71

  五、报警门灯及诱导灯 …………………………………………………… 72
  六、总线中继器 ……………………………………………………………… 73
  七、总线隔离器 ……………………………………………………………… 74
  八、总线驱动器 ……………………………………………………………… 75
  九、区域显示器(又叫火灾显示盘或层显) ………………………………… 75
  十、CRT 彩色显示系统 …………………………………………………… 76
 第四节 火灾报警控制器 ………………………………………………………… 77
  一、火灾报警控制器的分类、功能及型号 ………………………………… 77
  二、火灾报警控制器的构造及工作原理 …………………………………… 81
  三、区域与集中报警控制器的区别 ………………………………………… 84
  四、火灾报警控制器的接线 ………………………………………………… 87
 第五节 火灾自动报警系统及应用示例 ………………………………………… 88
  一、传统型火灾报警系统 …………………………………………………… 89
  二、现代型(智能型)火灾报警系统 ………………………………………… 90
本章小结 …………………………………………………………………………… 119
习题 ………………………………………………………………………………… 119

第三章 消防灭火系统 …………………………………………………………… 121
 第一节 概述 ……………………………………………………………………… 121
  一、自动灭火的分类及基本功能 …………………………………………… 121
  二、灭火的基本方法 ………………………………………………………… 122
 第二节 室内消火栓灭火系统 …………………………………………………… 122
  一、消火栓灭火系统简介 …………………………………………………… 122
  二、室内消防水泵的电气控制 ……………………………………………… 123
 第三节 自动喷洒水灭火系统 …………………………………………………… 128
  一、基本功能及分类 ………………………………………………………… 128
  二、湿式自动喷水灭火系统 ………………………………………………… 129
 第四节 卤代烷灭火系统 ………………………………………………………… 142
  一、概述 ……………………………………………………………………… 142
  二、1211 气体灭火系统的组成 …………………………………………… 143
  三、1211 气体灭火系统的工作原理 ……………………………………… 145
  四、气体灭火装置实例 ……………………………………………………… 147
 第五节 二氧化碳灭火系统 ……………………………………………………… 152
  一、二氧化碳灭火系统分类 ………………………………………………… 153
  二、二氧化碳灭火系统的组成及自动控制 ………………………………… 153
  三、系统的特点及适用范围 ………………………………………………… 155
 第六节 泡沫灭火系统 …………………………………………………………… 156
  一、概述 ……………………………………………………………………… 156
  二、系统的分类及工作原理 ………………………………………………… 156
  三、泡沫灭火系统的特点及适用范围 ……………………………………… 158

第七节　干粉灭火系统··················159
　　一、干粉的类型及干粉系统的分类··················159
　　二、干粉灭火系统的组成及工作原理··················160
本章小结··················161
习题··················161

第四章　安全疏散诱导与防排烟系统··················163
第一节　概述··················163
　　一、安全疏散诱导与防排烟系统的作用··················163
　　二、安全疏散诱导与防排烟系统的内容··················163
第二节　防排烟系统的基本概念··················164
　　一、火灾烟气危害及控制··················164
　　二、防烟、防火分区划分目的··················165
　　三、高层建筑防烟、排烟设施的分类和范围··················165
　　四、火灾情况下对防排烟设施的要求··················166
第三节　防排烟系统··················167
　　一、排烟系统··················167
　　二、防烟系统··················171
　　三、防排烟系统的适用范围··················173
第四节　防排烟设备的监控··················174
第五节　防火分隔设施的控制··················175
　　一、防火分隔设施的概念··················175
　　二、防火门··················175
　　三、防火卷帘··················177
　　四、防火阀··················181
　　五、防火窗··················181
　　六、正压风机控制··················181
　　七、排烟风机控制··················181
　　八、排风与排烟共用风机控制··················183
第六节　消防广播与消防通讯··················183
　　一、火灾消防广播系统要求··················183
　　二、消防广播系统的构成和控制方式··················184
　　三、消防通讯··················186
第七节　应急照明与疏散指示标志··················188
　　一、应急照明··················189
　　二、疏散指示照明··················189
第八节　消防电梯··················192
　　一、消防电梯的设置场所··················193
　　二、消防电梯的设置数量··················193
　　三、消防电梯的设置规定··················193

本章小结 ·· 193
习题 ·· 193

第五章 消防系统的供电、安装、布线接地与预算 ································ 195
  第一节 消防系统的供电 ··· 195
    一、对消防供电的要求及规定 ··· 195
    二、消防设备供电系统 ·· 196
    三、备用电源的自动投入 ··· 196
  第二节 消防系统的设备安装 ··· 197
    一、探测器安装 ··· 197
    二、报警附件安装 ··· 201
    三、消防中心设备安装 ·· 205
  第三节 消防系统的布线与接地 ·· 206
    一、布线及配管 ··· 206
    二、消防系统的接地 ··· 207
  第四节 消防预算 ··· 207
    一、建筑电气安装工程费用 ·· 207
    二、施工图预算 ··· 213
    三、消防安装工程施工图预算编制实例 ······································ 234
    四、套用定额单价，计算定额直接费 ··· 253
    五、计算安装工程费用、汇总单位工程造价 ······························· 256
    六、工程量清单计价与招投标 ··· 260
  本章小结 ·· 327
  习题 ·· 327

第六章 消防系统的开通调试验收及维护运行 ································· 328
  第一节 概述 ·· 328
  第二节 消防系统的开通调试 ··· 328
    一、消防系统稳压装置的调试 ··· 328
    二、室内消火栓系统的调试 ·· 329
    三、自动喷水灭火系统的调试 ··· 331
    四、防排烟系统的调试 ·· 333
    五、防火卷帘门的调试 ·· 334
    六、空调机、发电机及电梯的电气调试 ······································ 334
    七、火灾自动报警及联动系统的调试 ··· 335
  第三节 消防系统的检测验收 ··· 337
    一、验收条件及交工技术保证资料 ·· 337
    二、项目验收的具体内容 ··· 348
  第四节 消防系统的使用、维护及保养 ······································ 355
    一、一般规定 ·· 355
    二、重点部位的说明 ··· 356

第五节　施工与调试的配合及消防报警设备的选择技巧…………………………358
　本章小结……………………………………………………………………………………359
　习题…………………………………………………………………………………………359
第七章　消防系统的设计知识与应用实例…………………………………………………360
　第一节　消防系统设计的基本原则和内容…………………………………………………360
　　一、设计内容………………………………………………………………………………360
　　二、消防系统的设计原则…………………………………………………………………361
　第二节　设计程序及方法……………………………………………………………………361
　　一、设计程序………………………………………………………………………………361
　　二、设计方法………………………………………………………………………………362
　第三节　消防系统应用实例…………………………………………………………………371
　　一、工程概况………………………………………………………………………………371
　　二、设计内容………………………………………………………………………………371
　　三、设计效果图举例………………………………………………………………………372
　本章小结……………………………………………………………………………………389
　习题…………………………………………………………………………………………389
第八章　消防系统资质考试辅导及模拟训练………………………………………………390
　第一部分　消防系统的基础知识……………………………………………………………390
　第二部分　建筑防火基础知识………………………………………………………………392
　第三部分　消防电气基础知识………………………………………………………………401
　第四部分　火灾自动报警系统设计和施工要求……………………………………………405
　第五部分　实训项目…………………………………………………………………………413
　第六部分　资质考试模拟训练………………………………………………………………415
主要参考文献……………………………………………………………………………………420

第一章 消防系统概论

【本章任务】
(1) 了解火灾的形成、危害、消防系统的组成及高层建筑的定义、特点；
(2) 掌握报警区域、探测区域、防火分区、防烟分区、防火类别、保护对象级别、耐火极限的划分和定义；
(3) 了解消防系统设计、施工及维护技术依据，具有使用相关规范的能力。

第一节 消防系统概述

火是人类生存重要的条件，它既可造福于人类，也会给人们带来巨大的灾难。因此，在使用火的同时一定注意对火的控制，就是对火的科学管理。"以防为主，防消结合"的消防方针是相关的工程技术人员必须遵循执行的。"预防为主"，就是在消防工作的指导思想上把预防火灾的工作摆在首位，动员社会力量并依靠广大群众贯彻和落实各项防火的行政措施、组织措施和技术措施，从根本上防止火灾的发生。无数事实证明，只要人们有较强的消防安全意识，自觉遵守和执行消防法律、法规和规章以及国家消防技术标准，大多数火灾是可以预防的。"防消结合"，是指同火灾作斗争的两个基本手段——预防火灾和扑救火灾必须有机地结合起来，即在做好防火工作的同时，要大力加强消防队伍的建设，积极做好各项灭火准备，一旦发生火灾，能够迅速有效地灭火和抢救，最大限度地减少火灾所造成的人身伤亡和物质损失。

"消防"作为一门专门学科，正伴随着现代科学技术的发展进入到高科技综合学科的行列，是现代建筑中的重要内容。

有效监测建筑火灾、控制火灾、迅速扑灭火灾，保障人民生命和财产的安全，保障国民经济建设，是建筑消防系统的任务。建筑消防系统就是为完成上述任务而建立的一套完整、有效的体系，该体系就是在建筑物内部，按国家有关规范规定设置必需的火灾自动报警及消防设备联动控制系统、建筑灭火系统、防烟排烟系统等建筑消防设施。

一、消防系统的发展

早期的防火、灭火都是人工实现的。当发生火灾时，立即组织人工在统一指挥下采取一切可能措施迅速灭火，这便是早期消防系统的雏形。随着科学技术的发展，人们逐步学会使用仪器监视火情，用仪器发出火警信号，然后在人工统一指挥下，用灭火器械去灭火，这便是较为发达的消防系统。

消防系统无论从消防器件、线制、还是类型的发展，大体可分为传统型和现代型两种。传统型主要指开关量多线制系统，而现代型主要是指可寻址总线制系统及模拟量智能系统。

智能建筑、高层建筑及其群体的出现，展示了高科技的巨大威力。"消防系统"作为智能大厦中的子系统之一，必须与建筑业同步发展，这就使得从事消防的工程技术人员努力将现代电子技术、自动控制技术、计算机技术及通信网络技术等较好地运用，以适应智能建筑的发展。

目前电气自动化消防系统，在功能上可实现自动检测现场，确认火灾，发出声、光报警信号，启动灭火设备自动灭火、排烟、封闭火区等，还能实现向城市或地区消防队发出救灾请求，进行通信联络。

在结构上，组成消防系统的设备、器件结构紧凑，反应灵敏，工作可靠，同时还具有良好的性能指标。智能化设备及器件的开发与应用，使自动化消防系统的结构趋向于微型化及多功能化。

电气消防系统的设计，已经大量融入微机控制技术、电子技术、通讯网络技术及现代自动控制技术，并且消防设备及仪器的生产已经系列化、标准化。

总之，现代消防系统，作为高科技的结晶，为适应智能建筑的需求，正以日新月异的速度发展着。

二、消防系统的组成

消防系统主要由三大部分构成：一部分为感应机构，即火灾自动报警系统；另一部分为执行机构，即灭火自动控制系统；还有避难诱导系统（后两部分也可称消防联动系统）。

火灾自动报警系统由探测器、手动报警按钮、报警器和警报器等构成，以完成检测火情并及时报警的任务。

现场消防设备种类繁多，它们从功能上可分为三大类：第一类是灭火系统，包括各种介质，如液体、气体、干粉以及喷洒装置，是直接用于灭火的；第二类是灭火辅助系统，是用于限制火势、防止灾害扩大的各种设备；第三类是信号指示系统，用于报警并通过灯光与声响来指挥现场人员的各种设备。对应于这些现场消防设备需要有关的消防联动控制装置，主要有：

（1）室内消火栓灭火系统的控制装置；

（2）自动喷水灭火系统的控制装置；

（3）卤代烷、二氧化碳等气体灭火系统的控制装置；

（4）电动防火门、防火卷帘等防火区域分割设备的控制装置；

（5）通风、空调、防烟、排烟设备及电动防火阀的控制装置；

（6）电梯的控制装置、断电控制装置；

（7）备用发电控制装置；

（8）火灾事故广播系统及其设备的控制装置；

（9）消防通信系统，火警电铃、火警灯等现场声光报警控制装备；

（10）事故照明装置等。

在建筑物防火工程中，消防联动系统可由上述部分或全部控制装置组成。

综上所述，消防系统的主要功能是：自动捕捉火灾探测区域内火灾发生时的烟雾或热气，从而发出声光报警并控制自动灭火系统，同时联动其他设备的输出接点，控制事故照明及疏散标记，事故广播及通讯、消防给水和防排烟设施，以实现监测、报警和灭火的自动化。消防系统的组成如图 1-1 所示。

图 1-1 消防系统的组成

三、消防系统的分类

消防系统的类型，如按报警和消防方式可分为两种。

1. 自动报警、人工消防

中等规模的旅馆在客房等处设置火灾探测器，当火灾发生时，在本层服务台处的火灾报警器发出信号（即自动报警），同时在总服务台显示出某一层（或某分区）发生火灾，消防人员根据报警情况采取消防措施（即人工灭火）。

2. 自动报警、自动消防

这种系统与上述不同点在于：在火灾发生时自动喷洒水，进行消防。而且在消防中心的报警器附设有直接通往消防部门的电话。消防中心在接到火灾报警信号后，立即发出疏散通知（利用紧急广播系统），并开动消防泵和电动防火门等消防设备，从而实现自动报警、自动消防。

第二节 火灾状况分析

火灾形成的过程及其形成火灾原因，是建立消防系统的理论基础，是人们研发各种消防设施的重要依据。

一、火灾形成条件

在时间上失去控制的燃烧所造成的火害称为火灾。火灾形成过程如下：

例如有固体材料、塑料、纸及布等，当它们处在被热源加热升温的过程中，其表面会产生挥发性气体，这就是火灾形成的开始阶段。一旦挥发性气体被点燃，就会与周围的氧气起反应，由于可燃物质被充分燃烧，从而形成光和热，即形成火焰。一旦挥发性气体被点燃，如果设法隔离外界供给的氧气，则不可能形成火焰。这就是说，在断氧的情况下，可燃物质不能充分燃烧而形成烟。所以烟是火灾形成的初期象征。火焰的形成，说明火灾就要发生。

众所周知，烟是一种包含一氧化碳(CO)、二氧化碳(CO_2)、氢气(H_2)、水蒸气及许多有毒气体的混合物。由于烟是一种燃烧的重要产物，是伴随火焰同时存在的一种对人体十分有危害的产物，所以人们在叙述火灾形成的过程时总要提到烟。火灾形成过程也就是火焰和烟的形成过程。

综上所述，火灾形成的过程是一种放热、发光的复杂化学现象，是物质分子游离基的一种连锁反应。不难看出，存在有能够燃烧的物质，又存在可供燃烧的热源及助燃的氧气或氧化剂，便够成了火灾形成的充分而必要条件。

物体燃烧一般经阴燃、充分燃烧和衰减熄灭等三个阶段。在阴燃阶段（即 AB 段），主要是预热温度升高，并生成大量可燃气体的烟雾。由于是局部燃烧，室内温度不高，易灭火。在充分燃烧阶段（即 BC 段），除产生烟以外，还伴有光、热辐射等，火势猛且蔓延迅速，室内温度急速升高，可达 1000℃ 左右，难于扑灭，火灾损失严重。在衰减熄灭阶段（即 CD 段），室内可燃物已基本燃尽而自行熄灭。燃烧过程特征曲线（也称温度-时间曲线）如图 1-2 所示，也可用图 1-3 所示框图描述燃烧特征。

图 1-2　燃烧过程特征曲线
（温度-时间曲线）

图 1-3　燃烧特征框图

火灾发展的三个阶段，每段持续的时间以及达到某阶段的温度值，都是由燃烧的当时条件决定的。为了科学地制定防火措施，世界各国都相继做了建筑火灾实验，并概括地制定了一个能代表一般火灾温度发展规律的标准——温度-时间曲线。我国制定的标准火灾温度-时间曲线为制定防火措施以及设计消防系统提供了参考依据。曲线的值由表 1-1 列出，曲线的形状已经表示在图 1-2 中。

标准火灾温度曲线值　　　　　　　　　表 1-1

燃烧时间(min)	温度(℃)	燃烧时间(min)	温度(℃)	燃烧时间(min)	温度(℃)
5	535	30	840	180	1050
10	700	60	925	240	1090
15	750	90	975	360	1130

掌握了火灾的形成规律，就为防火提供了理论基础。分析知：燃烧必须具备三个条件，即可燃物、氧化剂、引火源（温度）。

二、造成火灾的原因

建筑物起火的原因多种多样，主要可归纳为由于生活用火不慎引起火灾、生产活动中违规操作引发火灾、化学或生物化学的作用造成的可燃和易燃物自燃，以及因为用电不当造成的电气火灾等。其中，随着我国经济的飞速发展，人民生活水平日益提高，用电量剧增，电气火灾在建筑火灾中所占的比重越来越大。

1. 人为火灾

工作中疏忽，是造成火灾的直接原因。

例如：电工带电维修设备，不慎产生的电火花造成火灾；焊工不按规程操作，动用气焊或电焊工具进行野蛮操作造成火灾；在建筑内乱接临时电源、滥用电炉等电加热器造成火灾；乱扔火柴梗、烟头等造成的火灾更为常见；人为纵火也是火灾形成的最直接原因。

2. 可燃固体燃烧造成火灾

可燃固体从受热到燃烧需经历较长时间。可燃固体受热时，先蒸发水分，当达到或超过一定温度时开始分解出可燃气体。此时，如遇明火，便开始与空气中的氧气进行激烈的化合，并产生热、光和二氧化碳气体等，即称之为燃烧。用明火点燃可燃固体时燃烧的最低温度，称为该可燃物体的燃点。部分可燃固体的燃点如表1-2所示。

可燃性固体的燃点 表1-2

名 称	燃点(℃)	名 称	燃点(℃)
纸 张	130	粘胶纤维	235
棉 花	150	涤纶纤维	390
棉 布	200	松 木	270~290
麻 绒	150	橡 胶	130

有些可燃固体还具有自燃现象，如木材、稻草、粮食、煤炭等。以木材为例：当受热超过100℃时就开始分解出可燃气体，同时释放出少量热能，当温度达到260~270℃时，释放出的热能剧烈增加。这时即使撤走外界热源，木材仍可依靠自身产生的热能来提高温度，并使其温度超过燃点温度而达自燃温度——发焰燃烧。

3. 可燃液体的燃烧

可燃液体在常温下挥发的快慢不同。可燃液体是靠蒸发(汽化)燃烧的，所以挥发快的可燃液体要比挥发慢的危险。在低温条件下，可燃液体与空气混合达到一定浓度时，如遇到明火就会出现"闪燃"，此时的最低温度叫做闪点温度。部分易燃液体的闪点温度如表1-3所示。

部分易燃液体的闪点温度 表1-3

名 称	闪点(℃)	名 称	闪点(℃)
石油醚	-50	吡啶	20
汽油	-58~10	丙酮	-20
二硫化碳(CS_2)	-45	苯(C_6H_6)	-14
乙醚(CH_3OCH_3)	-45	醋酸乙醇	1
氯乙烷(CH_3CH_2Cl)	38	甲苯	1
二氯乙烷(CH_2ClCH_2Cl)	21	甲醇(CH_3OH)	7

从表中可见,易燃液体的闪点温度都很低。如小于或等于闪点温度,液体蒸发气化的速度还供不上燃烧的需要,故闪燃持续时间很短。如温度继续上升,到大于闪点温度时,挥发速度加快,这时遇到明火就有燃烧爆炸的危险。由此可见,闪点是可燃、易燃液体燃烧的前兆,是确定液体火灾危险程度的主要依据。闪点温度越低,火灾的危险性越大,越要注意加强防火措施。

为了加强防火管理,消防规范规定:将闪点温度小于或等于45℃的液体称易燃性液体,闪点温度大于45℃的液体称为可燃性液体。

4. 可燃气体的燃烧

可燃性气体(包括上述的可燃、易燃性液体蒸气)与空气混合达到一定浓度时,如遇到明火就会发生燃烧或爆炸。遇到明火发生爆炸时的最低混合气体浓度称作该混合气体的爆炸下限;而遇明火发生爆炸时的最高混合气体浓度称该混合气体的爆炸上限。可燃性气体(包括可燃、易燃性液体蒸气)发生爆炸的上、下限值如表1-4所示。在爆炸下限以下时不足以发生燃烧;在爆炸上限以上时则因氧气不足(如在密闭容器内的可燃性气体)遇明火也不会发生燃烧或爆炸,但如重新遇到空气,仍有燃烧或爆炸的危险。

部分可燃气体(包括可燃、易燃液体的蒸气)的爆炸上、下限　　　表1-4

气体名称	爆炸极限(%)		自燃点(℃)
	下限	上限	
甲烷(CH_4)	5.0	15	537
乙烷(C_2H_6)	3.22	12.5	472
丙烷(C_3H_8)	2.37	9.5	446
丁烷(C_4H_{10})	1.9	8.5	430
戊烷(C_5H_{12})	1.4	8.0	309
乙烯(C_2H_4)	2.75	34.0	425
丙烯(C_3H_6)	2.0	11.0	410
丁烯(C_4H_8)	1.7	9.4	384
硫化氢(H_2S)	4.3	46.0	246
一氧化碳(CO)	12.5		

当混合气体浓度在爆炸上、下限之间时,遇到明火就会燃烧或爆炸。为防爆安全,应避免爆炸性混合气体浓度在爆炸上、下限值之间,一般多强调爆炸性混合气体浓度的爆炸下限值。

多种可燃混合气体的燃烧或爆炸极限值可用下式计算:

$$t = \frac{100}{\sum_{i=1}^{n} \frac{V_i}{N_i}} \% \quad (1-1)$$

式中　t——可燃混合气体的燃烧或爆炸极限;

V_i——可燃混合气体中各成分所占的体积百分数;

N_i——可燃混合气体中各成分的爆炸极限(下限或上限)。

例:已知液化石油气中,丙烷占体积的50%,丙烯占体积的10%,丁烷占体积的

35%，戊烷占体积的 5%，求该液化石油气的燃烧（爆炸）浓度极限。

解：由表 1-4 分别查得丙烷、丙烯、丁烷、戊烷的爆炸下限值及上限值，代入(1-1)式得：

$$t_l = \frac{100}{\frac{50}{2.37} + \frac{10}{2.0} + \frac{35}{1.9} + \frac{5}{1.4}}\% = 2\%$$

$$t_h = \frac{100}{\frac{50}{9.5} + \frac{10}{11.0} + \frac{35}{8.5} + \frac{5}{8.0}}\% = 9.16\%$$

由计算可知，该液化石油气的燃烧（爆炸）极限为 2%～9.16%。

在高层建筑和建筑群体中，可燃物多、用电量大、配电管线集中等，电气绝缘损坏或雷击等都可能引起火灾。所以在消防系统设计中，应针对可燃物燃烧条件和现场实际情况，采取防火、防爆的具体措施。

5. 电气事故造成的火灾

在现代高层建筑中，用电设备复杂，用电量大，电气管线纵横交错，火灾隐患多，如电气设备安装不良，长期带病或过载工作，破坏了电气设备的电气绝缘，电气线路一旦短路就会造成火灾。防雷接地不合要求、接地装置年久失修等也能造成火灾。

三、抑制火灾的措施

为了抑制火势的蔓延和发展，主要措施是在消防系统设计中注意以下几点：

(1) 尽量选用不燃、难燃性建筑材料，以减小火灾荷载，即可燃物数量。

(2) 保证必要的防火间距，减小火源对周围建筑的威胁，切断火灾蔓延途径。

(3) 合理划分防火分区，各分区间用防火墙、防火卷帘门、防火门等进行分隔，一旦某一分区失火，可将火势控制在本防火分区内，不致蔓延到其他分区，以减小损失并便于扑救。

(4) 合理设计疏散通道，确保发生火灾时灾区人员安全逃生。

(5) 合理设计承重构件及结构，保证建筑构件有足够的耐火极限，使其在火灾中不致倒塌、失效，确保人员疏散及扑救安全，防止重大恶性倒塌事故的发生。

(6) 在布置建筑物总平面时，还应保留足够的消防通道，便于城市消防车辆靠近着火建筑展开扑救。

由以上火灾产生的原因可知火灾有五种，即固体物质火灾（A 类）；液体火灾及可熔化的固体物质火灾（B 类）；气体火灾（C 类）；金属火灾（D 类）；带电物体燃烧的火灾（带电火灾）。只要堵住火灾蔓延的路径，将火灾控制在局部地区，就可避免形成大火而殃及整个建筑物。

第三节　高层建筑的特点及相关区域的划分

一、高层建筑的定义及特点

（一）高层建筑的定义

关于高层建筑的定义范围，早在 1972 年联合国教科文组织下属的世界高层建筑委员会讨论过这个问题，提出将 9 层及 9 层以上的建筑定义为高层建筑，并建议按建筑的高度将其分为 4 类：

9～16 层（最高到 50m），为第一类高层建筑；

17～25 层（最高到 75m），为第二类高层建筑；

26～40 层（最高到 100m），为第三类高层建筑；

40 层以上（高度在 100m 以上），为第四类高层建筑（亦称超高层建筑）。

但是，目前各国对高层建筑的起始高度规定不尽一致，如法国规定住宅 50m 以上，其他建筑 28m 以上；德国规定 22 层（从室内地面算起）；日本规定 11 层，31m；美国规定 22～25m，或 7 层以上。我国关于高层建筑的界限规定也不完全统一，如《民用建筑设计通则》(JGJ 37—87)、《民用建筑电气设计规范》(JGJ/T 16—92) 和《高层民用建筑设计防火规范》(GB 50045—95) 均规定，10 层及 10 层以上的住宅建筑（包括底层设置商业网点的住宅）和建筑高度超过 24m 的其他民用建筑为高层建筑；而行业标准《高层建筑混凝土结构技术规程》(JGJ 3—2002) 规定，10 层及 10 层以上的钢筋混凝土民用建筑属于高层建筑。这里，建筑高度为建筑物室外地面到檐口或屋面面层高度，屋顶上的瞭望塔、水箱间、电梯机房、排烟机房和楼梯出口小间等不计入建筑高度和层数内，住宅建筑的地下室、半地下室的顶板面高出室外地面不超过 1.5m 者也不计入层数内。

（二）高层建筑的特点

1. 建筑结构特点

高层建筑由于层数多，高度过高，风荷载大，为了抗倾覆，采用骨架承重体系；为了增加刚度均有剪力墙，梁板柱为现浇钢筋混凝土；为了方便必须设有客梯及消防电梯。

2. 高层建筑的火灾危险性及特点

(1) 火势蔓延快：高层建筑的楼梯间、电梯井、管道井、风道、电缆井、排气道等竖向井道，如果防火分隔不好，发生火灾时就形成烟囱效应，据测定，在火灾初起阶段，因空气对流，在水平方向造成的烟气扩散速度为 0.3m/s，在火灾燃烧猛烈阶段，可达 0.5～3m/s；烟气沿楼梯间或其他竖向管井扩散速度为 3～4m/s。如一座高度为 100m 的高层建筑，在无阻挡的情况下，仅半分钟烟气就能扩散到顶层。另外风速对高层建筑火势蔓延也有较大影响，据测定，在建筑物 10m 高处风速为 5m/s，而在 30m 处风速就为 8.7m/s，在 60m 高处风速为 12.3m/s，在 90m 处风速可达 15.0m/s。

(2) 疏散困难：由于层数多，垂直距离长，疏散引入地面或其他安全场所的时间也会长些，再加上人员集中，烟气由于竖井的拔气，向上蔓延快，都增加了疏散难度。

(3) 扑救难度大：由于层楼过高，消防人员无法接近着火点，一般应立足自救。

3. 高层建筑电气设备特点

(1) 用电设备多：如弱电设备；空调制冷设备；厨房用电设备；锅炉房用电设备；电梯用电设备；电气安全防雷设备；电气照明设备；给排水设备；洗衣房用电设备；客房用电设备；消防用电设备等。

(2) 电气系统复杂：除电气子系统外，各子系统也相当复杂。

(3) 电气线路多：根据高层系统情况，电气线路分为火灾自动报警与消防联动控制线路、音响广播线路、通讯线路、高压供电线路及低压配电线路等。

(4) 电气用房多：为确保变电所设置在负荷中心，除了把变电所设置在地下层、底层外，有时也设置在大楼的顶部或中间层。而电话站、音控室、消防中心、监控中心等都要占用一定房间。另外，为了解决种类繁多的电气线路在竖向上的敷设，以及干线至各层的分配，必须设置电气竖井和电气小室。

（5）供电可靠性要求高：由于高层建筑中大部分电力负荷为二级负荷，也有相当数量的负荷属一级负荷，所以，高层建筑对供电可靠性要求高，一般均要求有两个及以上的高压供电电源。为了满足一级负荷的供电可靠性要求，很多情况下还需设置柴油发电机组（或燃气轮发电机组）作为备用电源。

（6）用电量大，负荷密度高：由上已知高层建筑的用电设备多，尤其空调负荷大，约占总用电负荷的40%~50%，因此说高层建筑的用电量大，负荷密度高。例如：高层综合楼、高层商住楼、高层办公楼、高层旅游宾馆和酒店等负荷密度都在 $60W/m^2$ 以上，有的高达 $150W/m^2$，即便是高层住宅或公寓，负荷密度也有 $10W/m^2$，有的也达到 $50W/m^2$。

（7）自动化程度高：根据高层建筑的实际情况，为了降低能量损耗、减少设备的维修和更新费用、延长设备的使用寿命、提高管理水平，就要求对高层建筑的设备进行自动化管理，对各类设备的运行、安全状况、能源使用状况及节能等实行综合自动监测、控制与管理，以实现对设备的最优化控制和最佳管理。特别是计算机与光纤通讯技术的应用，以及人们对信息社会的需求，高层建筑正沿着自动化、节能化、信息化和智能化方向发展。高层建筑消防应"立足自防、自救，采用可靠的防火措施，做到安全适用、技术先进、经济合理"。

二、高层建筑的分类及相关区域的划分

（一）建筑防火分类

1. **高层建筑防火分类**

高层建筑应根据其使用性质、火灾危害性、疏散和扑救难度等进行分类，并应符合表1-5所示。

建筑防火分类　　　　　　　　　　表1-5

名　称	一　类	二　类
居住建筑	高级住宅 19层及19层以上的普通住宅	10层至18层的普通住宅
公共建筑	（1）医院 （2）高级旅馆 （3）建筑高度超过50m或每层建筑面积超过1000m²的商业楼、展览楼、综合楼、电信楼、财贸金融楼 （4）建筑高度超过50m或每层建筑面积超过1500m²的商住楼 （5）中央级和省级（含计划单列市）广播电视楼 （6）网局级和省级（含计划单列市）电力调度楼 （7）省级（含计划单列市）邮政楼、防灾指挥调度楼 （8）藏书超过100万册的图书馆、书库 （9）重要的办公楼、科研楼、档案楼等 （10）建筑高度超过50m的教学楼和普通的旅馆、办公楼、科研楼、档案楼等	（1）除一类建筑以外的商业楼、展览楼、综合楼、电信楼、财贸金融楼、商住楼、图书馆、书库 （2）省级以下的邮政楼、防灾指挥调度楼、广播电视楼、电力调度楼 （3）建筑高度不超过50m的教学楼和普通的旅馆、办公楼、科研楼、档案楼等

注：1. 高级住宅是指建筑装修复杂、室内满铺地毯、家具和陈设高档、设有空调系统的住宅。
2. 高级旅馆指建筑标准高、功能复杂、火灾危险性较大和设有空气调节系统的具有星级条件的旅馆。
3. 综合楼是指由两种及两种以上用途的楼组成的公共建筑，常见的组成形式有商场加办公写字楼层加高级公寓、办公加旅馆加车间仓库、银行金融加旅馆加办公等等。
4. 商住楼指建筑底部作商业营业厅、上面作普通或高级住宅的高层建筑。
5. 网局级电力调度楼指可调度若干个省（区）电力业务的工作楼，如东北电力调度楼、中南电力调度楼、华北电力调度楼等。
6. 重要的办公楼、科研楼、档案楼，是指这些楼的性质重要，如有关国防、国计民生的重要科研楼等。

2. 车库的防火分类

车库防火分四类，如表1-6所示。

车库的防火分类　　　　　　　表1-6

名称＼数量　类别	Ⅰ	Ⅱ	Ⅲ	Ⅳ
汽车库(辆)	>300	151～300	51～150	≤50
修车库(车位)	>15	6～15	3～5	≤2
停车库(辆)	>400	251～400	101～250	≤100

注：汽车库的屋面亦停放汽车时，其停车数量应计算在汽车库的总车辆数内。

(二) 高层建筑耐火等级的划分

1. 名词解释

(1) 耐火极限

对任一建筑构件、配件或结构按时间-温度标准曲线进行耐火试验，从受到火的作用时起，到失去稳定性、完整性或隔热性止的这段时间，用小时(h)表示。

(2) 不燃烧体

用不燃材料做成的构件。

(3) 难燃烧体

用难燃材料做成的构件或用可燃材料做成而用不燃材料做保护层的构件。

(4) 燃烧体

用可燃材料做成的构件。

2. 耐火等级

耐火等级是衡量建筑物耐火程度的标准。建筑物的耐火等级是由建筑构件的燃烧性能和最低的耐火极限决定的，按照《建筑设计防火规范》(GBJ 16—87，2001版)的规定共分为四级。

一级耐火等级建筑是钢筋混凝土结构或砖墙与钢筋混凝土结构组成的混合结构；二级耐火等级建筑是钢结构屋顶、钢筋混凝土柱或砖墙组成的混合结构；三级耐火等级建筑是木屋顶和砖墙组成的砖木结构；四级耐火等级建筑是木屋顶和难燃烧体墙组成的可燃结构。

(1) 工业与民用建筑构件的燃烧性能和耐火极限见表1-7。

工业与民用建筑构件的燃烧性能和耐火极限　　　　　　　表1-7

构件名称	燃烧性能和耐火极限(h)＼耐火等级	一级	二级	三级	四级
墙	防火墙	非燃烧体4.00	非燃烧体4.00	非燃烧体4.00	非燃烧体4.00
	承重墙、楼梯间、电梯井的墙	非燃烧体3.00	非燃烧体2.50	非燃烧体2.50	非燃烧体0.50
	非承重外墙、疏散走道两侧的隔墙	非燃烧体1.00	非燃烧体1.00	非燃烧体0.50	非燃烧体0.25
	房间隔墙	非燃烧体0.75	非燃烧体0.50	非燃烧体0.50	难燃烧体0.25
柱	支承多层的柱	非燃烧体3.00	非燃烧体2.50	非燃烧体2.50	难燃烧体0.25
	支承单层的柱	非燃烧体2.50	非燃烧体2.00	非燃烧体2.00	燃烧体
梁		非燃烧体2.00	非燃烧体1.50	非燃烧体1.00	难燃烧体0.50

续表

燃烧性能和耐火极限(h) 构件名称	耐火等级 一级	二级	三级	四级
楼板	非燃烧体 1.50	非燃烧体 1.00	非燃烧体 0.50	难燃烧体 0.25
屋顶承重构件	非燃烧体 1.50	非燃烧体 0.50	燃烧体	燃烧体
疏散楼梯	非燃烧体 1.50	非燃烧体 1.00	非燃烧体 1.00	燃烧体
吊顶(包括吊顶格栅)	非燃烧体 0.25	难燃烧体 0.25	难燃烧体 0.15	燃烧体

以木柱承重且以不燃烧材料作为墙体的建筑物，其耐火等级应按四级确定。

(2) 高层民用建筑构件的燃烧性能和耐火极限见表 1-8。

高层民用建筑构件的燃烧性能和耐火极限(h) 表 1-8

构件名称		耐火等级			
		一级	二级	三级	四级
墙和柱	防火墙	不燃烧体 3.00	不燃烧体 3.00	不燃烧体 3.00	不燃烧体 3.00
	柱、承重墙	不燃烧体 3.00	不燃烧体 2.50	不燃烧体 2.00	难燃烧体 0.50
	住宅分户墙、楼梯间及电梯井的墙	不燃烧体 2.00	不燃烧体 2.00	不燃烧体 1.50	难燃烧体 0.50
	疏散走道两侧的隔墙	不燃烧体 1.00	不燃烧体 1.00	不燃烧体 0.50	难燃烧体 0.25
	房间隔墙	不燃烧体 0.75	不燃烧体 0.50	难燃烧体 0.50	难燃烧体 0.25
	非承重外墙	不燃烧体 0.50	难燃烧体 0.25	难燃烧体 0.25	燃烧体
梁		不燃烧体 2.50	不燃烧体 2.00	不燃烧体 1.00	难燃烧体 0.50
楼板		不燃烧体 2.00	不燃烧体 1.50	不燃烧体 0.50	难燃烧体 0.25
屋顶承重构件		不燃烧体 1.00	不燃烧体 1.00	燃烧体	燃烧体
疏散楼梯		不燃烧体 1.50	不燃烧体 1.00	不燃烧体 1.00	燃烧体
吊顶(包括吊顶格栅)		不燃烧体 0.25	难燃烧体 0.25	难燃烧体 0.15	燃烧体

高层建筑的耐火等级根据高层建筑规范规定应分为一、二两级，其建筑构件的燃烧性能和耐火极限不应低于表 1-7 的规定。

(1) 预制钢筋混凝土构件的节点缝隙或金属承重构件节点的外露部位，必须加设防火保护层，其耐火极限不应低于表 1-7 规定相应建筑构件的耐火极限。

(2) 一类高层建筑的耐火等级应为一级，二类高层建筑的耐火等级不应低于二级，裙房的耐火等级不应低于二级。高层建筑地下室的耐火等级应为一级。

(3) 二级耐火等级的高层建筑中，面积不超过 $100m^2$ 的房间隔墙，可采用耐火极限不低于 0.50h 的难燃烧体或耐火极限不低于 0.30h 的不燃烧体。

(4) 二级耐火等级高层建筑的裙房，当屋顶不上人时，屋顶的承重构件可采用耐火极限不低于 0.50h 的不燃烧体。

(5) 高层建筑内存放可燃物的平均重量超过 $200kg/m^2$ 的房间，当不设自动灭火系统时，其柱、梁、楼板和墙的耐火极限应比表 1-7 规定提高 0.50h。

(6) 玻璃幕墙的设置应符合下列规定：

① 窗间墙、窗槛墙的填充材料应采用不燃烧材料。当其外墙面采用耐火极限不低于 1.00h 的不燃烧体时，其墙内填充材料可采用难燃烧材料；

② 无窗间墙和窗槛墙的玻璃幕墙，应在每层楼板外沿设置耐火极限不低于 1.00h、

高度不低于 0.80m 的不燃烧实体裙墙;

③ 玻璃幕墙与每层楼板、隔墙处的缝隙,应采用不燃烧材料严密填实;

④ 高层建筑的室内装修,应按现行国家标准《建筑内部装修设计防火规范》的有关规定执行。

(三) 火灾自动报警系统保护对象级别的划分

火灾自动报警系统保护的对象应根据其使用性质、火灾危险性、疏散和扑救难度等分为特级、一级和二级,并符合表 1-9 的规定。

火灾自动报警系统保护对象分级　　　　　　　　　　　表 1-9

等级	保 护 对 象	
特级	建筑高度超过 100m 的高层民用建筑	
一级	建筑高度不超过 100m 的高层民用建筑	一 类 建 筑
	建筑高度不超过 24m 的民用建筑及建筑高度超过 24m 的单层公共建筑	(1) 200 床及以上的病房楼,每层建筑面积 1000m² 及以上的门诊楼 (2) 每层建筑面积超过 3000m² 的百货楼、商场、展览楼、高级旅馆、财贸金融楼、电信楼、高级办公楼 (3) 藏书量超过 100 万册的图书馆、书库 (4) 超过 3000 座位的体育馆 (5) 重要的科研楼、资料档案楼 (6) 省级(含计划单列市)的邮政楼、广播电视楼、电力调度楼、防灾指挥调度楼 (7) 重点文物保护场所 (8) 大型以上的影剧院、会堂、礼堂
	工业建筑	(1) 甲、乙类生产厂房 (2) 甲、乙类物品库房 (3) 占地面积或总建筑面积超过 1000m² 的丙类物品库房 (4) 总建筑面积超过 1000m² 的地下丙、丁类生产车间及物品库房
	地下民用建筑	(1) 地下铁道、车站 (2) 地下电影院、礼堂 (3) 使用面积超过 1000m² 的地下商场、医院、旅馆、展览厅及其他商业或公共活动场所 (4) 重要实验室、图书、资料、档案库
二级	建筑高度不超过 100m 的高层民用建筑	二 类 建 筑
	建筑高度不超过 24m 的民用建筑	(1) 设有空气调节系统的或每层建筑面积超过 2000m² 但不超过 3000m² 的商业楼、财贸金融楼、电信楼、展览楼、旅馆、办公楼、车站、海河客运站、航空港等公共建筑及其他商业或公共活动场所 (2) 市、县级的邮政楼、广播电视楼、电力调度楼、防灾指挥调度楼 (3) 中型以下的影剧院 (4) 高级住宅 (5) 图书馆、书库、档案楼
	工业建筑	(1) 丙类生产厂房 (2) 建筑面积大于 50m² 但不超过 10000m² 的丙类物品库房 (3) 总建筑面积不超过 1000m² 的地下丙、丁类生产车间及地下物品库房
	地下民用建筑	(1) 长度超过 500m 的城市隧道 (2) 使用面积不超过 1000m² 的地下商场、医院、旅馆、展览厅及其他商业或公共活动场所

注: 1. 一类建筑、二类建筑的划分应符合《高规》的规定;工业厂房、仓库的火灾危险性分类,应符合《建规》的规定。

2. 本表未列出的建筑的等级可按同类建筑的类比原则确定。

（四）相关区域的划分

1. 报警区域

将火灾自动报警系统的警戒范围按防火分区或楼层划分的单元称报警区域。一个报警区域由一个或同层几个相邻防火分区组成。

2. 探测区域的划分

（1）定义：将报警区域按探测火灾的部位划分的单元称探测区域。

（2）探测区域的划分应符合如下规定：

① 探测区域应按独立房（套）间划分。一个探测区域的面积不宜超过 500m^2；从主要入口能看清其内部，且面积不超过 1000m^2 的房间，也可划为一个探测区域。

② 红外光束线型感烟火灾探测器的探测区域长度不宜超过 100m；缆式感温火灾探测器的探测区域长度不宜超过 200m；空气管差温火灾探测器的探测区域长度宜在 20~100m 之间。

（3）符合下列条件之一的二级保护对象，可将几个房间划分为一个探测区域。

① 相邻房间不超过 5 间，总面积不超过 400m^2，并在门口设有灯光显示装置。

② 相邻房间不超过 10 间，总面积不超过 1000m^2，在每个房间门口均能看清其内部，并在门口设有灯光显示装置。

（4）下列场所应分别单独划分探测区域：

① 敞开或封闭楼梯间；

② 防烟楼梯间前室、消防电梯前室、消防电梯与防烟楼梯间合用的前室；

③ 走道、坡道、管道井、电缆隧道；

④ 建筑物闷顶、夹层。

3. 防火分区

（1）定义：在建筑物内部采取规定要求的防火墙、楼板及其他防火分隔措施分隔，用以控制和防止火灾向其邻近区域蔓延的封闭空间。

（2）不同场所的划分原则

① 对厂房防火分区的划分应按表 1-10 执行。

厂房的耐火等级、层数和占地面积（m^2） 表 1-10

生产类别	耐火等级	最多允许层数	防火分区允许最大建筑面积（m^2）			
			单层厂房	多层厂房	高层厂房	厂房的地下室和半地下室
甲	一级	除生产必须采用多层者外，宜采用单层	4000	3000	—	
	二级		3000	2000	—	
乙	一级	不限	5000	4000	2000	—
	二级	6	4000	3000	1500	—
丙	一级	不限	不限	6000	3000	500
	二级	不限	8000	4000	2000	500
	三级	2	3000	2000	—	—

续表

生产类别	耐火等级	最多允许层数	防火分区允许最大建筑面积(m²)			
			单层厂房	多层厂房	高层厂房	厂房的地下室和半地下室
丁	一、二级	不限	不限	不限	4000	1000
	三级	3	4000	2000	—	—
	四级	1	1000	—	—	—
戊	一、二级	不限	不限	不限	6000	1000
	三级	3	5000	3000	—	—
	四级	1	1500	—	—	—

注：1. 一、二级耐火等级的单层厂房(甲类厂房除外)如面积大于本表规定，防火分区应用防火墙分隔。设置防火墙确有困难时，可采用防火卷帘或防火分隔水幕分隔。
2. 一级耐火等级的多层及二级耐火等级的单、多层纺织厂房的面积(麻纺厂除外)可按本表的规定增加50%，但上述厂房的原棉开包、清花车间均应用防火墙分隔。
3. 一、二级耐火等级的单层、多层造纸生产联合厂房，其防火分区允许最大建筑面积可按本表的规定增加1.5倍。对于一、二级耐火等级的湿式大型联合造纸厂房，当纸机烘缸罩内设有自动灭火系统，完成工段设有消防炮等灭火设施保护时，其建筑面积可根据工艺需要确定。
4. 一、二级耐火等级的谷物筒仓工作塔，如每层工作人数不超过2人时，最多允许层数可不受本表限制。
5. 以实木或采取防火保护措施的其他合成木柱承重且以不燃材料作为墙体的建筑物，其耐火等级应按四级确定。
6. 本规范表中"—"表示不允许。

对于丙、丁、戊类厂房，确因工艺需要，其防火分区面积可按工艺需要布置，但应在丙类厂房设置自动喷水灭火系统或在丁、戊类厂房中火灾危险相对较高的部位采取防止火灾蔓延的措施。

② 对库房的防火分区按表1-11执行。

库房的耐火等级、层数和建筑面积(每个防火分区)(m²) 表1-11

储存物品类别		耐火等级	最多允许层数	每座仓库最大允许建筑面积(m²)						仓库的地下室和半地下室
				单层仓库		多层仓库		高层仓库		
				每座仓库	防火墙间	每座仓库	防火墙间	每座仓库	防火墙间	防火墙间
甲	3、4项	一级	1	180	60	—	—	—	—	—
	1、2、5、6项	一、二级	1	750	250	—	—	—	—	—
乙	1、3、4项	一、二级	3	2000	500	900	300	—	—	—
		三级	1	500	250	—	—	—	—	—
	2、5、6项	一、二级	5	2800	700	1500	500	—	—	—
		三级	1	900	300	—	—	—	—	—
丙	1项	一、二级	5	4000	1000	2800	700	—	—	150
		三级	1	1200	400	—	—	—	—	—
	2项	一、二级	不限	6000	1500	4800	1200	4000	1000	300
		三级	3	2100	700	1200	400	—	—	—

续表

储存物品类别	耐火等级	最多允许层数	每座仓库最大允许建筑面积(m²)						仓库的地下室和半地下室
			单层仓库		多层仓库		高层仓库		
			每座仓库	防火墙间	每座仓库	防火墙间	每座仓库	防火墙间	防火墙间
丁	一、二级	不限	不限	3000	不限	1500	4800	1200	500
	三级	3	3000	1000	1500	500	—	—	—
	四级	1	2100	700	—	—	—	—	—
戊	一、二级	不限	不限	不限	不限	2000	6000	1500	1000
	三级	3	3000	1000	2100	700	—	—	—
	四级	1	2100	700	—	—	—	—	—

注：1. 仓库中的防火分区必须采用防火墙分隔。
2. 石油库内桶装油品仓库面积，可按现行的国家标准《石油库设计规范》执行。
3. 煤均化库防火分区允许最大建筑面积可为12000m²，但耐火等级不应低于二级。
4. 独立建造的硝酸铵库房、电石库房、聚乙烯等高分子制品库房、尿素库房、配煤库房以及车站、码头、机场内的中转仓库，造纸厂的独立成品库房，其建筑面积可按本表的规定增加1.0倍，但建筑物的耐火等级不应低于二级。
5. 一座一、二级耐火等级的粮食平房仓的允许最大占地面积不应大于12000m²，每个防火分区的允许最大建筑面积不应大于3000m²；三级耐火等级的粮食平房仓的允许最大占地面积不应大于3000m²，每个防火分区的允许最大建筑面积不应大于1000m²。
6. 一、二级耐火等级的冷库，每座库房的允许最大占地面积和防火分区的允许最大建筑面积，可按现行的国家标准《冷库设计规范》的有关规定执行。
7. 酒精度为50%以上的白酒仓库不宜超过3层。

③ 对汽车库建筑防火分区的划分应为：

a. 汽车库应设防火墙划分防火区，每个防火分区的最大允许建筑面积应符合表1-12的规定。

汽车库防火分区最大允许建筑面积(m²) 表1-12

耐 火 等 级	单层汽车库	多层汽车库	地下汽车库
一、二级	3000	2500	2000
三 级	1000		

b. 汽车库内设有自动灭火系统时，其防火分区的最大允许建筑面积可按表1-12的规定增加一倍。

c. 机械式立体汽车库的停车数超过50辆时，应设防火墙或防火隔墙进行分隔。

d. 甲、乙类物品运输车的汽车库、修车库，其防火分区最大允许建筑面积不应超过500m²。

e. 修车库防火分区最大允许建筑面积不应超过2000m²，当修车部位与相邻的使用有机溶剂的清洗和喷漆工段采用防火墙分隔时，其防火分区最大允许建筑面积不应超过4000m²。设有自动灭火系统的修车库，其防火分区最大允许建筑面积可增加1倍。

④ 对民用建筑防火分区的划分为：

a. 民用建筑的耐火等级、层数、长度和面积应符合表 1-13 的规定。

民用建筑的耐火等级、层数、长度和建筑面积(m^2) 表 1-13

耐火等级	允许层数	防火分区间		备 注
		最大允许长度(m)	每层最大允许建筑面积(m^2)	
一、二级	按相关规定处理	150	2500	(1) 体育馆、剧院的长度和面积可以放宽 (2) 托儿所、幼儿园的儿童用房不应设四层及四层以上
三 级	5层	100	1200	(1) 托儿所、幼儿园的儿童用房不应设三层及三层以上 (2) 电影院、剧院、礼堂、食堂不应超过二层 (3) 医院、疗养院不应超过三层
四 级	2层	60	600	学校、食堂、菜市场、托儿所、幼儿园、医院等不应超过一层

b. 建筑物内如设有上下层相连通的走马廊、自动扶梯等开口部位时，应按上下连通层作为一个放火分区。

c. 建筑物的地下室、半地下室应采用防火墙分隔成面积不超过 500m^2 的防火分区。

⑤ 对于高层民用建筑防火分区的划分为：

a. 高层建筑内应采用防火墙等划分防火分区，每个防火分区的允许最大建筑面积不应该超过表 1-14 的规定。

最大建筑面积(m^2) 表 1-14

建筑类别	每个防火分区建筑面积
一类建筑	1000
二类建筑	1500
地 下 室	500

注：设有自动灭火的防火分区，其允许最大建筑面积可按本表增加一倍；当局部设置自动灭火系统时，增加面积可按该局部面积的一倍计算；一类建筑的电信楼，其防火分区允许最大建筑面积可按上表增加 50%。

b. 高层建筑内的商业营业厅、展览厅等，当设有火灾自动报警系统和自动灭火系统，且采用不燃烧或难燃烧材料装修时，地上部分防火分区的允许最大建筑面积为 4000m^2，地下部分防火分区的允许最大面积为 2000m^2。

c. 当高层建筑与其裙房之间设有防火墙等防火分隔设施时，其裙房的防火分区允许最大建筑面积不应大于 2500m^2，当设有自动喷水灭火系统时，放火分区允许最大建筑面积可增加 1 倍。（裙房：与高层建筑相连的建筑高度不超过 24m 的附属建筑）

d. 高层建筑内设有上下层相连通的走廊、敞开楼梯、自动扶梯、传送带等开口部位时，应按上下连通层作为一个防火分区，其允许最大建筑面积之和不应超过表 1-14 的规定，当上下开口部位设有耐火极限大于 3.00h 的防火卷帘或水幕等分隔设施时，其面积可不递加计算。

高层建筑中庭防火分区面积应按上、下连通的面积叠加计算，当超过一个防火区面积时应符合下列规定：

a. 房间与中庭相通的门、窗，应设自行关闭的乙级防火门、窗。

b. 与中庭相通的过厅、通道等，应设乙级防火门或耐火极限大于 3.00h 的防火卷帘分隔。

c. 中庭每层回廊应设有自动喷水灭火系统。

d. 中庭每层回廊应设火灾自动报警系统。

4. 防烟分区的划分

以屋顶挡烟隔板、挡烟垂壁或从顶棚下突出不小于0.5m的梁为界,从地板到屋顶或吊顶之间的空间为防烟分区。

防烟分区的划分为:

(1) 设置排烟设施的走道、净高不超过6.00m的房间,应采用挡烟垂壁、隔墙或从顶棚下突出不小于0.50m的梁划分防烟分区。人防工程中或垂壁至室内地面的高度不应小于1.8m。

(2) 每个防烟分区的建筑面积不宜超过500m^2,且防烟分区不应跨越防火分区。人防工程中,每个防烟分区的面积不应大于400m^2,但当顶棚(或顶板)高度在6m以上时,可不受此限制。

(3) 有特殊用途的场所,如防烟楼梯间、避难层(间)、地下室、消防电梯等,应单独划分防烟分区。

(4) 防烟分区一般不跨越楼层,但如果一层面积过小,允许一个以上楼层为一个防烟分区,但不宜超过三层。

(5) 不设排烟设施的房间(包括地下室)和走道不划分防烟分区。

(6) 走道和房间(包括地下室)按规定都设排烟设施时,可根据具体情况分设或合设排烟设施,并按分设或合设情况划分防烟分区。

(7) 人防工程中,丙、丁、戊类物品库宜采用密闭防烟措施。

(8) 防烟分区根据建筑物种类及要求的不同,可按用途、面积、楼层来划分。

实践证明:准确地划分区域是完成好消防设计的前提。

第四节 消防系统设计、施工及维护技术依据

一、法律依据

消防系统的设计、施工及维修必须根据国家和地方颁布的有关消防法规及上级批准的文件的具体要求进行。从事消防系统的设计、施工及维护人员应具备国家公安消防监督部门规定的有关资质证书,在工程实施过程中还应具备建设单位提供的设计要求和工艺设备清单,在基建主管部门主持下,由设计、建筑单位和公安消防部门协商确定书面意见。对于必要的设计资料,建筑单位又提供不了的,设计人员可以协助建筑单位通过调研后,为其提供由建设单位确认的设计资料。

二、设计依据

消防系统的设计,在公安消防部门的政策、法规的指导下,根据建筑单位给出的设计资料及消防系统的有关规程、规范和标准进行,有关规范如下:

(1)《高层民用建筑设计防火规范》(GB 50045—95)(2001版);

(2)《火灾自动报警系统设计规范》(GB 50116—98);

(3)《人民防空工程设计防火规范》(GB 50098—98);

(4)《汽车库、修车库、停车场设计防火规范》(GB 50067—97);

(5)《建筑设计防火规范》(GBJ 16—87)(2001年版);

(6)《自动喷水灭火系统设计规范》(GB 50084—2001);

(7)《建筑灭火器配置设计规范》(GBJ 140—90)(1997 年版);
(8)《低倍数泡沫灭火系统设计规范》(GB 50151—92)(2000 年版);
(9)《建筑电气设计技术规程》(JGJ 16—83);
(10)《通用用电设备配电设计规范》(GB 50055—93);
(11)《爆炸和火灾危险环境电力装置设计规程》(GB 50058—92);
(12)《火灾报警控制器通用技术条件》(GB 4717—93);
(13)《消防联动控制设备通用技术条件》(GB 16806—97);
(14)《水喷雾灭火系统设计规范》(GB 50219—95);
(15)《卤代烷 1211 灭火系统设计规范》(GBJ 110—87);
(16)《卤代烷 1301 灭火系统设计规范》(GB 50163—92);
(17)《民用建筑电气设计规范》(JGJ/T 16—92);
(18)《供配电系统设计规范》(GB 50052—95);
(19)《石油库设计规范》(GBJ 74—84);
(20)《民用爆破器材工厂设计安全规范》(GB 50089—98);
(21)《村镇建筑设计防火规范》(GBJ 39—90);
(22)《氧气站设计规范》(GB 50030—91);
(23)《乙炔站设计规范》(GB 50031—91);
(24)《地下及覆土火药炸药仓库设计安全规范》(GB 50154—92);
(25)《小型石油库及汽车加油设计规范》(GB 50160—92);
(26)《地下铁道设计规范》(GB 50157—92);
(27)《石油化工企业设计防火规范》(GB 50160—92);
(28)《烟花爆竹工厂设计安全规范》(GB 50161—92);
(29)《原油和天燃气工程设计防火规范》(GB 50183—93);
(30)《高倍数、中倍数泡沫灭火系统设计规范》(GB 50196—93);
(31)《小型火力发电厂设计规范》(GB 50049—94);
(32)《建筑物防雷设计规范》(GB 50057—94)(2000 年版);
(33)《二氧化碳灭火系统设计规范》(GB 50193—93)(1999 年版);
(34)《发生炉煤气站设计规范》(GB 50195—94);
(35)《输气管道工程设计规范》(GB 50251—94);
(36)《输油管道工程设计规范》(GB 50253—94);
(37)《建筑内部装修设计防火规范》(GB 50222—95);
(38)《火力发电厂与变电所设计防火规范》(GB 50229—96);
(39)《水力水电工程设计防火规范》(SDJ 278—90)。

三、施工依据

在消防系统施工过程中,除应按设计图纸外,还应执行下列规则、规范:
(1)《火灾自动报警系统施工及验收规范》(GB 50166—92);
(2)《自动喷水灭火系统施工及验收规范》(GB 50261—96);
(3)《气体灭火系统施工及验收规范》(GB 50263—97);
(4)《钢质防火卷帘通用技术条件》(GB 14102—93);

(5)《钢质防火门通用技术条件》(GB 12955—91);
(6)《电气装置安装工程接地装置施工及验收规范》(GB 50169—92);
(7)《电气装置安装工程 1kV 及以下配线工程施工及验收规范》(GB 50258—96)。

本 章 小 结

本章是消防系统的入门知识,主要任务是使读者对消防系统有一个综合的了解,以使后续课程学习在明确的目标中进行。

本章对建筑消防系统的形成、发展、组成及分类进行了概括的说明,对火灾的形成条件和原因进行了阐述,对高层建筑的特点及本书后面用到的相关区域如报警区域、探测区域、防火分区、防烟分区及防火类别、耐火等级、耐火极限等给出了较准确的定义,同时介绍了消防系统、施工及维护技术依据。

习 题

1. 消防系统由几部分组成?每部分的基本作用是什么?
2. 消防系统有几种类型?
3. 什么叫火灾?火灾形成的条件是什么?
4. 造成火灾的原因来自哪几个方面?
5. 什么叫高层建筑?高层建筑的特点是什么?
6. 高层建筑防火分为几类?如高 42m 的普通住宅应属几类防火?
7. 耐火极限的概念是什么?耐火等级分为几级?
8. 火灾自动报警系统保护对象级别是根据什么划分的?
9. 什么叫报警区域、探测区域、防火分区、防烟分区?比较四个区域的大小?
10. 我国的消防方针是什么?
11. 探测区域如何划分?
12. 防火分区的概念及划分原则是什么?
13. 防烟分区的概念及划分原则是什么?

第二章 火灾自动报警系统

【本章任务】
(1) 本章是该书的核心内容。应了解火灾报警系统的组成、分类；
(2) 熟悉各种报警设备的使用、选择；
(3) 重点掌握火灾自动报警系统工作过程及相关设计知识；
(4) 具有独立操作火灾自动报警系统工作过程的能力。

第一节 概 述

随着现代建筑消防系统的发展，火灾自动报警系统的结构、形式更加灵活多样，尤其近年来，各科研、单位与厂家合作推出了一系列新型火灾报警设备，同时由于在楼宇智能化系统中的集成及不同的网络需求又开发出一些新的系统。火灾报警系统将越来越向智能化系统方向发展，这就为系统组合创造了更加方便的条件，可构成不同的网络结构。

一、火灾自动报警系统的形成和发展

1. 火灾自动报警系统的形成

1847年美国牙科医生 channing 和缅甸大学教授农民研究出世界上第一台城镇火灾报警发送装置，拉开了人类开发火灾自动报警系统的序幕。此阶段主要是感温探测器。20世纪40年代末期，瑞士物理学家 Ernst Meili 博士研究的离子感烟探测器问世，70年代末，光电感光探测器形成。80年代随着电子技术、计算机应用及火灾自动报警技术的不断发展，各种类型的探测器在不断的形成，同时也在线制上有了很多的改观。

2. 火灾自动报警系统的发展

火灾自动报警系统的发展大体可分为五个阶段：

(1) 第一代产品称传统的(多线制开关量式)火灾自动报警系统(主要是20世纪70年代以前)。其特点是：简单、成本低，但有明显的不足：一是因为火灾判断依据仅仅是根据所探测的某个火灾现象参数是否超过其自身设定值(阈值)来确定是否报警，因此无法排除环境和其他干扰因素。它是以一个不变的灵敏度来面对不同使用场所、不同使用环境的变化，这是不科学的。灵敏度选低了，会使报警不及时或漏报，灵敏度选高了，又会形成误报。另外由于探测器的内部元器件失效或漂移现象等因素，也会发生误报。根据国外统计数据表明：误报与真实火灾报警之比达 20∶1 之多；二是性能差、功能少，无法满足发展需要。例如：多线制系统费钱费工；不具备现场编程能力；不能识别报警的个别探测器(地址编码)及探测器类型；无法自动探测系统重要组件的真实状态；不能自动补偿探测器灵敏度的漂移；当线路短路或开路时，不能切断故障点，缺乏故障自诊断、自排除能力；电源功耗大等等。

(2) 第二代产品称总线制可寻址开关量式火灾探测报警系统(在80年代初形成)。其

优点是：省钱、省工；所有的探测器均并联到总线上；每只探测器设置一地址编码；使用多路传输的数据传输法；还可联接带地址码模块的手动报警按钮、水流指示器及其他中继器等；增设了可现场编程的键盘；系统自检和复位功能；火灾地址和时钟记忆与显示功能；故障显示功能；探测点开路、短路时隔离功能；准确地确定火情部位，增强了火灾探测或判断火灾发生的能力等，但对火灾的判断和处置无大改进。

（3）第三代产品称模拟量传输式智能火灾报警系统（80 年代后期出现）。其特点是：在探测处理方法上做了改进，即把探测器的模拟信号不断地送到控制器去评估或判断，控制器用适当的算法辨别虚假或真实火灾及其发展程度，或探测器受污染的状态。可以把模拟量探测器看作一个传感器，通过一个串联发讯装置，不仅能提供探测器位置信号，还能将火灾敏感现象参数（如：烟雾浓度、温度等）以模拟值（一个真实的模拟信号或者等效的数字编码信号）传送给控制器，对火警的判断和发送由控制器决定，报警方式有多火灾参数复合式、分级报警式和响应阈值自动浮动式等。还能降低误报，提高系统的可靠性。在这种集中智能系统中，探测器无智能，属于初级智能系统。

（4）第四代产品称分布智能火灾报警系统（亦称多功能智能火灾自动报警系统）。探测器具有智能，相当于人的感觉器官，可对火灾信号进行分析和智能处理，做出恰当的判决，然后将这些判决信息传给控制器，控制器指当于人的大脑，即能接收探测器送来的信息，也能对探测器的运行状态进行监视和控制。由于探测部分和控制部分的双重智能处理，使系统运行能力大大提高。此类系统分三种，即：智能侧重于探测部分、智能侧重控制部分和双重智能型。

（5）第五代产品称无线火灾自动报警系统、空气样本分析系统（同时出现在 20 世纪 90 年代）和早期可视烟雾探测火灾报警系统（VSD）。无线式火灾自动报警系统由传感器——发射机、中继器以及控制中心三大部分组成。以无线电波为传播媒体，探测部分与发射机合成一体，由高能电池供电，每个中继器只接收自己组内的传感发射机信号。当中继器接到组内某传感器的信号时，进行地址对照，一致时判读接收数据，并由中继器将信息传给控制中心，中心还应显示信号。此系统具有节省布线费及工时、安装开通容易的优点，适于不宜布线的楼宇、工厂、仓库等，也适于改造工程。空气样本分析系统中采用高灵敏吸气式感烟探测器（HSSD 探测器），主要抽取空气样本并进行烟粒子探测，还采用了特殊设计的检测室、高强度的光源和高灵敏度的光接收器件，使感烟灵敏度增加了几百倍。这一阶段还相继产生了光纤温度探测报警系统和载波系统等。早期可视烟雾探测火灾报警系统（VSD）是利用计算机对标准 CCTV 摄像机提供的图像进行分析，采用先进的图像处理技术，加之广角探测和已知的误报现象算法，自动识别烟雾的特定方式，并提醒操作人员在最短时间内到达现场。火灾产品不断更新换代，使火灾报警系统发生了一次次革命，为及时而准确地报警提供了重要保障。

二、火灾自动报警系统的组成

火灾自动报警系统由触发器件（探测器、手动报警按钮）、火灾报警装置（火灾报警控制器）、火灾警报装置（声光报警器）、控制装置（包括各种控制模块、火灾报警联动一体机；自动灭火系统的控制装置；室内消火栓的控制装置；防烟排烟控制系统及空调通风系统的控制装置；常开防火门、防火卷帘的控制装置；电梯迫降控制装置；以及火灾应急广播、火灾警报装置、消防通信设备、火灾应急照明及疏散指示标志的控制装置等）、电源等组成。其各部分的作用是：

火灾探测器的作用：它是火灾自动探测系统的传感部分，能在现场发出火灾报警信号或向控制和指示设备发出现场火灾状态信号的装置，可形象地称之为"消防哨兵"，俗称"电鼻子"。

手动报警按钮的作用：也是向报警器报告发生火情的设备，只不过探测器是自动报警而它是手动报警而已，其准确性更高。

警报器的作用：当发生火情时，能发出区别环境声光的声或光报警信号。

(1) 火灾报警控制器：可向探测器供电，并具有下述功能：接收探测信号并转换成声、光报警信号，指示着火部位和记录报警信息。

(2) 可通过火警发送装置启动火灾报警信号或通过自动消防灭火控制装置启动自动灭火设备和消防联动控制设备。

(3) 自动地监视系统的正确运行和对待定故障给出声光报警。

控制装置：在火灾自动报警系统中，当接收到来自触发器件的火灾信号或火灾报警控制器的控制信号后，能通过模块自动或手动启动相关消防设备并显示其工作状态的装置。

电源：火灾自动报警系统属于消防用电设备，其主电源应当采用消防电源，备用电源一般采用蓄电池组。系统电源除为火灾报警控制器供电外，还为与系统相关的消防控制设备等供电。

（一）区域报警系统（Local Alarm System）

由区域火灾报警控制器和火灾探测器等组成，或由火灾报警控制器和火灾探测器等组成，是功能简单的火灾自动报警系统。其构成如图 2-1 所示。

图 2-1 区域报警系统

（二）集中报警系统（Remote Alarm System）

由集中火灾报警控制器、区域火灾报警控制器和火灾探测器等组成，或由火灾报警控制器、区域显示器和火灾探测器等组成的功能较复杂的火灾自动报警系统。其构成如图2-2所示。

（三）控制中心报警系统（Control Center Alarm System）

由消防控制室的消防设备、集中火灾报警控制器、区域火灾报警控制器和火灾探测器等组成，或由消防控制室的消防控制设备、火灾报警控制器、区域显示器和火灾探测器等组成的功能复杂的火灾自动报警系统。其构成如图 2-3 所示。

综上所述，火灾自动报警系统的作用是：能自动（手动）发现火情并及时报警，以不失时机地控制火情的发展，将火灾的损失减到最低限度。可见火灾自动报警系统是消防系统的核心部分。

图 2-2 集中火灾报警系统

图 2-3 控制中心报警系统

第二节 火灾探测器

20世纪40年代末，瑞士的耶格(W. C. Jaeger)和梅利(E. Meili)等人根据电离后的离子受烟雾粒子影响会使电离电流减小的原理，发明了离子感烟探测器，极大地推动了火灾探测技术的发展。20世纪70年代末，人们根据烟雾颗粒对光产生散射效应和衰减效应发明了光电感烟探测技术。由于光电感烟探测器具有无放射性污染、受风流和环境湿度变化影响小、成本低等优点，光电感烟探测技术逐渐取代离子感烟探测技术。

一、探测器的分类及型号

1. 探测器分类

火灾探测器因为其在火灾报警系统中用量最大，同时又是整个系统中最早发现火情的设备，因此地位非常重要，其种类多、科技含量高。因此根据对可燃固体、可燃液体、可燃气体及电气火灾等的燃烧试验，为了准确无误对不同物体的火灾进行探测，目前研制出来的常用探测器有感烟、感温、感光、复合及可燃气体探测器五种系列。另外，根据探测器警戒范围的不同又分为点型和线型两种型式，具体分类如下：

第二节 火灾探测器

2. 探测器型号及及图形符号

探测器的型号命名

火灾报警产品种类较多，附件更多，但都是按照国家标准编制命名的。国标型号均是按汉语拼音字头的大写字母组合而成，只要掌握规律，从名称就可以看出产品类型和特征。

火灾探测器的型号意义：

(1) J(警)——火灾报警设备
(2) T(探)——火灾探测器代号

火灾探测器分类代号，各种类型火灾探测器的具体表示方法：

Y(烟)——感烟火灾探测器；
W(温)——感温火灾探测器；

G(光)——感光火灾探测器；
Q(气)——可燃气体探测器；

(3) F(复)——复合式火灾探测器

(4) 应用范围特征代号表示方法：

B(爆)——防爆型(无"B"即为非防爆型，其名称亦无须指出"非防爆型")。

C(船)——船用型。

非防爆或非船用型可省略，无须注明。

(5)、(6) 探测器特征表示法(敏感元件、敏感方式特征代号)：

LZ(离子)——离子；

MD(膜，定)——膜盒定温；

GD(光，电)——光电；

MC(膜，定)——膜盒差温；

SD(双，定)——双金属定温；

MCD(膜差定)——膜盒差定温；

SC(双，差)——双金属差温；

GW(光温)——感光感温；

GY(光烟)——感光感烟；

YW(烟温)——感烟感温；

YW——HS(烟温-红束)——红外光束感烟感温；

BD(半，定)——半导体定温；

ZD(阻，定)——热敏电阻定温；

BC(半，差)——半导体差温；

ZC(阻，差)——热敏电阻差温；

BCD(半差定)——半导体差定温；

ZCD(阻，差，定)——热敏电阻差定温；

HW(红，外)——红外感光；

ZW(紫，外)——紫外感光。

(7) 主要参数：表示灵敏度等级(1，2，3级)，对感烟感温探测器标注(灵敏度：对被测参数的敏感程度)。

例：JTY-GD-G3 智能光电感烟探测器(海湾安全技术有限公司生产)。

JTY-HS-1401 红外光束感烟火灾探测器(北京核仪器厂生产)。

JTW-ZD-2700/015 热敏电阻定温火灾探测器(国营二六二厂生产)。

JTY-LZ-651 离子感烟火灾探测器(北京原子能研究院电子仪器厂生产)。

探测器的图形符号

在国家标准中消防产品图形符号不全，目前在设计中图形符号的绘制有两种选择，一种按国家标准绘制，另一种根据所选厂家产品样本绘制，这里仅给出几种常用探测器的国家标准画法供参考，如图2-4所示为探测器的图形符号。

图2-4 探测器的图形符号

二、探测器的构造及原理

(一) 感烟探测器

常用的感烟探测器有离子感烟探测器、光电感烟探测器及红外光束感烟探测器。感烟探测器对火灾前期及早期报警很有效,应用最广泛,应用数量居首位。

1. 感烟探测器的作用及构造

(1) 作用:感烟探测器是对探测区域内某一点或某一连续路线周围的烟参数响应敏感的火灾探测器。

(2) 构造及原理

感烟探测器有双源双室和单元双室之分,双源双室探测器是由两块性能一致的放射源片(配对)制成相互串联的两个电离室及电子线路组成的火灾探测装置。一个电离室开孔称采样电离室(或称作外电离室)K_M,烟可以顺利进入,另一个是封闭电离室,称参考电离室(或内电离室)K_R,烟无法进入,仅能与外界温度相通,如图 2-5(a)所示。两电离室形成一个分压器。两电离室电压之和 U_M+U_R 等于工作电压 U_B(例如 24V)。流过两个电离室的电流相等,同为 I_K。采用内、外电离室串联的方法,是为了减少环境温度、湿度、气压等自然条件对电离电流的影响,提高稳定性,防止误报。把采样电离室等效为烟敏电阻 R_M,参考电离室等效为固定或预调电阻 R_R,S 为电子线路,等效电路,如图 2-5(b)所示。两个电离室的特征如图 2-6 所示,图中,A 为无烟存在时采样室的特征曲线,$B(B_1,B_2,B_3)$ 为有烟时采样时的特征曲线,$C(C_1,C_2,C_3)$ 为参考室的特征曲线,特征曲线 C_1 对应低灵敏度,C_2 对应中灵敏度,C_3 对应高灵敏度。

图 2-5 双源双室探测器电路示意
(a)双源双电离室;(b)等效电路

图 2-6 双源双室探测器 I-U 特性曲线

单元双室探测器:构造及外形如图 2-7 所示。图中进烟孔既不敞开也不节流,烟气流通过防虫网从采样室上方扩散到采样室内部。采样电离室和参考电离室内部的构造及特性曲线如图 2-8 所示。两电离室共用一块放射源,参考室包含在采样室中,参考室小,采样室大。采样室的 α 射线是通过中间电极的一个小孔放射出来的。在电路上，内外电离室同样是串联，在相同的大气条件下，电离室的电离平衡是稳定的，与双源双室探测器类似。当发生火灾时，烟的绝大部分进入采样室，采样室两端的电压变化为 $\Delta U = U_0' - U_0$，当 ΔU 达到预定值（即阈值）时，探测器便输出火警信号。

图 2-7 单元双室探测器的构造及外形

图 2-8 单元双室探测器的构造及 $I\text{-}U$ 特性曲线
(a)内部构造；(b)特性曲线

U_s—加在内外电离室两端的电压；U_i—无烟时加在参考电离室两端的电压；U_i'—有烟时加在参考电离室两端的电压；
U_0—无烟时加在采样电离室两端的电压；U_0'—有烟时加在采样电离室两端的电压

单源双室与双源双室探测器比较特点如下：

① 内电离室与外电离室联通，有利于抗温、抗潮、抗气压变化对探测器性能的影响；

② 抗灰尘污秽的能力增强，当有灰尘轻微地沉积在放射源源面上时，采样室分压的变化不明显。

③ 能做成超薄型探测器，具有体积小、重量轻及美观大方的特点；

④ 只需较微弱的 α 放射源（比双源双室的源强减少一半），并克服了双源双室要求两源片相互匹配的缺点；

⑤ 源极和中间极的距离是连续可调的，能够比较方便地改变采样室的分压，便于探测器响应阈值的一致性调整，简单易行。

2. 离子感烟探测器

离子感烟探测器是对能影响探测器内电离电流的燃烧物质敏感的探测器。离子感烟探测器有双源双室和单元双室之分，它利用放射源制成敏感元件，并由内电离室 K_R 和外电

离室 K_M 及电子线路或编码线路构成，如图 2-9 所示。在串联两个电离室两端直接接入 24V 直流电源，两个电离室形成一个分压器，两个电离室电压之和为 24V。外电离室是开孔的，烟可顺利通过，内电离室是封闭的，不能进烟，但能与周围环境缓慢相通，以补偿外电离室环境的变化对其工作状态发生的影响。

放射源由物质镅^{241}（^{241}Am）α 放射源构成。放射源产生的 α 射线使内外电离室内空

图 2-9 离子感烟探测器方框图

气电离，形成正负离子，在电离室电场作用下，形成通过两个电离室的电流。这样可以把两电离室看成两个串联的等效电阻，两电阻交接点与"地"之间维持某一电压值。

当发生火灾时，烟雾进入外电离室后，镅^{241}产生的 α 射线被阻挡，使其电离能力降低率增大，因而电离电流减小。正负离子被体积比其大得多的烟粒子吸附，外电离室等效电阻变大，而内电离室因无烟进入，电离室的等效电阻不变，因而引起两电阻交接点电压变化。当交接点电压变化到某一定值，即烟密度达到一定值时（由报警阈值确定）交接点的超阈部分经过处理后，开关电路动作，发出报警信号。

现以 FJ-2701 型离子感烟探测器为例说明其工作原理，电路图如图 2-10 所示。由于两电离子的镅$^{241}\alpha$ 放射源是串联的，所以等效阻抗很大，大约在 $10^{10}\Omega$ 左右，这样就必须采用高输入阻抗的场效应管。

图 2-10 离子感烟探测器原理图

由 V_1、V_2 两只三极管组成正反馈电路，当外离子室由于受烟粒子影响电阻变大而使场效应管导通后，又使 V_1 导通，使稳压管 V_{D5} 达到稳定值后也导通，使三极管 V_3 也随之导通，V_3 的集电极电流使确认灯亮，同时使信号线输出火警信号。三极管 V_4 作为探测器断线监控，安装在终端时，起断线故障报警作用。由于离子感烟探测器自身的误报率相对较高，且后期维护费用高，加之其有一定的环境污染问题，所以现在已基本不使用了。

3. 光电式感烟探测器

它是对能影响红外、可见和紫外电磁波频谱区辐射的吸收或散射的燃烧物质敏感的探

测器。光电式感烟探测器根据其结构和原理分为遮光型和散射型两种。

(1) 散射光型感烟探测器：光电感烟探测器由传感器（光学探测室和其他敏感器件）、火灾算法及处理电路构成，如图 2-11 所示。光学探测室是光电感烟探测器的重要部件，是烟雾传感器。它主要由发射管、接收管、聚焦透镜、保证光学暗室的遮光窗、防虫网组成。光学探测室主要决定着探测器的烟雾探测性能（探测烟雾的种类、火灾灵敏度、一致性、方位性）、抗误报性能（抗灰尘特性、抗纤维特性、防虫特性、抗环境光干扰特性、抗气流特性）。

图 2-11　光电感烟探测器结构示意图
1—导光柱；2—迷宫；3—敏感空间；4—外壳；5—底座

其基本原理为：在敏感空间无烟雾粒子存在时，探测器外壳之外的环境光线被迷宫阻挡，基本上不能进入敏感空间，红外光敏二极管只能接收到红外光束经多次反射在敏感空间形成的背景光。当烟雾颗粒进入由迷宫所包围的敏感空间时烟雾颗粒吸收入射光并以同样的波长向周围发射光线，部分散射光线被红外光敏二极管接收后，形成光电流。当光电流大到一定程度时，探测器即发出报警信号。

(2) 遮光型（或减光型）光电式感烟型探测器：由一个光源（灯泡或发光二极管）和一个光敏元件（硅光电池）对应装置在小暗室（即型腔密室或称采样室）里构成，在正常（无烟）情况下，光源发出的光通过透镜聚成光束，照射到光敏元件上，并将其转换成电信号，使整个电路维持正常状态，不发生报警。发生火灾有烟雾存在时，光源发出的光线受烟粒子的散射和吸收作用，使光的传播特性改变，光敏元件接收的光强明显减弱，电路正常状态被破损，则发出声光报警。

(3) 激光感烟探测器：应用在高灵敏度吸气式感烟火灾报警系统，点型激光感烟探测器，其灵敏度高于目前光电感烟探测器灵敏度的 50 倍。点型激光感烟探测的原理主要采用了光散射基本原理，但又与普通散射光探测有很大区别，激光感烟探测器的光学探测室的发射激光二极管和组合透镜使光束在光电接收器的附近聚焦成一个很小亮点，然后光线进入光阱被吸收掉。当有烟时，烟粒子在窄激光光束中的散射光通过特殊的反光镜（作用像一个光学放大器）被聚到光接收器上，从而探测到烟雾颗粒。在点型的光电感烟探测器中，烟粒子向所有方向散射光线，仅一小部分散射到光电接收上，灵敏度较差，而激光探测器采用光学放大器器件，将大部分散射光汇聚到光电接收器上，极大的提高了灵敏度，同时降低了误报率。

4. 红外光束线性火灾探测器

(1) 探测器的构造及原理：这种探测器是由发射器和接收器两部分组成，而 JTY-HM-GST102 智能线型红外光束感烟探测器为编码型反射式线型红外光束感烟探测器，探测器将发射部分、接收部分合二为一。探测器可直接与火灾报警控制器连接，通过总线完成两者间状态信息的传递。探测器必须与反射器配套使用，但需要根据两者间安装距离的不同决定使用反射器的块数。其外形示意如图 2-12 所示。将探测器与反射器相对安装在保护空间的两端且在同一水平直线上,安装示意如图 2-13 所示。

图 2-12　探测器外形示意图

图 2-13　探测器安装示意图

一般光电感烟探测器(离子探测器同)分为探头和底座两部分,其接线主要在底座上完成,底座上有 4 个导体片,片上带接线端子,底座上不设定位卡,便于调整探测器报警指示灯的方向。预埋管内的探测器总线分别接在任意对角的两个接线端子上(不分极性),另一对导体片用来辅助固定探测器。待底座安装牢固后,将探测器底部对正底座顺时针旋转,即可将探测器安装在底座上。探测器底座外型如图 2-14 所示。

其工作原理是:在正常情况下红外光束探测器的发射器发送一个不可见的、波长为 940mm 的脉冲红外光束,它经过保护空间不受阻挡地射到接收器的光敏元件上,如图 2-13 所示。

图 2-14　通用探测器底座 DZ-02 外形图

当发生火灾时,由于受保护空间的烟雾气溶胶扩散到红外光束内,使到达接收器的红外光束衰减,接收器接收的红外光束辐射通量减弱,当辐射通量减弱到预定的感烟动作阈值(响应阈值)(例如,有的厂家设定在光束减弱超过 40%(且小于 93%)时,如果保持衰减 5s(或 10s)时间,探测器立即动作,发出火灾报警信号。

(2) 适用范围：线型火灾探测器是响应某一连续线路附近的火灾产生的物理或化学现象的探测器。红外光束线型感烟火灾探测器是应用烟粒子吸收或散射红外光束强度发生变化的原理而工作的一种探测器。

特点是：具有安装简单、方便，光路准直性好；具有自动校准功能，确保可以由单人在短时间内完成调试；具有火警、故障无源输出触点；具有自诊断功能，可以监测探测器；保护面积大，安装位置较高；具有自动补偿功能，对于一定程度上的灰尘污染、位置偏移及发射管的老化等致使接收信号减小的因素可自动进行补偿；可现场设置三个级别的灵敏度，适用于不同扬尘程度的场所；电子编码、地址码可现场设定；探测光路设计巧妙，抗干扰性能强；密封设计，具有防腐、防水性能。在相对湿度较高和强电场环境中反应速度快，适宜保护较大空间的场所，尤其适宜保护难以使用点型探测器甚至根本不可能使用点型探测器的场所，主要适合下列场所：

① 古建筑、文物保护的厅堂馆所等；
② 变电站、发电厂等；
③ 隧道工程；
④ 遮挡大空间的库房、飞机库、纪念馆、档案馆、博物馆等；
⑤ 不宜使用线型光束探测器的场所：有剧烈振动的场所；有日光照射或强红外光辐射源的场所；在保护空间有一定浓度的灰尘、水气粒子且粒子浓度变化较快的场所。

5. 感烟探测器的灵敏度

感烟灵敏度（或称响应灵敏度）是探测器响应烟参数的敏感程度。感烟探测器分为高、中、低（或Ⅰ、Ⅱ、Ⅲ）级灵敏度，在烟雾相同的情况下，高灵敏度意味着可对较低的烟粒子数浓度响应。灵敏度等级上用标准烟（试验气溶胶）在烟箱中标定感烟探测器几个不同的响应阈值的范围。

感烟灵敏度等级的调整有两种方法：一种是电调整法，另一种是机械调整法。

电调整法：将双源双室或单源双室探测器的触发电压按不同档次响应阈值的设定电压调准，从而得到相应等级的烟粒子数浓度。这种方法增加了电子元件，使探测器可靠性下降。

机械调整法：这种方法是改变放射源片对中间电极的距离，电离室的初始阻抗 R_0 与极间距离 L 成正比。L 小时，R_0 小，灵敏度高；当 L 大时，R_0 大，灵敏度低。不同厂家根据产品情况确定的灵敏度等级所对应的烟浓度是不一致的。

一般来讲，高灵敏度用于禁烟场所，中级灵敏度用于卧室等少烟场所，低级灵敏度用于多烟场所。高、中、低级灵敏度的探测器的感烟动作率分别为10%、20%、30%。

（二）火焰探测器

点型火焰探测器是一种对火焰中特定波段中的电磁辐射敏感（红外、可见和紫外谱带）的火灾探测器，又称感光探测器。因为电磁辐射的传播速度极快，因此，这种探测器对快速发生的火灾（譬如易燃、可燃液体火灾）或爆炸能够及时响应，是对这类火灾早期通报火警的理想探测器。响应波长低于400nm辐射能通量的探测器称紫外火焰探测器，响应波长高于700nm辐射能通量的探测器称作红外火焰探测器。

1. 分类及特点

火焰探测器的分类及特点见表2-1所示。

火焰探测器的分类及特点　　　　　　　　　　　　　表 2-1

序号	分类名称	特　点
1	单通道红外火焰探测器	优点：对大多数含碳氢化合物的火灾响应较好；对弧焊不敏感；通过烟雾及其他许多污染能力强；日光盲；对一般的电力照明、人工光源和电弧不响应；其他形式辐射的影响很小 缺点：透镜上结冰可造成探测器失灵，对受调制的黑体热源敏感。由于只能对具有闪烁特征的火灾响应，因而使得探测器对高压气体火焰的探测较为困难
2	双通道火焰探测器	优点：对大多含碳氢化合物的火灾响应较好；对电弧焊不敏感；能够透过烟雾和其他许多污染；日光盲；对一般的电力照明、人工光源和电弧不响应；其他形式辐射影响很小；对稳定的或经调制的黑体辐射不敏感，误报率较低 缺点：灵敏度低
3	紫外火焰探测器	优点：对绝大多数燃烧物质能够响应，但响应的快慢有不同，最快响应可达 12ms，可用于抑爆等特殊场合。不要求考虑火焰闪烁效应。在高达 125℃ 的高温场合下，可采用特种型式的紫外探测器。对固定的或移动的黑体热源反应不灵敏，对日光辐射和绝大多数人工照明辐射不响应，可带自检机构，某些类型探测器可进行现场调整，调整探测器的灵敏度和响应时间，具有较大的灵活性 缺点：易产生误报
4	紫外/红外火焰探测器	优点：对大多含碳氢化合物的火灾响应较好。对电弧焊不敏感。比单通道红外火焰探测器响应稍快，但比紫外火焰探测器稍慢。对一般的电力照明、大多数人工光源和电弧不响应。其他形式辐射的影响很小。日光盲。对黑体辐射不敏感。即使背景正在进行电弧焊，但经过简单的表决单元也能响应一个真实的火灾。同样，即使存在高的背景红外辐射源，也不能降低其响应真实火灾的灵敏度。带简单表决单元的紫外/红外探测器的火焰灵敏度可现场调整，以适合特殊安装场合的应用 缺点：火焰灵敏度可能受紫外和红外吸收物质沉积的影响

2. 构造及原理

以紫外火焰探测器为例说明之。紫外火焰探测器由圆柱型紫外充气光敏管、自检管、屏蔽套、反光环、石英窗口等组成，如图 2-15(a) 所示，工作原理如图 2-15(b) 所示，外形如图 2-15(c) 所示。

当光敏管接收到 185～245nm 的紫外线时，产生电离作用而放电，使其内阻变小，导电电流增加，使电子开关导通，光敏管工作电压降低，当电压降低到 $V_{熄灭}$ 电压时，光敏管停止放电，使导电电流减小，电子开关断开，此时电源电压通过 RC 电路充电，又使光敏管的工作电压重新升高到 $V_{导通}$ 电压，于是又重复上述过程，这样便产生了一串脉冲，脉冲的频率与紫外线强度成正比，同时与电路参数有关。

3. 一般安装及接线方式

智能紫外火焰探测器也分为探头和底座两部分，其接线主要在底座上完成，底座上有 4 个导体片，片上带接线端子，底座上不设定位卡，便于调整探测器报警指示灯的方向。预埋管内的探测器总线分别接在任意对角的两个接线端子上 (不分极性)，另一对导体片用来辅助固定探测器。待底座安装牢固后，将探测器底部对正底座顺时针旋转，即可将探测器安装在底座上。探测器底座外型同通用探测器底座 DZ-02 外形图。其具体安装时的注意事项如下：

① 不宜安装在可能发生无焰火灾的场所；
② 不宜安装在火焰出现前有浓烟扩散的场所；
③ 不宜安装在探测器的镜头易被污染的场所；
④ 不宜安装在探测器的"视线"易被遮挡的场所；
⑤ 不宜安装在探测器易受阳光或其他光源直接或间接照射的场所；
⑥ 不宜安装在在正常情况下有明火作业以及 X 射线、弧光等影响的场所。

图 2-15 紫外火焰探测器

(a)结构示意图；(b)工作原理示意图；(c)智能紫外火焰探测器 JTG-ZW-G1

（三）感温探测器

感温探测器是响应异常温度、温升速率和温差等参数的探测器。

感温式火灾探测器按其结构可分为电子式和机械式两种。按原理又分为定温、差温、差定温组合式三种。

1. 定温式探测器

定温式探测器是随着环境温度的升高，达到或超过预定值时响应的探测器。

(1) 双金属型定温探测器：双金属定温火灾探测器是以具有不同热膨胀系数的双金属片为敏感元件的一种定温火灾探测器。常用的结构形式有圆筒状和圆盘状两种。圆筒状的结构如图 2-16(a)、(b)所示，由不锈钢管、铜合金片以及调节螺栓等组成。两个铜合金片上各装有一个电接点，其两端通过固定块分别固定在不锈钢管上和调节螺栓上。由于不锈

图 2-16 定温火灾探测器结构示意图

钢管的膨胀系数大于铜合金片,当环境温度升高时,不锈钢外筒的伸长大于铜合金片,因此铜合金片被拉直。在图 2-16(a)中两接点闭合发出火灾报警信号;在图 2-16(b)中两接点打开发出火灾报警信号。图 2-16(c)所示为双金属圆盘状定温火灾探测器结构示意图。

(2) 缆式线型定温探测器:是采用线缆式结构的线型定温探测器。

① 热敏电缆线型定温探测器的构造及原理:

该探测器由两根弹性钢丝、热敏绝缘材料、塑料色带及塑料外护套组成,如图 2-17 所示。在正常时,两根钢丝间呈绝缘状态。该探测器主要由智能缆式线型感温探测器编码接口箱、热敏电缆及终端模块三部分构成一个报警回路,此报警回路再通过智能缆式线型感温探测器编码接口箱与报警总线相连,以便传输火灾信息到报警主机上。其系统构成示意如图 2-18 所示。

(a)缆式线型定温探测器构造;(b)智能线型缆式感温探测器外形
图 2-17 缆式线型定温探测器构造及外形

在每一热敏电缆中有一极小的电流流动。当热敏电缆线路上任何一点的温度(可以是"电缆"周围空气或它所接触物品的表面温度)上升达额定动作温度时,其绝缘材料熔化,两根钢丝互相接触,此时报警回路电流骤然增大,报警控制器发出声、光报警的同时,数码管显示火灾报警的回路号和火警的距离(即热敏电缆动作部分的米数)。报警

图 2-18 智能线型缆式感温探测器系统示意图

后,经人工处理热敏电缆可重复使用。当热敏电缆或传输线任何一处断线时,报警控制器可自动发出故障信号。探测器的动作温度如表 2-2 所列。

缆式线型定温探测器的动作温度　　　　　　　　　　　表 2-2

安装地点允许的温度范围(℃)	额定动作温度(℃)	备　注
－30～40	68±10	应用于室内、可架空及靠近安装使用
－30～55	85±10	应用于室内、可架空及靠近安装使用
－40～75	105±10	适用于室内、外
－40～100	138±10	适用于室内、外

② 探测器的适用场所:

a. 控制室、计算机室的闷顶内、地板下及重要设施隐蔽处等。

b. 配电装置：包括电阻排、电机控制中心、变压器、变电所、开关设备等。

c. 灰尘收集器、高架仓库、市政设施、冷却塔等。

d. 卷烟厂、造纸厂、纸浆厂及其他工业易燃的原料垛等。

e. 各种皮带输送装置、生产流水线和滑道的易燃部位等。

f. 电缆桥架、电缆夹层、电缆隧道、电缆竖井等。

g. 其他环境恶劣不适合点型探测器安装的危险场所。

③ 探测器的动作温度及热敏电缆长度的选择：

a. 探测器动作温度：应按表 2-2 选择。

b. 热敏电缆长度的选择：热敏电缆托架或支架上的动力电缆上表面接触安装时，如图 2-19 所示，热敏电缆的长度按下列公式计算：

图 2-19 热敏电缆在动力电缆上表面接触安装

热敏电缆的长度＝托架长×倍率系数，倍率系数可按表 2-3 选定。

倍率系数的确定　　　　　　　　　　　　　　表 2-3

托架宽(m)	倍率系数	托架宽(m)	倍率系数
1.2	1.75	0.5	1.15
0.9	1.50	0.4	1.10
0.6	1.25		

热敏电缆以正弦波方式安装在动力电缆上时，其固定卡具的数目计算方法如下：

$$固定卡具数目＝正弦波半波个数×2＋1$$

2. 差温探测器

差温探测器是当火灾发生时，室内温度升高速率达到预定值时响应的探测器。按其工作原理又分机械式、电子式或和空气管线型几种。

(1) 点型差定温火灾探测器

当火灾发生时，室内局部温度将以超过常温数倍的异常速率升高。差温火灾探测器就是利用对这种异常速率产生感应而研制的一种火灾探测器。

当环境温度以不大于 1℃/min 的温升速率缓慢上升时，差温火灾探测器将不发出火灾报警信号，较为适用于产生火灾时温度快速变化的场所。点型差温火灾探测器主要有膜盒差温、双金属片差温、热敏电阻差温火灾探测器等几种类型。常见的是膜盒差温火灾探测器，它由感温外壳、波纹片、漏气孔及电接点等几部分构成，其结构如图2-20所示。

这种探测器具有灵敏度高、可靠性好、不受气候变化影响的特点，因而应用非常广泛。

(2) 空气管线型差温探测器：它是一种感受温升速率的火灾探测器，由敏感元件空气管为 $\phi 3mm \times 0.5mm$ 紫铜管（安装于要保护的场所）、传感元件膜盒和电路部分（安装在保护现场或装在保护现场之外）组成，如图2-21所示。

图2-20 膜盒差温火灾探测器结构示意图

图2-21 空气管线差温探测器

其工作原理是：当正常时，气温正常，受热膨胀的气体能从传感元件泄气孔排出，不推动膜盒片，动、静结点不闭合；当发生火灾时，灾区温度快速升高，使空气管感受到温度变化，管内的空气受热膨胀，泄气孔无法立即排出，膜盒内压力增加推动膜片，使之产生位移，动、静接点闭合，接通电路，输出报警信号。

空气管式线型差温探测器的灵敏度为三级，如表2-4所列。由于灵敏度不同，其使用场所也不同，如表2-5所列给出了不同灵敏度空气管式线型差温探测的适用场合。

空气管式线型差温度探测器灵敏度 表2-4

种类	动作温升速率(℃/min)	不动作温升速率	种类	动作温升速率(℃/min)	不动作温升速率
1	7.5	1℃/min 持续上升 10min	3	30	3℃/min 持续上升 10min
2	15	2℃/min 持续上升 10min			

说明：以第2种规格为例，当空气管总长度的1/3感受到以15℃/min速率上升的温度时，1min之内会给出报警信号。而空气管总长度的2/3感受到以2℃/m速率上升的温度时，10min之内不应发出报警信号。

3种不同灵敏度空气管式线型差温探测器的使用场合 表2-5

种 类	最大空气管长度(m)	使 用 场 合
1	<80	书库、仓库、电缆隧道、地沟等温度变化率较小的场所
2	<80	暖房设备等温度变化较大的场所
3	<80	消防设备中要与消防泵自动灭火装置联动的场所

以上所描述的差温和定温感温探测器中除缆式线型定温探测器因其特殊的用途还在使用外，其他均已被下面介绍的差定温组合式探测器所取代。

3. 差定温组合式探测器

这种探测器是将温差式、定温式两种感温探测元件组合在一起，同时兼有两种功能。

其中某一种功能失效，另一种功能仍能起作用，因而大大提高了可靠性，分为机械式和电子式两种。

机械式差定温探测器原理说明：图 2-22 为 JW-JC 型差定温探测器的结构示意图，它的温差探测部分与膜盒形基本相同，而定温探测部分与易熔金属定温探测器相同。其工作原理是：差温部分，当发生火情时，环境温升速率达到某一数值，波纹片在受热膨胀的气体作用下，压迫固定在波纹片上的弹性接触片向上移动与固定触头接触，发出报警。定温部分，当环境温度达到一定值时，易熔金属熔化，弹簧片弹回，也迫使弹性接触片和固定触点接触，发出报警信号。电子式差定温探测器原理说明：由感温电阻将现场的温度信号传至探测器内部的单片机，再由单片机根据其内部的火灾特征曲线判断现场是否着火，并将结果通过总线传至火灾报警主机上。这也是现在普遍使用的一种差定温感温探测器，其接线方式与感烟探测器相同，外型如图 2-23 所示。

图 2-22　JW-JC 型差定温探测器结构图　　图 2-23　智能电子差定温感温探测器 JTW-ZCD-G3N

4. 感温探测器灵敏度

火灾探测器在火灾条件下响应温度参数的敏感程度称感温探测器的灵敏度。

感温探测器分为Ⅰ、Ⅱ、Ⅲ级灵敏度。定温、差定温探测器灵敏度级别标志如下：

Ⅰ级灵敏度(62℃)：绿色；

Ⅱ级灵敏度(70℃)：黄色；

Ⅲ级灵敏度(78℃)：红色。

（四）气体火灾探测器（又称可燃气体探测器）

对探测区域内某一点周围的特殊气体参数敏感响应的探测器称为气体火灾探测器（又称可燃气体探测器）。其探测的主要气体种类有天燃气、液化气、酒精、一氧化碳等。

1. 适用场所及作用

用于探测溶剂仓库、压气机站、炼油厂、输油输气管道的可燃性气体方面，用于预防潜在的爆炸或毒气危害的工业场所及民用建筑（煤气管道、液化气罐等），起防爆、防火、监测环境污染的作用。

2. 构造及原理

(1) 敏感元件：

① 金属氧化物半导体元件：当氧化物暴露在温度 200～300℃ 的还原性气体中时，大多数氧化物的电阻将明显降低。由于半导体表面接触的气体的氧化作用，被离子吸收的氧从半导体表面移出，自由形成的电子对于电传导有贡献。由特殊的催化剂，例如 Pt、Pd 和 Gd 的掺和物可加速表面反应。这一效应是可逆的，即当除掉还原性气体时，半导体恢

复到它的初始的高阻值。

应用较多的是以二氧化锡(SnO_2)材料适量掺杂[添加微量钯(Pd)等贵金属做催化剂],在高温下烧结成多晶体为N型半导体材料,在其工作温度(250~300℃)下,如遇可燃性气体,例如大约$1.0×10^{-5}$的一氧化碳气体,是足够灵敏的,因此,它们能够构成用来研制探测器初期火灾的气体探测器的基础。

其他类型的可燃气体探测器还有氧化锌系列,它是在氧化锌材料中掺杂铂(Pt)做催化剂,对煤气具有较高的灵敏度;掺杂钯(Pd)做催化剂,对一氧化碳和氢气比较敏感。

有时还采用其他材料做敏感元件,例如$\gamma\text{-}Fe_2O_3$系列,它不使用催化剂也能获得足够的灵敏度,并因不使用催化剂而大大延长其使用寿命。

各类半导体可燃气体敏感材料如表2-6所列。

半导体可燃气体敏感材料 表2-6

检 测 元 件	检 出 成 分	检 测 元 件	检 出 成 分
ZnO 薄膜	还原性、氧化性气体	氧化物(WO_3、MoO_3、Gr_2O_3 等)+催化剂(Pt、Ir、Rh、Pd 等)	还原性气体
氧化物薄膜(ZnO、SnO_2、CdO、Fe_2O_3、NiO 等)	还原性、氧化性气体	SnO_2+Pd	还原性气体
SnO_2	可燃性气体		还原性气体
In_2O_3+Pt	H_2 碳化氢	$SnO_2+Sb_2O_3+Au$	H_2
混合氧化物($LaNiO_3$ 等)	C_2H_2OH 等	$MgFe_2O_4$	还原性气体
V_2O_5+Ag	NO_2	$\gamma\text{-}Fe_2O_3$	C_3H_8、C_4H_{10} 等
CoO	O_2	SnO_2+ThO_2	CO
ZnO+Pt ZnO+Pd	C_3H_8、C_4H_{10} 等 H_2、CO		

② 催化燃烧元件:一个很小的多孔的陶瓷小珠(直径约为1mm),例如氧化铝和一个Pt加热线圈结到一起,如图2-24所示,把小球浸渍一种催化剂(Pt、Th、Pd等)以加速某些气体的氧化作用。该催化的活性小珠在电路是桥式连接,其参考桥臂由一类似结构的惰性小珠构成。两个小珠相邻地放于探测器壳体中,Pt线圈加热到500℃左右的温度。可氧化的气体在催化的活性小珠热表面上氧化,但在惰性小珠上不氧化。因此,活性小珠的温度稍高于惰性小珠的温度。两个小珠的温差可由Pt加热线圈电阻的相应变化测出。对于低气体浓度来说,电路输出信号与气体浓度C成正比,即:

图2-24 催化燃烧气体
敏感元件示意

$$S=A \cdot C \tag{2-1}$$

式中 S——电路输出信号;
A——系数(A与燃烧热成正比);
C——气体浓度。

催化燃烧气体敏感元件制成的探测器仅对可氧化的气体敏感。它主要用于监测易爆气体(其浓度在爆炸下限的 1/100 到 1/10,即大于 $1.0×10^{-4}$)。探测器的灵敏度可勉强探出典型火灾初期阶段的气体浓度,而且探测器的功能较大(约 1W),在大多数情况下,由于在 1 年左右时间内将有较大的漂移,所以它需要重新进行电气调零。

(2) 气体火灾探测器的响应性能:

① 火灾包括有机物质的不完全燃烧,产生大量的一氧化碳气体。一氧化碳往往先于火焰或烟出现,因此,可能提供最早期的火灾报警。

② 使用半导体气体探测器探测低浓度的一氧化碳(体积比在百万分之几数量级),这一浓度远小于一般火灾产生的浓度。一氧化碳气体按扩散方式到达到探测器,不受火灾对流气流的影响,对探测火灾是一个有利的因素。

③ 一氧化碳半导体气体探测器对各种火灾具有较普通的响应性,这是其他火灾探测器无法比拟的。可燃气体探测器的主要技术性能如表 2-7 所列。

可燃气体探测器的主要技术性能　　　　表 2-7

项　目	型　号	
	HRB-15 型	RH-101 型
测量对象	一般可燃性气体	一般可燃性气体
测量范围	0%～120% LEL	0%～100% LEL
防爆性能	$BH_4 Ⅲ e$	$B_3 d$
测量精度	混合档±30% LEL 专用档±10% LEL	满刻度的±5%
指定稳定时间	5s	
警报启动点	20%LEL 或自定	25%LEL 或自定
被测点数	1 点	15 点
环境条件	温度-20～+40℃ 环境湿度 0%～98%	-30～40℃
重量	小于 2kg	检测器:9kg 显示器:46kg

注:L、E、L 指爆炸下限。

④ 半导体气体探测器结构简单,由较大表面积的陶瓷元件构成,对大气有一定的抵御能力,体积可以做得较小,且坚固,成本较低。

(3) 可燃气体探测器的安装接线方式:

可燃气体探测器主要分为两种存在形式,一种是编码可燃气体探测器,该可燃气体探测器可直接接到报警总线上,与其他类型报警设备一同构成综合型的报警网络;另一种为独立型的可燃气体探测器,该探测器本身不带编码,且有一个独立可燃气体报警控制器与之配套(电源为 24V 或 220V),自成系统。下面以海湾牌编码型可燃气体探测器 GST-BF003M 为例具体加以说明。GST-BF003M 隔爆点型可燃气体探测器通过四芯电缆与处在安全区的 GST 系列火灾报警控制器连接,其中两根线为 DC24V 电源线,另两根为总线。本探测器防爆标志为 ExdIICT6，适用于石油、化工、机械、医药、储运等行业爆炸危险环境的 1 区和 2 区。其主要技术指标为：

① 工作电压：DC24V；
② 使用电压范围：DC19～DC29V；
③ 工作电流≤40mA；
④ 传感原理：催化燃烧；
⑤ 取样方式：自然扩散；
⑥ 检测范围：0%～100%LEL；
⑦ 线制：四线——两根 DC24V 电源线，两根为总线，传输距离可达到 1000m；
⑧ 检测气体：天燃气、液化气、酒精；
⑨ 使用环境：温度：－40～＋70℃，相对湿度≤95%，不结露；
⑩ 外壳防护等级：IP43；
⑪ 防爆标志：ExdIICT6。

GST-BF003M 隔爆点型可燃气体探测器外形及接线端子示意图分别如图 2-25 和图 2-26 所示。图中 Z1、Z2 为接火灾报警控制器信号二总线的端子，无极性；D1、D2 为接 DC24V 电源的端子，无极性；⏚ 为探测器机壳保护地端子。GST-BF003M 隔爆点型可燃气体探测器安装方式有两种，一种是安装到钢管上，另一种是安装到墙上。当被探测气体比空气重时，探测器应安装在低处；反之，则应安装在高处。在室外安装时应加装防雨罩，防止雨水溅湿探测器。该隔爆点型可燃气体探测器必须和海湾公司的 GST 系列火灾报警控制器配接。每一只探测器和控制回路使用四芯电缆连接，具体接线方法如图 2-27 所示。

图 2-25　GST-BF003M 隔爆点型可燃气体探测器外型图

（五）复合火灾探测器

复合火灾探测器是一种可以响应两种或两种以上火灾参数的探测器，是两种或两种以上火灾探测器性能的优化组合，集成在每个探测器内的微处理机芯片，对相互关联的每个探测器的测值进行计算，

图 2-26　GST-BF003M 隔爆点型可燃气体探测器端子图

图 2-27 GST-BF003M 隔爆点型可燃气体探测器连接示意图

从而降低了误报率。通常有感烟感温型、感温感光型、感烟感光型、红外光束感烟感光型、感烟感温感光型复合探测器。其中以烟温复合探测器使用最为频繁，其工作原理为无论是温度信号还是烟气信号，只要有一种火灾信号达到相应的阀值时探测器即可报警。其接线方式同光电感烟探测器。烟温复合探测器外型如图 2-28 所示。

（六）智能型火灾探测器

智能型火灾探测器：它为了防止误报，预设了一些针对常规及个别区域和用途的火情判定计算规则，探测器本身带

图 2-28 智能烟温复合探测器 JTF-GOM-GST601

有微处理信息功能，可以处理由环境所收到的信息，并针对这些信息进行计算处理，统计评估。结合火势很弱——弱——适中——强——很强的不同程度，再根据预设的有关规则，把这些不同程度的信息转化为适当的报警动作指标。如"烟不多，但温度快速上升——发出警报"，又如"烟不多，且温度没有上升——发出预警报等。

例如 JTF-GOM-GST601 感烟型智能探测器能自动检测和跟踪由灰尘积累而引起的工作状态的漂移，当这种漂移超出给定范围时，自动发出故障信号，同时这种探测器跟踪环境变化，自动调节探测器的工作参数，因此可大大降低由灰尘积累和环境变化所造成的误报和漏报。

以上提到的几种智能型火灾探测器都有一些共同的特点，比如为了防止误报，预设了一些针对常规及个别区域和用途的火情判定计算规则，探测器本身带有微处理信息功能，可以处理由环境所收到的信息，并针对这些信息进行计算处理，统计评估，能自动检测和跟踪由灰尘积累而引起的工作状态的漂移，当这种漂移超出给定范围时，自动发出清洗信号，同时这种探测器跟踪环境变化，自动调节探测器的工作参数，因此可大大降低由灰尘积累和环境变化所造成的误报和漏报。同时还具备自动存贮最近时期的火警记录的功能。随着科技水平的不断提高，这类智能型探测器现在已经成为主流。

（七）探测器的编码

1. 传统的编码方式

编码探测器是最常用的探测器。传统的编码探测器是由编码电路通过两条、三条或四条总线（即P、S、T、G线）将信息传到区域报警器。现以离子感烟探测器为例，如图2-29所示为离子感烟探测器编码电路的方框图。

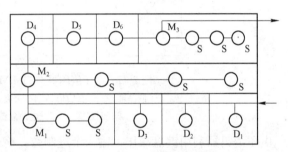

图2-29　离子感烟探测器编码电路

四条总线用于不同的颜色，其中P为红色电源线，S为绿色讯号线，T为蓝色或黄色巡检线，G为黑色地线。探测器的编码简单容易，一般可做到与房间号一致。编号是用探测器上的一个七位微型开关来实现的，该微型开关每位所对应的数见表2-8所列。探测器编成的号等于所有处于"ON"（接通）位置的开关所对应的数之和。例如，当第2、3、5、6位开关处于"ON"时，该探测器编号为54，探测器可编码范围为1～127。

七位编码开关位数及所对应的数　　　　　　　　　　　　　表2-8

编码开关位 n	1	2	3	4	5	6	7
对应数 2^{n-1}	1	2	4	8	16	32	64

可寻址开关量报警系统比传统系统能够较准确地确定着火地点，增强了火灾探测或判断火灾发生的及时性，比传统的多线制系统更加节省安装导线的数量。同一房间的多只探测器可用同一个地址编码，如图2-30所示，这样不影响火情的探测，方便控制器信号处理。但是在每只探测器底座（编码底座）上单独装设地址编码（编码开关）的缺点是：编码开关本身要求较高的可靠性，以防止受环境（潮湿、腐蚀、灰尘）的影响；因为其需要进制换算，编码难度相对较大，所以在安装和调试期间，要仔细检查每只探测器的地址，避免几只探测器误装成同一地址编码（同一房间内除外）；在顶棚或不容易接近的地点，调整地址编码不方便，浪费时间，甚至不容易更换地址编码；因为任何人均可对编码进行改动，所以整个系统的编码可靠性较差。

图2-30　可寻开关量报警系统探测器编码示意（D_0～D_6）及地址号码（M_1～M_3）

2. 多线路传输技术编码方式

为了克服传统地址编码的缺点，多线路传输技术即不专门设址而采用链式结构。探测器的寻址是使各个开关顺序动作，每个开关有一定延时，不同的延时电流脉动分别代表正常、故障和报警三种状态。其特点是不需要拨码开关，也就是不需要赋于地址，在现场把探测器一个接一个地串入回路即可。

3. 现代电子编码方式

电子编码方式主要是通过电子编码器对与之配套的编码设备（如探头、模块等）进行十进制电子编码。该编码方式因为采用的是十进制电子编码不用进行换算，所以编码简单快捷，又因为没有编码器任何人均无法随便改动编码，所以整个系统的编码可靠性非常高。其具体的操作方式如下：将编码器的两根线（带线夹）夹在探测器底座的两斜对角接点上，开机，按下所编号码对应的数字键后，再按"编码"键，待出现"P"时即表示编码成功，需确定是否成功时按下"读码"键，所编号码即显示出来。然后将编号写在探测器底座上，再进行安装即可。其电子编码器的外形如图 2-31 所示。

图 2-31 电子编码器 GST-BMQ-1 的外形示意
1—电源；2—液晶屏；3—总线插口；4—火灾显示盘接口(I2C)；5—复位键；
6—固定螺丝；7—电池盒盖；8—铭牌

电子编码器利用键盘操作，输入十进制数，简单易学，可以用电子编码器读写探测器的地址和灵敏度，读写模块类产品的地址和工作方式；并可以用电子编码器浏览设备批次号，电子编码器还可以用来设置 ZF-GST8903 图形式火灾显示盘地址、灯的总数及每个灯所对应的用户编码，现场调试维护十分方便。其中部分功能说明如下：

（1）电源开关：完成系统硬件开机和关机操作。

（2）液晶屏：显示有关设备的一切信息和操作人员输入的相关信息，并且当电源欠电压时给出指示。

（3）总线插口：电子编码器通过总线插口与探测器、现场模块或指示部件相连。

（4）火灾显示盘接口(I2C)：电子编码器通过此接口与火灾显示盘相连，进行各指示灯的二次码的编写。

（5）复位键：当电子编码器由于长时间不使用而自动关机后，按下复位键可以使系统重新通电并进入工作状态。

三、探测器的选择及数量确定

在火灾自动报警系统中，探测器的选择是否合理，关系到系统能否正常运行，因此探测器种类及数量的确定十分重要。另外，选好后的合理布置是保证探测质量的关键环节，为此在选择及布置时应符合国家规范。

（一）探测器种类的选择

应根据探测区域内的环境条件、火灾特点、房间高度、安装场所的气流状况等,选用其所适宜类型的探测器或几种探测器的组合。

1. 根据火灾特点、环境条件及安装场所确定探测器的类型

火灾受可燃物质的类别、着火的性质、可燃物质的分布、着火场所的条件、火载荷重、新鲜空气的供给程度以及环境温度等因素的影响。一般把火灾的发生与发展分为四个阶段:

前期:火灾尚未形成,只出现一定量的烟,基本上未造成物质损失。

早期:火灾开始形成,烟量大增,温度上升,已开始出现火,造成较小的损失。

中期:火灾已经形成,温度很高,燃烧加速,造成了较大的物质损失。

晚期:火灾已经扩散。

根据以上对火灾特点的分析,对探测器选择如下:

感烟探测器做为前期、早期报警是非常有效的。凡是要求火灾损失小的重要地点,对火灾初期有阴燃阶段,即产生大量的烟和少量的热,很少或没有火焰辐射的火灾,如棉、麻织物的引燃等,都适于选用。

不适于选用的场所有:正常情况下有烟的场所,经常有粉尘及水蒸气等固体。液体微粒出现的场所,发火迅速、产生烟极少爆炸性场合。

离子感烟与光电感烟探测器的适用场合基本相同,但应注意它们各有不同的特点。离子感烟探测器对人眼看不到的微小颗粒同样敏感,例如人能嗅到的油漆味、烤焦味等都能引起探测器动作,甚至一些分子量大的气体分子,也会使探测器发生动作,在风速过大的场合(例如大于 6m/s)将引起探测器不稳定,且其敏感元件的寿命较光电感烟探测器的短。

对于有强烈的火焰辐射而仅有少量烟和热产生的火灾,如轻金属及它们的化合物的火灾,应选用感光探测器,但不宜在火焰出现前有浓烟扩散的场所及探测器的镜头易被污染、遮挡以及受电焊、X 射线等影响的场所中使用。

感温型探测器做为火灾形成早期(早期、中期)报警非常有效。因其工作稳定,不受非火灾性烟雾汽尘等干扰。凡无法应用感烟探测器、允许产生一定的物质损失非爆炸性的场合都可采用感温型探测器,特别适用于经常存在大量粉尘、烟雾、水蒸气的场所及相对湿度经常高于 95% 的房间,但不宜用于有可能产生阴燃火的场所。

定温型允许温度的较大的变化,比较稳定,但火灾造成的损失较大,在零度以下的场所不宜选用。

差温型适用于火灾早期报警,火灾造成损失较小,但火灾温度升高过慢则无反应而漏报。差定温型具有差温型的优点而又比差温型更可靠,所以最好选用差定温探测器。

各种探测器都可配合使用,如感烟与感温探测器的组合,宜用于大中型机房、洁净厂房以及防火卷帘设施的部位等处。对于蔓延迅速、有大量的烟和热产生、有火焰辐射的火灾,如油品燃烧等,宜选用三种探测器的配合。

总之,感烟探测器具有稳定性好、误报率低度、寿命长、结构紧凑、保护面积大等优点,得到广泛应用。其他类型的探测器,只在某些特殊场合作为补充才用到。为选用方便,归纳为表 2-9 所列。

点型探测器的适用场所或情形一览表（举例） 表 2-9

序号	探测器类型 场所或情形	感烟 离子	感烟 光电	感温 定温	感温 差温	感温 差定温	感温 缆式	火焰 红外	火焰 紫外	说明
1	饭店、宾馆、教学楼、办公楼的厅堂、卧室、办公室等	○	○							厅堂、办公室、会议室、值班室、娱乐室、接待室等，灵敏度档次为中、低，可延时；卧室、病房、休息厅、衣帽室、展览室等，灵敏度档次为高
2	电子计算机房、通讯机房、电影电视放映室等	○	○							这些场所灵敏度要高或高、中档次联合使用
3	楼梯、走道、电梯、机房等	○	○							灵敏度档次为高、中
4	书库、档案库	○	○							灵敏度档次为高
5	有电器火灾危险	○	○							早期热解产物，气溶胶微粒小，可用离子型；气溶胶微粒大，可用光电型
6	气温速度大于5m/s	×	○							
7	相对湿度经常高于95%以上	×				○				根据不同要求也可选用定温或差温
8	有大量粉尘、水雾滞留	×	×	○	○	○				
9	有可能发生无烟火灾	×	×	○	○	○				根据具体要求选用
10	在正常情况下有烟和蒸汽滞留	×	×	○	○	○				
11	有可能产生蒸汽和油雾		×							
12	厨房、锅炉房、发电机房、茶炉房、烘干车间等			○		○				在正常高温环境下，感温探测器的额定动作温度值可定得高些，或选用高温感温探测器
13	吸烟室、小会议室等			○	○					若选用感烟探测器则应选低灵敏度档次
14	汽车库			○	○					
15	其他不宜安装感烟探测器的厅堂和公共场所	×	×	○	○					
16	可能产生阴燃火或者如发生火灾不及早报警将造成重大损失的场所	○	○	×	×					

第二节 火灾探测器　　47

续表

序号	场所或情形	感烟		感温				火焰		说明
		离子	光电	定温	差温	差定温	缆式	红外	紫红	
17	温度在0℃以下			×						
18	正常情况下，温度变化较大的场所				×					
19	可能产生腐蚀性气体	×								
20	产生醇类、醚类、酮类等有机物质	×								
21	可能产生黑烟		×							
22	存在高频电磁干扰		×							
23	银行、百货店、商场、仓库	○	○							
24	火灾时有强烈的火焰辐射							○	○	含有易燃材料的房间、飞机库、油库、海上石油钻井和开采平台；炼油裂化厂
25	需要对火焰作出快速反映							○	○	镁和金属粉末的生产，大型仓库、码头
26	无阴燃阶段和火灾							○	○	
27	博物馆、美术馆、图书馆	○	○					○	○	
28	电站、变压器间、配电室	○	○					○	○	
29	可能发生无焰火灾							×	×	
30	在火焰出现前有浓烟扩散							×	×	
31	探测器的镜头易被污染							×	×	
32	探测器的"视线"易被遮挡							×	×	
33	探测器易受阳光或其他光源直接或间接照射							×		
34	在正常情况下有明火作业以及X射线、弧光等影响							×	×	
35	电缆隧道、电缆竖井、电缆夹层						○			发电厂、发电站、化工厂、钢铁厂
36	原料堆垛						○			纸浆厂、造纸厂、卷烟厂及工业易燃堆垛
37	仓库堆垛						○			粮食、棉花仓库及易燃仓库堆垛
38	配电装置、开关设备、变压器、电控中心					○				

续表

序号	探测器类型 场所或情形	感烟		感温				火焰		说明
		离子	光电	定温	差温	差定温	缆式	红外	紫红	
39	地铁、名胜古迹、市政设施						○			
40	耐碱、防潮、耐低温等恶劣环境						○			
41	皮带运输机生产流水线和滑道的易燃部位						○			
42	控制室、计算机室的闷顶内、地板下及重要设施隐蔽处等						○			
43	其他环境恶劣不适合点型感烟探测器安装场所						○			

注：1. 符号说明：在表中"○"适合的探测器，应优先选用；"×"不适合的探测器，不应选用；空白，无符号表示，须谨慎使用。
2. 在散发可燃气体和可燃气的场所宜选用可燃气体探测器，实现早期报警。
3. 对可靠性要求高，需要有自动联动装置或安装自动灭火系统时，采用感烟、感温、火焰探测器（同类型或不同类型）的组合。这些场所通常都是重要性很高，火灾危险性很大的。
4. 在实际使用时，如果在所列项目中找不到时，可以参照类似场所，如果没有把握或很难判定是否合适时，最好做燃烧模拟试验最终确定。
5. 下列场所可不设火灾探测器：
(1) 厕所、浴室等；
(2) 不能有效探测火灾者；
(3) 不便维修，使用(重点部位除外)的场所。
　　在工程实际中，在危险性大又很重要的场所即需设置自动灭火系统或设有联动装置的场所，均应采用感烟、感温、火焰探测器的组合。
(1) 线型探测器的适用场所：
① 下列场所宜选用缆式线型定温探测器：
a. 计算机室、控制室的闷顶内、地板下及重要设施隐蔽处等；
b. 开关设备、发电厂、变电站及配电装置等；
c. 各种皮带运输装置；
d. 电缆夹层、电缆竖井、电缆隧道等；
e. 其他环境恶劣不适合点型探测器安装的危险场所。
② 下列场所宜选用空气管线型差温探测器：
a. 不易安装点型探测器的夹层、闷顶；
b. 公路隧道工程；
c. 古建筑；
d. 可能产生油类火灾且环境恶劣的场所；
e. 大型室内停车场。
③ 下列场所宜选用红外光束感烟探测器：
a. 隧道工程；
b. 古建筑、文物保护的厅堂馆所等；
c. 档案馆、博物馆、飞机库、无遮挡大空间的库房等；
d. 发电厂、变电站等。
(2) 可燃气体探测器的选择：下列场所宜选用可燃气体探测器：
① 煤气表房、煤气站以及大量存放液化石油气罐的场所；
② 使用管道煤气或燃气的房屋；
③ 其他散发或积聚可燃气体和可燃液体蒸气的场所；
④ 有可能产生大量一氧化碳气体的场所，宜选用一氧化碳气体探测器。

2. 根据房间高度选探测器

由于各种探测器特点各异,其适于房间高度也不一致,为了使选择的探测器能更有效地达到保护之目的,表 2-10 列举了几种常用的探测器对房间高度的要求,仅供学习及设计参考。

根据房间高度选探测器 表 2-10

房间高度 h(m)	感烟探测器	感温探测器			火焰探测器
		一级	二级	三级	适合
$12 < h \leqslant 20$	不适合	不适合	不适合	不适合	适合
$8 < h \leqslant 12$	适合	不适合	不适合	不适合	适合
$6 < h \leqslant 8$	适合	适合	不适合	不适合	适合
$4 < h \leqslant 6$	适合	适合	适合	不适合	适合
$h \leqslant 4$	适合	适合	适合	适合	适合

当高出顶棚的面积小于整个顶棚面积的 10%,只要这一顶棚部分的面积不大于 1 只探测器的保护面积,则该较高的顶棚部分同整个顶棚面积一样看待。否则,较高的顶棚部分应如同分隔开的房间处理。

在按房间高度选用探测器时,应注意这仅仅是按房间高度对探测器选用的大致划分,具体选用时尚需结合火灾的危险度和探测器本身的灵敏度档次来进行。如判断不准时,需做模拟试验后最后确定。

在符合表 2-9 和表 2-10 的情况下便确定了探测器。如同时有两种以上探测器符合,应选保护面积大的探测器。

(二) 探测器数量的确定

在实际工程中房间功能及探测区域大小不一,房间高度、棚顶坡度也各异,那么怎样确定探测器的数量呢?规范规定:每个探测区域内至少设置一只火灾探测器。一个探测区域内所设置探测器的数量应按下式计算:

$$N \geqslant \frac{S}{k \cdot A}(只) \tag{2-2}$$

式中 N——一个探测区域内所设置的探测器的数量,单位用"只"表示,N 应取整数(即小数进位取整数);

S——一个探测区域的地面面积(m^2);

A——探测器的保护面积(m^2),指一只探测器能有效探测的地面面积。由于建筑物房间的地面通常为矩形,因此,所谓"有效"探测器的地面面积实际上是指探测器能探测到矩形地面面积。探测器的保护半径 R(m)是指一只探测器能有效探测的单向最大水平距离;

K——安全修正系数。特级保护对象 k 取 0.7~0.8,一级保护对象 k 取值为 0.8~0.9,二级保护对象 k 取 0.9~1.0。

选取时根据设计者的实际经验,并考虑发生火灾对人和财产的损失程度、火灾危险性大小、疏散及扑救火灾的难易程度及对社会的影响大小等多种因素。

对于一个探测器而言,其保护面积和保护半径的大小与其探测器的类型、探测区域的面积、房间高度及屋顶坡度都有一定的联系。表 2-11 以两种常用的探测器保护面积、保护半径与其他参量的相互关系。

感烟、感温探测器的保护面积和保护半径　　　　　　　　　　表 2-11

火灾探测器的种类	地面面积 $S(m^2)$	房间高度 $h(m)$	探测器的保护面积 A 和保护半径 R					
			房顶坡度 θ					
			$\theta \leq 15°$		$15° < \theta \leq 30°$		$\theta > 30°$	
			$A(m^2)$	$R(m)$	$A(m^2)$	$R(m)$	$A(m^2)$	$R(m)$
感烟探测器	$S \leq 80$	$h \leq 12$	80	6.7	80	7.2	80	8.0
	$S > 80$	$6 < h \leq 12$	80	6.7	100	8.0	120	9.9
		$h \leq 6$	60	5.8	80	7.2	100	9.0
感温探测器	$S \leq 30$	$h \leq 8$	30	4.4	30	4.9	30	5.5
	$S > 30$	$h \leq 8$	20	3.6	30	4.9	40	6.3

另外，通风换气对感烟探测器的面积有影响，在通风换气房间，烟的自然蔓延方式受到破坏。换气越频，燃烧产物(烟气体)的浓度越低，部分烟被空气带走，导致探测器接受烟量的减少，或者说探测器感烟灵敏度相对降低。常用的补偿方法有两种：一是压缩每只探测器的保护面积；二是增大探测器的灵敏度，但要注意防误报。感烟探测器的换气系数如表 2-12 所列。可根据房间每小时换气次数(N)将探测器的保护面积乘以一个压缩系数。

感烟探测器的换气系数表　　　　　　　　　　表 2-12

每小时换气次数 N	保护面积的压缩系数	每小时换气系数 N	保护面积的压缩系数
$10 < N \leq 20$	9	$40 < N \leq 50$	6
$20 < N \leq 30$	0.8	$50 < N$	0.5
$30 < N \leq 40$	0.7		

【例】设房间换气系数为 50/h，感烟探测器的保护面积为 $80m^2$，考虑换气影响后，探测器的保护面积为：$A = 80 \times 6 = 48(m^2)$

【例1】某高层教学楼的其中一个被划为一个探测区域的阶梯教室，其地面面积为 $30m \times 40m$，房顶坡度为 $13°$，房间高度为 $8m$，属于二级保护对象，试求：(1)应选用何种类型的探测器？(2)探测器的数量为多少只？

【解】(1) 根据使用场所从表 2-9 知选感烟或感温探测器均可，但按房间高度表 2-10 中可知，仅能选感烟探测器。

(2) 由 2-2 式知，因属二级保护对象故 K 取 1，地面面积 $S = 30m \times 40m = 1200m^2 > 80m^2$，房间高度 $h = 8m$，即 $6 < h \leq 12m$，房顶坡度 θ 为 $13°$ 即 $\theta \leq 15°$，于是根据 S、h、θ 查表 2-11 得，保护面积 $A = 80m^2$，保护半径 $R = 6.7m^2$

$$\therefore N = \frac{1200}{1 \times 80} = 15(只)$$

由上例可知：对探测器类型的确定必须全面考虑，确定了类型，数量也就被确定了。那么数量确定之后如何布置及安装，在有梁等特殊情况下探测区域怎样划分？则是我们以下要解决的课题。

四、探测器的布置

探测器布置及安装得合理与否，直接影响保护效果。一般火灾探测器应安装在屋内顶棚表面或顶棚内部(没有顶棚的场合，安装在室内吊顶板表面上)。考虑到维护管理的方便,其安装面的高度不宜超过20m。

在布置探测器时,首先考虑安装间距如何确定,再考虑梁的影响及特殊场所探测器安装要求,下面分别叙述。

(一)安装间距的确定

相关规范:

探测器周围0.5m内,不应有遮挡物(以确保探测效果)。

探测器至墙壁、梁边的水平距离,不应小于0.5m,如图2-32所示。

安装间距的确定:

探测器在房间中布置时,如果是多只探测器,那么两探测器的水平距离和垂直距离称安装间距,分别用a和b表示。

安装间距a、b的确定方法有如下五种:

(1) 计算法;根据从表2-11中查得保护面积A和保护半径R,计算直径$D=2R$,根据所算D值大小对应保护面积A在图2-33曲线粗实线上即由D值所包围部分上取一点,此点所对应的数即为安装间距a、b值。注意实际应不大于查得的a、b值。具体布置后,再检验探测器到最远点水平距离是否超过了探测器的保护半径,如超过时应重新布置或增加探测器的数量。

图2-33曲线中的安装间距是以二维坐标的极限曲线的形式给出的,即;给出感温探

图2-32 探测器在顶棚上安装时与墙或梁的距离

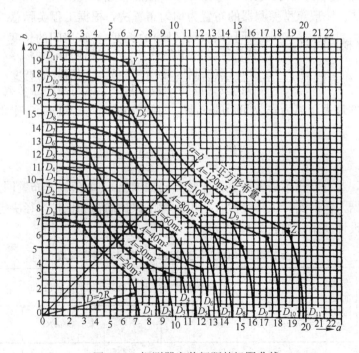

图2-33 探测器安装间距的极限曲线

A—探测器的保护面积(m^2);a、b—探测器的安装间距(m);

$D_1 \sim D_{11}$(含D_9')—在不同保护面积A和保护半径R下确定探测器安装间距a、b的极限曲线;

Y、Z—极限曲线的端点(在Y和Z两点间的曲线范围内,保护面积可得到充分利用)

测器的 3 种保护面积（20m²、30m² 和 40m²）及其 5 种保护半径（3.6m、4.4m、4.9m、5.5m 和 6.3m）所适宜的安装间距极限曲线 $D_1 \sim D_5$，给出感烟探测器的 4 种保护面积（60m²、80m²、100m² 和 120m²）及其 6 种保护半径（5.8m、6.7m、7.2m、8.0m 和 9.9m）所适宜的安装间距极限曲线 $D_6 \sim D_{11}$（含 D_9'）。

【例 2】对例 1 中确定的 15 只感烟探测器的布置如下：

由已查得的 $A = 80\text{m}^2$ 和 $R = 6.7\text{m}$，计算得：

$$D = 2R = 2 \times 6.7 = 13.4\text{m}$$

根据 $D = 13.4\text{m}$，由图 2-33 曲线中 D_7 上查得的 Y、Z 线段上选取探测器安装间距 a、b 的数值，并根据现场实际情况选取 $a = 8\text{m}$，$b = 10\text{m}$，其中布置方式如图 2-34 所示。

那么这种布置是否合理呢？回答是肯定的，因为只要是在极限曲线内取值一定是合理的。验证如下：

本例中所采用的探测器 $R = 6.7\text{m}$，只要每个探测器之间的半径都小于或等于 6.7m 即可有效地进行保护。图 2-34 中，探测器间距最远的半径 $R = \sqrt{4^2 + 5^2} = 6.4\text{m}$，小于 6.7m，距墙

图 2-34 探测器的布置示例

的最大值为 5m，不大于安装间距 10m 的一半，显然布置合理。

（2）经验法：一般点型探测器的布置为均匀布置法，根据工程实际总结计算法如下：

$$\text{横向间距 } a = \frac{\text{该房间（该探测区域）的长度}}{\text{横向安装间距个数} + 1} = \frac{\text{该房间的长度}}{\text{横向探测器个数}}$$

$$\text{纵向间距 } b = \frac{\text{该房间（该探测区域）的宽度}}{\text{纵向安装间距个数} + 1} = \frac{\text{该房间的宽度}}{\text{纵向探测器个数}}$$

因为距墙的最大距离为安装间距的一半，两侧墙为 1 个安装间距。上例中按经验法布置如下：

$$a = \frac{40}{4+1} = 8\text{m}, \quad b = \frac{30}{2+1} = 10\text{m}$$

由此可见，这种方法不需要查表可非常方便地求出 a、b 值。其布置同上。

另外，根据人们的实际工作经验，这里推荐由保护面积和保护半径决定最佳安装间距的选择表，供设计使用，如表 2-13 所列。

由保护面积和保护半径决定最佳安装间距选择表　　表 2-13

探测器种类	保护面积 $A(\text{m}^2)$	保护半径 R 的极限值(m)	参照的极限曲线	最佳安装间距 a、b 及其保护半径 R 值(m)									
				$a \times b$	R	$a \times b$	R	$a \times b$	R	$a \times b$	R	$a \times b$	R
感温探测器	20	3.6	D_1	4.5×4.5	3.2	5.0×4.0	3.2	5.5×3.6	3.3	6.0×3.3	3.4	6.5×3.1	3.6
	30	4.4	D_2	5.5×5.5	3.9	6.1×4.9	3.9	6.7×4.8	4.1	7.3×4.1	4.2	7.9×3.8	4.4
	30	4.9	D_3	5.5×5.5	3.9	6.5×4.6	4.0	7.4×4.1	4.2	8.4×3.6	4.6	9.2×3.2	4.9
	30	5.5	D_4	5.5×5.5	3.9	6.8×4.4	4.0	8.1×3.7	4.5	9.4×3.2	5.0	10.6×2.8	5.5
	40	6.3	D_6	6.5×6.5	4.6	8.0×5.0	4.7	9.4×4.3	5.2	10.9×3.7	5.8	12.2×3.3	6.3

续表

探测器种类	保护面积 $A(m^2)$	保护半径 R 的极限值(m)	参照的极限曲线	最佳安装间距 a、b 及其保护半径 R 值(m)									
				$a \times b$	R	$a \times b$	R	$a \times b$	R	$a \times b$	R	$a \times b$	R
感烟探测器	60	5.8	D_5	7.7×7.7	5.4	8.3×7.2	5.5	8.8×6.8	5.6	9.4×6.4	5.7	9.9×6.1	5.8
	80	6.7	D_7	9.0×9.0	6.4	9.6×8.3	6.3	10.2×7.8	6.4	10.8×7.4	6.5	11.4×7.0	6.7
	80	7.2	D_8	9.0×9.0	6.4	10.0×8.0	6.4	11.0×7.3	6.6	12.0×6.7	6.9	13.0×6.1	7.2
	80	8.0	D_9	9.0×9.0	6.4	10.6×7.5	6.5	12.1×6.6	6.9	13.7×5.8	7.4	15.4×5.3	8.0
	100	8.0	D_9	10.0×10.0	7.1	11.1×9.0	7.1	12.2×8.2	7.3	13.3×7.5	7.6	14.4×6.9	8.0
	100	9.0	D_{10}	10.0×10.0	7.1	11.8×8.5	7.3	13.5×7.4	7.7	15.3×6.5	8.3	17.0×5.9	9.0
	120	9.9	D_{11}	11.0×11.0	7.8	13.0×9.2	8.0	14.9×8.1	8.5	16.9×7.1	9.2	18.7×6.4	9.9

在较小面积的场所($S \leqslant 80m^2$)时，探测器尽量居中布置，使保护半径较小，探测效果较好。

【例3】某锅炉房地面长为20m，宽为10m，房间高度为3.5m，房顶坡度为12°，属于二级保护对象。①选探测器类型；②确定探测器数量；③进行探测器的布置。

【解】① 由表2-9查得应选用感温探测器。

② $N \geqslant \dfrac{S}{k \cdot A} = \dfrac{20 \times 10}{1 \times 20} = 10$（只）

由表2-11查得 $A = 20m^2$，$R = 3.6m$。

③ 布置：

采用经验法布置：

横向间距 $a = \dfrac{20}{5} = 4m$，$a_1 = 2m$

纵向间距 $b = \dfrac{10}{2} = 5m$，$b_1 = 2.5m$

布置如图2-35所示，可见满足要求，布置合理。

(3) 查表法

所谓查表法是根据探测器种类和数量直接从表2-13中查得适当的安装间距 a 和 b 值，布置既可。

(4) 正方形组合布置法：

这种方法的安装间距 $a = b$，且完全无"死角"，但使用时受到房间尺寸及探测器数量多少的约束，很难合适。

图2-35 锅炉房探测器布置示意

【例4】某学院吸烟室地面面积为9m×13.5m，房间高度为3m，平顶棚，属于二级保护对象。①确定探测器类型；②求探测器数量；③进行探测器布置。

【解】① 由表2-9查得应选感温探测器。

② k 取1，由表2-11查得 $A = 20m^2$，$R = 3.6m$

$$N=\frac{9\times13.5}{1\times20}=6.075 只,取 6 只(因有些厂家产$$
品 K 可取 $1\sim1.2$,为布置方便取 6 只)

③ 布置:采用正方形组合布置法,从表 2-13 中查得 $a=b=4.5\text{m}$(基本符合本题材各方面要求),布置如图 2-36 所示。

校检: $R=\sqrt{a^2+b^2}/2=3.18\text{m}$,小于 3.6,合理。布置如图 2-36 所示。

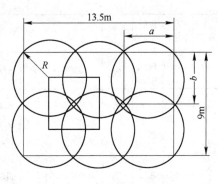

图 2-36 正方形组合布置法

本题是将查表法和正方形组合布置法混合使用的。如果不采用查表法怎样得到 a 和 b 呢?

a 和 b 可用下式计算:

$$横向安装间距\ a=\frac{房间长度}{横向探测器个数}$$

$$纵向安装间距\ b=\frac{房间宽度}{纵向探测器个数}$$

如果恰好 $a=b$ 时可采用正方形组合布置法。

(5) 矩形组合布置法:

具体作法是:当求得探测器的数量后,用正方形组合布置法的 a、b 求法公式计算,如 $a\neq b$ 时可采用矩形组合布置法。

【例 5】 某开水间地面面积为 $3\text{m}\times8\text{m}$,平顶棚,属特级保护建筑,房间高度为 2.8m。①确定探测器类型;②求探测器数量;③布置探测器。

【解】 ① 由表 2-9 查得应选感温探测器。

② 由表 2-11 查得 $A=30\text{m}^2$,$R=4.4\text{m}$

取 $K=0.7$,$N=\frac{8\times3}{0.7\times30}=1.1$ 只,取 2 只

③ 采用矩形组合布置如下:

$a=\frac{8}{2}=4\text{m}$,$b=\frac{3}{1}=3\text{m}$,于是布置如图 2-37 所示。

校检: $R=\sqrt{a^2+b^2}/2=2.5\text{m}$ 小于 4.4m,满足要求。

综上可知正方形和矩形组合布置法的优点是:可将保护区的各点完全保护起来,保护区内不存在得不到保护的"死角",且布置均匀美观。上述五种布置法可根据实际情况选取。

图 2-37 矩形组合布置法

(二) 梁对探测器的影响

在顶棚有梁时,由于烟的蔓延受到梁的阻碍,探测器的保护面积会受梁的影响。如果梁间区域的面积较小,梁对热气流(或烟气流)形成障碍,并吸收一部分热量,因而探测器的保护面积必然下降。梁对探测器的影响如图 2-38 及表 2-14 所示。查表可以决定一只探测器能够保护的梁间区域的个数,减少了计算工作量,按图 2-32 规定房间高度在 5m 以下,感烟探测器在梁高小于 200mm 时,无须考虑其梁的影响;房间高度在 5m 以上,梁高大于 200m 时,探测器的保护面积受房高的影响,可按房间高度与梁高的线性关系考虑。

图 2-38　不同高度的房间梁对探测器设置的影响

按梁间区域面积确定一只探测器能够保护的梁间区域的个数　　　表 2-14

探测器的保护面积	$A(m^2)$	梁隔断的梁间区域面积 $Q(m^2)$	一只探测器保护的梁间区域的个数
感温探测器	20	$Q>12$	1
		$8<Q\leqslant 12$	2
		$6<Q\leqslant 8$	3
		$4<Q\leqslant 6$	4
		$Q\leqslant 4$	5
感温探测器	30	$Q>18$	1
		$12<Q\leqslant 18$	2
		$9<Q\leqslant 12$	3
		$6<Q\leqslant 9$	4
		$Q\leqslant 6$	5
感烟探测器	60	$Q>36$	1
		$24<Q\leqslant 36$	2
		$18<Q\leqslant 24$	3
		$12<Q\leqslant 18$	4
		$Q\leqslant 12$	5
	80	$Q>48$	1
		$32<Q\leqslant 48$	2
		$24<Q\leqslant 32$	3
		$16<Q\leqslant 24$	4
		$Q\leqslant 10$	5

由图 2-33 可查得三级感温探测器房间高度极限值为 4m，梁高限度 200mm，二级感温探测器房间高度极限值为 6m，梁高限度为 225mm，一级感温探测器房间极限值为 8m，梁高限度为 275m；感烟探测器房间高度极限值为 12m，梁高限度为 375mm，在线性曲线左边部分均无须考虑梁的影响。

可见当梁突出顶棚的高度在 200~600mm 时，应按图 2-38 和表 2-14 确定梁的影响和一只探测器能够保护的梁间区域的数目。

当梁突出顶棚的高度超过 600mm 时，被梁阻断的部分需单独划为一个探测区域，即每个梁间区域应至少设置一只探测器。

当被梁阻断的区域面积超过一只探测器的保护面积时，则应将被阻断的区域视为一个探测区域，并应按规范有关规定计算探测器的设置数量。探测区域的划分如图 2-39 所示。

当梁间净距小于 1m 时，可视为平顶棚。

如果探测区域内有过梁，定温型感温探测器安装在梁上时，其探测器下端到安装面必须在 0.3m 以内，感烟型探测器安装在梁上时，其探测器下端到安装面必须在 0.6m 以内，如图 2-40 所示。

图 2-39　探测区域的划分　　　　图 2-40　探测器在梁下端安装时至顶棚的尺寸

（三）探测器在一些特殊场合安装时注意事项

(1) 在宽度小于 3m 的内走道的顶棚设置探测器时应居中布置，感温探测器的安装间距不应超过 10m，感烟探测器安装间距不应超过 15m，探测器至端墙的距离，不应大于安装间距的一半，在内走道的交叉和汇合区域上，必须安装 1 只探测器，如图 2-41 所示。

图 2-41　探测器布置在内走道的顶棚上

(2) 房间被书架、贮藏架或设备等阻断分隔，其顶部至顶棚或梁的距离小于房间净高 5% 时，则每个被隔开的部分至少安装一只探测器，如图 2-42 所示。

【例】如果书库地面面积为 40m², 房间高度为 3m, 内有两书架分别安在房间, 书架高度为 2.9m, 问选用感烟探测器应几只？

房间高度减去架高度等于 0.1m, 为净高的 3.3%, 可见书架顶部至顶棚的距离小于房间净高 5%, 所以应选用 3 只探测器, 即每个被隔开的部分均应安一只探测器。

(3) 在空调机房内, 探测器应安装在离送风口 1.5m 以上的地方, 离多孔送风顶棚孔口的距离不应小于 0.5m, 如图 2-43 所示。

图 2-42　房间有书架, 设备分时, 探测器设置
$h_1 \geqslant 5\%$, h 或 $h_2 \geqslant 5\%h$

(4) 楼梯或斜坡道至少垂直距离每 15m(Ⅲ级灵敏度的火灾探测器为 10m)应安装一只探测器。

(5) 探测器宜水平安装, 如需倾斜安装时, 角度不应大于 45°, 当屋顶坡度大于 45°时, 应加木台或类似方法安装探测器, 如图 2-44 所示。

(6) 在电梯井、升降机井设置探测器时, 其位置宜在井道上方的机房顶棚上, 如图 2-45 所示。这种设置既有利于井道中火灾的探测, 又便于日常检验维修。因为通常在电梯井、升降机井的提升井绳索的井道盖上有一定的开口, 烟会顺着井绳冲到机房内部, 为尽早探测火灾, 规定用感烟探测器保护, 且在顶棚上安装。

图 2-43　探测器装于有空调房间时的位置示意

图 2-44　探测器安装角度
(a) $\theta < 45°$；(b) $\theta > 75°$
(θ 为屋顶的法线与垂直方向的交角)

图 2-45　探测器在井道上方机房顶棚上的设置

(7) 当房屋顶部有热屏障时, 感烟探测器下表面距顶棚的距离应符合表 2-15 所列。

感烟探测器下表面距顶棚(或屋顶)的距离　　　　　　　　表 2-15

探测器的安装高度 h(m)	感烟探测器下表面距顶棚(或屋顶)的距离 d(mm)					
	$\theta \leqslant 15°$		$15° < \theta \leqslant 30°$		$\theta > 30°$	
	最小	最大	最小	最大	最小	最大
$h \leqslant 6$	30	200	200	300	300	500
$6 < h \leqslant 8$	70	250	250	400	400	600
$8 < h \leqslant 10$	100	300	300	500	500	700
$10 < h \leqslant 12$	150	350	350	600	600	800

(8) 顶棚较低(小于 2.2m)、面积较小(不大于 10m²)的房间,安装感烟探测器时,宜设置在入口附近。

(9) 在楼梯间、走廊等处安装感烟探测器时,宜安装在不直接受外部风吹入的位置处。安装光电感烟探测器时,应避开日光或强光直射的位置。

(10) 在浴室、厨房、开水房等房间连接的走廊安装探测器时,应避开其入口边缘 1.5m。

(11) 安装在顶棚上的探测器边缘与下列设施的边缘水平间距宜保持在:

与不突出的扬声器,不小于 0.1m;

与照时灯具,不小于 0.2m;

与自动喷水灭火喷头,不小于 0.3m;

与多孔送风顶棚孔口,不小于 0.5m;

与高温光源灯具(如碘钨灯、容量大于 100W 的白炽灯等),不小于 0.5m;

与电风扇,不小于 1.5m;

与防火卷帘、防火门,一般在 1~2m 的适当位置。

(12) 对于煤气探测器,在墙上安装时,应距煤气灶 4m 以上,距地面 0.3m;在顶棚上安装时,应距煤气灶 8m 以上;当屋内有排气口时,允许装在排气口附近,但应距煤气灶 8m 以上,当梁高大于 0.8m 时,应装在煤气灶一侧;在梁上安装时,与顶棚的距离小于 0.3m。

(13) 探测器在厨房中的设置:饭店的厨房常有大的煮锅、油炸锅等,具有很大的火灾危险性,如果过热或遇到高的火灾荷载更易引起火灾。定温式探测器适宜厨房使用,但是应预防煮锅喷出的一团团蒸汽,即在顶棚上使用隔板可防止热气流冲击探测器,以减少或根除误报。而当发生火灾时的热量足以克服隔板使探测器发生报警信号,如图 2-46 所示。

(14) 探测器在带有网格结构的吊装顶棚场所下的设置,在宾馆等较大空间场所,有带网格或格条结构的轻质吊装顶棚,起到装饰或屏蔽作用。这种吊装顶棚允许烟进入其内部,并影响烟的蔓延,在此情况下设置探测器应谨慎处理。

图 2-46　感温探测器在厨房中布置

① 如果至少有一半以上网格面积是通风的，可把烟的进入看成是开放式的。如果烟可以充分地进入顶棚内部，则只在吊装顶棚内部设置感烟探测器，探测器的保护面积除考虑火灾危险性外，仍按保护面与房间高度的关系考虑，如图 2-47 所示。

② 如果网格结构的吊装顶棚开孔面积相当小（一半以上顶棚面积被覆盖），则可看成是封闭式顶棚，在顶棚上方和下方空间须单独监视。尤其是当阴燃火发生时，产生热量极少，不能提供充足的热气流推动烟的蔓延，烟达不到顶棚中的探测器，此时可采取二级探测方式，如图 2-48 所示。在吊装顶棚下方光电感烟探测器对阴燃火响应较好，在吊装顶棚上方，采用离子感烟探测器，对明火响应较好，每只探测器的保护面积仍按火灾危险度及地板和顶棚之间的距离确定。

图 2-47 探测器在吊装顶棚中定位

图 2-48 吊装顶棚探测阴燃火的改进方法

（15）下列场所可不设置探测器：

厕所、浴室及其类似场所；

不能有效探测火灾的场所；

不便维修、使用（重点部位除外）的场所。

关于线型红外光束感烟探测器、热敏电缆线型探测器、空气管线型差温探测器的布置与上述不同，具体情况在安装中阐述。

五、探测器的线制

在消防业快速发展的今天，探测器的接线形式变化很快，即从多线向少线至总线发展，给施工、调试和维护带来了极大的方便。我国采用的线制有四线、三线、两线制及四总线、二总线制等几种。对于不同厂家生产的不同型号的探测器其线制各异，从探测器到区域报警器的线数也有很大差别。

（一）火灾自动报警系统的技术特点

火灾自动报警系统包括四部分：火灾探测器、配套设备（中继器、显示器、模块总线隔离器、报警开关等）、报警控制器（又叫报警主机）及导线，这就形成了系统本身的技术特点。

（1）系统必须保证长期不间断地运行，在运行期间不但发生火情能报出着火点，而且应具备自动判断系统设备传输线的断路、短路、电源失电等情况的能力，并给出有相应的声光报警，以确保系统的高可靠性。

（2）探测部位之间的距离可以从几米至几十米。控制器到探测部位间可以从几十米到几百米、上千米。一台区域报警控制器可带几十或上百只探测器，有的通报警控制器做到了带上千个点，甚至上万点。无论什么情况，都要求将探测点的信号准确无误地传输到控制器去。

（3）系统应具有低功耗运行性能。探测器对系统而言是无源的，它只是从控制器上获取正常运行的电源。探测器的有效空间是狭小有限的,要求设计时电子部分必须是简练的。探测器必须低功耗,否则给控制器供电带来问题,也就是给控制探测点的容量带来限制。主电源失电时,应有备用电源可连续供电 8h,并在火警发生后,声光报警能长达 50min,这就要求控制器亦应低功耗运行。

(二) 火灾自动报警系统的线制

由技术特点可知,线制对系统是相当重要的。线制是指探测器和控制器间的导线数量。更确切地说,线制是火灾自动报警系统运行机制的体现。按线制分,火灾自动报警系统有多线制和总线制之分,总线制又有有极性和无极性之分。多线制目前基本不用,但已运行的工程大部分为多线制系统,因此以下分别叙述。

1. 多线制系统

(1) 四线制:即 $n+4$ 线制,n 为探测器数,4 指公用线为电源线(+24V)、地线(G)、信号线(S)、自诊断线(T),另外每个探测器设一根选通线(ST)。仅当某选线处于有效电平时,在信号线上传送的信息才是该探测部位的状态信号,如图 2-49 所示。这种方式的优点是探测器的电路比较简单,供电和取信息相当直观,但缺点是线多,配管直径大,穿线复杂,线路故障也多,故已不用。

图 2-49 多线制(四线制)接线方式

(2) 两线制:也称 $n+1$ 线制,即一条公用地线,另一条则承担供电,选通信息与自检的功能,这种线制比四线制简化得多,但仍为多线制系统。

探测器采用两线制时,可完成电源供电故障检查、火灾报警、断线报警(包括接触不良,探测器被取走)等功能。

火灾探测器与区域报警器的最少接线是 $n+n/10$,其中 n 为占用部位号的线数,即探测器信号线的数量,$n/10$(小数进位取整数)为正电源线数(采用红线导线),也就是每 10 个部位合用一根正电源线。

另外也可以用另一种算法,即 $n+1$,其中 n 为探测器数目(准确地说是房号数),如探测器数 $n=50$,则总线为 51 根。

前一种计算方法是 $50+50/10=55$ 根,这是已进行了巡检分组的根数,与后一种分组后是一致的。

每个探测器各占一个部位时底座的接线方法:

例如有 10 只探测器,占 10 个部位,无论采用那种计算方法其接线及线数均相同,如图 2-50 所示。

在施工中应注意:

为保证区域控制器的自检功能,布线时每根连接底座 L_1 的正电源红色导线不能超过

图 2-50　探测器各占一个部位时的接线方法

十个部位数的底座(并联底座时作为一个看待)。

每台区域报警器允许引出的正电源线数为 $n/10$(小数进位取整数)，n 为区域控制器的部位数。当管道较多时，要特别注意这一情况，以便 10 个部位分成一组，有时某些管道要多放一根电源正线，以利分组。

探测器底座安装好并确定接线无误后，将终端器接上，然后用小塑料袋罩紧，防止损坏和污染，待装上探测器时才除去塑料罩。

终端器为一个半导体硅二极管(2CK 或 2CZ 型)和一个电阻并联，安装时注意二极管负极接 +24V 端子或底座 L_2 端，其终端电阻值大小不一，一般取 5~36kΩ 之间。凡是没有接探测器的区域控制器的空位，应在其相应接线端子上接上终端器，如设计时有特殊要求可与厂家联系解决。

探测器的并联：

同一部位上，为增大保护面积，可以将探测器并联使用，这些并联在一起的探测器仅占用一个部位号，不同部位的探测器不宜并联使用。

如比较大的会议室，使用一个探测器保护面积不够，假如使用 3 个探测器并联才能满足时，则这 3 个探测器中的任何一个发出火灾信号时，区域报警器的相应部位信号灯燃亮，但无法知道哪一个探测器报警，需要现场确认。

某些同一部位但情况特殊时，探测器不应并联使用。如大仓库，由于货物堆放较高，当探测器发生火灾信号后，到现场确认困难。所以从使用方便、准确角度看，应尽量不使用并联探测器为好。不同的报警控制器所允许探测器并联的只数也不一样，如 JB-O$_B^T$-10~50-101 报警控制器只允许并联 3 只感烟探测器和 7 只感温探测器；JB-Q$_B^T$-10~50-101A 允许并联感烟、感温探测器分别为 10 只。

探测器并联时，其底座配线是串联式配线连接，这样可以保证取走任何一只探测器时，火灾报警控制器均能报出故障。当装上探测器后，L_1 和 L_2 通过探测器连接起来，这时对探测器来说就是并联使用了。

探测器并联时，其底座应依次接线，如图 2-51 所示，不应有分支线路，这样才能保证终端器接在最后一只底座的 L_2—L_5 两端，以保证火灾报警控制器的自检功能。

探测器的混联：

在实际工程仅用并联和仅单个联接的情况很少，大多是混联，如图 2-52 所示。

2. 总线制系统

采用地址编码技术，整个系统只用几根总线，建筑物内布线极其简单，给设计、施工及维护带来了极大的方便，因此被广泛采用。

(1) 四总线制：四条总线为：P 线给出探测器的电源、编码、选址信号；T 线给出自

图 2-51 探测器并联时的接线图

图 2-52 探测器混合联接

检信号以判断探测部位传输线是否有故障；控制器从 S 线上获得探测部位的信息；G 为公共地线。P、T、S、G 均为并联方式连接，S 线上的信号对探测部位而言是分时的，如图 2-53 所示。

由图可见，从探测器到区域报警器只用四根全总线，另外一根 V 线为

图 2-53 四总线制连接方式

DC24V，也以总线形式由区域报警控制器接出来，其他现场设备也可使用（见后述）。这样控制器与区域报警器的布线为 5 线，大大简化了系统，尤其是在大系统中，这种线制的优点尤为突出。

(2) 二总线制：是一种最简单的接线方法，用线量更少，但技术的复杂性和难度也提高了。二总线中的 G 线为公共地线，P 线则完成供电、选址、自检、获取信息等功能。目前，二总线制应用最多，新型智能火灾报警系统也建立在二总线的运行机制上。二总线系统有树枝型和环型、链接式及混合型几种方式，同时又有有极性和无极性之分，相比之下无极性二总线技术最先进。

树枝型接线：图 2-54 为树枝型接线方式，这种方式应用广泛，这种接线如果发生断线，可以报出断线故障点，但断点之后的探测器不能工作。

环形接线：图 2-55 为环形接线方式。这种系统要求输出的两根总线再返回控制器另两个输出端子，构成环形。这种接线方式如中间发生断线不影响系统正常工作。

图 2-54 树枝型接线（二总线制）

链式接线：如图 2-56 所示，这种系统的 P 线对各探测器是串联的，对探测器而言，变成了三根线，而对控制器还是两根线。

图 2-55 环型接线(二总线制)　　图 2-56 链式连接方式

在实际工程设计中,应根据情况选用适当的线制。

第三节　火灾报警系统附件

一、编码手动报警按钮(亦称手动报警开关)

(一)编码手动报警按钮的分类及应用原理分类

1. 分类

编码手动报警按钮分成两种,一种为不带电话插孔,另一种为带电话插孔,其编码方式如前面所述分为微动开关编码(二、三进制)和电子编码器编码(十进制)。编码示意图如表 2-16 所示。下面以海湾牌电子编码手动报警按钮为例详细说明。不带电话插孔的手动报警按钮为红色全塑结构,分底盒与上盖两部分,其外形如图示 2-57 所示。带电话插孔的手动报警按钮外形如图 2-58 所示。手动报警按钮设置在公共场所如走廊、楼梯口及人员密集的场所。

消防按钮编码开关编址方式示例　　表 2-16

n 次幂数		0	1	2	3	4	5	6	
拨码状态	ON = 1 OFF = 0								
2^n 值		1	2	4	8	16	32	64	
真值表		0	0	0	1	1	1	0	
二—十加权运算		$0\times2^0+0\times2^1+0\times2^2+1\times2^3+1\times2^4+1\times2^5+0\times2^6$							
十进制地址码		$0\times1+0\times2+0\times4+1\times8+1\times16+1\times32+0\times64=56$							

2. 作用原理

手动报警按钮安装在公共场所,当人工确认为火灾发生时,按下按钮上的有机玻璃片,可向控制器发出火灾报警信号,控制器接收到报警信号后,显示出报警按钮的编号或位置,并发出报警音响。手动报警按钮和前面介绍的各类编码探测器一样,可直接接到控制器总线上。

J-SAP-8401 型不带插孔智能编码手动报警按钮具有以下特点:

图 2-57 不带电话插孔手动报警按钮
J-SAP-8401 外形示意图

图 2-58 带电话插孔手动报警按钮
J-SAP-8402 外形示意图

（1）采用无极性信号二总线，其地址编码可由手持电子编码器在 1~242 之间任意设定。

（2）采用拔插式结构设计，安装简单方便；按钮上的有机玻璃片在按下后可用专用工具复位。

（3）按下手动报警按钮玻璃片，可由按钮提供额定 DC60V/100mA 无源输出触点信号，可直接控制其他外部设备。

3. 主要技术指标

（1）工作电压：总线 24V；

（2）监视电流≤0.8mA；

（3）动作电流≤2mA；

（4）线制：与控制器无极性信号二总线连接；

（5）使用环境：温度：-10~+50℃，相对湿度≤95%，不结露；

（6）外形尺寸：90mm×122mm×44mm。

（二）设计要求与布线

1. 设计要求

每个防火分区应至少设置一只手动火灾报警按钮。从一个防火分区内任何位置到最邻近的一只手动火灾报警按钮的距离不应大于是 30m。手动报警按钮宜设置在公共活动场所的出入口处。设置在明显的和便于操作的部位。当安装在墙上时，其底边距地高度宜为 1.3~1.5m，且应有明显标志。安装时应牢固，不应倾斜，外接导线应留不小于 10cm 的余量。

2. 布线要求

手动报警按钮接线端子如图 2-59 及图 2-60 所示。

图 2-59 手动报警按钮（不带插孔）
接线端子示意
Z1、Z2—无极性信号=总线端子；
K1、K2—无源常开输出端子
布线时：Z1、Z2 采用 RVS 双绞线，
导线截面积≥1.0mm²。

图 2-60 手动报警按钮（带消防电话插孔）接线端子示意
Z1、Z2—与控制器信号弹二总线连接的端子；K1、K2—DC24V 进线端子及控制线输出端子，用于提供直流 24V 开关信号；TL1、TL2—与总线制编码电话插孔或多线制电话主机连接音频接线端子；AL、G—与总线制编码电话插孔连接的报警请求线端子
布线时：信号 Z1、Z2 采用 RVS 双绞线，截面积≥1.0mm²；消防电话线 TL1、TL2 采用 RVVP 屏蔽线，截面积≥1.0mm²；报警请求线 AL、G 采用 BV 线，截面积≥1.0mm²。

二、消火栓报警按钮

消火栓报警按钮(简称消报)作为火灾时启动消防水泵的设备在消防水系统控制中起重要作用。老式的如图 2-61 所示。过去大部分采用小锤称敲击按钮,现在一般为有机玻璃片,常简称为消报。其外形图与前手动报警按钮相类似,如图 2-62 所示。

图 2-61 老式带小锤的消防按钮

图 2-62 新式的编码消火栓报警按钮 LD-8403 示意图

(一) 消火栓报警按钮的原理及主要技术指标

1. 原理

目前消火栓按钮有总线型和多线型两种,这里以海湾产品为例加以说明。LD-8403 型智能型消火栓按钮为编码型,可直接接入控制器总线,占一个地址编码。按钮表面装有一有机玻璃片,当启用消火栓时,可直接按下玻璃片,此时按钮的红色指示灯亮,表明已向消防控制室外发出了报警信息,控制器在确认了消防水泵已启动运行后,就向消火栓报警按钮发出命令信号点亮泵运行指示灯。消火栓报警按钮上的泵运行指示灯,既可由控制器点亮,也可由泵控制箱引来的指示泵运行状态的开关信号点亮,可根据具体设计要求来选用。

本按钮可电子编码,密封及防水性能优良,安装调试简单、方便。按钮还带有一对常开输出控制触点,可用来做直接启泵开关。

GST-LD-8404型为智能编码消火栓报警按钮,可直接接入海湾公司生产的各种火灾报警控制器或联动控制器,编码采用电子编码方式,编码范围在1～242之间,可通过电子编码器在现场进行设定。按钮有两个指示灯,红色指示灯为火警指示,当按钮按下时点亮;绿色指示灯为动作指示灯,当现场设备动作后点亮。本按钮具有DC24V有源输出和现场设备无源回答输入,采用三线制与设备连接,可完成对设备的直接启动及监视功能,此方式可独立于控制器。

2. 主要技术指标

(1) LD-8403型消火栓报警按钮:

① 工作电压:总线24V;

② 监视电流≤0.8mA;

③ 报警电流≤2mA;

④ 线制:消火栓报警按钮与控制器信号二总线连接,若需实现直接启泵控制及由泵控制箱动作点亮泵运行指示灯,需将消火栓报警按钮与泵控制箱用三总线连接;

⑤ 动作指示灯;

红色:报警按钮按下时此灯亮;

绿色:消防水泵运行时此灯亮;

⑥ 动作触点:无源常开触点,容量为DC60V、0.1A可用于直接启泵控制;

⑦ 使用环境:温度-10～+50℃,相对湿度≤95%,不结露;

⑧ 外形尺寸:90mm×122mm×44mm。

(2) LD-8404型消火栓报警按钮:

① 工作电压:24V;

② 监视电流≤0.5mA;

③ 报警电流≤5mA;

④ 线制:与报警控制器采用两总线连接,与电源采用两线连接,与消防泵采用三线制连接(一根DC24V有源输出线,一根回答输入线,一根公共地线);

⑤ 使用环境:温度-10～+50℃,相对湿度≤95%,不结露。

(二) 布线及应用示例

这里仅介绍总线制与多线制的示例。

1. LD-8403型智能编码消火栓报警按钮的应用(总线制)

LD-8403型智能消火栓报警按钮接线端子示意如图2-63所示。

布线要求:信号总线Z1、Z2采用RVS型双绞线,截面积≥1.0mm²;控制线K1、K2及回答线V+、SN采用BV线,截面积≥1.5mm²。

图2-63 LD-8403型消火栓报警按钮接线端子示意

Z1、Z2—与控制器信号二总线连接的端子,不分极性;

K1、K2—无源常开触点,用于直接启泵控制时,需外接24V电源;

V+、SN—DC24V有源回答信号,接泵控制箱,连接此端子可实现泵控制箱动作直接点亮泵运行指示灯总线制启泵方式应用示例：如图 2-64 所示为消火栓报警按钮直接和信号二总线连接的总线方式。按下消防按钮，向报警器发出报警信号，控制器发出启泵命令并确认泵已启动后，点亮按钮上的信号运行灯。采用直接启泵方式需要向泵控制箱及报警按钮提供 DC24V 电源线。

图 2-64　LD-8403 型消火栓报警按钮总线制方式

2. GST-LD-8404 型（海湾产品）智能型消火栓报警按钮为多线制直接启泵方式（四线制）

GST-LD-8404 消防按钮接线端子示意如图 2-65 所示。

图 2-65　GST-LD-8404 消火栓报警按钮接线端子示意

Z1、Z2—接控制器二总线，无极性；24V、G—接直流 24V，有极性；
O、G—有源 DC24V 输出；I、G—无源回答输入

布线要求：信号 Z1、Z2 采用 RVS 型双绞线，截面积 $\geqslant 1.0 \text{mm}^2$；D1、D2 采用 BV 线，截面积 $\geqslant 1.5 \text{mm}^2$。

GST-LD-8404 按钮可采用总线启泵方式，参见图 2-64，也可采用多线制直接启泵方式，如图 2-66 所示。

图 2-66　GST-LD-8404 型消火栓报警按钮多线制直接启泵

这种方式中，消火栓报警按钮按下，O、G 端输出 DC24V 电源，可直接控制消防泵的启动，泵运行后，泵控制箱上的无源动作触点信号通过 I、G 端返回消火栓报警按钮，可以点亮消火栓按钮上的泵运行指示灯。

注：当设备启动电流较大时，应增加大电流切换模块（LD-8302）进行转换。

其外形尺寸和安装方法与前手动报警按钮相同。

三、现场模块

模块可分为各种不同形式,下面分别阐述。

(一)输入模块(亦称监视模块)

1. 作用及适用范围

输入模块的作用是接收现场装置的报警信号,实现信号向火灾报警控制器的传输。它适用于老式消火栓按钮、水流指示器、压力开关、70℃或280℃防火阀等。模块可采用电子编码器完成编码设置。

图 2-67 LD-8300 型输入模块外形示意

2. 结构、安装与布线

模块外形如图 2-67 所示(以海湾产品示之)。其外形端子如图 2-68 所示。

图 2-68 LD-8300 型输入模块接线端子示意

Z1、Z2——与控制器信号二总线连接的端子;

I1、G——与设备的无源常开触点(设备动作闭合报警型)连接的端子,也可通过电子编码器设置常闭输入

布线要求:信号总线 Z1、Z2 采用 RVS 型双绞线,截面积 $\geqslant 1.0\text{mm}^2$;I1、G 采用 RV 软线,截面积 $\geqslant 1.0\text{mm}^2$。

本模块采用明装,一般是墙上安装,当进线管预埋时,可将底盒安装在 86H50 型预埋盒上,底盒与盖间采用拔插式结构安装,拆卸简单方便,便于调试维修,具体安装如图 2-69 所示。

3. 应用示例

(1)与无需供电的现场设备连接方法如图 2-70 所示。

(2)与需供电的现场设备连接方法如图 2-71 所示。

(二)智能型编码单输入/输出模块

1. 单输入/输出模块

(1)特点:

此模块用于将现场各种一次动作并有

图 2-69 LD-8300 型模块安装示意图

动作信号输出的被动型设备(如:排烟口、送风口、防火阀等)接入到控制总线上。

本模块采用电子编码器进行十进制电子编码,模块内有一对常开、常闭触点,容量为 DC24V、5A。模块具有直流 24V 电压输出,用于与继电器触点接成有源输出,满足现场的不同需求。另外模块还设有开关信号输入端,用来和现场设备的开关触点连接,以便对现场设备是否动作进行确认。应当注意的是,不应将模块触点直接接入交流控制回路,以防强交流干扰信号损坏模块或控制设备。

第三节 火灾报警系统附件

图 2-70 单输入模块 LD-8300 与
无需电设备连接示意图

图 2-71 单输入模块 LD-8300 与
需供电设备的连接示意图

(2) 结构特征、安装与布线：

以海湾 LD-8301 模块为例，其外形尺寸及结构、安装方法均与 LD-8300 模块相同，其对外接线端子如图 2-72 所示。

图 2-72 LD-8301 型模块接线端子示意图

Z1、Z2—与无极性信号二总线连接的端子；D1、D2—与控制器的 DC24V 电源连接的端子，不分极性；V+、G—DC24V 输出端子，用于向输出触点提出供+24V 信号，以便实现有源 DC24V 输出，输出触点容量为 5A，DC24V；I1、G—与被控制设备无源常开触点连接的端子，用于实现设备动作回答确认（可通过电子编码器设为常闭输入）；NO1、COM1、NC1—模块的常开常闭输出端子

布线要求：信号总线 Z1、Z2 采用 RVS 型双绞线，截面积$\geqslant 1.0 mm^2$；电源线 D1、D2 采用 BV 线，截面积$\geqslant 1.5 mm^2$；V+、I1、G、NO1、COM1、NC1 采用 RV 线，截面积$\geqslant 1.0 mm^2$。

(3) 使用方法：该模块直接驱动排烟口或防火阀等（电磁脱扣式）设备的接线示意如图 2-73 所示。

2. 双输入/双输出模块

(1) 特点：

LD-8303 双输入/双输出模块是一种总线制控制接口，可用于完成对二步降防火卷帘门、水泵、排烟风机等双动作设备的控制，主要用于防火卷帘门的位置控制，能控制其从上位到中位，也能控制其从中位到下位，同时也能确认防火卷帘门是处

图 2-73 LD-8301 型单输入输出模块
控制电动脱扣式设备接线示意图

于上、中、下的哪一位。该模块也可作为两个独立的 LD-8301 单输入/输出模块使用。

LD-8303 双输入/输出模块具有两个编码地址，两个编码地址连续，最大编码为242，可接收来自控制器的二次不同动作的命令，具有控制二次不同输出和确认两个不同回答信号的功能。此模块所需输入信号为常开开关信号，一旦开关信号动作，LD-8303 模块将此开关信号通过联动总线送入控制器，联动控制器产生报警并显示出动作的地址号，当模块本身出现故障时，控制器也将产生报警并将模块编号显示出来。本模块具有两对常开、常闭触点，容量为 5A、DC24V，有源输出时可输出 1A、DC24V。

LD-8303 模块的编码方式为电子编码，在编入一编码地址后，另一个编码地址自动生成为：编入地址+1。该编码方式简便快捷，现场编码时使用海湾公司生产的 BMQ-1 型电子编码器进行。

(2) 特征、安装与布线：

该模块外形尺寸结构及安装方法与 LD-8300 模块相同。其对外端子示意如图 2-74 所示。

图 2-74 LD-8303 型编码双输入/双输出模块接线端子示意

Z1、Z2—控制器来的信号总路线，无极性；D1、D2—DC24V 电源，无极性；I1、G—第一路无源输入端；I2、G—第二路无源输入端；V+、G—DC24V 输出端子，用于向输出控制触点提供+24 信号，以便实现有 DC24V 输出，有源输出时可输出 1A、DC24V；NC1、COM1、NO1—第一路常开常闭无源输出端子；NC2、COM2、NO2—第二路常开常闭无源输出端子

布线要求：信号总线 Z1、Z2 采用 RVS 双绞线，截面积 $\geqslant 1.0 mm^2$；电源线 D1、D2 采用 BV 线，截面积 $\geqslant 1.5 mm^2$。

(3) 应用示例：该模块与防火卷帘门电气控制箱(标准型)接线示意如图 2-75 所示。

(三) 切换模块

1. 特点

LD-8320A 双动作切换模块是一种专门设计用于与 LD-8303 双输入/双输出模块连接，它是在控制器与被控设备之间作交流直流隔离及启动、停动双动作控制的接口部件。

本模块为一种非编码模块，不可与控制器的总线连接。模块有一对常开、常闭输出触点，可分别独立控制，容量 DC24V，5A、AC220V、5A。

2. 特征、安装与布线

该模块外形尺寸、结构及安装均与 LD-8300 型模块相同，其对外接线端子如图 2-76 所示。

图 2-75 LD-8303 型编码双输入/双输出模块与防火卷帘门电气控制箱接线示意

第三节 火灾报警系统附件

图 2-76 LD-8302A 型双动作切换模块接线端子示意图

弱电端子如下：
C1—启动命令信号输入端子；C2—停止命令信号输入端子；GND—地线端子；IN1—启动回答信号输出端子；IN2—停止回答信号输出端子；A、B—启动命令信号输出端子，为无源常开触点；C—停止命令信号输出端子，为无源常闭触点；D—启动回答信号输入端子，取自被控设备 AC220V 常开触点；E—停止回答信号输入端子，取自被控设备 AC220V 常闭触点；N—AC220 零线端子

3. 应用方法

该模块要直接与 LD-8303 型双输入/双输出模块连接使用（如前 LD-8303 型双输入/双输出模块）。

综上几种模块介绍可知，模块对不同厂家来说型号各异，但其共同点是具有信号传递功能及主动控制功能，是所有联动设备与报警主机的桥梁，在实际的工程设计中一定要注意模块的正确使用。

四、声光报警盒（亦称声光讯响器）

1. 声光讯响器的分类与使用

声光讯响器一般分为非编码型与编码型两种。编码型可直接接入报警控制器的信号二总线（需由电源系统提供二根 DC24V 电源线），非编码型可直接由有源 24V 常开触点进行控制，例如用手动报警按钮的输出触点控制等。

声光讯响器的作用是：当现场发生火灾并被确认后，安装在现场的声光讯响器可由消防控制中心的火灾报警控制器启动，发出强烈的声光信号，以达到提醒人员注意的目的。

2. 声光讯响器的结构技术指标，安装及布线

不同厂家产品各异，以海湾产品为例。

(1) 工作电压：24V；

(2) 监视电流≤0.8mA；

(3) 报警电流≤160mA；

(4) 线制：① HX-100B 编码型声光讯响器与控制器无极信号二总线连接，还需两根 DC24V 电源线；

② HX-100A 非编码型声光讯响器采用两根线与 DC24V 有源常开触点连接；

(5) 报警音响≥85dB；

(6) 使用环境：温度：-10~+50℃，相对湿度≤95%，不结露；

(7) 外形尺寸：90mm×144mm×57mm，外型如图 2-77 所示。

安装方式：采用壁挂式安装，在普通高度空间下，以距顶棚 0.2m 处为宜安装在现场。

声光讯响器接线端子如图 2-78 所示。

图 2-77 HX-100B 型声光讯响器外形尺寸示意

图 2-78 HX-100B 型声光讯响器接线端子示意

Z1，Z2—与火灾报警控制器信号二总线连接的端子，对于 HX-100A 型声光讯响器，此端子无效；D1、D2—与 DC24V 电源线(HX-100B)或 DC24V 常开控制触点(HX-100A)连接的端子，无极性；S1、G—外控输入端子

布线要求：信号二总线 Z1、Z2 采用 RVS 型双绞线，截面积$\geqslant 1.0 mm^2$；电源线 D1、D2 采用 BV 线，截面积$\geqslant 1.5 mm^2$；S1、G 采用 RV 线，截面积$\geqslant 0.5 mm^2$。

3. 应用示例

声光讯响器在使用中可直接与手动报警按钮的无源常开触点连接，如图 2-79 所示。

图 2-79 手动报警按钮直接控制编码声光讯响器示意

当发生火灾时，手动报警按钮可直接起动讯响器。

五、报警门灯及诱导灯

1. 报警门灯

门灯一般安装在巡视观察方便的地方，如会议室，餐厅，房间等门口上方，便于从外部了解内部的火灾探测器是否报警。

门灯可与对应的探测器并联使用，并与该探测器编码一致。当探测器报警时，门灯上的指示灯闪亮，在不进入室内的情况下就可知道室内的探测器已触发报警。

门灯中处有一红色高亮度发光区，当对应的探测器触发时，该区红灯闪亮。其外形如图 2-80 所示。门灯的对外端子示意如图 2-81 所示。

图 2-80 LD-8314 型编码探测器门灯外形示意

图 2-81 门灯接线端子示意

Z1、Z2—与对应探测器信号二总线的接线端子

布线要求：直接接入信号二总线，无需其他布线。

2. 诱导灯(引导灯)

引导灯安装在各疏散通道上，均与消防控制中心控制器相接。当火灾时，在消防中心手动操作打开有关的引导灯，指示人员疏散通道。

六、总线中继器

1. 作用

中继器可作为总线信号输入与输出间的电气隔离，完成探测器总线的信号隔离传输，可增强整个系统的抗干扰能力，并且具有扩展探测器总线通讯距离的功能。

2. 主要技术指标（以海湾 LD-8321 总线中继器为例）

（1）总线输入距离≤1000m；

（2）总线输出距离≤1000m；

（3）电源电压：DC18V～DC24V；

（4）静态功耗：静态电流＜20mA；

（5）带载能耗及兼容性：可配接 1～242 点总线设备，兼容所有探测器总线设备；

（6）隔离电压：总线输入与总线输出间隔离电压＞1500V；

（7）使用环境：温度－10～+50℃，相对湿度≤95％，不结露；

（8）外形尺寸：85mm×128mm×56mm，外型如图 2-82 所示。

图 2-82　LD-8321 总线中继器外形示意

3. 安装与布线

中继器安在现场，墙上安装，采用 M3 螺钉固定。中继器对外接线端子如图 2-83 所示。

24VIN　24VIN　Z1IN　Z2IN　Z10　Z20

图 2-83　LD-8321 总线中继器接线端子示意

24VIN—DC18～DC30V 电压输入端子；Z1IN、Z2IN—无极性信号二总线输入端子，与控制器无极性信号二总线输出连接，距离应小于 1000m；Z10、Z20—隔离无极性两总线输出端子

布线要求：无极性信号二总线采用 RVS 双绞线，截面积≥1.0mm^2；24V 电源线采用 BV 线，截面积≥1.5mm^2。

4. 编码中继器和终端

在消防系统中为了降低造价，偶尔会使用一些非编码设备，如非编号感烟探测器、非编号感温探测器等，但因为这些设备本身不带地址，无法直接与信号总线相连，为此需要加入编码中继器（编码中继器为编码设备）和终端以便使非编码设备能正常地接入信号总线中。下面以 LD-8319 编码中继器和 LD-8320 有源终端为例对其接线方式和功能加以说明。

LD-8319 编码中继器是一种编码模块，只占用一个编码点，地址编码采用电子编码方式，用于连接非编码探测器等现场设备，当接入编码中继器输出回路中的任何一只现场非编码设备报警后，编码中继器都会将报警信息传给报警控制器，控制器产生报警信号并显示出编码中继器的地址编号。编码中继器可配接海湾安全技术有限公司生产的 JTFB-GOF-GST601 非编码感烟感温复合探测器、JTY-GF-GST104 非编码光电感烟探测器及 JTWB-ZCD-G1(A) 非编码电子差定温感温探测器等。编码中继器具有输出回路断路检测

功能,输出回路的末端连接 LD-8320 有源终端,当输出回路断路时,编码中继器将故障信息传送给报警控制器,控制器显示出编码中继器的编码地址;当输出回路中有现场设备被取下时,编码中继器会报故障但不影响其他现场设备正常工作。一个编码中继器可带多只非编码型探测器,也可多种探测器混用,但混用数量不超过 15 只。其具体接线方式如图 2-84 所示。

图 2-84 编码中继器和终端与非编码设备的接线示意图

七、总线隔离器

1. 总线隔离器的作用

总线隔离器用在传输总线上,对各分支线作短路时的隔离作用。它能自动使短路部分两端呈高阻态或开路状态,使之不损坏控制器,也不影响总线上其他部件的正常工作,当这部分短路故障消除时,能自动恢复这部分回路的正常工作,这种装置又称短路隔离器。

2. 主要技术指标(以海湾产品 LD-8313 为例)

(1) 工作电压:总线 24V;

(2) 隔离动作确认灯:红色;

(3) 动作电流:170mA(最多可接入 50 个编码设备),270mA(最多可接入 100 个编码设备);

(4) 使用环境:温度 $-10\sim+50$℃,相对湿度≤95%,不结露;

(5) 外形尺寸:120mm×80mm×40mm,外型同 LD-8300 模块。

3. 布线

总线隔离器的接线端子如图 2-85 所示。

图 2-85 LD-8313 总线隔离器接线端子示意

Z1、Z2—无极性信号二总线输入端子;Z01、Z02—无极性信号二总线输出端子,最多可接入 50 个编码设备(含各类探测器或编码模块);A—动作电流选择端子,与 Z01 短接时,隔离器最多可接入 100 个编码设备(含各类探测器或编码模块)

布线要求:直接与信号二总线连接,无需其他布线。可选用截面积≥1.0mm² 的 RVS 双绞线。

4. 应用示例

总线隔离器应接在各分支回路中以起到短路保护作用,如图 2-86 所示。

图 2-86 短路隔离器的应用示例

八、总线驱动器

1. 作用

增强线路的驱动能力。

2. 使用场所

(1) 当一台报警控制器监控的部件超过 200 件以上，每 200 件左右用一只；

(2) 所监控设备电流超过 200mA，每 200mA 左右用一只；

(3) 当总线传输距离太长，太密，超长(500m)安装一只(也有厂家超过 1000m 安一只，应结合厂家产品而定)。

九、区域显示器(又叫火灾显示盘或层显)

1. 作用及适用范围

当一个系统中不安装区域报警控制器时，应在各报警区域安装区域显示器，其作用是显示来自消防中心报警器的火警信息，适用于各防火监视分区或楼层。

2. 功能及特点

以 ZF-500 型汉字液晶显示火灾显示盘为例加以说明。ZF-500 型火灾显示盘是用单片机设计开发的汉字式火灾显示盘，用来显示火警探测器部位编号及其汉字信息并同时发出声光报警信号，显示内容清晰直观，便于人员确认。它通过总线与火灾报警控制器相连，处理并显示控制器传送过来的数据。当用一台报警器同时监控数个楼层或防火分区时，可在每个楼层或防火分区设置火灾显示盘以取代区域报警控制器。

3. 主要技术指标

(1) 显示范围：每屏显示四条汉字报警信息，后续报警信息可滚屏显示；

(2) 显示容量：最多不超过 126 条汉字报警信息；

(3) 线制：与火灾报警控制器间采用有极性二总线连接，另需两根 DC24V 电源供电线(不分极性)；

(4) 使用环境：温度 0～+40℃，相对湿度≤95%，不结露；

(5) 电源：采用 DC24V 电源集中供电；

(6) 静态功耗≤2W，最大功耗≤5W；

(7) 外形尺寸：206mm×115mm×44mm，外形如图 2-87 所示。

图 2-87 ZF-500 汉字液晶显示火灾报警显示盘外形示意

4. 布线

火灾显示盘接线端子如图 2-88 所示。

布线要求：DC24V 电源线采用 BV 线，截面积 $\geqslant 2.5\text{mm}^2$；通讯线 A、B 采用 RVVP 屏蔽线，截面积 $\geqslant 1.0\text{mm}^2$。

图 2-88 ZF-500 火灾显示盘接线端子图

A、B—连接火灾报警控制器的通讯总线端子；+24V、GND—DC24V 电源线端子

十、CRT 彩色显示系统

在大型的消防系统的控制中必须采用微机显示系统即 CRT 系统，它包括系统的接口板、计算机、彩色监视器、打印机，是一种高智能化的显示系统。该系统采用现代化手段、现代化工具及现代化的科学技术代替以往庞大的模拟显示屏，其先进性对造型复杂的建筑群体更显突出，其外形如图 2-89 所示。

图 2-89 GSTCRT2001 彩色 CRT 显示系统示意

1. CRT 报警显示系统的作用

CRT 报警显示系统是把所有与消防系统有关的建筑物的平面图形及报警区域和报警点存入计算机内，在火灾时，CRT 显示屏上能自动用声光显示部位，如用黄色（预警）和红色（火警）不断闪动，同时用不同的音响来反映各种探测器、报警按钮、消火栓、水喷淋等各种灭火系统和送风口、排烟口等的具体位置。用汉字和图形来进一步说明发生火灾的部位、时间及报警类型，打印机自动打印，以便记忆着火时间，进行事故分析和存档，给消防值班人员更直观更方便地提供火情和消防信息。

2. 对 CRT 报警显示系统的要求

随着计算机的不断更新换代，CRT 报警显示系统产品种类不断更新，在消防系统的设计过程中，选择合适的 CRT 系统是保证系统正常监控的必要条件，因此要求所选用的 CRT 系统必须具备下列功能：

① 报警时，自动显示及打印火灾监视平面中火灾点位置、报警探测器种类、火灾报警时间；

② 所有消火栓报警开关、手动报警开关、水流指示器、探测器等均应编码，且在 CRT 平面上建立相应的符号。利用不同的符号不同的颜色代表不同的设备，在报警时有明显的不同音响。

③ 当火灾自动报警系统需进行手动检查时，显示并打印检查结果。

④ 具有火警优先功能，应不受其他以及按用户的要求所编制软件的影响。

3. 实例介绍

下面以 GSTCRT2001 彩色 CRT 显示系统为例详细加以说明。GSTCRT2001 彩色显示系统是海湾安全技术有限公司最新一代消防控制中心火警监控、管理系统，它用于火灾报警及消防联动设备的管理与控制以及设备的图形化显示，可与该公司所生产的 GST200、GST500/5000、GST9000 等系列火灾报警控制器（联动型）组成功能完备的图形化消防中心监控系统，并且 CRT 之间可以通过局域网、普通电话线（通过调制解调器）、RS-232 等方式进行联网，接收、发送、显示设备的异常信息及主机信息，从而实现了火灾报警系统的远程中央监控。

（1）系统可以同时管理多台不同类型的控制器。

（2）自动维护系统的数据通信，且用户可以通过通讯测试功能随时测试系统数据通信状态，保证系统可靠运行。

（3）简单、直观、完整的用户图形监控界面，可在不同监视区的设备布置图上切换显示，并通过不同的颜色显示现场设备的报警及动作、故障、隔离等异常信息，对于指挥现场灭火十分有益。

（4）可在 CRT 彩色显示系统上完成相关设备控制操作，提供与火灾报警控制器（联动型）相同的控制方式。

（5）实时打印报警、故障、隔离设备的位置、类型、时间；同时可按条件查询并打印各种报警、故障等信息的历史记录。

（6）提供报警辅助处理方案，在紧急情况下提示值班人员完成必要的应急操作。

（7）完备的数据库管理功能，并具有数据备份功能，可将你的数据损失降到最低，保证你的系统安全。

（8）系统提供多级密码，便于系统安全管理，防止误操作。

第四节 火灾报警控制器

火灾报警控制器是火灾自动报警系统的心脏，是消防系统的指挥中心，控制器可为火灾探测器供电，接收、处理和传递探测点的故障及火警信号，并能发出声、光报警信号，同时显示及记录火灾发生的部位和时间，并能向联动控制器发出联动通知信号。

一、火灾报警控制器的分类、功能及型号

（一）火灾报警控制器的分类

火灾报警控制器种类繁多，从不同角度有不同分类，具体分类如图 2-90 所示，外型如图 2-91 所示。

（二）火灾报警控制器的基本功能

（1）主备电源：在控制器中备有浮充备用电池，在控制器投入使用时，应将电源盒上方的主、备电开关全打开，当主电网有电时，控制器自动利用主电网供电，同时对电池充电，当主电网断电时，控制器会自动切换改用电池供电，以保证系统的正常运行。在主电供电时，面板主电指示灯亮，时钟口正常显示时分值。备电供电时，备电指示灯亮，时钟口只有秒点闪烁，无时分显示，这是节省用电，其内部仍在正常走时，当有故障或火警时，时钟口重又显示时分值，且锁定首次报警时间性。在备电供电期间，控制器报类型号 26 和主电故障，此外，当电池电压下降到一定数值时，控制还要报类型号 24 故障。当备

图 2-90 火灾报警控制器的分类

图 2-91 壁挂式、立柜式及台式报警控制器外形图

电低于 20V 时关机,以防电池过放而损坏。

(2) 火灾报警:当接收到探测器、手动报警开关、消火栓报警开关及输入模块所配接的设备发来的火警信号时,均可在报警器中报警,火灾指示灯亮并发出火灾调音响,同时显示首次报警地址号及总数。

(3) 故障报警:系统在正常运行时,主控单元能对现场所有的设备(如探测器、手动报警开关、消火栓报警开关等)、控制器内部的关键电路及电源进行监视,一有异常立即报警。报警时,故障灯亮并发出长音故障音响,同时显示报警地址号及类型号。

(4) 时钟锁定，记录着火时间：系统中时钟走时是软件编程实现的，有年、月、日、时、分。当有火警或故障时，时钟显示锁定，但内部能正常走时，火警或故障一旦恢复，时钟将显示实际时间。

(5) 火警优先：在系统存在故障的情况下出现火警，则报警器能由报故障自动转变为报火警，而当火警被清除后又自动恢复报原有故障。当系统存在某些故障而又未被修复时，会影响火警优先功能，如下列情况下：a. 电源故障；b. 当本部位探测器损坏时本部位出现火警；c. 总线部位故障（如信号线对地短路、总线开路与短路等）均会影响火警优先。

(6) 调显火警：当火灾报警时，数码管显示首次火警地址，通过键盘操作可以调显其他的火警地址。

(7) 自动巡检：报警系统长期处于监控状态，为提高报警的可靠性，控制器设置了检查键，供用户定期或不定期进行电模拟火警检查。处于检查状态时，凡是运行正常的部位均能向控制器发回火警信号，只要控制器能收到现场发回来的信号并有反应而报警，则说明系统处于正常的运行状态。

(8) 自动打印：当有火警、部位故障或有联动时，打印机将自动打印记录火警、故障或联动的地址号，此地址号同显示地址号一致，并打印出故障、火警、联动的月、日、时、分。当对系统进行手动检查时，如果控制正常，则打印机自动打印正常(OK)。

(9) 测试：控制器可以对现场设备信号电压、总线电压、内部电源电压进行测试。通过测量电压值，判断现场部件、总线、电源等的正常与否。

(10) 部位的开放及关闭：部位的开放及关闭有以下几种情况：

① 子系统中空置不用的部位（不装现场部件），在控制器软件制作中即被永久关闭。如需开放新部位应与制造厂联系；

② 系统中暂时空置不用的部位，在控制器第一次开机时需要手动关闭；

③ 系统运行过程中，已被开放的部位其部件发生损坏后，在更新部件之前应暂时关闭，在更新部件之后将其开放。部位的暂时关闭及开放有以下几种方法：

a. 逐点关闭及逐点开放：在控制器正常运行中，将要关闭（或开放）的部位的报警地址显示号用操作键输入控制器，逐个地将其关闭或开放。被关闭的部位如果安装了现场部件则该部件不起作用，被开放部位如果未安装现场部件则将报出该部位故障。对于多部件部位（指编码不同的部件具有相同的显示号），进行逐点关闭（或开放），是将该部位中的全部部件实现了关闭（或开放）。

b. 统一关闭及统一开放：统一开放关闭是在控制器报警（火警或故障）的情况下，通过操作键将当时存在的全部非正常部位进行关闭；统一开放是在控制器运行中，通过操作键将所有在运行中曾被关闭的部位进行开放。当部位是多部件部位时，统一关闭也只是关闭了该部位中的不正常部件。系统中只要有部位被关闭了，面板上的"隔离"灯就被点亮。

(11) 显示被关闭的部位：在系统运行过程中，已开放的部位在其部件出现故障后，为了维持整个系统正常运行，应将该部位关闭。但应能显示出被关闭的部位，以便人工监视部位的火情并及时更换部件。操作相应的功能键，控制器便顺序显示所有在运行中被关闭的部位。当部位是多部件部位时，这些部件中只要有一个是关闭的，它的部位号就能被显示出来。

(12) 输出：

① 控制器中有 V 端子、VG 端子间输出 DC24V、2A。向本控制器所监视的某些现场部件和控制接口提供 24V 电源。

② 控制器有端子 L1，L2，可用双绞线将多台控制器连通组成多区域集中报警系统，系统中有一台作集中报警控制器，其他作区域报警控制器。

③ 控制器有 GTRC 端子，用来同 CRT 联机，其输出信号是标准 RS232 信号。

(13) 联机控制：可分"自动"联动和"手动"启动两种方式，但都是总线联动控制方式。在联动方式时，先按 E 键与自动键，"自动"灯亮，使系统处于自动联动状态。当现场主动型设备（包括探测器）发生动作时，满足既定逻辑关系的被动型设备将自动被联动。联动逻辑因工程而异，出厂时已存贮于控制器中。手动启动在"手动允许"时才能实施，手动启动操作应按操作顺序进行。

无论是自动联动还是手动启动，应该动作的设备编号均应在控制板上显示，同时启动灯亮。已经发生动作的设备的编号也在此显示，同时回答灯亮。启动与回答能交替显示。

(14) 阈值设定：报警阈值（即提前设定的报警动作值）对于不同类型的探测器其大小不一，目前报警阈值是在控制器的软件中设定。这样控制器不仅具有智能化、高可靠的火灾报警，而且可以按各探测部位所在应用场所的实际情况不同，灵活方便地设定其报警阈值，以便更加可靠地报警。

(三) 型号

火灾报警产品型号是按照《中华人民共和国专业标准》（ZBC 81002—84）编制的。其型号意义如下：

① J(警)——消防产品中的分类代号（火灾报警设备）；

② B(报)——火灾报警控制代号；

③ 应用范围特征代号 $\begin{cases} B(爆)——防爆型 \\ C(船)——船用型 \end{cases}$

非防爆型和非船用型可以省略，无需指明。

④ 分类特征代号：D(单)——单路；Q(区)——区域；J(集)——集中；T(通)——通用，既可作集中报警，又可作区域报警；

⑤ 结构特征代号：G(柜)——柜式；T(台)——台式；B(壁)——壁挂式；

⑥ 主参数：一般表示报警器的路数。例如：40，表示 40 路。

型号举例：

JB-TB8-2700/063B：8路通用火灾报警控制器。

JB-JG-60-2700/065：60路柜式集中报警控制器。

JB-QB-40：40路壁挂式区域报警控制器。

二、火灾报警控制器的构造及工作原理

（一）火灾报警控制器的构造

火灾报警控制器已完成了模拟化向数字化的转变，下面以二总线火灾报警控制器为例介绍其构造。

二总线火灾报警控制器集先进的微电子技术、微处理技术于一体，性能完善，控制方便、灵活。硬件结构包括微处理机（CPU）、电源、只读存贮器（ROM）、随机存储器（RAM）及显示、音响、打印机、总线、扩展槽等接口电路。JB-QT-GST5000型汉字液晶显示火灾报警控制器的外型结构为琴台式，如图2-92所示。

图2-92 JB-QT-GST5000型控制器外型示意

1. JB-QT-GST5000型控制器特点

（1）控制器采用琴台式结构，各信号总线回路板采用拔插设计，系统容量扩充简单、方便。

（2）采用大屏幕汉字液晶显示器，各种报警状态信息均可以直观地以汉字方式显示在屏幕上，便于用户操作使用。

（3）控制器设计高度智能化，与智能探测器一起可组成分布智能式火灾报警系统，极

大降低误报，提高系统可靠性。

（4）火灾报警及消防联动控制可按多机分体、分总线回路设计，也可以单机共总线回路设计，同时控制器设计了具有短线、断线检测及设备故障报警功能的多线制控制输出点，专门用于控制风机、水泵等重要设备，可以满足各种设计要求。

（5）控制器可完成自动及手动控制外接消防被控设备，其中手动控制方式具备直接手动操作键控制输出及编码组合键手动控制输出两种方式，系统内的任一地址编码点既可由各种编码探测器占用，也可由各类编码模块占用，设计灵活方便。考虑到控制器自身电源系统容量较低，当控制器接有被控设备时，需另外设置 DC24V 电源系统。

（6）控制器具有极强的现场编程能力，各回路设备间的交叉联动、各种汉字信息注释、总线制设备与多线制控制设备之间的相互联动等均可以现场编程设定。

（7）控制器可外接火灾报警显示盘及彩色 CRT 显示系统等设备，满足各种系统配置要求。

（8）进一步加强了控制器的消防联动控制功能，可配置多块 64 路手动消防启动盘，完成对总线制外控设备的手动控制，并可配置多块 14 路多线制控制盘，完成对消防控制系统中重要设备的控制。

（9）控制器可加配联动控制用电源系统，标准化电源盘可提供 DC24V、6A 电源二总线。

（10）控制器容量内的任一地址编码点，可由编码火灾探测器占用，也可由编码模块占用。

（11）控制器可扩充消防广播控制盘和消防电话控制盘，组成消防广播和消防电话系统。

2. JB-QT-GST5000 型控制器主要技术指标

（1）液晶屏规格：320×240 图形点阵，可显示 12 行汉字信息

（2）控制器容量：

① 最多可带 40 个 242 地址编码点回路，最大容量为 9680 个地址编码点；

② 可外接 64 台火灾显示盘；联网时最多可接 32 台其他类型控制器；

③ 多线制控制点及直接手动操作总线制点可按要求配置。

（3）线制：

① 控制器与探测器间采用无极性信号二总线连接，与各类控制模块间除无极性二总线外，还需外加二根 DC24V 电源总线。

② 与其他类型的控制器采用有极性二总线连接，对于火灾报警显示需用外加两根 DC24V 电源供电总线。

（4）使用环境：温度 0~+40℃，相对湿度≤90%，不结露。

（5）电源：主电：为交流 220V $^{+10\%}_{-15\%}$；控制器备电：DC24V 24Ah 密封铅电池；联动备电：DC24V 24Ah 密封铅电池。

（6）功耗：≤150W。

（7）外形尺寸：500mm×700mm×170mm。

3. 接线端子及布线要求

接线端子如图 2-93 所示。

图 2-93 JB-QT-GST5000 控制器接线端子示意

A、B—连接其他各类控制器及火灾显示盘的通讯总线端子；ZN-1、ZN-2(N=1～18)—无极性信号二总线；OUT1、OUT2—火灾报警输出端子(无源常开控制点，报警时闭合)；RXD、TXD、GND—连接彩色 CRT 系统的接线端子；CN+、CN−(N=1～14)—多线制控制输出端子；+24V、GND—DC24V、6A 供电电源输出端子；L、G、N—交流 220V 接线端子及机柜保护接地线端子

布线要求：

DC24V、6A 供电电源线在竖井内采用 BV 线，截面积$\geqslant 4.0mm^2$，在平面采用 BV 线，截面积$\geqslant 2.5mm^2$。

从以上实例可见，火灾报警控制器主要技术指标如下：

(1) 容量：容量是指能够接收火灾报警信号的回路数，以"M"表示。一般区域报警器 M 的数值等于探测器的数量。对于集中报警控制器，容量数值等于 M 乘以区域报警器的台数 N，即 M×N。

(2) 使用环境条件：使用环境条件主要指报警控制器能够正常工作的条件，即温度、湿度、风速、气压等项。要求陆用型环境条件为：温度−10～50℃；相对湿度$\leqslant 92\%$(40℃)；风速<5m/s；气压为 85～106kPa。

(3) 工作电压：工作时，电压可采用 220V 交流电和 24～32V 直流电(备用)，备用电源应优先选用 24V。

(4) 满载功耗：满载功耗指当火灾报警控制器容量不超过 10 路时，所有回路均处于报警状态所消耗的功率；当容量超过 10 路时，20%的回路(最少按 10 路计)处于报警状态所消耗的功率。使用时要求在系统工作可靠的前提下，尽可能减小满载功耗；同时要求在报警状态时，每一回路的最大工作电流不超过 200mA。

(5) 输出电压及允差：输出电压即指供给火灾探测器使用的工作电压，一般为直流 24V，此时输出电压允差不大于 0.48V，输出电流一般应大于 0.5A。

(6) 空载功耗：即指系统处于工作状态时所消耗的电源功率。空载功耗表明了该系统的日常工作费用的高低，因此功耗应是愈小愈好；同时要求系统处于工作状态时，每一报警回路的最大工作电流不超过 20mA。

(二) 火灾报警控制器的工作原理

正常无火灾状态下，液晶显示 CPU 内部软件电子时钟的时间，控制器为探测器供 24V 直流电。探测器二线并联是通过输出接口控制探测器的电源电路发出探测器编码信号和接收探测器回答信号而实现的。

火灾时，控制器接收到探测器发来的火警信号后，液晶显示火灾部位、电子钟停在首次火灾发生的时刻，同时控制器发出声光报警信号，打印机打印出火灾发生的时间和部位。当探测器编码电路故障，例如短路、线路断路、探头脱落等，控制器发出故障声光报

警,显示故障部位并打印。

三、区域与集中报警控制器的区别

(一)区域报警控制器

区域报警控制器由输入回路、光报警单元、声报警单元、自动监控单元、手动检查试验单元、输出回路和稳压电源及备用电源等组成,如图2-94所示。

图2-94 区域报警控制器电路原理方框图

从图可看出,输入回路接收各火灾探测器送来的火灾报警信号或故障信号,由声光报警单元发出声响报警信号和显示其发生的部位,并通过输出回路控制有关的消防设备,向集中火灾报警控制器传送报警信号。自动监控单元起着监控各类故障的作用。通过手动检查试验单元可以检查整个火灾报警系统是否处于正常工作状态。

区域火灾报警控制器主要功能如下:

(1)供电功能:供给火灾探测器稳定的工作电源,一般为DC24V,以保证火灾探测器稳定可靠地工作。

(2)火警记忆功能:接受火灾探测器测到火灾参数后发来的火灾报警信号,迅速准确地进行转换处理,以声光形式报警,指示火灾发生的具体部位,并满足下列要求:火灾报警控制器一接受到火灾探测器发出火灾报警信号后,应立即予以记忆或打印,以防止随信号来源的消失(如感温火灾探测器自行复原、火势大后烧毁火灾探测器或烧断传输线等)而消失。

在火灾探测器的供电电源线被烧结短路时,亦不应丢失已有的火灾信息,并能继续接受其他回路中的手动按钮或机械火灾探测器送来的火灾报警信号。

(3)消声后再声响功能:在接收某一回路火灾探测器发来的火灾报警信号,发出声光报警信号后,可通过火灾控制器上的消声按钮人为消声。如果火灾报警控制器此时又接收到其他回路火灾探测器发来的火灾报警信号时,它仍能产生声光报警,以及时引起值班人员的注意。

(4)输出控制功能:具有一对以上的输出控制接点,供火警时切断空调、通风设备的电源,关闭防火门或启动自动消防设备,以阻止火灾进一步蔓延。

(5)监视传输线切断功能:监控连接火灾探测器的传输导线一旦发生断线情况,立即以区别于火警的声光形式发出故障报警信号,并指示故障发生的具体部位,以便及时维修。

(6) 主备电源自动转换功能：火灾报警控制器使用的主电源是交流220V市电，其直流备用电源一般为镍镉电池或铅酸维护电池。当市电停电或出现故障时能自动地转换到备用直流电源工作。当备用直流电源电压偏低时，能及时发出电源故障报警。

(7) 熔丝烧断报警功能：火灾报警控制器中任何一根熔丝烧断时，能及时以各种形式发出故障报警。

(8) 火警优先功能：火灾报警控制器接收到火灾报警信号时，能自动切除原先可能存在的其他故障报警信号，只进行火灾报警，以免引起值班人员的混淆。只有当火情排除后，人工将火灾报警控制器复位时，若故障仍存在，才再次发出故障报警信号。

(9) 手动检查功能：自动火灾报警系统对火警和各类故障均进行自动监视。但平时该系统处于监视状态，在无火警、无故障时，使用人员无法知道这些自动监视功能是否完好，所以在火灾报警控制器上都设置了手动检查试验装置，可随时或定期检查系统各部分、各环节的电路和元器件是否完好无损，系统各种自动监控功能是否正常，以保证自动火灾报警系统处于正常工作状态。手动检查试验后，能自动或手动复原。

(二) 集中报警控制器

集中报警控制器由输入回路、光报警单元、声报警单元、自动监控单元、手动检查试验单元和稳压电源、备用电源等电源组成，如图2-95所示。

集中火灾报警控制器的电路除输入单元和显示单元的构成和要求与区域火灾报警控制器有所不同外，其基本组成部分与区域火灾报警控制器大同小异。

输入单元的构成和要求，是与信号采集与传递方式密切相关的。目前国内火灾报警控制器的信号传输方式主要有以下四种：

图2-95 集中火灾报警控制器电路原理方框图

1. 对应的有线传输方式

这种方式简单可靠，但在探测报警的回路数多时，传输线的数量也相应增多，就带来工程投资大、施工布线工程工作量大等问题，故只适用于范围较小的报警系统使用。当集中报警控制器采用这种传输方式时，它只能显示区域号，而不能显示探测部位号。

2. 分时巡回检测方式

采用脉冲分配器将振荡器产生的连续方波转换成有先后时序的选通信号，按顺序逐个选通每一报警回路的探测器，选通信号的数量等于巡检的点数，从总的信号线上接受被选通探测器送来的火警信号。这种方式减少了部分传输线路，但由于采用数码显示火警部位号，在几个火灾探测回路同时送来火警信号时，其部位的显示就不能一目了然了，而且需要配接微型机或复示器来弥补无记忆功能的不足。

3. 混合传输方式

这种传输方式可分为两种形式：

（1）区域火灾报警控制器采用一一对应的有线传输方式，所有区域火灾报警控制器的部位号与输出信号并联在一起，与各区域火灾报警控制器的选通线，全部连接到集中火灾报警控制器上；而集中火灾报警控制器采用分时巡回检测方式，逐个选通各区域火灾报警控制器的输出信号。这种形式，信号传输原理较为清晰，线路适中，在报警速度和可靠方面能得到较好的保证。

（2）区域火灾报警控制器采用分时巡回检测方式，采用区域选通线加几根总线的总线断续传输方法。这种形式，使区域火灾报警控制器到集中火灾报警控制器的集中传输线大大减少。

4. 总线制编码传输方式

总线制地址编码传输方式的火灾报警控制器，其信号传输方式的最大优点是大大减少了火灾报警控制器和各火灾探测器的传输线。区域火灾报警控制器到所有火灾探测器的连线总共只有 2～4 根，连接上百只火灾探测器，能辨别是哪一个火灾探测器处于火灾报警状态或故障报警状态。

这种传输方式使火灾报警控制器在接受某个火灾探测器的状态信号前，先发出该火灾探测器的串行地址编码。该火灾探测器将当时所处的工作状态（正常监视、火灾报警或故障报警）信号发回，由火灾报警控制器进行判别、报警显示等。

在区域火灾报警控制器和集中火灾报警控制器信号传输上，采用数据总线方式或 RS232、RS424 等标准串行接口，用几根线就满足了所有区域火灾报警控制器到集中火灾报警控制器的信号传输。

这个传输方式使传输线数量大大减少，给整个火灾自动报警系统的施工安装带来了方便，降低了传输线路的投资费用和安装费用。

集中报警控制器可分为主要功能和辅助功能，主要功能分两类：

一类集中火灾报警控制器仅反映某一区域火灾报警控制器所监护的范围内有无火警或故障，具体是哪一个部位号不显示。这类集中火灾报警控制器实际功能与区域火灾报警控制器相同，只是使用级别不同而已。采用这种集中火灾报警控制器构成的火灾自动报警系统，线路较少，维护方便，但不能知道具体是哪一个部位有火警。

另一类集中报警控制器，不但能反应区域号，还能显示部位号。这类集中火灾报警控制器一般不能直接连接探测器，不提供火灾探测器使用的工作电源，而只能与相应配套的区域火灾报警控制器连接。集中报警控制器能对它与各区域火灾报警控制器之间的传输线进行断线故障监视，其他功能与区域报警器相同。

辅助功能有以下四个方面：

（1）记时：记录探测器发来的第一个火灾报警信号时间，为公安消防部门调查火因提供准确的时间依据。

（2）打印：为了查阅文字记录，采用打印机将火灾或故障发生的时间、部位及性质打印出来。

（3）事故广播：发生火灾时，为减少二次灾害，仅接通火灾层及上、下各一层，以便于指挥人员疏散和扑救。

（4）电话：火灾时，控制器能自动接通专用电话线路，以尽快组织扑救，减少损失。

四、火灾报警控制器的接线

接线形式根据不同产品有不同线制,如三线制、四线制、两线制、全总线制及二总线制等,这里仅介绍传统的两线制及现代的全总线制两种。

1. 两线制

两线制的接线计算方法因不同厂家的产品有所区别,以下介绍的计算方法具有一般性。

区域报警器的输入线数等于 $N+1$ 根,N 为报警部位数。

区域报警器的输出线数等于是 $10+\dfrac{n}{10}+4$,式中:n 为区域报警器所监视的部位数目;10 为部位显示器的个数;$n/10$ 为巡检分组的线数;4 包括:地线一根,层号线一根,故障线一根,总检线一根。

集中报警器的输入线数为 $10+n/10+S+3$,式中:S 为集中报警器所控制区域报警器的台数;3 为故障线一根,总检线一根,地线一根。

【例】某高层建筑的层数为 50 层,每层一台区域报警器,每台区域报警器带 50 个报警点,每个报警点有一只探测器,试计算报警器的线数并画出布线图。

【解】区域报警器的输入线数为 $50+1=51$ 根,区域报警器的输出线数为 $10+\dfrac{50}{10}+4=19$ 根;集中报警器的输入线数为 $10+\dfrac{50}{10}+50+3=68$ 根。

两线制接线如图 2-96 所示,这种接线大多在小系统中应用,目前已很少使用。

图 2-96 两线制的接线

2. 地址编码全总线火灾自动报警系统接线

这种接线方式大系统中显示出其明显的优势，接线非常简单，给设计和施工带来了较大的方便，大大减少了施工工期。

区域报警器输入线为5根，即P、S、T、G及V线，即电源线、讯号线、巡检控制线、回路地线及DC24V线。

区域报警器输出线数等于集中报警器接出的六条总线，即P_0、S_0、T_0、G_0、C_0、D_0，C_0为同步线，D_0为数据线。所以称之为四全总线(或称总线)是因为该系统中所使用的探测器、手动报警按钮等设备均采用P、S、T、G四根出线引至区域报警器上。其布线如图2-97所示。

图2-97 采用四全总线的接线示意

3. 地址编码二总线火灾自动报警系统接线

因为是无极性二总线安装接线，因此这种接线方式使用更加简便，需要24V电源的部位可引入无极性24V电源总线即可。因为整个火灾报警系统中主要以报警设备为主，所以在施工布线中一般只敷设一对电线即可。其布线大致如图2-98所示。

图2-98 采用二总线布线的接线示意图

第五节 火灾自动报警系统及应用示例

火灾自动报警系统由传统火灾自动报警系统向现代火灾报警系统发展。虽然生产厂家较多，其所能监控的范围随不同报警设备各异，但设备的基本功能日趋统一，并逐渐向总线制、智能化方向发展，使得系统误报率、漏报率降低。由于用线数大大减少，使系统的施工和维护非常方便。

一、传统型火灾报警系统

传统型火灾自动报警系统仍是一种有效、实用的重要消防监控系统，下面分别叙述。

（一）区域火灾自动报警系统

1. 报警控制系统的设计要求

（1）一个报警区域宜设置一台区域火灾报警控制器。

（2）区域火灾报警系统报警器台数不应超过两台。

（3）当一台区域报警器垂直方向警戒多个楼层时，应在每个数层的楼梯口或消防电梯前室等明显部位，设置识别楼层的灯光显示装置，以便发生火警时，能及时找到火警区域，并迅速采取相应措施。

（4）区域报警器安在墙上时，其底边距地高应在 1.3～1.5m，靠近其门轴的侧面距墙不应小于 0.5m，正面操作距离不应小于 1.2m。

（5）区域报警器应设置在有人值班的房间或场所。

（6）区域报警器的容量应大于所监控设备的总容量。

（7）系统中可设置功能简单的消防联动控制设备。

2. 区域报警控制系统应用实例

区域报警系统简单且使用广泛，一般在工矿企业的计算机房等重要部位和民用建筑的塔楼公寓、写字楼等处采用区域报警系统，另外，还可作为集中报警系统和控制中心系统中最基本的组成设备。塔楼式公寓火灾自动报警系统如图 2-99 所示。目前区域系统多数由环状网络构成（如右边所示），也可能是支状线路构成（如左边所示），但必须加设楼层报警确认灯。

（二）集中火灾自动报警系统

1. 集中报警控制系统的设计要求

（1）系统中应设有一台集中报警控制器和两台以上区域报警控制器，或一台集中报警控制器和两台以上区域显示器（或灯光显示装置）。

（2）集中报警控制器应设置在有专人值班的消防控制室或值班室内。

（3）集中报警控制器应能显示火灾报警部位信号和控制信号，亦可进行联动控制。

（4）系统中应设置消防联动控制设备。

（5）集中报警控制器及消防联动设备等在消防控制室内的布置应符合下列要求：

① 设备面盘前操作距离，单列布置时不应小于 1.5m，双列布置时不应小于 2m。

② 在值班人员经常工作的一面，设备面盘至墙的距离不应小于 3m。

图 2-99 公寓火灾自动报警示意图

③ 设备面盘的排列长度大于 4m 时，其两端应设置宽度不小于 1m 的通道。
④ 设备面盘后的维修距离不宜小于 1m。
⑤ 集中火灾报警控制器安装在墙上时，其底边距地高度为 1.3～1.5m，靠近其门轴的侧面距墙不应小于 0.5m，正面操作距离不应小于 1.2m。

2. 集中报警控制器应用实例

集中报警控制系统在一般中档宾馆、饭店用得比较多。根据宾馆、饭店的管理情况，集中报警控制器(或楼层显示器)设在各楼层服务台，管理比较方便，宾馆、饭店火灾自动报警系统如图 2-100 所示。

(三) 控制中心报警系统

控制中心报警系统主要用于大型宾馆、饭店、商场、办公楼等。此外，多用在大型建筑群和大型综合楼工程中。图 2-101 为控制中心报警系统。发生火灾后区域报警器报到集中报警控制器，集中报警器发声光信号同时向联动部分发出指令。当每层的探测器、手动报警按钮的报警信号送同层区控，同层的防排烟阀门、防火卷帘等对火灾影响大，但误动作不会造成损失的设备由区控联动。联动的回授信号也进入区域控制器，然后经母线送到集控。必须经过确认才能动作的设备，如水流指示器信号、分区断电、事故广播、电梯返底指令等应由控制中心配有 IBM-PC 微机系统，将集控接口来的信号经处理、加工、翻译，在彩色 CRT 显示器上用平面模拟图形显示出来，以便正确判断和采取有效措施。火灾报警和处理过程，经加密处理后存入硬盘，同时由打印机打印给出，供分析记录事故用。全部显示、操作设备集中安装在一个控制台上。控制台上除 CRT 显示器外，还有立面模拟盘和防火分区指示盘。

二、现代型(智能型)火灾报警系统

(一) 现代火灾自动报警系统的特点

现代系统比传统系统较好地完成火灾探测和报警系统应具备的各项功能。也可以说，现代系统是以微型计算机技术的应用为基础发展起来的一门新兴的专业领域。微型计算机以其极强的运算能力、众多的逻辑功能等优势，在改善和提高系统快速性、准确性、可靠性方面，在火灾探测报警领域内展示了强大的生命力。

现代火灾自动报警系统的优点：
(1) 识别报警的个别探测器(地址编码)及探测器的类型。
(2) 节省电缆、节省电源功率。
(3) 使用方便，降低维修成本。
(4) 误报低，系统可靠性高。

某些现代系统的功能：
(1) 长期记录探测器特性。
(2) 提供为火灾调查用的永久性的年代报警记录等。
(3) 提供火灾部位的字母——数字显示的设备，该设备安装在建筑的关键位置上。

至少可指示四种状态，即故障、正常运行、预报警和火警状态。在控制器上调整探测器参量、线路短路和开路时，系统准确动作，用隔离器可方便地切除或拆换故障的器件，扩大了对系统故障的自动监控能力。

(4) 自动补偿探测器灵敏度漂移。

图 2-100 集中火灾报警系统

图 2-101 控制中心报警系统

(5) 自动地检测系统重要组件的真实状态，改进火灾探测能力。
(6) 具有与传统系统的接口。
(二) 现代火灾自动报警系统的应用实例
1. 智能型火灾报警系统
智能型火灾自动报警系统分为两类：主机智能和分布式智能系统。
(1) 主机智能系统：该系统是将探测器阈值比较电路取消，使探测器成为火灾传感器，无论烟雾影响大小，探测器本身不是报警，而是将烟雾影响产生的电流、电压变化信号通过编码电路和总线传给主机，由主机内置软件将探测器传回的信号与火警典型信号比较，根据其速率变化等因素判断出是火灾信号还是干扰信号，并增加速率变化、连续变化量、时间、阈值幅度等一系列参考量的修正，只有信号特征与计算机内置的典型火灾信号特征相符时才会报警，这样就极大减少了误报。

主机智能系统的主要优点有：灵敏度信号特征模型可根据探测器所在环境特点来设定；可补偿各类环境中干扰和灰尘积累对探测器灵敏度的影响，并能实现报脏功能；主机采用微处理机技术，可实现时钟、存储、密码自检联动、联网等多种管理功能；可通过软件编程实现图形显示、键盘控制、翻译高级扩展功能。

尽管主机智能系统比非智能系统优点多，由于整个系统的监测、判断功能不仅全部要控制器完成，而且还要一刻不停地处理上千个探测器发回的信息，因而系统软件程序复杂、量大，并且探测器巡检周期长，导致探测点大部分时间失去监控，系统可靠性降低和使用维护不便等缺点。

(2) 分布式智能系统：该系统是在保留智能模拟探测系统优点的基础上形成的，它将主机智能系统中对探测信号的处理、判断功能由主机返回到每个探测器，使探测器真正有智能功能，而主机由于免去了大量的现场信号处理负担，可以从容不迫地实现多种管理功能，从根本上提高了系统的稳定性和可靠性。

智能防火系统布线可按其主机线路方式分为多总线制和二总线制等等。智能防火系统的特点是软件和硬件具有相同的重要性，并在早期报警功能、可靠性和总成本费用方面显示出明显的优势。

(3) 智能型火灾报警系统的组成及特点：
① 智能型火灾报警系统的组成：
智能型火灾报警系统由智能探测器、智能手动按钮、智能模块、探测器并联接口、总线隔离器、可编程继电器卡等组成。以下简单介绍以上这些编址单元的作用及特点。

智能探测器：探测器将所在环境收集的烟雾浓度或温度随时间变化的数据送回报警控制器，报警控制器再根据内置的智能资料库内有关火警状态资料与收集回来的数据进行分析比较，决定收回来的资料是否显示有火灾发生，从而作出报警决定。智能报警系统的火警状态曲线如图 2-102 所示。智能报警系统将现场收回来的数据变化曲线与图 2-102 所示曲线比较，若相符，系统则发出报警信号。如果从现场收集回如图 2-103 所示的非火灾信号(因昆虫进入探测器或探测器内落入粉尘)，则不发报警信号。

图 2-102 与图 2-103 比较，图 2-103 中由昆虫和粉尘引起的烟雾浓度超过火灾发生时的烟雾浓度，如果是非智能型报警系统必然发出误报信号，可见智能系统判断火警的方法使误报率大大降低，减少了由于误报启动各种灭火设备所造成的损失。

图 2-102 火警状态曲线　　　　图 2-103 非火警状态曲线

智能探测器的种类随着不同厂家的不断开发而越来越多,目前比较常用的有智能离子感烟探测器、智能感温探测器、智能感光探测器等。其他智能型设备其作用同非智能相似,这里不叙述。

② 智能火灾报警系统的特点:

a. 为全面有效地反映被监视环境的各种细微变化,智能系统采用了设有专用芯片的模拟量探测器,对温度和灰尘等影响实施自动补偿,对电干扰及分布参数的影响进行自动处理,从而为实现各种智能特性,解决无灾误报和准确报警奠定了技术基础。

b. 系统采用了大容量的控制矩阵和交叉查寻软件包,以软件编程替代了硬件组合,提高了消防联动的灵活性和可修改性。

c. 系统采用主——从式网络结构,解决了对不同工程的适应性,又提高系统运行的可靠性。

d. 利用全总线计算机通讯技术,既完成了总线报警,又实现了总线联动控制,彻底避免了控制输出与执行机构之间的长距离穿管布线,大大方便了系统布线设计和现场施工。

e. 具有丰富的自动诊断功能,为系统维护及正常运行提供了有利条件。

(4) 智能火灾报警系统:

① 由复合探测器组成的智能火灾报警系统:据报道,日本已研制出由光电感烟、热敏电阻感温、高分子固体电解质电化电池感一氧化碳气体三种传感器制成一体的实用型复合探测器组成的现代系统。复合探测器的形状如图 2-104 所示。

该系统配有确定火灾现场是否有人的人体红外线传感器和电话自动应答系统(也可用电视监控系统),使系统误报率进一步下降。

判断火灾和非火灾现象用专家系统与模糊技术结合而成的模糊专家系统进行,如图 2-105所示。判断结论用全部成员函数形式表示。判断的依据是各种现象(火焰、阴燃、吸烟、水蒸气)的确信度和持续时间。全部成员函数是用在建筑物中收集的现场数据和在实验室取得的火灾、非火灾实验数据编制的。

图 2-104 复合火灾探测器　　　　图 2-105 模糊专家系统框图

复合探测器、人体红外线传感器用数字信号传输线与中继器连接。建筑物每层设一个中继器,与中央报警控制器相连。当中继电器推论、判断火灾、非火灾时,同时把信息输入中央报警控制器。如果是火灾,则要分析火灾状况。为了实用和小型化,中央报警控制器采用液晶显示器。在显示器上,中继器送来的薰烟浓度、温度、一氧化碳浓度的变化,模糊专家系统推论计算出火灾、非火灾的确信度,用曲线和圆图分割形式显示,现场是否有人也一目了然。电话自动应答系统还可把情况准确地通知防灾中心。

② Algo Rex 火灾探测系统:1994 年,瑞士推出 Algo Rex 火灾探测系统。该系统技术关键是采用算法、神经网络和模糊逻辑结合,共同实现决策过程。它在探测器内补偿了污染和温度对散射光传感器的影响,并对信号进行了数字滤波,用神经网络对信号的幅度、动态范围和持续时间等特点进行处理后,输出四种级别的报警信号。可以说,Algo Rex 系统代表了当今火灾探测系统的最高水平。

该系统由火灾报警控制器和感温探测器、光电感烟探测器、光电、感温复合的多参数探测器、显示器和操作终端机、手动报警按钮、输入和输出线性模块及其他现代系统所需的辅助装置组成。

火灾报警控制器是系统的中央数据库,负责内外部通讯,通过"拟真试验"确认来自探测器的信号数据,并在必要时发出报警。

该系统的一个突出优点是设有公司多年实验和现场试验收集的火灾序列提问档程序库,既中央数据库,可利用这些算法、神经网络和模糊逻辑的结合识别和解释火灾现象,同时排除环境特性。该系统的其他优点是控制器体积小,控制器超薄、小口径、造形美观、自纠错、减少维修、系统容量大、可扩展,既使在主机处理机发生故障时,系统仍可继续工作等。

2. 高灵敏度空气采样报警系统(HSSD)

(1) HSSD 在火灾预防上的重要作用:

① 提前作出火灾预报中的重要作用。据英国的火灾统计资料表明,着火后,发现火灾的时间与死亡率呈明显的倍数关系。如在 5min 内发现,死亡率是 0.31%;5~30min 内发现,死亡率是 0.81%;30min 以上发现,死亡率高达 2.65%。因此,着火后,尽量提前作出准确预报,对挽救人的生命和减少财产损失显得非常重要。

HSSD 可以提前一个多小时发出三级火警信号(一、二级为预警信号,三级为火警信号),使火灾事故及时消灭于萌芽之中。英国《消防杂志》曾刊载了该系统使用中两个火警事故的实例,很能说明问题。一个是发生在一般的写字楼内,在一把靠近暖炉口的塑料软垫椅子,因塑料面被稍微烤糊(宽约 1cm),放出少量的烟气,被 HSSD 系统探测到,发生了第一级火警预报信号,这一预警时间比塑料面被引燃提前一个多小时。这是我们现有的感烟探测器望尘莫及的。另一个例子是涉及一台大型计算机电路板的故障。HSSD 管路直接装到机柜顶部面板内,当电路板因故障刚刚过热,释放出微量烟气分子后,就被 HSSD 探测到,并发出第一级火警预报信号。这时,夜间值班人员马上电话通知工程技术人员来处理。当处理人员赶到机房时,系统又发出第二级火警预报信号。此时,计算机房内仍未见到有烟,只是微微感到一些焦糊气味,打开机柜,才发现电路板上有三个元件已碳化。这起事故因提前一个多小时预报,损失只限于电路板,及时地避免了昂贵的整台计算机毁于一旦。

HSSD 在世界范围内已得到广泛应用,现已成为保护许多重要企业、政府机构以及各种重要场所如计算机房、电信中心、电子设备与装置和艺术珍品库等处的火灾防御系统的重要组成部分。澳大利亚政府甚至明文规定所有计算机场所都必须安装这种探测系统。

② 在限制哈龙使用中的重要作用：1987 年 24 国签署的关于保护臭氧层的蒙特利尔议定书，对五种制冷剂和三种哈龙（既卤代烷 1211、1301、2402）灭火剂作出限制使用的规定，其最后使用期限只允许延至 2010，这必引起世界消防工业出现一场重大的变革。一方面，世界各国，尤其是发达国家都在相继采取措施，减少使用量，并大力开发研究哈龙的替代技术和代用品；另一方面，为了减少哈龙在贮存和维修中的非灭火性排放，各国也特别重视哈龙的回收和检测新技术的研究。

近年来，由于各国的积极努力，在哈龙替代和回收技术的研究方面已取得了一些可喜的进展。但是，哈龙具有高度有效的灭火特性，破坏性小、毒性低、长期存放不变质以及灭火不留痕迹等优点。因此，任何一个系统或代用品都不大可能迅速成为其理想的替代物。这也正好说明，哈龙的出路何在，目前还不可盲目乐观。

采用 HSSD 与原有的哈龙灭火系统结合安装的方案。由于前者能在可燃物质引燃之前就能很好地探测其过热，提供了充足的预警时间，可进行有效的人为干预，而不急于启动哈龙灭火。因此，使哈龙从第一线火灾防御的重要地位降格为火灾的备用设备。这样，就有效地限制和减少了哈龙的使用，充分地发挥了 HSSD 提前预报的重要作用。

(2) HSSD 火灾探测器：空气采样感烟探测报警器在探测方式上完全突破被动式感知火灾烟气、温度和火焰等参数特性的局面，跳跃到通过主动进行空气采样，快速、动态地识别和判断可燃物质受热分解或燃烧释放到空气中的各种聚合物分子和烟粒子。它通过管道抽取被保护空间的样本到中心检测室，通过测试空气样本了解烟雾的浓度，在火灾预燃阶段报警。空气采样式感烟火灾探测报警器采用独特的激光技术，是新技术引发的消防技术革命，它为您赢得宝贵的处理时间，最大限度地减少损失。

火情的发展一般分为四个阶段：不可见烟（阴燃）阶段、可见烟阶段、可见火光阶段和剧烈燃烧阶段。图 2-106 展示了火灾的整个演变过程。传统的火灾报警系统通常是在可见烟阶段才能探测到烟雾，发出警报，此时火情所造成巨大的经济和财产损失已不可避免。空气采样式感烟火灾探测报警器在火灾的初始阶段（即不可见烟阶段）就可提供报警信号，从而给我们提供了充裕的时间避免火灾的发生。

图 2-106　火灾演变过程示意

空气采样感烟探测报警器的基本工作原理是其内部有激光束射向空气样品气流通过的光学探测腔，光学探测腔内的光电探测器用于监测光的散射。清洁的空气样品仅会造成很少量的光散射，随着空气样品中烟雾浓度的增加，散射到探测器的光也会增加。探测器对光信号进行处理得到减光率数值。来自所有入口的空气样品混合在一起，过滤后进入探测器，当探测到的烟雾浓度增加到设定的报警阈值时，系统产生报警信号，并将报警信号传递至主控制器，驱动报警显示单元和输出单元。

下面以海湾公司生产的 GST-HSSD 型空气采样式感烟火灾探测报警器为例详细介绍一下该类探测器。该空气采样式感烟探测器采用独特的激光技术和当代最先进的人工神经网络技术 CLASSIFIRE，灵敏度是传统探测器的 1000 倍，能根据不同的环境持续的调整系统的最高灵敏度设定和性能。因此能够区别"肮脏"和"洁净"的工作环境，如白天和夜晚，自动根据环境使用合适的灵敏度和报警阀值。其外型如图 2-107 所示。

图 2-107　GST-HSSD 型空气采样式感烟火灾探测报警器外型

其主要技术参数为：
① 工作电压：DC21.6～DC26.4V；
② 工作电流≤800mA；
③ 灵敏度范围(％ obs/m)：最小 25％，最大 0.03％(满量程)；
④ 最大灵敏度分辨率：0.0015％ obs/m；
⑤ 粒子灵敏度范围：0.0003～10μm；
⑥ 报警等级：4级(2级，1级，预警和辅助等级)；
⑦ 最大采样导管长度：总长 200m；
⑧ 采样导管入口：4 个；
⑨ 采样导管内径：20～22mm；
⑩ 使用环境：温度 -10～+50℃，相对湿度≤90％，不结露；
⑪ 外形尺寸：427mm×374mm×95.5mm。

其系统结成如图 2-108 所示。

3. 早期可视烟雾探测火灾报警系统(VSD)

在高大空间或具有高速气流的场合，尤其是在户外，早期火灾探测一直是火灾安全专业人士需要面对的一个非常头痛的难题。因为在这些特殊的场所中我们或是因为空间过高不能将探测器放置在足够靠近火灾发生的区域，或者是即使能放置也会因为高速气流的影响而大大降低其作用，更有甚者象诸如广场、露天的电站、铁路站台、森林这样的户外场所根本就没办法安装传统的探测装置，在这样的背影下早期可视烟雾探测火灾报警系统(VSD)便诞生了。

早期可视烟雾探测火灾报警系统(VSD)的工作原理是利用高性能计算机对标准闭路电视摄像机(CCTV)提供的图像进行分析。采用高级图像处理技术、复合探测及已知误报现象的计算自动识别各种烟雾模型的不同特性，系统内构建了丰富的工业火灾烟雾信号模型，使得 VSD 系统能够快速准确地锁定烟雾信号，系统烟雾判断的准确性甚至可以区分水蒸气和烟雾。通过有效探测烟源，VSD 不必等待烟雾接近探测器即能进行探测，因而

图 2-108　GST-HSSD 型空气采样式感烟火灾探测报警器系统构成

不受距离的限制。不论摄像头是安装在距危险区域 10m 或是 100m，系统都能够在相同的时间内探测到烟雾，因此能够在以上所说的特殊场所里迅速发现火情，降低损失。

下面以海湾公司独家引进的英国 D-TEC 公司的 VSD 产品为例，介绍早期可视烟雾探测火灾报警系统（VSD），如图 2-109 所示。其主要特点是：

（1）火灾早期的探测；

（2）直接探测火源，可以检测到人眼看不到的细微烟雾颗粒；

（3）可以检测所有种类的烟雾；

（4）不受高速气流运动的影响；

（5）目前惟一的户外烟雾探测解决方案；

（6）先进的烟雾运动模式分析算法及可视化警报验证，极大地消除了误报的发生；

（7）硬件设备能够同时对来自 8 台摄像机的信号进行实时处理，不会有任何信息丢失或延误；

（8）能够从现场以外危险场所、爆炸性场所、有毒场所进行探测；

（9）能够利用现有的闭路电视（CCTV）系统，方便地搭建火灾报警控制系统，降低了系统安装维护的复杂性；

（10）报警监视屏幕区域可被任意定制为防火分区，每个分区报警响应可独立编程；

第五节 火灾自动报警系统及应用示例

图 2-109　早期可视烟雾探测火灾报警系统(VSD)结构示意图

(11) 16 组无源触点输出，5000 个视频及图像报警纪录；

(12) 支持时滞录像机；

(13) 独立和可编组点屏蔽区域定义，消除高反射平面干扰；

(14) 摄像机震动补偿，最高灵敏度自适应补偿；

(15) 自动检查信号丢失、模糊、低亮度和低对比度。

4. 采用吸气式火灾探测器对古建筑的保护实例

我国古建筑要求火灾自动报警系统能在火灾早期阶段第一时间报警；探测器等现场设备安装符合古建筑结构形式，尽量不影响古建筑外观和风格；火灾报警分区灵活简单，综合造价低。下面以采用海湾安全技术有限公司生产的吸气式极早期火灾智能预警探测器和 JB-QB-GST500 智能火灾报警控制器(联动型)构成的火灾自动报警系统为例，论述采用该系统在古建筑应用的方案。该方案由一台 JB-QB-GST500 智能火灾报警控制器(联动型)、吸气式极早期火灾智能预警探测器系列产品和少量点型感烟火灾探测器构成。由吸气式极早期火灾智能预警探测器系列产品实现报警分区和烟雾探测。其具体方案如图 2-110 所示。

(1) 吸气式极早期火灾智能预警探测器：吸气式极早期火灾智能预警探测器包括：

图 2-110 古建筑火灾自动报警系统方案图

GST-MICRA 空气采样式感烟火灾探测器、GST-HSSD 极早期吸气式探测器和 ICOM 极早期吸气式探测器，如图 2-111 所示。GST-MICRA 空气采样式感烟火灾探测器适合较小空间，单根采样管，具有联网功能。GST-HSSD 极早期吸气式探测器适合保护较大空间，最大可连接四根采样管，采样管总距离可达 200m，具有液晶显示和联网功能。ICOM 极早期吸气式探测器适合保护各分区空间布局稍微分散的较大空间，最大可连接 15 根采样管。它们均可直接接入火灾报警控制器构成火灾自动报警系统。该系列产品采用独特的激光前向散射技术和当代最先进的人工神经网络技术 CLASSIFIRE，是新技术引发的消防技术革命。

图 2-111　吸气式极早期火灾智能预警探测器
(a)GST-MICRA 探测器外形图；(b)GST-HSSD 探测器外形图；(c)ICOM 探测器外形图

① 灵敏度高。吸气式极早期火灾智能预警探测器是将空气由管道经过过滤器、吸气泵送入激光探测腔，探测信号送到显示和输出单元。它一改传统点式感烟探测器需烟雾扩散到探测室再进行探测的方式，主动对空气进行采样探测，使保护区内的空气样品被探测器内部的吸气泵吸入采样管道，送到探测器进行分析，如果发现烟雾颗粒，即发出报警。因其主动吸气优于传统产品被动感烟，有效克服了寺庙大空间上空因烟雾稀释浓度带来的报警延迟问题，同时由于采用了激光前向散射技术，散射光信号得到放大，与普通红外发射管的点型光电感烟探测器相比灵敏度可大大提高。

② 环境适应性强。探测器采用激光散射技术，将各个散射角度的光汇聚到接收器上，能响应各类烟雾颗粒，软件采用人工神经网络技术 ClassiFire，能监测探测器迷宫和灰尘隔离器是否被污染，按照预设的最低误报率计算和调整灵敏度和报警阈值。此系统还能够区别"肮脏"和"洁净"的工作阶段，如白天和夜晚，自动根据古建筑环境使用合适的灵敏度和报警阈值。所以探测器对燃烧成分较复杂和灰尘较大的古建筑场所也能很好的运行。

③ 安装灵活简单，与建筑物的结构形式相协调。采样管布置灵活多样，空气采样管网按照需要可以水平(多层水平)或垂直布置在探测区域内，可根据古建筑结构设计管网走向，灵活的布管方式将极大满足古建筑个性化设计。同时安装维护便利也是其优点之一。既可以保护高大空间又可保护密闭小空间，完全可代替点型感烟火灾探测器和线型红外光束感烟火灾探测器。管道和采样点可选位置举例参见图 2-112。

图 2-112　古建筑结构示例图

④ 隐藏安装采样管道，不影响古建筑外观。吸气式探测器管道安装方式的优点是不同于传统的点型探测器突出于顶棚表面安装。吸气式探测器可利用毛细管，这种采样法将采样点放在远离主采样管道的位置，特别适用于当由于技术或美观的原因，主采样管道不能铺设到保护区域的情况。毛细管采样的典型应用就是用于保护遗产、古建筑，如图2-113所示。

⑤ 满足古建筑中的防火分区要求。针对古建筑地域广阔，殿堂分散，建筑布局、形式、色调等跟周围的环境相适应，构成为一个大空间的环境特点，因

图 2-113 毛细管典型的隐蔽式采样安装示意图

地制宜地划分防火分区，采用不同的吸气式极早期火灾智能预警系统产品应用在各防火分区内，满足《火灾自动报警系统设计规范》(GB 50116—1998)要求。

GST-MICRA 空气采样式感烟火灾探测器连接采样管一根，总长度不超过 50m，一台 GST-MICRA 探测器最大保护面积为 500m²，适合保护空间较小的防火分区；GST-HSSD 极早期吸气式探测器最多可接四根采样管，每根管长度不应超过 100m，总长度不超过 200m，一台 GST-HSSD 探测器最大保护面积为 2000m²，适合保护空间较大的防火分区；ICOM 极早期吸气式探测器最多可接 15 根采样管，每根管长度不应超过 50m，适合保护空间分散的防火分区；三种产品都可与火灾报警控制器连接。依据现场情况灵活地设计，选用不同产品，更容易满足《火灾自动报警系统设计规范》中防火分区要求。防火分区方案举例如图 2-114 所示。

(2) JB-QB-GST500 智能火灾报警控制器(联动型)：JB-QB-GST500 智能火灾报警控制器(联动型)具有以下特点：

① 火灾报警控制器智能化。火灾报警控制器采用大屏幕汉字液晶显示，清晰直观。除可显示各种报警信息外，还可显示各类图形。报警控制器可直接接收火灾探测器传送的各类状态信号，通过控制器可将现场火灾探测器设置成信号传感器，并对传感器采集到的现场环境参数信号进行数据及曲线分析，为更准确地判断现场是否发生火灾提供了有利的工具。

② 报警及联动控制一体化。控制器采用内部并行总线设计，积木式结构，容量扩充简单方便。系统可采用报警联动共线式布线，也可采用报警和联动分线式布线，适用于目前各种报警系统的布线方式，彻底解决了变更产品设计带来的原设计图纸改动的问题。各类控制器全部通过 GB 4717—1993 及 GB 16806—1997 双项标准检验。

③ 数字化总线技术。探测器与控制器采用无极性信号二总线技术，通过数字化总线通讯，控制器可方便设置探测器的灵敏度等工作参数，查阅探测器的运行状态。由于采用两总线，整个报警系统的布线极大简化，便于工程安装、线路维修，降低了工程造价。系统还设有总线故障报警功能，随时监测总线工作状态，保证系统可靠工作。

图 2-114 防火分区方案示意图

综上所述，该古建筑火灾自动报警方案采用了现代最新的火灾报警技术，紧紧贴近古建筑的特点和对消防设备的需求，满足了报警早，对古建筑外观影响小，单台火灾报警控制器，报警分区设置灵活，设计施工简单，系统运行稳定可靠的要求，是一个较优化的古建筑技术方案。

(三) 智能消防系统的集成和联网

1. 智能消防系统的集成

消防自动化(FA)是楼宇自动化(BA)系统的子系统，其安全运行非常关键，对消防系统进行集成化控制是保证其安全运行、统一管理和监控的必要手段。

所谓消防系统的集成就是通过中央监控系统，把智能消防系统和供配电，音响广播、电梯等装置联系在一起实现联动控制，并进一步与整个建筑物的通信、办公和保安系统联网，以实现整个建筑物的综合治理自动化。

目前，智能建筑中消防自动化系统大多呈独立状态，自成体系，并未纳入 BA 系统中。这种自成体系的消防系统与楼宇、保安等系统相互独立，互联性差，当发生全局事件时，不能与其他系统配合联动，形成集中解决事件的功能。

由于近几年来内含FAS的BAS进口产品完整地进入国内市场，且已被采用，故国内智能建筑中已将消防智能自动化系统作为BA系统的子系统纳入，例如，上海金茂大厦的消防系统，包括FAS在内的20个弱电子系统，从设计方案上实现了一体化集成的功能。

建筑智能化的集成模式有一体化集成模式；以BA和OA为主，面向物业管理的集成电路模式；BMS集成模式和子系统集成模式四种，这里仅以BMS集成为例说明。

BMS实现BAS与火灾自动报警系统、安全检查防范系统之间的集成。这种集成一般基于BAS平台，增加信息通信协议转换、控制管理模块、主要实现对FAS和SAS的集中监视与联动。各子系统均以BAS为核心，运行在BAS的中央监控计算机上。这种系统简单、造价低、可实现联动功能。国内大部分智能建筑采用这种集成模式。BMS集成模式示意如图2-115所示。

图2-115　BMS集成模式

2. 智能消防系统的联网

智能消防系统的联网一般分为两种类型。一类是同一厂家消防报警主机之间内部的联网；另一类是不同厂家消防报警主机之间进行统一联网。第一类因为是同一厂家内部的产品，主机与主机之间的接口形式和协议等都彼此兼容，所以实现起来相对要简单，联网后可实现火情的统一管理。第二类因为是在不同厂家消防报警主机之间联网，主机与主机之间的接口形式和协议等彼此都不兼容，所以实现起来非常困难。在实际应用中需要在不同厂家报警主机之间进行联网的情况又非常多，比如建立城市火灾报警网络时因为在不同建筑物中所用的报警主机种类繁多，自然其联网的技术难度就非常大。下面就以海湾网络公司研发的GST-119Net城市火灾自动报警监控管理网络系统为例简单加以介绍。GST-119Net城市火灾自动报警监控管理网络系统是利用公用电话网、GSM网络（短消息、GPRS）/CDMA网络（短信息、CDMA 1X）、以太网等通讯方式对城市内部分散运行的、独立的、不同厂家生产的火灾自动报警系统的火警情况、运行情况和值班情况进行实时数据采集和处理的监控管理网络系统。该系统中的用户端传输设备可以快速、准确地将火灾自动报警设备中的火警、运行、值班等信息，通过通讯网络传送至远程监控管理中心。当中心接收到火警信息后，根据详细火警信息或与现场值班人员对讲，判断火情真伪，确认后自动向119指挥中心传送。该系统可通过短消息方式提醒现场值班人员或单位领导，并自动联动相应的摄像机,将现场报警点相关的视频信息切换到大屏幕。同时系统中显示出相应地区的详细火警信息、GIS 地理信息及灭火预案,为消防部门快速反应提供辅助决策。系统还可以对联网用户的消防设施和值班人员进行管理,实现对联网监控设备的自动巡检。将消防设施故障信息及人员值班情况及时传送给远程监控管理中心,通过消防管理部门督促相关人员及时处理,达到早期发现火警,及时报警,快速扑灭火灾的目的。

GST-119Net 城市火灾自动报警监控管理网络系统由城市消防网络监控管理中心、119 确认火警显示终端、远程信息显示终端、传输介质和用户端传输设备五部分组成,系统结构如图 2-116 所示。

图 2-116　GST-119Net 城市火灾自动报警监控管理网络系统图

其中消防网络监控管理中心由数据服务器、通讯服务器、多台接警计算机、监控管理软件、UPS 电源、光电模拟沙盘控制管理系统和打印机组成;119 确认火警显示终端设在 119 指挥中心,以文字和图形方式同时显示经确认的火警信息,并查询火警发生地点的详细资料;远程信息显示终端设在省市消防总队或消防管理部门,可在远端(异地)显示联网用户的所有报警信息,方便领导部门随时查阅、关注城市火灾报警网络的运行情况;传输介质主要包括公用电话网(PSTN)、无线网络(诺特网、GSM/GPRS)、计算机网络(LAN/WAN)、光纤等方式或介质进行双向数据通讯;用户端传输设备也就是指网络监控器,它一般就近安装在所监控报警控制器旁边,并通过传输介质负责把所监控报警控制器的各种情况传输到消防网络监控管理中心。它是不同厂家报警控制器与 GST-119Net 系统进行信息传输的主要桥梁,负责不同协议的翻译与不同接口的传换工作,同时还要负责信息的调制解调工作,是整个系统的关键环节。下面以 JK-TX-GST5000 消防网络监控器为例简单加以介绍。其外形如图 2-117 所示。

其主要技术参数为:

(1) 提供 RS232、RS485、开关量等多种接口方式与火灾自动报警设备联接，并提供并行接口扩展方式；

(2) 通信方式可以选择；采用电话线方式和无线(GSM、CDMA 和诺特)网互为备份的工作方式，支持 TCP/IP 通讯方式；

(3) 实时传送火灾自动报警设备的运行状态信息，接受中心查询；

(4) 火警具有最高的优先级别，提供多种火警确认方式；

(5) 日常操作按钮与编程键盘分开，操作简单；

(6) 随机查询值班人员在岗状态，并可接受中心查询；

(7) 实时检测通讯线路，线路故障现场报警并记录；

(8) 现场语音提示检测到的各种重要事件；

(9) 支持键盘、串口和远程遥控编程操作；

(10) 黑匣子存储各类事件信息，存储报警过程；

(11) 提供视频联动接口，提供其他联动信号；

(12) 与监控管理中心对讲功能；

(13) 大屏幕汉字液晶显示各种信息；

(14) 尺寸(宽×高×厚)：370×520×140；

(15) 适用于已安装火灾自动报警系统的大型重点防火单位。

图 2-117　JK-TX-GST5000 消防网络监控器外型

传统火灾自动报警系统与现代火灾自动报警系统之间的区别主要在于探测器本身性能。由开关量探测器改为模拟量传感器是一个质的飞跃，将烟浓度、上升速率或其他感受参数以模拟值传给控制器，使系统确定火灾的数据处理能力和智能程度大为增加，减少了误报警的概率。区别之二在于，信号处理方法做了彻底改进，即把探测器中模拟信号不断送到控制器评估或判断，控制器用适当算法判别虚假或真实火警，判断其发展程度和探测受污染的状态。这一信号处理技术，意味着系统具有较高"智能"。

现代火灾自动报警系统迅速发展的另一方面是复合探测器和多种新型探测器不断涌现，探测性能越来越完善。多传感器、多判据探测器技术发展，多个传感器从火灾不同现象获得信号，并从这些信号寻出多样的报警和诊断判据。高灵敏吸气式激光粒子计数型火灾报警系统、分布式光纤温度探测报警系统、计算机火灾探测与防盗保安实时监控系统、电力线传输火灾自动报警系统等新技术已获得应用。近年来，红外光束感烟探测器、缆式线型定温火灾探测器、可燃气体探测器等在消防工程中应用日渐增多，也已经有相应的新产品标准和设计规范。

为了便于读者对火灾自动报警系统的了解，便于课程设计，给出图 2-118～图 2-131。

第五节 火灾自动报警系统及应用示例

图 2-118 火灾自动报警系统图

说明：1. 表示系统设备部件分布和系统组成关系。
2. 帮助系统用户日常管理和故障维修。
3. 系统图要素：
(1) 设备部件类别；
(2) 设备部件分布；
(3) 设备部件连线走向和线数。

图 2-119 火灾自动报警与消防控制系统图

说明：1. 本图采用 $n+1$ 多线制报警方式，适用于小系统，节省投资。
2. 在车库、仓库等大开间房间，可数个同类探测器并接，全占一个点。
3. 连接防爆类探测器较方便。

图 2-120 火灾自动报警与消防控制系统

说明：1. 本图采用总线制报警多线制可编程控制方式，适用于小系统，使用方便，节省投资。
2. 对于多个小型建筑，可实现区域，集中两地报警，就地控制方式，可靠性较高。

第五节 火灾自动报警系统及应用示例

图 2-121 火灾自动报警与消防控制系统
说明：1. 本图采用总线报警、总线控制方式。
2. 报警与控制合用总线，以分支型连接。

图 2-122 火灾自动报警与消防控制系统

说明：1. 本图采用总线报警、总线控制方式。
2. 报警与控制合用总线，采用环型连接方式，可靠性较高。
3. 气体灭火采用就地控制方式。

第五节 火灾自动报警系统及应用示例

图 2-123 火灾自动报警与消防控制系统

说明：1. 本图采用总线报警、总线控制方式。
2. 报警与控制总线分开，采用分支型连接方式。
3. 气体灭火采用集中控制方式。

图 2-124 火灾自动报警与消防控制系统

说明：1. 本图采用区域、集中两级报警，总线控制方式，适用于较大系统。
2. 消火栓按钮经输入模块报警，并经控制器编程启动消防泵。
3. 气体灭火采用集中控制方式，设可燃气体报警及控制。
4. 此类建筑一般另设有广播系统，紧急广播见该系统。

第五节 火灾自动报警系统及应用示例

图 2-125 火灾自动报警与消防控制系统

说明：1. 本图采用主机、从机报警方式，以通信总线连接成网，适用于建筑群或多个建筑联网的大型系统。
2. 根据产品不同，通信线可连成主干型或环型。
3. 各回路报警与控制全用总线，采用环型连接方式，可靠性较高。
4. 此类建筑一般另设有广播系统、紧急广播系统，参见该系统图。

图 2-126 火灾自动报警与消防控制系统

说明：1. 本图采用总线制报警、就地编程控制、就地编程控制方式，根据产品不同，有总线制控制和多线制控制方式，可实现区域集中两地报警、就地控制。本图以多线制控制方式为例，总线制控制方式参见系统图 2-121。可靠性较高。

2. 本图适用于比较分散的工业厂房、中小型民用建筑等，使用方便、节省投资。

第五节 火灾自动报警系统及应用示例

图 2-127 火灾报警与消防控制系统

说明：本系统图为工程应用举例。
总线为环路连接，传统探测器接入单元与联动控制单元集中放置于弱电竖井内，放射形配线至楼层各点；返回信号均就近接至地址码探测器；消防泵与防排烟风机均由消防联动台直接配线控制。
本建筑另设有广播系统，紧急广播见该系统。

图 2-128 分体化火灾自动报警与消防联动控制系统（海湾产品）

第五节 火灾自动报警系统及应用示例

图 2-129 一体化火灾自动报警与消防联动控制系统

图 2-130 智能化消防综合控制柜设计实例

第五节 火灾自动报警系统及应用示例

符号	名称	符号	名称
Ⓢ	编码感烟探测器		消防泵、喷淋泵
Ⓢ	普通感烟探测器		排烟机、送风机
	编码感温探测器		防火、排烟阀
①	普通感温探测器		防火卷帘
	煤气探测器	∅	防火阀
Y	编码手动报警按钮	T	电梯迫降
Y	普通手动报警按钮	⊠	空调断电
	编码消火栓按钮		压力开关
	普通消火栓按钮		水流指示器
→	短路隔离器		湿式报警阀
	电话插口	⊠	电源控制箱
	声光报警器		电话
	楼层显示器	3202	报警输入中继器
	警铃	3221	控制输出中继器
	气体释放灯、门灯	3203	红外光束中继器
	广播扬声器	3601	双切换盒

图 2-131 常用符号

本章小结

火灾自动报警系统是本书的核心部分。本章共分五小节。先概述了火灾自动报警系统的形成发展和组成，又对探测器的分类、型号及构造原理进行了说明，对探测器的选择和布置及线制进行了详细的阐述，通过一系列实例验证了不同布置方法的特点，确保读者设计时选用。对现场配套附件及模块如手动报警开关、消火栓报警开关、报警中继器、楼层（区域）显示器、模块（接口）、总线驱动器、总线（短路）隔离器、声光报警盒、CRT 彩色显示系统等的构造及用途进行叙述。火灾自动报警控制器是火灾自动报警系统的心脏，对火灾报警控制器的构造、功能布线及区域和集中报警器的区别进行了说明，最后是火灾自动报警系统及应用示例，分别对区域报警系统、集中报警系统、控制中心报警系统进行详细分析，并对智能报警系统及智能消防系统的集成和联网进行概述。

总之，通过本章理论知识的学习和基本技能实训，明白了火灾自动报警系统的相关规范、工程设计的基本内容和基本方法，学会了识读火灾自动报警系统的施工图，为从事消防设计和施工打下了基础。

习 题

1. 火灾自动报警系统由哪几部分组成？各部分的作用是什么？
2. 探测器分为几种？

3. 下列型号代表的意义如何：
(1) JTY-LZ-101;
(2) JTW-DZ-262/062;
(3) JTW-BD-C-KA-Ⅱ。

4. 什么叫灵敏度？什么叫感烟（温）探测器的灵敏度？

5. 感烟、温、光探测器有何区别？

6. 选择探测器主要应考虑哪些方面的因素？

7. 智能探测器的特点是什么？

8. 布置探测器时应考虑哪些方面的问题？

9. 已知某计算机房，房间高度为8m，地面面积为15m×20m，房顶坡度为14°，属于二级保护对象。

(1)确定探测器种类；(2)确定探测器的数量；(3)布置探测器。

10. 已知某锅炉房，房间高度为4m，地面面积为10m×20m，房顶坡度为10°，属于二级保护对象。

(1)确定探测器种类；(2)确定探测器的数量；(3)布置探测器。

11. 怎样用电子编码器编出18，20？

12. 已知某高层建筑规模为40层，每层为一个探测区域，每层有45只探测器，手动报警开关等有20个，系统中设有一台集中报警控制器，试问该系统中还应有什么其他设备？为什么？

13. 已知某综合楼为18层，每一层一台区域报警控制器，每台区域报警器所带设备为30个报警点，每个报警点安一只探测器，如果采用两线，总线制布线，看布线图绘出会有何不同？

14. 报警器的功能是什么？

15. 手动报警按钮与消火栓报警按钮的区别是什么？

16. 区域报警器与区域显示器的区别是什么？

17. 输入模块、输出模块、总线驱动器、总线隔离器的作用是什么？

18. 火灾报警控制器有哪些种类？

19. 分别在七位、八位编码开关中编出106、28、66号。

20. 区域及集中报警控制器的设计要求有哪些？

21. 模块、总线隔离器、手动报警开关安装在什么部位？

22. 简述HSSD激光探测器的工作原理及特点。

第三章　消防灭火系统

【本章任务】
（1）了解自动灭火系统的分类、灭火的基本方法及执行灭火的基本功能；
（2）掌握室内消火栓系统及自动喷洒系统的构成、全电压及降压的电气控制原理及安装情况；
（3）明白气体灭火系统的构成及原理，能进行施工。

第一节　概　　述

高层建筑或建筑群体着火后，主要做好两方面的工作：一是有组织有步骤的紧急疏散；二是进行灭火。为将火灾损失降到最低限度，必须采取最有效的灭火方法。灭火方式有两种：一种是人工灭火，动用消防车、云梯车、消火栓、灭火弹、灭火器等器械进行灭火。这种灭火方法具有直观、灵活及工程造价低等优点，缺点是：消防车、云梯车等所能达到的高度十分有限，灭火人员接近火灾现场困难，灭火缓慢，危险性大。另一种是自动灭火，自动灭火又分为自动喷水灭火系统和固定式喷洒灭火剂系统两种。

一、自动灭火的分类及基本功能

（一）分类

1. 自动喷水灭火系统

自动喷水灭火系统可分为如下几类：

自动喷水灭火系统
- 闭式自动喷水灭火系统
  - 湿式自动喷水灭火系统
  - 干式自动喷水灭火系统
  - 预作用自动喷水灭火系统
  - 循环启闭自动喷水灭火系统
- 开式自动喷水灭火系统
  - 雨淋灭火系统
  - 水幕灭火系统
  - 水喷雾灭火系统

2. 固定式喷洒灭火剂系统

固定式喷洒灭火剂系统分类如下：

固定式喷洒灭火剂系统
- 泡沫灭火系统
- 干粉灭火系统
- 二氧化碳灭火系统
- 卤代烷灭火系统
- 气溶胶灭火系统

（二）基本功能

(1) 能在火灾发生后,自动地进行喷水灭火;
(2) 能在喷水灭火的同时发出警报。

二、灭火的基本方法

燃烧是一种发热放光的化学反映。要达到燃烧必须同时具备三个条件,即:(1)有可燃物(汽油、甲烷、木材、氢气、纸张等);(2)有助燃物(如高锰酸钾、氯、氯化钾、溴、氧等);(3)有火源(如高热、化学能、电火、明火等)。一般灭火方法有以下三种:

1. 化学抑制法

灭火剂或介质:二氧化碳、卤代烷等。将灭火剂施放到燃烧区上,就可以起到中断燃烧的化学连锁反应,达到灭火的目的。

2. 冷却法

灭火剂或介质:水。将灭火剂喷于燃烧物上,通过吸热使温度降低到燃点以下,火随之熄灭。

3. 窒息法

灭火剂或介质:泡沫。这种方法是阻止空气流入燃烧区域,即将泡沫喷射到燃烧液体上,将火窒息;或用不燃物质进行隔离(如用石棉布、浸水棉被覆盖在燃烧物上,使燃烧物因缺氧而窒息)。

总之,灭火剂的种类很多,目前应用的灭火剂有泡沫(低倍数泡沫、高倍数泡沫)、卤代烷 1211、二氧化碳、四氯化碳、干粉、水等。但比较而言用水灭火具有方便、有效、价格低廉的优点,因此被广泛使用。然而由于水和泡沫都会造成设备污染,在有些场所(如档案室、图书馆、文物馆、精密仪器设备、电子计算机房等)应采用卤素和二氧化碳等灭火剂灭火。常用的卤代烷(卤素)灭火剂如表 3-1 所示。

一般常用的卤代烷灭火剂　　　　　　表 3-1

介质代号	名　称	化学式	介质代号	名　称	化学式
1101	一氯一溴甲烷	CH_2BrCl	1301	三氟一溴甲烷	$CBrF_3$
1211	二氟一氯一溴甲烷	$CBrClF_2$	2404	四氟二溴乙烷	$CBrF_3CBrF$
1202	二氯二溴甲烷(红 P912)	CBr_2F_2			

从表 3-1 中可见有五种卤素灭火剂,最常用的"1211"和"1301"灭火剂,具有无污染、毒性小、易氧化、电器绝缘性能好、体积小、灭火能力强、灭火迅速、化学性能稳定等优点。

在实际工程设计中,应根据现场的实际情况来选择和确定灭火方法和灭火剂,以达到最理想的灭火效果。

第二节　室内消火栓灭火系统

一、消火栓灭火系统简介

采用消火栓灭火是最常用的灭火方式,它由蓄水池、加压送水装置(水泵)及室内消火栓等主要设备构成,属于移动式灭火设施,如图 3-1 所示。消火栓设备的电气控制包括:水池的水位控制、消防用水和加压水泵的启动。水位控制应能显示出水位的变化情况和高、低水位报警及控制水泵的启停。室内消火栓系统由水枪、水龙带、消火栓、消防管道等组成。水枪嘴口径不应小于 19mm，水笼带直径有 50mm、65mm 两种，水龙带长度一般不超过 25m，消火栓直径应根据水的流量确定，一般有口径为 50mm 与 65mm 两种。为保证喷水枪在灭火时具有足够的水压，需要采用加压设备，常用的加压设备有两种：消防水泵和气压给水装置。采用消防水泵时，在每个消火栓内设置消防按钮，灭火时用小锤击碎按钮上的玻璃小窗，按钮不受压而复位，从而通过控制电路启动消

图 3-1 室内消火栓系统

防水泵，水压增高后，灭火水管有水，用水枪喷水灭火。采用气压给水装置时，由于采用了气压水罐，并以气水分离器来保证供水压力，所以水泵功率较小，可采用电接点压力表，通过测量供水压力来控制水泵的启动。

高位水箱与管网构成水灭火的供水系统，在没有火灾情况下，规定高位水箱的蓄水量应能提供火灾初期消防水泵投入前 10min 的消防用水。10min 后的灭火用水要由消防水泵从低位蓄水池或市区供水管网将水注入室内消防管网。

消防水箱应设置在屋顶，宜与其他用水的水箱合用，使水处于流动状态，以防消防用水长期静止而使水质变坏发臭。

二、室内消防水泵的电气控制

（一）对室内消防水泵的控制要求

室内消火栓灭火系统的框图如图 3-2 所示。从图中可见消火栓灭火系统属于闭环控制系统。当发生火灾时，控制电路接到消火栓泵启动指令发出消防水泵启动的主令信号后，消防水泵电动机启动，向室内管网提供消防用水，压力传

图 3-2 消火栓灭火系统框图

感器用以监视管网水压，并将监测水压信号送至消防控制电路，形成反馈的闭环控制。

1. 消防水泵控制方法

（1）由消防按钮控制消防水泵的启停：当火灾发生时，用小锤击碎消防按钮的玻璃罩，按钮盒中按钮自动弹出，接通消防泵电路。

（2）由水流报警启动器，控制消防水泵的启停，当发生火灾时，高位箱向管网供水时，水流冲击水流报警启动器，于是既可发出火灾报警，又可快速发出控制消防泵启动信号。

（3）由消防中心发出主令信号控制消防泵启停：当发生火灾时，灾区探测器将所测信号送至消防中心报警控制器，再由报警控制器发出启动消防水泵的联动信号。

2. 对消火栓灭火系统要求

（1）消防按钮必须选用打碎玻璃才能启动的按钮，为了便于平时对断线或接触不良进行监视和线路检测，消防按钮应采用串联（常闭接点）接法或并联（常闭接点）接法。

(2) 消防按钮启动后，消火栓泵应自动投入运行，同时应在建筑物内部发出声光报警，通告住户。在控制室的信号盘上也应有声光显示，应能表明火灾地点和消防泵的运行状态。

(3) 为了防止消防泵误启动使管网水压过高而导致管网爆裂，需加设管网压力监视保护，当水压达到一定压力时，压力继电器动作，使消火栓泵自动停止运行。

(4) 消火栓泵发生故障需要强投时，应使备用泵自动投入运行，也可以手动强投。

(5) 泵房应设有检修用开关和启动、停止按钮，检修时，将检修开关接通，切断消火栓泵的控制回路以确保维修安全，并设有开关信号灯。

(二) 消防水泵的控制电路工作原理分析

1. 全电压启动的消火栓泵的控制电路

全电压启动的消火栓泵控制电路如图3-3所示。图中BP为管网压力继电器，SL为低位水池水位继电器，QS3为检修开关，SA为转换开关。其工作原理如下：

(1) 1号为工作泵，2号为备用泵：将QS4、QS5合上，转换开关SA转至左位，即

图3-3 消防按钮串联全电压启动的消防泵控制电路

"1自，2备"，检修开关 QS3 放在右位，电源开关 QS1 合上，QS2 合上，为启动做好准备。

如某楼层出现火情，用小锤将楼层的消防按钮玻璃击碎，内部按钮因不受压而断开（即 $SB_{XF1} \sim SB_{XFN}$ 中任一个断开），使中间继电器 KA1 线圈失电，时间继电器 KT3 线圈通电，经过延时 KT3 常开触头闭合，使中间继电器 KA2 线圈通电，接触电器 KM1 线圈通电，消防泵电机 M1 启动运转，拿水枪进行移动式灭火，信号灯 H_2 亮。需停止时，按下消防中心控制屏上总停止按钮 SB9 即可。

如 1 号故障，2 号自动投入过程：

出现火情时，设 KM1 机械卡住，其触头不动作，使时间继电器 KT1 线圈通电，经延时后 KT1 触头闭合，使接触器 KM2 线圈通电，2 号备用泵电机启动运转，信号灯 H_3 亮。

（2）其他状态下的工作情况：如需手动强投时，将 SA 转至"手动"位置，按下 SB3（SB4）KM1 通电动作，1 号泵电机运转。如需 2 号泵运转时，按 SB7（SB8）即可。

当管网压力过高时，压力继电器 BP 闭合，使中间继电器 KA3 通电动作，信号灯 H_4 亮，警铃 HA 响。同时，KT3 的触头使 KA2 线圈失电释放，切断电动机。

当低位水池水位低于设定水位时，水位继电器 SL 闭合，中间继电器 KA4 通电，同时信号灯 H_5 亮，警铃 HA 响。

当需要检修时，将 QS3 置左位，切断电动机启动回路，中间继电器 KA5 通电动作，同时信号灯 H_6 亮，警铃 HA 响。

2. 降压启动的消火栓泵控制电路

两台带备用电源自投消火栓给水泵 Y—△降压启动控制电路如图 3-4 所示。图中公共电源自动切换是由双电源互投自复电路组成，如图 3-5 所示。

图 3-4　带备用电源自投的 Y—△降压启动的消防控制电路（一）
(a) 2 号泵正常运行电路

图 3-4 带备用电源自投的 Y—△降压启动的消防控制电路(二)
(b)故障控制电路；(c)故障控制电路

(1) 双电源互投自复电路原理：甲、乙电源正常供电时，指示灯 HL1、HL2 均亮，中间继电器 KA1、KA2 线圈通电，合上自动开关 QF1、QF2、QF3，合上按钮开关 SA1，接触器 KM1 线圈通电，甲电源向 KM1 所带母线供电，指示灯 HL3 亮。合上按钮开关 SA2，接触器 KM2 线圈通电，乙电源向 KM2 所带负荷供电，指示灯 HL4 亮。

当甲电源停电时，KA1、KM1 线圈失电释放，其触头复位，使接触器 KM3 线圈通电，乙电源通过 KM3 向两段母线供电，指示灯 HL5 亮。

当甲电源恢复供电时，KA1 重新通电，其常闭触点断开，使 KM3 失电释放，KM3

触点复位，使 KM1 线圈重新通电，甲电源恢复供电。

当负荷侧发生故障使 QF1 掉闸时，由于 KA1 仍处于吸合状态，其常闭触点的断开，使 KM3 不通电。

乙电源停电时，动作过程相同。

(2) 公共部分控制电源切换：合上控制电源开关 SA，中间继电器 KA 线圈通电，KA_{13-14} 号触头闭合，送上 $1L_2$ 号电源，KA_{11-12} 号触头断开，切断 $2L_2$ 号电源，使公共部分控制电路有电。当 1 号电源 $1L_2$ 无电时，KA 线圈失电，其触头复位，$KA1_{11-12}$ 号触头闭合，为公共部分送出 2 号电源，即 $2L_2$，确保线路正常工作。

图 3-5　两路电源互投自复电路

(3) 正常情况下的自动控制：令 1 号消防泵电动机 M1 为工作泵，2 号电动机 M2 为备用泵，将选择开关 1SA 至工作"A"档位，其 3—4、7—8 号触头闭合，将选择开关 2SA 至自动"Au"档位，其 5—6 号触头闭合，做好火警下的 1 号泵起动，2 号泵备用准备。当发生火灾时，来自消防控制室或控制模块的常开触点闭合(此触点瞬间即 0.2s 闭合，然后断开)，使中间继电器 KA1 线圈通电，其触点动作，其中 $KA1_{43-44}$ 号触头闭合，使接触器 13KM 线圈通电，其触头动作，主触头闭合，使电机尾端接在一起，其 $13KM_{13-14}$ 号触头闭合，接触器 11KM、时间继电器 1KT 通电，中间继电器 11KA 通电，11KM 主触头闭合，1 号电动机 M1 星接下降压启动。经延时后 1KT 闭合，切换中间继电器 KA4 线圈通电，使接触器 13KM 失电释放，接触器 12KM 线圈通电，M1 在三角形接法下全电压稳定运行，中间继电器 12KA 线圈通电，运行信号灯 HL1 亮，停机信号灯 HL2 灭。

当火灾扑灭时，来自消防控制室或控制模块的常闭触点断开，KA1 失电，使 11KM、11KA、12KA、12KA 同时失电，HL1 灭，HL2 亮。

(4) 故障下备用泵的自动投入：当 1 号故障时，如接触器 11KM 机械卡住，时间继电器 KT 线圈通电，经延时后中间继器 KA3 线圈通电，使接触器 23KM 通电，将电机尾端相接，接触器 21KM 和时间继电器 2KT 同时通电，21KM 通电，2 号备用电动机 M2 在星接下降压启动。经延时后，切换继电器 KA5 通电，使 23KM 失电，接触器 22KM 通电，电动机 M2 在三角形接法下全电压稳定运行。中间继电器 22KA 通电，2 号泵运行信号灯 HL3 亮，停泵信号灯 HL4 灭。

综上分析知，如果 2 号泵工作，1 号泵备用，只要将 1SA 至"Au"档位，2SA 至"A"档位，其他同上，不再叙述。

(5) 消防水池低水位保护：当消防水池水位达最低保护水位时，液位开关 SL 闭合，中间继电器 KA2 线圈通电，其触头 $KA2_{11-12}$ 号断开，使中间继电器 KA1 失电，电动机停止，实现自动控制情况下的断水保护。

(6) 手动控制：将 1SA、2SA 至手动"M"档位，其 1—2 号触头闭合，需要启 1 号电动机 M1 时，按下启动按钮 SB1，13KM 通电，使 11KM 和 1KT 同时通电，M1 在星接下启动，经延时，KA4 通电，13KM 失电，12KM 通电，电动机 M1 在三角形接法下全电压稳定运行，12KA 通电，HL1 亮，HL2 灭。停止时按下 SB2 即可。

2 号电动机启、停应按 SB3 和 SB4，其他类同。

3. 消防按钮的连接方式

消防按钮因其内部一对常开、一对常闭触点，可采用按钮串联式，见图 3-3，也可采用按钮并联式，如图 3-6 所示。无论哪种都可构成逻辑关系，但建议优选串联接法，原因是：消防按钮有长期不用也不检查的现象，串联接法可通过中间继电器的失电去发现按钮接触不好或断线故障的情况以便及时处理。图 3-6 中 KA1 是压力开关动作后由消防中心发指令闭合，可启动消防泵，其他原理自行分析。

图 3-6　常闭触点并联的全电压启动的消防水泵控制电路

第三节　自动喷洒水灭火系统

自动喷水灭火系统是目前世界上采用最广泛的一种固定式设施。从 19 世纪中叶开始使用，至今已有 100 多年的历史，其具有价格低廉，灭火效率高的特点。据统计，灭火成功率在 96％以上，有的已达 99％。在一些发达国家(如美、英、日、德等)的消防规范中，几乎所有的建筑都要求安装自动喷水灭火系统。有的国家(如美、日等)已将其应用在住宅中了。我国随着工业和民用建筑的飞速发展，消防法规正逐步完善，自动喷水灭火系统在宾馆、公寓、高层建筑、石油化工中得到了广泛的使用。

一、基本功能及分类

(一) 基本功能

(1) 能在火灾发生后自动进行喷水灭火；

(2) 能在喷水灭火的同时发出警报。

(二) 自动喷水灭火系统的分类

1. 闭式系统

采用闭式喷洒水的自动喷水灭火系统，可分为以下四个系统：

(1) 湿式系统：准工作状态时管道内充满用于启动系统的有压水的闭式系统。

(2) 干式系统：准工作状态时管道内充满用于启动系统的有压气体的闭式系统。

(3) 预作用系统：准工作状态时配水管道内不充水，由火灾自动报警系统自动开启雨淋报警阀后，转换为湿式系统的闭式系统。

(4) 循环作用(重复启动预作用)系统：能在扑灭火灾后自动关阀，复燃时再次开阀喷水的预作用系统。

2. 开式系统

(1) 雨淋系统

由火灾自动报警系统或传动管控制，自动开启雨淋报警阀和启动供水泵后，向开式洒水喷头供水的自动喷水灭火系统，亦称开式系统。

(2) 水幕系统

由开式洒水喷头或水幕喷头、雨淋报警阀组或感温雨淋阀以及水流报警装置（水流指示器或压力开关）等组成，用于挡烟防火和冷却分隔物的喷水系统。

1) 防火分隔水幕：密集喷洒形成水墙或水帘的水幕。

2) 防护冷却水幕：冷却防火卷帘等分隔物的水幕。

(3) 水喷雾（自动喷水-泡沫联用）系统

配置供给泡沫混合液的设备后，组成既可喷水又可喷泡沫的自动喷水灭火系统。

二、湿式自动喷水灭火系统

（一）系统简介

湿式自动喷水灭火系统（简称花洒系统）属于固定式灭火系统。它分秒不离开值勤岗位，不怕浓烟烈火，随时监视火灾，是最安全可靠的灭火装置，适用于温度不低于4℃（低于4℃受冻）和不高于70℃（高于70℃失控，会误动作造成误喷）的场所。

1. 系统的组成

湿式喷水灭火系统是由喷头、报警止回阀、延迟器、水力警铃、压力开关（安装于管上）、水流指示器、管道系统、供水设施、报警装置及控制盘等组成，如图3-7所示，主要部件如表3-2所列。其相互关系如图3-8所示。报警阀前后的管道内充满压力水。

湿式喷水系统主要部件表　　表3-2

编号	名称	用途	编号	名称	用途
1	高位水箱	储存初期火灾用水	13	水池	储存1h火灾用水
2	水力警铃	发出音响报警信号	14	压力开关	自动报警或自动控制
3	湿式报警阀	系统控制阀，输出报警水流	15	感烟探测器	感知火灾，自动报警
4	消防水泵接合器	消防车供水口	16	延迟器	克服水压波动引起的误报警
5	控制箱	接收电信号并发出指令	17	消防安全指示阀	显示阀门启闭状态
6	压力罐	自动启闭消防水泵	18	放水阀	试警铃阀
7	消防水泵	专用消防增压泵	19	放水阀	检修系统时，放空用
8	进水管	水源管	20	排水漏斗（或管）	排走系统的出水
9	排水管	末端试水装置排水	21	压力表	指示系统压力
10	末端试水装置	实验系统功能	22	节流孔板	减压
11	闭式喷头	感知火灾，出水灭火	23	水表	计量末端实验装置出水量
12	水流指示器	输出电信号，指示火灾区域	24	过滤器	过滤水中杂质

2. 湿式喷水系统附件

(1) 水流指示器（水流开关）：水流指示器的作用是把水的流动转换成电信号报警。其电接点既可直接启动消防水泵，也可接通电警铃报警。在保护面积小的场所（如小型商店、高层公寓等），可以用水流指示器代替湿式报警阀，但应将止回阀设置于主管道底部，一是可防止水污染（如和生活用水同水源），二是可配合设置水泵接合器的需要。

图 3-7 湿式自动喷水灭火系统示意图　　图 3-8 湿式自动喷水灭火系统动作程序图

在多层或大型建筑的自动喷水系统中，在每一层或每分区的干管或支管的始端安装一个水流指示器。为了便于检修分区管网，水流指示器前端装设安全信号阀。

水流指示器分类：

按叶片形状分为板式和桨式两种。按安装基座分为螺纹式、法兰连接式、焊接式和鞍座式四种。

这里仅以桨式水流指示器为例进行说明。桨式水流指示器又分为电子接点方式和机械接点方式两种。桨式水流指示器的构造及外形如图 3-9 所示，主要由桨片、法兰底座、螺栓、本体和电接点等组成。

图 3-9 水流指示器示意
1—桨片；2—法兰底座；3—螺栓；4—本体；5—接线孔；6—喷水管道

桨式水流指示器的工作原理：当发生火灾时，报警阀自动开启后，流动的消防水使桨片摆动，带动其电接点动作，火灾报警器接到该信号后，发出指令启动报警系统或启动消防水泵等电气设备，并可显示火灾发生区域。

水流指示器的接线：水流指示器在应用时应通过模块与系统总线相连，水流指示器的接线如图 3-10 所示。

图 3-10 水流指示器接线
(a)电子接点方式；(b)机械接点方式

水流指示器安装要求：

设计安装水流指示器时，应根据其安装尺寸预留足够的安装调试空间；

水流指示器应在管道经冲洗试压完成后，才可进行安装；

安装水流指示器时，应保证其动作方向与水流方向一致，切勿装反；

安装时，应避免剧烈碰撞，以免损坏工作部件，使原调定的工作参数发生漂移；

安装焊接式水流指示器时，应将水流指示器本体及叶片从焊接座上拆下后，才可进行焊接；

安装后的水流指示器，应保证其叶片垂直于管道，且动作灵活，不允许与管壁有任何磨擦接触。

(2) 洒水喷头：喷头可分为开启式和封闭式两种。它是喷水系统的重要组成部分，因此其性质、质量和安装的优劣会直接影响火灾初期灭火的成败，可见选择时必须注意。

① 封闭式喷头：可以分为易熔合金式、双金属片式和玻璃球式三种。应用最多的是玻璃球式喷头，如图 3-11 所示。喷头布置在房间顶棚下边，与支管相连。喷头主要技术参数如表 3-3 所列，动作温度级别如表 3-4 所列。

图 3-11 玻璃球式喷淋头

玻璃球式喷淋头主要技术参数 表3-3

型号	直径(mm)	通水口径(mm)	接口螺纹(in)	温度级别(℃)	炸裂温度范围	玻璃球色标	最高环境温度(℃)	流量系数K(%)
ZST-15系列	15	11	1/2	57 68 79 93	±15%	橙 红 黄 绿	27 38 49 63	80

玻璃球式喷淋头动作温度级别 表3-4

动作温度(℃)	安装环境最高允许温度(℃)	颜色	动作温度(℃)	安装环境最高允许温度(℃)	颜色
57	38	橙	141	121	蓝
68	49	红	182	160	紫
79	60	黄	227	204	黑
93	74	绿	260	238	黑

在正常情况下，喷头处于封闭状态。火灾时，开启喷水是由感温部件（充液玻璃球）控制，当装有热敏液体的玻璃球达到动作温度（57℃、68℃、79℃、93℃、141℃、182℃、227℃、260℃）时，球内液体膨胀，使内压力增大，玻璃球炸裂，密封垫脱开，喷出压力水，喷水后，由于压力降低而使压力开关动作，将水压信号变为电信号向喷淋泵控制装置发出启动喷淋泵信号，保证喷头有水喷出。同时流动的消防水使主管道分支处的水流指示器电接点动作，接通延时电路（延时20~30s），通过继电器触点发出声光信号给控制室，以识别火灾区域。

综上可知，喷头具有探测火情、启动水流指示器、扑灭早期火灾的重要作用。其特点是：结构新颖、耐腐蚀性强、动作灵敏、性能稳定。其适用范围：高（多）层建筑、仓库、地下工程、宾馆等适用水灭火的场所。

② 开启式喷头：按其结构可分为双臂下垂型、单臂下垂型、双臂直立型和双臂边墙型及隐蔽型等，如图3-12所示，其主要参数见表3-5。

双臂直立型　下垂型　边墙型　隐蔽型
图3-12 开启式喷淋头

开启式喷淋头的主要技术参数 表3-5

型号名称	直径(mm)	接管螺纹(in)	外型尺寸(mm) 高	外型尺寸(mm) 宽	流量系统K(%)
ZSTK-15	15	ZG1/2	74	46	80

开启式喷头与雨淋阀（或手动喷水阀）、供水管网以及探测器、控制装置等组成雨淋灭火系统，详见后叙。

开启式喷头的特点是：外形美观，结构新颖，价格低廉，性能稳定，可靠性强。

适用范围：易燃、易爆品加工现场或储存仓库以及剧场舞台上部等处。

（3）压力开关：它是自动喷水灭火系统的自动报警和控制的部件，通常安装于报警管路上的延迟器的上方，ZSJY、ZSJY25 和 ZSJY50 三种压力开关的外形如图 3-13 所示。

图 3-13 压力开关外形图

压力开关的原理是：当湿式报警阀阀瓣开启后，压力开关触点动作，发出电信号至报警控制箱从而启动消防泵。以上三种压力开关都有一对常开触点，作自动报警式自动控制用。压力开关的特点：ZSJY 型：①膜片驱动，工作压力为 0.07～1MPa 之间可调；②适用于空气/水介质；③可用交直流电，工作电压为：AC220V、380V；DC12V、24V、36V、48V；触点所能承受的电容量：AC220V、5A；DC12V、3A，接电缆外径 20mm。ZSJY25、50 型：工作压力为 0.02～0.025MPa 及 0.04～0.05MPa。用弹簧接线柱给接线带来了方便，触点容量为 AC220V、5A。

压力开关的应用接线：压力开关用在系统中需经模块与报警总线连接，如图 3-14 所示。

图 3-14 压力开关控制图

（4）湿式报警阀：湿式报警阀在湿式喷水灭火系统中是非常关键的，安装在总供水干管上，连接供水设备和配水管网。它必须十分灵敏，当管网中即使有一个喷头喷水，破坏了阀门上下的静止平衡压力时，就必须立即开启，任何延迟都会耽误报警的发生，它一般采用止回阀的形式，即只允许水流向管网，不允许水流回水源。其作用：一是防止随着供水水源压力波动而开闭，虚发警报；二是因为管网内水质因长期不流动而腐化变质，如让它流回水源将产生污染。当系统开启时报警阀打开，接通水源和配水源。同时部分水流通过阀座上的环形槽，经信号管道送至水力警铃，发出音响报警信号。湿式报警阀的外形和构造如图 3-15 所示。

控制阀的作用：上端连接报警阀，下端连接进水立管，是检修管网及灭火后更换喷头时关闭水源的部件。它应一直保持开状态，以确保系统使用。因此用环行软锁将闸门手轮锁在开启状态，也可以用安全信号阀显示其开启状态。

湿式报警阀的分类：导阀型如图 3-16 所示和隔板座圈型如图 3-17 所示两种。

导阀型湿式报警阀特点是：除主阀芯外，还有一个弹簧承载式导阀，在压力正常波动范围内此导阀是关闭的，在压力波动小时，不致使水流入报警阀而产生误报警，只有在火灾时，管网压力迅速下降，水才能不断流入，使喷头出水并由水力警铃报警。

图 3-15 湿式报警阀
(a)外形图;(b)构造
1—控制阀;2—报警阀;3—试警铃阀;4—防水阀;5、6—压力表;7—水力警铃;8—压力开关;
9—延时器;10—警铃管阀门;11—滤网;12—软锁

图 3-16 导阀型湿式报警阀
1—报警阀及阀芯;2—阀座凹槽;3—总闸阀;4—试
铃阀;5—排水阀;6—阀后压力表;7—阀前压力表

图 3-17 隔板座圈型报警阀构造示意图
1—阀体;2—铜座圈;3—胶垫;4—锁轴;5—阀瓣;
6—球形止回阀;7—延时器接口;8—防水阀接口

隔板座圈型报警阀特点是:主阀瓣铰接在阀体上,并借自重坐落在阀座上,当阀板上下产生很小的压力差时,阀板就会开启。为了防止由于水源水压波动或管道渗漏而引起的隔板座圈型湿式报警阀的误动作,往往在报警阀和水力警铃之间的信号管上设延迟器。

湿式报警阀的作用:平时阀芯前后水压相等,水通过导向杆中的水压平衡水孔保持阀板前后水压平衡,由于阀芯的自重和阀芯前后所受水的总压力不同,阀芯处于关闭状态(阀芯上面的总压力大于阀芯下面的总压力)。发生火灾时,闭式喷头喷水,由于水压平衡小孔来不及补水,报警阀上面的水压下降,此时阀下水压大于阀上水压,于是阀板开启,向洒水管网及洒水喷头供水,同时水沿着报警阀的环形槽进入延迟器、压力继电器及水力警铃等设施，发出火警信号并启动消防水泵等设施。

放水阀的作用：进行检修或更换喷头时放空阀后管网余水。

警铃管阀门的作用：检修报警设备，应处于常开状态。

水力警铃的作用：火灾时报警。水力警铃宜安装在报警阀附近，其连接管的长度不宜超过6m，高度不宜超过2m，以保证驱动水力警铃的水流有一定的水压，并不得安装在受雨淋和暴晒的场所，以免影响其性能。电动报警不得代替水力警铃。

延迟器的作用：它是一个罐式容器，安装在报警阀与水力警铃之间，用以防止由于水源压力突然发生变化而引起报警阀短暂开启，或对因报警阀局部渗漏而进入警铃管道的水流起一个暂时容纳作用，从而避免虚假报警。只有在火灾真正发生时，喷头和报警阀相继打开，水流源源不断地大量流入延迟器，经30s左右充满整个容器，然后冲入水力警铃。

试警铃阀的作用：进行人工试验检查，打开试警铃阀泄水，报警阀能自动打开，水流应迅速充满延迟器，并使压力开关及水力警铃立即动作报警。

(5) 末端试水装置：喷水管网的末端应设置末端试水装置，其外形及构造如图3-18所示，宜与水流指示器一一对应。图中流量表直径与喷头相同，连接管道直径不小于20mm。

图3-18 末端试水装置
(a)外型；(b)构造
1—压力表；2—闭式喷头；3—末端试验阀；4—流量计；5—排水管

末端试水装置的作用：对系统进行定期检查，以确定系统是否正常工作。

末端试验阀可采用电磁阀或手动阀。如设有消防控制室时，若采用电磁阀可直接从控制室启动试验阀，给检查带来方便。

(二) 湿式喷水灭火系统的控制原理

1. 正常状态

在无火灾时，管网压力水由高位水箱提供，使管网内充满不流动的压力水，处于准工作状态。

2. 火灾状态

当发生火灾时，灾区现场温度快速上升，使闭式喷头中玻璃球炸裂，喷头打开喷水灭火。管网压力下降，使湿式报警阀自动开启，准备输送喷淋泵（消防水泵）的消防供水。管网中设置的水流指示器感应到水流动时，发出电信号，同时压力开关检测到降低了的水压，并将水压信号送入湿式报警控制箱，启动喷淋泵，消防控制室同时接到信号，当水压超过一定值时，停止喷淋泵。

从上述喷淋泵的控制过程可见，它是一个闭环控制过程，可用图3-19描述。

图 3-19　喷淋泵闭环控制示意图

（三）全电压启动的湿式自动喷水灭火系统

1. 电气线路的组成

在高层建筑及建筑群体中，每座楼宇的喷水系统所用的泵一般为2~3台。采用两台泵时，平时管网中压力水来自高位水池，当喷头喷水，管道里有消防水流动时，水流指示器启动消防泵，向管网补充压力水。平时一台工作，一台备用，当一台因故障停转，接触器触点不动作时，备用泵立即投入运行，两台可互为备用。图3-20为两台泵的全电压启

图 3-20　全电压启动的喷淋泵控制电路

动的喷淋泵电路,图中 B1、B2、Bn 为区域水流指示器的电结点。如果分区较多可有 n 个水流指示器及 n 个继电器与之配合。

采用三台消防泵的自动喷水系统也比较常见,三台泵中其中两台为压力泵,一台为恒压泵。恒压泵一般功率很小,在 5kW 左右,其作用是使消防管网中水压保持在一定范围之内。此系统的管网不得与自来水或高位水池相连,管网消防用水来自消防贮水池,当管网中的渗漏压力降到某一数值时,恒压泵启动补压。当达到一定压力后,所接压力开关断开恒压泵控制回路,恒压泵停止运行。

2. 电路的工作原理

(1) 正常(即1号泵工作,2号泵备用)时:将开关 QS1、QS2、QS3 合上,将转换开关 SA 至"1自,2备"位置,其 SA 的 2、6、7 号触头闭合,电源信号灯 HL($n+1$) 亮,做好火灾下的运行准备。

如二层着火,且火势使灾区现场温度达到热敏玻璃球发热程度时,二楼的喷头爆裂并喷出水流。由于喷水后压力降低,压力开关动作,向消防中心发去信号(此图中未画出),同时管网里有消防水流动时,水流指示器 B2 闭合,使中间继电器 KA2 线圈通电,时间继电器 KT2 线圈通电,经延时后,中间继电器 KA($n+1$) 线圈通电,使接触器 KM1 线圈通电,1号喷淋消防泵电动机 M1 启动运行,向管网补充压力水,信号灯 HL($n+1$) 亮,同时警铃 HA2 响,信号灯 HL2 亮,即发出声光报警信号。

(2) 1号泵故障时,2号泵的自动投入过程(如果 KM1 机械卡住):如 n 层着火,n 层喷头因室温达动作值而爆裂喷水,n 层水流指示器 Bn 闭合,中间继电器 KAn 线圈通电,使时间继电器 KT2 线圈通电,延时后 KA($n+1$) 线圈通电,信号灯 HLn 亮,警铃 HLn 响,发出声光报警信号,同时,KM1 线圈通电,但因为机械卡住其触头不动作,于是时间继电器 KT1 线圈通电,使备用中间继电器 KA 线圈通电,2号备用泵电动机 M2 自动投入运行,向管网补充压力水,同时,信号灯 HL($n+3$) 亮。

(3) 手动强投:如果 KM1 机械卡住,而且 KT1 也损坏时,应将 SA 至"手动"位置,其 SA 的 1、4 号触头闭合,按下按钮 SB4,使 KM2 通电,2号泵启动,停止时按下按钮 SB3,KM2 线圈失电,2号电动机停止。

当2号为工作泵,1号为备用泵时,其工作过程请读者自行分析。

3. 全电压启动的喷淋泵线路另一种形式

以压力开关动作启动泵信号的线路如图 3-21 所示。KA1 触头受控于压力开关,压力开关动作时,KA1 动作闭合,压力开关复位时,KA1 触头复位断开。

(1) 准备工作状态:合上自动开关 QF1、QF2、QS,将 SA 至"1号泵自动,2号泵备用"位置,电源指示灯 HL 亮,喷淋泵处于准备工作状态。

(2) 火灾状态:当发生火灾时,温度升高使喷头喷水,管网中水压下降,压力开关动作,使继电器 KA1 触点闭合,时间断电器 KT3 线圈通电,使中间继电器 KA 线圈通电,使接触器 KM1 线圈通电,1号喷淋泵电机 M1 启动加压,信号灯 HL1 亮,显示1号泵电机运行,同时使 KT3 失电释放。当压力升高后,压力开关复位,KA1 触点复位,KA 失电、KM1 失电、1号泵电机停止。

(3) 故障时备用泵自动投入:当发生火灾时,如果1号泵电机不动作,时间继电器 KT1 线圈通电,延时后其触头使接触器 KM2 线圈通电,备用2号泵电机 M2 启动加压。

图 3-21　全压启动喷淋泵控制电路（压力开关控制）

（4）手动控制：当自动环节故障时，将 SA 至"手动"位置，按 SB1～SB4 便可启动 1 号（2 号）喷淋泵电机。

也可以 2 号泵工作，1 号泵备用，其原理自行分析。

以上两个全电压启动线路中，左图为水流指示器发信号动作，右图为压力开关发信号动作，即水流指示器、压力开关将水流转换成火灾报警信号，控制报警控制柜（箱）发出声光报警并显示灭火地址。工程中，水流指示器有可能由于管路水流压力突变，或受水锤影响等而误发信号，也可能因造型不当，灵敏度不高，安装质量不好等而使其动作不可靠。因此消防泵（喷淋泵）的启停应采用能准确反映管网水压的压力开关，让其直接作用于喷淋泵启停回路，而无需与火灾报警控制器作联动控制。但消防控制室仍需设置喷淋泵的启停，以确保无误。

（四）降压启动的喷淋泵电机控制

采用两路电源互投且自耦变压器降压启动的线路如图 3-22 所示。图中 SP 为电接点压力表触点，KT3、KT4 为电流时间转换器，其触点可延时动作，1PA、2PA 为电流表，1TA、2TA 为电流互感器。线路工作过程分析如下：

（1）公共部分控制电源切换：合上控制电源开关 SA，中间继电器 KA 线圈通电，KA_{13-14} 号触头闭合，送上 $1L_2$ 号电源，KA_{11-12} 号触头断开，切断 $2L_2$ 号电源，使公共部分控制电路有电。当 1 号电源 $1L_2$ 无电时，KA 线圈失电，其触头复位，KA_{11-12} 号触头闭合，为公共部分送出 2 号电源，即 $2L_2$，确保线路正常工作。

（2）正常状态下的自动控制：令 1 号为工作泵，2 号为备用泵，把电源控制开关 SA 合上，引入 1 号电源 $1L_2$，将选择开关 1SA 至工作"A"档位，其 3—4、7—8 号触头闭合，当消防水池水位不低于低水位时，$KA2_{21-22}$ 闭合，当发生水灾时，水流指示器和压力开关相"与"后，向来自消防控制屏或控制模块的常开触点发出闭合信号，即发来启动喷淋泵信号，中间继电器 KA1 线圈通电，使中间继电器 1KA 通电，$1KA_{23-24}$ 号触头闭合，使接

第三节 自动喷洒水灭火系统

图 3-22 带自备电源的两台互备自投自耦变压器降压喷淋给水泵
(a) 1 号泵正常运行电路；(b) 2 号泵正常运行电路；(c) 故障控制电路

触器 13KM 线圈通电，$13KM_{23-14}$ 号触头使接触器 12KM 通电，其主触头闭合，1 号喷淋泵电动机 M1 串自耦变压器 1TC 降压启动，12KM 触头使中间继电器 12KA、电流时间转换器 KT3 线圈通电，经过延时后，当 M1 达到额定工作电流时，即从主回路 $KT3_{3-4}$ 号触电引来电流变化时，$KT3_{15-16}$ 号触头闭合，使切换继电器 KA4 线圈通电，13KM 失电释放，使 11KM 通电，1TC 被切除，M1 全电压稳定运行，并使中间继电器 11KA 通电，其触头使运行信号灯 HL1 亮，停泵信号灯 HL2 灭。另外，$11KM_{11-12}$ 号触头断开，使 12KM、12KA 失电，启动结束，加压喷淋灭火。

(3) 故障时备用泵的自动投入：当出现故障时，在火灾时，如 11KM 机械卡住，11KM 线圈虽通电，但是其触头不动作，使时间继电器 KT2 线圈通电，经延时后，中间继电器 KA3 线圈通电，使继电器 2KA 线圈通电，其触头使接触器 23KM 线圈通电，接触器 22KM 线圈随之通电，2 号备用泵电动机 M2 串联自耦变压器 2TC 降压启动。中间继电器 22KA 和电流时间转换 KT4 线圈通电，经延时后，当 M2 达到额定电流时，KT4 触点闭合，使切换继电器 KA5 线圈通电，23KM 失电，22KM 失电，使接触器 21KM 线圈通电，切除 2TC，M2 全电压稳定运行，21KA 通电，运行信号灯 HL3 亮，停机信号灯 HL4 灭，加压喷水灭火。当火被扑灭后，来自消防控制屏或控制模块的触点断开，KA1 失电、KT2 失电，使 KA3 失电，2KA 失电，21KM、21KA 均失电，M2 失电，M2 停止，信号灯 HL3 灭，HL4 亮。

(4) 手动控制：将开关 1SA、2SA 至手动"M"档位，如启动 2 号电动机 M2，按下启动按钮 SB3，2KA 通电，使 23KM 线圈通电，22KM 线圈也通电，电动机 M2 串联 2TC 降压启动，22KA、KT4 线圈通电，经过延时，当 M2 的电流达到额定电流时，KT4 触头闭合，使 KA5 线圈通电，断开 23KM，接通 21KM，切除 2TC，M2 全电压稳定运行。21KM 使 21KA 线圈通电，HL3 亮，HL4 灭。停止时，按下停止按钮 SB4 即可。1 号电动机手动控制类同，不再叙述。

(5) 低压力延时启泵：来自消防控制室或控制模块的常开触点因压力低，压力继电器使之断开，此时，如果消防水池水位低于低水位，压力也低，来自消火栓给水泵控制电路的 $KA2_{21-22}$ 号触头断开，喷淋泵无法启动，但是由于水位低，压力也低，使来自电接点压力表的下限电接点 SP 闭合，使时间继电器 KT1 线圈通电，经过延时后，使中间继电器 KA2 线圈通电，$KA2_{23-24}$ 号触头闭合，这时水位已开始升高，来自消防水泵控制电路的 $KA2_{21-22}$ 号触头闭合，使 KA1 通电，此时启动喷淋泵电动机就可以了，称之为低压力延时启泵。

(五) 稳压泵及其应用

1. 线路的组成

两台互备自投稳压泵全电压启动电路如图 3-23 所示。图中来自电接点压力表的上限电接点 SP2 和下限电接点 SP1 分别控制高压力延时停泵和低压力延时启泵。另外，来自消火栓给水泵控制电路中的常闭触点 $KA2_{31-32}$ 当消防水池水位过低时是断开的，以其控制低水位停泵。

2. 线路的工作过程

(1) 正常状态下的自动控制：令 1 号为工作泵，2 号为备用泵，将选择开关 1SA 至工作"A"位置、其 3—4、7—8 号触头闭合，将 2SA 至自动"Au"档位，其 5—6 号触头

图 3-23 稳压泵全电压启动线路
(a)正常运行电路；(b)事故控制电路

闭合，做好准备。稳压泵是用来稳定水的压力的。它将在电接点压力表的控制下启动和停止，以确保水的压力在设计规定的压力范围之内，达到正常供消防用水的目的。

当消防水池压力降至电接点压力表下限值时，SP1闭合，使时间继电器KT1线圈通电。经延时后，其常开触头闭合，使中间继电器KA1线圈通电，运行信号灯HL1亮，停泵信号灯HL2灭。伴随着稳压泵的运行，压力不断提高，当压力升为电接点压力表高压力值时，其上限电接点SP2闭合，使时间继电器KT2通电，其触头经延时断开，KA1失电释放，使 KM1 线圈失电，1KA 线圈失电，稳压泵停止运行，HL1 灭，HL2 亮，如此在电接点压力表控制之下，稳压泵自动间歇运行。

(2) 故障时备用泵的投入：如果由于某种原因 M1 不启动，接触器 KM1 不动作，使时间继电器 KT 通电，经过延时其触头闭合，使中间继电器 KA3 通电，使 KM2 通电，2号备用稳压泵 M2 自动投入运行加压，同时 2KA 通电，运行信号灯 HL3 亮，停泵信号灯 HL4 灭。随着 M2 运行，压力不断升高，当压力达到设定的最高压力值时，SP2 闭合，时间继电器 KT2 线圈通电，经延时后其触头断开，使 KA1 线圈失电，$KA1_{22-24}$ 断开，KT 失电释放，KA3 失电，KM2、1KA 均失电，M2 停止，HL3 灭、HL4 亮。

(3) 手动控制：将开关系 1SA、2SA 至手动"M"档位，其 1—2 号触头闭合。如启动 M1，可按下启动按钮 SB1，KM1 线圈通电，稳压泵电机 M1 启动，同时 1KA 通电，HL1 亮，HL2 灭，停止时按 SB2 即可。2 号泵启动及停止按 SB3 和 SB4 便可实现。

第四节 卤代烷灭火系统

在前表 3-1 中介绍了几种卤代烷灭火剂，其特点已有所了解。这里仅仅以 1211 灭火系统为对象，介绍 1211 的灭火效能，通过组合分配系统着重介绍有管网式灭火系统，并给出系统的系统图和平面图，便于施工及工程造价的识读。

一、概述

1. 系统的分类

从不同角度如：灭火方式、系统结构、加压方式及所使用的灭火剂种类分类见表 3-6 所示。

卤代烷灭火系统分类　　　　　　　　　　表 3-6

序号	从不同角度分为	系 统 名 称	序号	从不同角度分为	系 统 名 称
1	灭火方式	全淹没系统 局部应用系统	3	加压方式	临时加压系统 预先加压系统
2	系统结构	有管网灭火系统 无管网灭火系统	4	灭火剂种类	1211 灭火剂 1301 灭火剂

2. 适用范围

卤代烷 1211、1301 灭火系统可以扑救下列火灾：

(1) 可燃气体火灾，如煤气、甲烷、乙烯等的火灾；

(2) 液体火灾，如甲醇、乙醇、丙酮、苯、煤油、汽油、柴油等的火灾；

(3) 固体的表面火灾，如木材，纸张等的表面火灾。对固体深位火灾具有一定控火能力；

(4) 电气火灾，如电子设备、变配电设备、发电机组、电缆等带电设备及电气线路的火灾；

(5) 热塑性塑料火灾。

3. 系统的设置

根据《建筑设计防火规范》(GBJ 16—87)规定，下列部位应设置卤代烷灭火设备：

(1) 省级或超过 100 万人口城市电视发射塔和微波室；
(2) 超过 50 万人口城市的通讯机房；
(3) 大中型电子计算机房或贵重设备室；
(4) 省级或藏书量超过 100 万册的图书馆，以及中央、省、市级的文物资料珍藏室；
(5) 中央和省、市级的档案库的重要部位。

根据《人民防空工程设计防火规范》（GBJ 98—87）规定，下列部位应设置卤代烷灭火装备：油浸变压器室、电子计算机房、通讯机房、图书、资料、档案库、柴油发电机室。

根据《高层民用建筑设计防火规范》（GB 50045—95）规定，高层建筑的下列房间，应设置卤代烷灭火装置：

① 大、中型计算机房；
② 自备发电机房；
③ 贵重设备室；
④ 珍藏室。

除此之外，金库、软件室、精密仪器室、印刷机、空调机、浸渍油坛、喷涂设备、冷冻装置、中小型油库、化工油漆仓库、车库、船仓和隧道等场所都可用卤代烷灭火装置进行有效灭火。

二、1211 气体灭火系统的组成

有管网式 1211 气体灭火系统由监控系统、灭火剂贮存和释放装置、管道和喷嘴三部分组成。

监控系统由探测器、控制器、手动操作盘、施放灭火剂显示灯，声光报警器等组成。

灭火剂贮存器和释放装置由 1211 贮存容器（钢瓶）、启动气瓶、瓶头阀、单向阀、分配阀、压力信号发送器（压力开关）及安全阀等组成。如图 3-24 所示为有管网组合分配型灭火系统。

(a)

图 3-24　1211 组合分配型灭火系统构成图（一）
(a)外形图

图 3-24 1211组合分配型灭火系统构成图(二)
(b)构成图
1—贮存容器；2—容器阀；3—液体单向阀；4—安全阀；5—选择阀；6—气体单向阀；
7—启动气瓶；8—施放灭火剂显示灯；9—手动操作盘；10—压力讯号器；11—声报警器；
12—喷嘴；13—感温探测器；14—感烟探测器；15—高压软管

(一) 1211钢瓶的设置

在建筑群体中，由于工程的不同，气体灭火分区的分布是不同的。如果灭火区彼此相邻或相距很近，1211钢瓶宜集中设置。如各灭火区相当分散，甚至不在同一楼层，钢瓶则应分区设置。

1. 1211钢瓶的集中设置

采用管网灭火系统，通过管路分配，钢瓶可以跨区公用。但在钢瓶间需设置钢瓶分盘，在分盘上设有区域灯、放气灯和声光报警音响等。当火灾发生需灭火时，先打开气体分配管路阀门(选择阀)，再打开钢瓶的气动瓶头阀，将灭火剂喷洒到火灾防护区实施灭火。

2. 1211的分区设置

这种设置方式无集中钢瓶间，自然也无钢瓶分盘，但每个区应该自设一个现场分盘，在分盘上设有烟、温报警指示灯、灭火报警音响、灭火区指示灯、放气灯等。另外分盘上一般装有备用继电器，其触点可供在放气前的延时过程中关闭本区电动门窗、进风阀、回风阀等设备或关停相应的风机等。

3. 系统灭火分区划分的有关要求

(1) 灭火分区应以固定的封闭空间来划分；

(2) 当采用管网灭火系统时，一个灭火分区的防护面积不宜大于500m²，容积不宜大于2000m³；

(3) 采用无管网灭火装置时，一个灭火分区的防护的面积不宜大于100m²，容积不宜大于300m³，且设置的无管网灭火装置数不应超过8个。无管网灭火装置是将贮存灭火剂容器、阀门和喷嘴等组合在一起的灭火装置。

(二) 气体灭火系统控制的基本方式

每个灭火区都设有信号道、灭火驱动道，并设有紧急启动、紧急切断按钮和手动、自动方式的选择开关等。另外在消防工程中，1211灭火系统应作为独立单元处理，即需要1211保护的场所的火灾报警、灭火控制等不应参与一般的系统报警，但是系统灭火的结果应在消防控制中心显示。

1. 报警信号道感烟、感温回路的分配

每个报警信号道内共有10个报警回路，分为感烟、感温两组。感烟探测回路之间取逻辑"或"，感温探测回路之间也取逻辑"或"，而后两组再取逻辑"与"构成灭火条件。这10个报警回路怎样分配可根据工程设计具体要求而定，其分配比例可取下任意一种，但总数保持10路不变。

感烟回路：2、3、4、5、6、7、8；
感温回路：8、7、6、5、4、3、2。

采用两组探测器逻辑"与"的方式的特点是：当一组探测器动作时，只发出预报警信号，只有当两组探测器同时动作时，才执行灭火联动，大大降低了由误报而引起的误喷，减少了损失。但事物总是两方面的，这种相"与"也延误了执行灭火时间，使火势可能扩大。另外，相"与"的两个（或两组）探测器，如果其中一个（或一组）探测器损坏，将使整个系统无法"自动"工作。因此，对小面积的保护区，如果计算结果只需两个探测器，从可靠性考虑应装上4个，再分成两组取逻辑"与"，对大面积的保护区，因为探测器数量较多，可不考虑此问题。

2. 火灾"报警"和灭火"警报"

在灭火区的信号道内若只有一种探测器报警，控制柜只发出火灾"报警"，即信号道内房号灯亮，发出慢变调报警音响，但不对灭火现场发出指令，只限在消防控制中心（消防值班室）内有声光报警信号。

当任一灭火分区的信号道内任意两种探测器同时报警时，控制柜则由火灾"报警"立即转变为灭火"警报"。在警报情况下：(1)控制柜上的两种探测器报警信号（房号）灯亮；(2)在消防控制中心（消防值班室）内发出快变调"警报"音响，同时向报警的灭火现场发出声光"警报"；(3)延时20~30s，在此时间内如有人将紧急切断按钮按下，则只有"警报"而不开启钢瓶（假定控制柜已置于自动工作位置），在此时间内无人按下紧急切断按钮，则延时20~30s后自动开启钢瓶电磁阀，实现自动灭火；(4)钢瓶开启后，钢瓶上有一对常开触点闭合，使灭火分区门上的"危险"、"已充满气"、"请勿入内"等字样的警告指示灯点亮；(5)开始报警时，控制柜上电子钟停走，记录灭火报警发出的时间，控制柜上的外控触点也同时闭合，关停风机；(6)如工作方式为手动方式时，控制柜只能报警而钢瓶开启则靠值班人员操作紧急启动控钮来实现。为了保证安全，防止误操作，按按钮后也需延时20~30s后才开启钢瓶灭火；(7)灭火后，应打开排气、排烟系统，以便于及时清理现场。

三、1211气体灭火系统的工作原理

为分析系统原理，给出有管网灭火系统如图3-25和有管网灭火系统工作流程如图3-26及钢瓶室及其主要设备连接示意如图3-27所示。

图 3-25　1211 有管网自动灭火系统　　图 3-26　1211 有管网自动灭火工作流程

图 3-27　钢瓶室及主要设备连接示意

(一) 系统中主要器件的作用

1. 感烟、感温探测器

安装在各保护区内，通过导线和分检箱与总控室的控制柜连接，及时把火警信号送入控制柜，再由控制柜分别控制钢瓶室外的组合分配系统和单元独立系统。

2. 钢瓶 A、B

两者均为 ZLGQ4.2/60 启动小钢瓶，用无缝钢管滚制而成。启动钢瓶中装有 $60 kgf/cm^2$ (5.88MPa) 1211 灭火剂，用于启动灭火系统。当火灾发生时，靠电磁瓶头阀产生的电磁力(也可手动)驱动释放瓶内充压氮气,启动灭火剂储瓶组(1211储瓶组)的气动瓶头阀,将灭火剂1211释放到灾区,达到灭火的目的。

3. 选择阀A、B

选择阀是用不锈钢、铜等金属材料制成,由阀体活塞、弹簧及密封圈等组成,用于控制灭火剂的流动去向,可用气体和电磁阀两种方式启动,还应有备用手动开关,以便在自动选择阀失灵时,用手动开关释放1211灭火剂。

4. 其他器件

(1) 止回阀安装于汇集管上,用以控制灭火剂流动方向;

(2) 安全阀安装在管路的汇集管上,当管路中的压力在 $7.35\sim6.37MPa$ 时,安全阀自动打开,起到系统的保护作用;

(3) 压力开关的作用是:当释放灭火剂时,向控制柜发出回馈信号。

(二) 1211灭火系统的工作情况

当某分区发生火灾,感烟(温)探测器均报警,则控制柜上两种探测器报警房号灯亮,由电铃发出变调"警报"单音,并向灭火现场发出声、光警报。同时,电子钟停走记下着火时间。灭火指令须经过延时电路延时20~30s发出,以保证值班人员有时间确认是否发生火灾。

将转换开关K至"自动"位上,假如接到B区发出火警信号后,值班人员确认火情并组织人员撤离。经20~30s后,执行电路自动启动小钢瓶B的电磁瓶头阀,释放充压氮气,将B选择阀和止回阀打开,使B区储瓶和A、B区储瓶同时释放1211区剂至汇集管,并通过B选择阀将1211灭火剂释放到B火灾区域。1211药剂沿管路由喷嘴喷射到B火灾区域,途经压力开关,使压力开关触点闭合,即把回馈信号送至控制柜,指示气体已经喷出实现了自动灭火。

将控制柜上的转换开关至"手动"位,则控制柜只发出灭火报警,当手动操作后,经20~30s,才使小钢瓶释放出高压氮气,打开储气钢瓶,向灾区喷灭火剂。

在接到火情20~30s内,如无火情或火势小,可用手提式灭火器扑灭时,应立即按现场手动"停止"按钮,以停止喷灭火剂。如值班人员发现火情,而控制柜并没发出灭火指令,则应立即按"手动"启动按钮,使控制柜对火灾区发火警,人员可撤离,经20~30s后施放灭火剂灭火。

值得注意的是:消防中心有人值班时均应将转换开关至"手动"位,值班人离开时转换开关至"自动"位,其目的是防止因环境干扰、报警控制元件损坏产生的误报而造成误喷。

四、气体灭火装置实例

随着消防技术发展,气溶胶自动灭火装置和七氟丙烷自动灭火装置更显出独特的优势。下面进行简单介绍,供读者参考。

(一) 气溶胶自动灭火装置

1. 特点

ZQ气溶胶自动灭火装置是一种对大气臭氧层无损害的哈龙类灭火器材的理想替代品,是一种综合性能指标达到国内外同类产品先进水平的高科技产品。

气溶胶是直径小于 $0.01\mu m$ 的固体或液体颗粒悬浮于气体介质中的一种物体,其形态呈高分散度。气溶胶灭火装置即是将灭火材料以超细微粒的形态，快速弥漫于着火点周围空间的设备。因为众多气溶胶微粒形成很大的比表面，迅速弥漫过程中吸收大量热量，达到冷却灭火目的。在火灾初始阶段，气溶胶喷到火场中对燃烧过程的链式反应具有很强的负催化作用，迅速对火焰进行化学抑制，从而降低燃烧的反应速率，当燃烧反应生成的热量小于扩散损失的热量时，燃烧过程即终止。因此，气溶胶是一种高效能的灭火剂，可全淹没及局部应用方式扑灭可燃固体、液体及气体火灾。

2. 灭火原理

ZQ 系列气溶胶自动灭火系统是通过火灾感知组件及报警系统探测火警信号来启动气溶胶系统喷射气溶胶实施灭火。系统可选择自动方式或手动方式启动，当采用自动启动方式时，通过火灾探测器探测火警，延时时间过后启动气溶胶灭火装置，向防护区内喷放气溶胶；在 24h 有人职守的防护区，可采用手动启动方式，即报警系统报告火警经人工确认以后，由人工启动气溶胶灭火装实施灭火，这样可最大限度防止误喷发生，增加了系统的可靠性。

ZQ 气溶胶灭火装置灭火迅速、灭火性能高、出口温度低、无毒害、污染小、绝缘性能高；存储时不带压，不存在泄露问题；灭火后便于清理，喷放时的出口温度低于 80℃，实测低于 50℃，从而确保了被保护对象的安全。

（二）七氟丙烷自动灭火装置

七氟丙烷（FM200）自动灭火系统是一种现代化消防设备。中华人民共和国公安部于 2001 年 8 月 1 日发布了公消［2001］217 号《关于进一步加强哈龙替代品及其技术管理的通知》，通知中明确规定：七氟丙烷气体自动灭火系统属于全淹没系统，可以扑救 A（表面火）、B、C 类和电器火灾，可用于保护经常有人的场所。

七氟丙烷（FM200）灭火剂是无色、无味、不导电、无二次污染。对臭氧层的耗损潜能值（ODP）为零，符合环保要求，其毒副作用比卤代烷灭火剂更小，是卤代烷灭火剂较理想的替代物。七氟丙烷（FM200）灭火剂具有灭火效能高，对设备无污染，电绝缘性好，灭火迅速等优点。七氟丙烷（FM200）灭火剂释放后不含有粒子和油状物，不破坏环境，且灭火后，及时通风迅速排除灭火剂，即可很快恢复正常情况。

七氟丙烷（FM200）灭火剂经试验和美国 EPA 认定安全性比 1301 卤代烷更为安全可靠，人体暴露于 9% 的浓度（七氟丙烷一般设计浓度为 7%）中无任何危险，而七氟丙烷最大的优点是非导电性能，因而是电气设备的理想灭火剂。

七氟丙烷自动灭火装置：有设计参数完整、准确、功能完善、工作可靠的特点，有自动、电气手动和机械应急手动操作三种方式。

七氟丙烷系统由火灾报警气体、灭火控制器、灭火剂瓶、瓶头阀、启动阀、选择阀、压力讯号器、框架、喷嘴管道系统等组成，可组成单元独立系统、组合分配系统和无管网装置等多种形式。该系统只能实施对单元和多区全淹没消防保护，适用于电子计算机机房、电讯中心、图书馆、档案馆、珍品库、配电房、地下工程、海上采油平台等重点单位的消防保护。多瓶组单元独立系统如图 3-28 所示，组合分配系统如图 3-29 所示。

气体灭火的系统图如图 3-30 所示，平面图如图 3-31 所示。

（三）气体灭火的电气控制装置

第四节 卤代烷灭火系统

图 3-28 多瓶组单元独立系统

图 3-29 组合分配系统

图 3-30 气体灭火系统图

注：本图适用于卤代烷气体灭火系统和非卤代烷灭火系统(1211，1301，FM200)

图 3-31 气体灭火设备平面图(图为机房平面)

注：本图适用于卤代烷气体灭火系统和非卤代烷灭火系统(1211，1301，FM200)

所谓气体灭火的电气控装置就是指气体灭火控制盘及其配套的气体喷洒灯、紧急启停按钮、声光报警器和气体喷洒模块。不同厂家的产品外形和接线方式各异，但其构成及工作原理基本相似。下面以 GST-LD-QKP06 气体灭火控制盘及其配套设备为例简单加以介绍。

气体灭火控制盘是一种根据工程实际要求而设计的气体灭火控制接口设备，用于驱动气体灭火系统的执行机构，从而构成完整的气体灭火控制系统。本控制盘既可直接接入火灾报警控制器的总线上，与海湾公司生产的火灾报警控制器一同完成对气体灭火钢瓶的自动控制，又可独立于火灾报警控制器对与其相连接的外部设备进行控制。在火灾报警控制器发生异常时，通过现场紧急启动/停动按钮或者气体灭火控制盘上的直接启动和停动按键实现对气体灭火设备的控制操作。该气体灭火控制盘具有对外接线路发生短路及断路检查报警的功能。气体灭火控制盘、气体喷洒灯、紧急启停按钮、声光报警器和气体喷洒模块外型如图 3-32 所示。

GST-LD-QKP06气体灭火控制盘

GST-LD8329气体喷洒模块

GST-LD-8318A紧急启停按钮

LD-8317A气体喷洒灯

HX-100B声光报警器

图 3-32　气体灭火控制盘及其配套设备的外型示意

其主要技术指标如下：
① 容量：最大容量可控制 6 个气体灭火区（6 个控制单元）；
② 延时时间：0～45s 可调，每档 5s；
③ 线制：
a. 与控制器采用二总线连接（无极性信号二总线）；
b. 与钢瓶电磁阀、压力开关及喷洒指示灯采用多线制二线连接；
c. 与紧急启动/停动按钮采用多线制三线连接；
d. 与火灾声光警报器采用二线连接。
④ 电源：DC(24 ± 4)V（外供），可配接智能电源盘或智能电源箱，电源至控制盘及控制盘至电磁阀连接线的总长度≤100m；
⑤ 电磁阀接口：启动输出：电平或脉冲方式，其中脉冲方式时 5s；电压范围 DC18～DC26V；最大电流 2A；
⑥ 喷洒指示灯接口：启动输出：电压范围 DC18～DC26V；最大电流 300mA；负载数目：单区最多可接 3 个，总共最多可接 10 个。
⑦ 火灾声光警报器接口：无源触点输出；允许通过最大电流 1A；
⑧ 紧急启/停按钮接口：负载数目：单区最多可接 5 个；
⑨ 使用环境：温度 0～+40℃，相对湿度≤95%，不结露；
⑩ 外形尺寸：460mm×270mm×125mm。
该气体灭火装置的系统接线如图 3-33 所示。

图 3-33 气体灭火装置的系统接线示意

第五节 二氧化碳灭火系统

二氧化碳在常温下无色无嗅，是一种不燃烧、不助燃的气体，便于装灌和储存，是应用较广的灭火剂之一。其主要特性如表 3-7 所列。其性能指标应符合表 3-8 的规定。

二氧化碳的主要特性 表 3-7

项 目	条 件	数 据	项 目	条 件	数 据
分子量		44	溶解热 (kJ/kg)	熔 点	189.7
溶点(℃)	526kPa	−56.6	气体黏度 (Pa·s)	200℃	1.47×10^{-5}
沸点(℃)	101.325kPa, 0℃	−78.5(升华)			
汽化潜热 (kJ/kg)	沸 点	577	气体密度(g/L)	101.325kPa 大气压, 0℃	1.946

第五节 二氧化碳灭火系统

续表

项 目	条 件	数 据	项 目	条 件	数 据
液体密度(g/cm³)	3475kPa	0.914	气体的C_p(kJ/kg·℃)	300K	0.871
对空气的相对密度		1.529			
临界温度(℃)		31.35	气体的导热系数(W/m·℃)	300K	0.01657
临界压力(MPa)		7.395	液体的C_p(kJ/kg·℃)	200℃,饱合液体	5.0
临界密度(g/cm³)		0.46			
液体表面张力(N/m)	−52.2℃	0.0165	液体的导热系数(W/m·℃)	20℃,饱合液体	0.0872

二氧化碳灭火剂性能指标　　　　表3-8

项 目	技术指标(液相)		项 目	技术指标(液相)	
	一级品	二级品		一级品	二级品
纯度(体积%)≥	99.5	99.0	含油量	无 油 斑	
水管量(质量%)≤	0.015	0.100	乙醇和其他有机物	无	

一、二氧化碳灭火系统分类

二氧化碳灭火系统从不同的角度有不同分类,分类如表3-9所示。

二氧化碳灭火系统分类　　　　表3-9

序号	从不同的角度分	系统名称	应用范围及特点
1	按灭火方式分	全淹没系统	主要用于炉灶、管道、高架停车塔、封闭机械设备、地下室、厂房、计算机房等。它由一套储存装置组成,在规定时间内,向防护区喷射一定浓度的二氧化碳,并使其充满整个防护区空间的系统。防护区应是一个封闭良好的空间
		局部应用系统	用在蒸汽泄放口、注油变压器、浸油罐、淬火槽、轧机、喷漆棚等场所。特点是在灭火过程中不能封闭
2	按储压等级分	高压储存系统	储存压力为5.17MPa
		低压储存系统	储存压力为2.07MPa
3	按系统结构特点分	单元独立系统	用一套灭火剂储存装置保护一个防护区
		组合分配系统	用一套灭火剂储存装置保护多个防护区
4	按管网布置形式分	均衡系统管网	从储存容器到每个喷嘴的管道长度应大于最长管道长度的90%;从储存容器到每个喷嘴的管道等效长度应大于管道长度的90%(注:管道等效长度=实管长+管件的当量长度)
		非均衡系统管网	不具备均衡系统管网的条件

二、二氧化碳灭火系统的组成及自动控制

(一)系统的组成

1. 单元独立系统

由一套灭火剂储存装置对应一套管网系统,保护一个防护区域的构成形式,如图3-34所示。

图 3-34 单元独立系统示意

2. 组合分配系统

由一套公共的灭火剂储存装置对应几套管网系统,保护多个防护区域的构成形式,如图 3-35 所示。

图 3-35 组合分配系统示意

1—XT 灭火剂储瓶框架;2—灭火剂储瓶;3—集流管;4—液流单向阀;5—软管;6—气流单向阀;7—瓶头阀;8—启动管道;9—压力讯号器;10—安全阀;11—选择阀;12—信号反馈线路;13—电磁阀;14—启动钢瓶;15—QXT 启动瓶框架;16—报警灭火控制盘;17—控制线路;18—手动控制盒;19—光报警器;20—声报警器;21—喷嘴;22—火灾探测器;23—灭火剂输送管道

(二) 系统的自动控制过程

控制内容有:火灾报警显示、灭火介质的自动释放灭火、切断保护区内的送排风机、关闭门窗及联动控制等。下面以图 3-36 为例说明二氧化碳灭火系统的自动控制过程。

从图可知,当保护区发生火灾时,灾区产生的烟、温或光使保护区设置的两路火灾探测器(感烟、感热)报警,两路信号为"与"关系发至消防中心报警控制器上,驱动控制器一方面发声、光报警,另一方面发出联动控制信号(如停空调、关防火门等)待人员撤离后再发信号关闭保护区门。从报警开始延时约30s后发出指令启动二氧化碳储存容器,储存的二氧化碳灭火剂通过管道输送到保护区,经喷嘴释放灭火。如果手动控制,可按下启动按钮,其他同上。

二氧化碳的释放过程自动控制用框图3-37描述:压力开关为监测二氧化碳管网的压力设备,当二氧化碳压力过低或过高时,压力开关将压力信号送至控制器,控制器发出开大或关小钢瓶阀门的指令,可释放介质。

图 3-36 二氧化碳灭火系统例图
1—火灾探测器;2—喷头;3—警报器;4—放气指示灯;
5—手动启动按钮;6—选择阀;7—压力开关;
8—二氧化碳钢瓶;9—启动气瓶;10—电磁阀;
11—控制电缆;12—二氧化碳管线;13—安全阀

二氧化碳的释放过程手动控制则用图3-38描述:为了实现准确而更快速灭火,当发生火灾时,用手直接开启二氧化碳容器阀,或将放气开关拉动,即可喷出二氧化碳灭火。这个开关一般装在房间门口附近墙上的一个玻璃面板内,火灾时将玻璃面板击破,就能拉动开关喷出二氧化碳气体,实现快速灭火。

图 3-37 二氧化碳释放过程自动控制　　图 3-38 二氧化碳释放过程手动控制

装有二氧化碳灭火系统的保护场所(如变电所或配电室),一般都在门口加装选择开关,可就地选择自动或手动操作方式。当有工作人员进入里面工作时,为防止意外事故,即避免有人在里面工作时喷出二氧化碳影响健康,必须在入室之前把开关转到手动位置,离开时关门之后复归自动位置。同时也为避免无关人员乱动选择开关,宜用钥匙型转换开关。

三、系统的特点及适用范围

1. 特点

具有对保护物体不污染、灭火迅速、空间淹没性好等特点;但与卤化烷灭火系统相比造价高,且灭火的同时对人产生毒性危害,因此,只有较重要场合才使用。

2. 应用范围

二氧化碳可以扑救的火灾有:气体火灾、电气火灾、液体或可熔化固体、固体表面火灾及部分固体的深位火灾等。二氧化碳不能扑灭的火灾有:金属氧化物、活泼金属、含氧化剂的化学品等。

二氧化碳应用场所有:易燃可燃液体贮存容器、易燃蒸气的排气口、可燃油油浸电力变压器、机械设备、实验设备、反应釜、淬火槽、图书档案室、精密仪器室、贵重设备室、电子计算机房、电视机房、广播机房、通讯机房等。

第六节 泡沫灭火系统

一、概述

泡沫灭火系统在我国已有三十多年的应用历史,它是用泡沫液作为灭火剂的一种灭火方式。泡沫剂有化学泡沫剂和空气泡沫灭火剂两大类。化学泡沫灭火剂主要是充装于100L以下的小型灭火器内,扑救小型初期火灾。大型的泡沫灭火系统以采用空气泡沫灭火剂为主,本书主要介绍这个灭火系统。

泡沫灭火是通过泡沫层的冷却、隔绝氧气和抑制燃料蒸发等作用,达到扑灭火灾的目的。

空气泡沫灭火是泡沫液与水通过特制的比例混合而成泡沫混合液,经泡沫产生器与空气混合产生泡沫,覆盖在燃烧物质的表面或者充满发生火灾的整个空间,最后使火熄灭。

经过多年的实践证明:泡沫灭火系统具有经济实用、灭火效率高、灭火剂无毒及安全可靠等优点,是行之有效的灭火措施之一。对 B 类火灾的扑救更显示出其优越性,估计将来应用范围会更广泛。

二、系统的分类及工作原理

（一）系统的分类

泡沫灭火系统按照发泡性能的不同分为:低倍数(发泡倍数在 20 倍以下)、中倍数(发泡倍数在 20~200 倍)和高倍数(发泡倍数在 200 倍以上)灭火系统;这三类系统又根据喷射方式不同分为液上和液下喷射;由设备和管的安装方式分为固定式、半固定式、移动式;由灭火范围不同分为全淹没式和局部应用式。其具体分类如图 3-39 所示。以下给出几种不同系统的图形:固定式液上喷射泡沫灭火系统如图 3-40 所示;固定液下喷射泡沫灭火系统如图 3-41 所示;半固定式液上喷射泡沫灭火系统如图 3-42 所示;移动式泡沫灭火系统如图 3-43 所示;自动控制全淹没式灭火系统工作原理如图 3-44 所示。

图 3-40 固定式液上喷射泡沫灭火系统
1—罐;2—泡沫产生;3—泡沫混合液管道;4—比例混合器;5—泡沫液罐;6—泡沫混合液泵;7—水池

图 3-41 固定液下喷射泡沫灭火系统
1—环泵式比例混合器;2—泡沫混合液泵;3—泡沫混合液管道;4—液下喷射泡沫产生器;5—泡沫管道;6—泡沫注入管;7—背压调节阀

图 3-39 泡沫灭火系统分类

图 3-42 半固定式液上喷射泡沫灭火系统
1—泡沫消防车；2—油罐；3—泡沫钩管；
4—泡沫混合管道；5—地上式消火栓

图 3-43 移动式泡沫灭火系统
1—泡沫消防车；2—油罐；3—泡沫
产生器；4—地上式消火栓

图 3-44 自动控制全淹没式灭火系统工作原理图
1—手动控制器；2—压力开关；3—泡沫液泵；4—泡沫
液罐；5—过滤器；6—水泵；7—比例混合器；8—水罐；
9—自动控制箱；10—探测器；11—报警器；12—高倍数
泡沫发生器；13—电磁阀

(二) 工作原理

以上介绍了泡沫灭火系统的分类，无论哪种灭火系统，其工作原理都是相似的。下面以北京地区某飞机库为例说明全淹没泡沫灭火系统的工作原理及控制显示功能。

全淹没灭火系统是一种用管网输送泡沫灭火剂和水按比例混合后，用泡沫发生器发泡后喷放到被保护的区域，充满空间或保护一定高度隔绝新鲜空气进行灭火的固定灭火系统。

飞机库是很重要的火灾危险性大的场所，按规范规定应设置火灾自动报警和固定泡沫灭火系统。为提高系统的可靠性，防止误动作，在火灾探测、报警装置上选用感温、感烟的"与门"控制和"4 取 3"的紫外火焰报警装置。

其工作原理是：当某保护区发生火灾时，该区内火灾探测器发出报警信号送到消防控制室的控制盘，通过"与门"控制回路，发出灭火信号启动水泵和泡沫液泵，同时打开电磁阀，泡沫液和水进入泡沫比例混合器，按照规定的比例（3%或 6%）混合后，通过管道将泡沫混合液送到高倍数泡沫发生器产生大量的泡沫淹没被保护区域，扑灭火灾。由于火灾报警、探测上采取了"与门"控制回路和"4 取 3"的控制回路，从而避免了误动作。在消防中心和保护区附近均装有紧急启、停装置，供人工操作使用。另外，在经常有人工作的场所，当灭火信号发出还没有一定的延时机构，在延时期间，可先发出警报信号和事故广播，通知工作人员撤离现场。由图可看出，当水泵和泡沫液泵启动后，通过压力开关有信号返回消防中心。如果在消防中心火灾报警装置与灭火系统脱开，即脱掉灭火系统，该系统就成了一个自动报警、在中心人工启动的手动全淹没灭火系统。

按照规范规定：泡沫灭火系统在消防中心应有下列控制、显示功能：

(1) 控制泡沫泵和消防水泵的启、停；

(2) 显示系统的工作状态(即火灾报警的信号和压力开关的返回信号)。

上述为全淹没系统的工作原理，其他泡沫灭火系统动作原理大同小异，不一一叠叙。下面给出泡沫灭火系统的动作程序图，如图 3-45 所示。

图 3-45　泡沫灭火系统动作程序

三、泡沫灭火系统的特点及适用范围

(一) 高泡沫灭火系统的特点及适用范围

高泡沫灭火系统既可扑救 B 类火灾，又可扑救 A 类火灾，具有消烟、排毒、形成防火隔带的用途及应用广泛的特点。其适用范围为：

(1) 液化石油气，液化天然气，可燃、易燃液体的流淌火灾(中能控制而不是扑灭)；

(2) 各种船舶油泵、机舱等；

(3) 电缆夹层、油码头、油泵房、锅炉房、有火灾危险的工业厂房(或车间)，如石油化工生产车间、飞机发动机试验车间等；

(4) 飞机库、汽车库、冷藏库、橡胶仓库、棉花仓库、烟草及纸张仓库、固定物资仓库、高架物资仓库、电气设备材料库等；

(5) 贵重仪器设备和物品及仓库，如计算机房图书档案库、大型邮电楼等；

(6) 各种油库、苯储存库等；

(7) 人防隧道、煤矿矿井、电缆沟、地下液压油泵站、地下商场、地下仓库、地下铁道、地下汽车库和地下建筑工程等。

(二) 中泡沫灭火系统的特点及适用范围

中泡沫灭火系统具有可扑救立式钢制储油罐内火灾的特点。其适用范围是，凡高泡沫灭火系统不适用场所，中泡沫灭火系统也不适用。

(三) 低泡沫灭火系统的适用范围

适用扑救甲醇、乙醇、丙醇、原油、汽油、煤油、柴油等 B 类火灾，应用于机场、飞机库、燃油锅炉房、油田、油库、炼油厂、化工厂、为铁路油槽车装卸油的鹤管栈桥、码头等场所。

第七节 干粉灭火系统

干粉灭火系统是一种不需要内燃机、水泵等动力源，而依靠高压气体（氮气、二氧化碳或燃气）的压力，携带干粉，通过输粉管，经喷头（或喷枪）喷出并扑向火源，短时间内达到灭火目的的设施。

一、干粉的类型及干粉系统的分类

1. 干粉的类型

干粉灭火剂按应用范围可分为普通型和多用型两大类。

(1) 普通型干粉灭火剂。是我国目前生产量最大、应用最普遍的干粉灭火剂。这类灭火剂可扑救 B 类（可燃液体）火灾、C 类（可燃气体）火灾和电气火灾，因而又称为 BC 干粉。属于这一类的干粉灭火剂有：

① 以碳酸氢钠为基料的钠盐干粉（小苏打干粉）；
② 以氯化钾为基料的超级钾盐干粉；
③ 以碳酸氢钠和钾盐为基料的混合型干粉；
④ 以碳酸氢钾为基料的紫钾盐干粉；
⑤ 以尿素和碳酸氢钠（或碳酸氢钾）的反应产物为基料的干粉（毛耐克斯 Monnex 干粉）；
⑥ 以硫酸钾为基料的钾盐干粉。

(2) 多用型干粉灭火剂。这类干粉灭火剂除可扑救 BC 类火灾外，还可扑救一般固体火灾（A 类火灾），因而又叫做 ABC 干粉。属于这一类的干粉灭火剂有：

① 以聚磷酸铵为基料的干粉灭火剂；
② 以磷酸铵与硫酸铵混合物为基料的干粉灭火剂；
③ 以磷酸盐（磷酸二氢铵等）为基料的干粉灭火剂。

2. 干粉灭火系统的分类

(1) 按驱动气体的储存方式分为 $\begin{cases} 加压型干粉系统 \\ 储压型干粉系统 \\ 燃气型干粉系统 \end{cases}$

(2) 按其安装方式可分为 $\begin{cases} 固定式干粉系统 \\ 半固定式干粉系统 \end{cases}$

(3) 按喷放方式分 $\begin{cases} 全淹没干粉系统 \\ 局部喷射干粉系统 \end{cases}$

(4) 按充装灭火剂的种类分为 $\begin{cases} 碳酸氢钠干粉系统 \\ 磷酸铵盐干粉系统 \\ 氨基干粉系统 \\ 氯化钾干粉系统 \\ 氯化钠干粉系统 \end{cases}$

二、干粉灭火系统的组成及工作原理

1. 干粉灭火系统的组成

干粉系统一般由灭火设备和自动控制设备两部分组成,其外形及构造如图3-46所示。灭火设备由干粉罐、动力气瓶、减压阀、过滤器、阀门、输粉管道、喷嘴(喷枪)等构成;自动控制设备包括火灾探测器、报警控制器、启动瓶等。还可以用手动方式,直接把动力气瓶打开,排出高压气体,实施向干粉罐充气、充压、喷洒干粉等动作。

(a)

(b)

图3-46 干粉灭火系统示意图
(a)外型;(b)构造

2. 干粉灭火系统的工作原理

在图3-46中,当保护对象着火温度上升到一定数值后,火灾探测器发出信号,打开启动瓶,同时,报警喇叭发出音响警报。这时,启动瓶中的气体通过止回阀把先导瓶打开。此时,先导瓶中的高压气体进入集气管,使得管中压力迅速上升。当集气管中压力上升到一定数值后,其余5只动力气瓶同时打开,高压气体经集气管、高压阀进入减压阀,再经减压后通过球阀甲进入干粉罐。同时，集气管中少量气体经减压器乙和过滤器后分成两路，一路进入单向气动放大器，另一路进入气动定压发信器。当干粉罐的压力上升到规定压力后，定压发信器给出信号使单向气动放大器动作。这时，气体通过放大器推动气缸甲、乙，把球阀乙、丙同时打开，于是，干粉罐中的粉气混合流经球阀乙、输粉管和喷嘴喷洒到保护对象表面。同时，动力气瓶乙内的高压气体又经过球阀丙从干粉罐的顶部直接进入，以加速干粉的喷射速度。

3. 应用

通常用于保护的主要场所与设备有：

(1) 计算机房、通讯机房、测试中心、变配电室、精密仪器室、理化实验室、电器老化室；

(2) 发电机、浸渍油槽、变电器、油开关及其他易产生火灾危险的装置；

(3) 采油平台、加油站、液压油库、润滑油库及其他可燃易燃流体房与贮罐；

(4) 化学易燃品库房，以及该物质的生产作业火灾危险场地；

(5) 图书库、资料库、档案库、软件库、金库、文件珍藏室；

(6) 其他不宜使用水系统灭火的场所。

本 章 小 结

本章为消防系统的执行机构——灭火系统。首先对灭火系统进行概述，从而了解了灭火的基本方法，接着讲述了自动喷水灭火系统的几种系统。以湿式自动喷水系统为主，介绍了系统的组成、特点及电气线路的控制；对室内消火栓系统的组成、灭火方式及电气线路进行了详细的分析，最后对卤化物灭火系统、二氧化碳灭火系统、干粉灭火系统及泡沫灭火系统的组成、特点及适用场所进行了说明，从而证明了不同的场所、不同的火灾特点应采用不同的灭火方式。掌握不同的灭火方式对相关的工程设计、安装调试及维护是十分必要的。

习 题

1. 灭火系统的类型有几种？灭火的基本方法有几种？各有什么特点？
2. 自动喷水灭火系统的功能及分类有哪些？
3. 如图3-3所示，令2号为工作泵，1号为备用泵，当2楼出现火情时，试说明消火栓泵的启动过程。
4. 如图3-4所示，令2号泵工作，1号泵备用，当4楼着火且接触器KM2机械卡住时，消火栓泵如何启动？
5. 简述闭式喷头的工作原理。
6. 末端试水装置的作用？
7. 湿式自动喷水灭火系统主要有几部分组成？各起什么作用？工作原理如何？
8. 简述水流指示器的作用及工作原理。
9. 两路电源互投自复电路有何特点？如1号泵无电、2号泵如何投入？
10. 叙述压力开关的工作原理。
11. 如图3-20中，2号泵工作，1号泵备用，KM2机械卡住时，当火灾时其工作状态如何？

12. 图 3-22 中，1 号工作泵故障即控制电路中热继电器常闭触点没闭合，火灾时，备用泵如何启动？
13. 叙述图 3-23 稳压泵的工作原理。
14. 简述 1211 气体灭火系统的工作原理。
15. 简述二氧化碳灭火系统的工作原理。
16. 泡沫灭火系统有几种类型？各有何特点？
17. 简述干粉灭火系统的工作原理。

第四章　安全疏散诱导与防排烟系统

【本章任务】

（1）了解疏散诱导的意义和内容、防排烟的基本概念、防排烟系统的监控及消防电梯的设置；

（2）掌握几种常用的防排烟设施的原理及火灾事故广播的容量、设置场所、广播方式等；

（3）学会火灾事故照明及疏散指示标志的设置方式和有关要求；

（4）能完成课程设计中该部分的内容，具有指导系统施工的能力。

第一节　概　　述

一、安全疏散诱导与防排烟系统的作用

建筑火灾，尤其是高层建筑火灾的经验教训表明，火灾中对人体伤害最严重的是烟雾，是由固体、液体粒子和气体所形成的混合物，含有有毒、刺激性气体。因此，火灾死伤者中相当数量的人是因为中毒或窒息死亡。建筑物发生火灾后，烟气在建筑物内不断流动传播，不仅导致火灾蔓延，也引起人员恐慌，影响疏散与扑救。引起烟气流动的因素有：扩散、烟囱效应、浮力、热膨胀、风力、通风空调系统等。高层建筑的火灾由于火灾蔓延快，疏散困难，扑救难度大，且其火灾隐患多，因而其防火防烟和排烟问题尤其重要。

安全疏散是指人们（物资）在建筑物发生火灾后能够迅速安全地退出他们所在的场所。在正常情况下，建筑物中的人员疏散可分为零散的（如商场）和集中的（如影剧院）两种，当发生紧急事故时，都变成集中而紧急的疏散。安全疏散设计是确保人员生命财产安全的有效措施，是建筑防火的一项重要内容。

通过对国内外建筑火灾的统计分析，凡造成重大人员伤亡的火灾，大部分是因没有可靠的安全疏散设施或管理不善，人员不能及时疏散到安全避难区域造成的。可见，如何根据不同使用性质、不同火灾危险性的建筑物，通过安全疏散设施的合理设置，为建筑物内人员和物资的安全疏散提供条件，是建筑防火设计的重要内容。只有按照国家有关消防技术规范的要求进行设计、施工、管理和进行消防监督，才能保证建筑物内人员和物资安全疏散，有效地减少火灾所造成的人员伤亡和财产损失。

二、安全疏散诱导与防排烟系统的内容

1. 安全与疏散诱导系统

（1）安全出口：所谓安全出口是指供人员安全疏散用的通向直通室外、疏散楼梯（间）或符合规定要求的疏散走道和相邻防火分区的出口。

疏散出口：从房间连通疏散走道或门厅的门。

(2) 疏散楼梯和楼梯间：作为竖向疏散通道的室内、外楼梯，是建筑物的主要垂直交通空间，是安全疏散的重要通道。

(3) 疏散走道：是疏散时人员从房间内到房间门，或从房间门到疏散楼梯、外部出口等安全出口的室内走道。

(4) 疏散门：疏散用的门应向疏散方向开启。如人数不超过60人的房间，且疏散人数不超过30人时，其开启方向不限。

(5) 火灾应急照明和疏散指示标志：提供火灾时的照明及逃离方向。

(6) 火灾应急广播：火灾时指挥疏散。

2. 防排烟系统

(1) 防火分隔设施：是只能在一定时间内阻止火势蔓延，且能把建筑内部空间分割成若干较小防火空间的物体(包括：防火门、防火窗、防火卷帘、防火阀、排烟防火阀、挡烟垂壁)。

(2) 防排烟系统：及时排除烟气，确保人员顺利疏散、安全避难。分为：自然排烟、机械加压送风排烟、机械排烟等。

第二节 防排烟系统的基本概念

一、火灾烟气危害及控制

高层建筑和地下工程发生火灾时，由于可燃装修材料、陈设等在燃烧过程中会产生大量浓烟和有毒烟气，致使烟气和毒气成为人员死亡的首要原因。而在被火烧死的人当中，多数是先中毒窒息晕倒后被烧死的。

实践证明：火灾烟气会造成严重危害，其危害性主要有毒害性、减光性和恐怖性。火灾烟气的危害性可概括为对人们生理上的危害和心理上的危害两方面，烟气的毒害性和减光性是生理上的危害，而恐怖性则是心理上的危害。这两方面的危害在于妨碍人员疏散和火灾扑救，造成火场混乱，给疏散和扑救增加了很大困难。为了在高层建筑和地下工程发生火灾后能及时排除烟气，确保人员顺利疏散、安全避难，同时为火灾扑救工作创造有利条件，在部分高层建筑和地下工程内设置防烟、排烟设施是十分必要的。

防排烟设施的作用是对烟气进行控制。其主要目的是：在建筑物内创造无烟或烟气含量极低的疏散通道或安全区。烟气控制的实质是控制烟气的合理流动，也就是使烟气不流向疏散通道、安全区和非着火区，而向室外流动。其主要有以下三种方法。

1. 隔断或阻挡

墙、楼板、门等都具有隔断烟气传播的作用。为了防止火势蔓延和烟气传播，建筑法规规定了建筑中必须划分防火分区和防烟分区。所谓防火分区是指用防火墙、楼板、防火门或防火卷帘等分隔的区域，可以将火灾限制在一定的局部区域内(在一定时间内)，不使火势蔓延。当然防火分区的隔断同样也对烟气起了隔断作用。所谓防烟分区是在设置排烟措施的过道、房间中，用隔墙或其他措施(可以阻挡和限制烟气的流动)分割的区域。

2. 排烟

利用自然或机械力的作用力,将烟气排到室外,称之为排烟。利用自然作用力的排烟称为自然排烟;利用机械(风机)作用力的排烟称为机械排烟。排烟的部位有两类:着火区和疏散通道。着火区排烟的目的是将火灾发生的烟气排到室外,有利于着火区的人员疏散及救火人员的扑救。对于疏散通道的排烟是为了排除可能侵入的烟气,以保证疏散通道无烟或少烟,以利于人员安全疏散及救火人员通行。

3. 加压防烟

加压防烟是用风机把一定量的室外空气送入一房间或通道内,使室内保持一定压力或门洞处有一定的流速,以避免烟气侵入。图4-1是加压防烟两种情况,其中图(a)是当门关闭时,房间内保持一定正压值,空气从门缝或其他缝隙处流出,防止了烟气的侵入;图(b)是当门开启的时候,送入加压区的空气以一定的风速从门洞流出,防止烟气的流入。当流速较低时,烟气可能

图4-1 加压防烟
(a)门关闭时;(b)门开启时

从上部流入室内。以上两种情况分析可以看到,为了防止烟气流入被加压的房间,必须达到:(1)门开启时,门洞有一定向外的风速;(2)门关闭时,房间内有一定正压值。

二、防烟、防火分区划分目的

划分防烟分区的目的在于防止烟气扩散,主要用挡烟垂壁、挡烟壁或者挡烟隔墙等措施来实现,以满足人员安全疏散和消防扑救的需要,以免造成不应有的伤亡事故。划分防火分区的目的在于:防止烟火蔓延扩大,为扑救创造有利条件,以保障财产和安全。防火分区采用防火墙或防火卷帘加水幕实现。

三、高层建筑防烟、排烟设施的分类和范围

1. 高层建筑防烟、排烟设施的分类

高层建筑的防烟设施应分为机械加压送风的防烟设施和可开启外窗的自然排烟设施。高层建筑的排烟设施应分为机械排烟设施和可开启外窗的自然排烟设施。

2. 高层建筑设置防烟、排烟设施的范围

(1) 一类高层建筑和建筑高度超过32m的二类高层建筑的下列部位应设排烟设施:

① 长度超过20m的内走道。

② 面积超过100m^2,且经常有人停留或可燃物较多的房间。

③ 高层建筑的中庭和经常有人停留或可燃物较多的地下室。

(2) 高层建筑的下列部位应设置独立的机械加压送风设施:

① 不具备自然排烟条件的防烟楼梯间、消防电梯前室或合用前室。

② 采用自然排烟措施的防烟楼梯间,其不具备自然排烟条件的前室。

③ 封闭避难层(间)。

④ 建筑高度超过50m的一类公共建筑和建筑高度超过100m的居住建筑的防烟楼梯间及其前室、消防电梯前室或合用前室。

3. 地下人防工程设置防烟、排烟设施的范围

(1) 人防工程的下列部位应设置机械加压送风防烟设施:

① 防烟楼梯间及其前室或合用前室。
② 避难走道的前室。
（2）人防工程的下列部位应设置机械排烟设施：
① 建筑面积大于 50m²，且经常有人停留或可燃物较多的房间、大厅和丙、丁类生产车间。
② 总长度大于 20m 的疏散走道。
③ 电影放映间、舞台等。
（3）丙、丁、戊类物品库宜采用密闭防烟措施。
（4）自然排烟口的总面积大于该防烟分区面积的 2% 时，宜采用自然排烟的方法排烟。自然排烟口底部距室内地坪不应小于 2m，并应常开或发生火灾时能自动开启。

四、火灾情况下对防排烟设施的要求

一般应根据暖通专业的工艺要求进行电气控制设计，防排烟系统的电气控制视所确定的防排烟设施，由以下不同要求与内容组成：（1）消防中心控制室能显示各种电动防排烟设施的运行情况，并能进行联动遥控和就地手控；（2）根据火灾情况打开有关排烟道上的排烟口，启动排烟风机（有正压送风机时应同时启动和降下有关防火卷帘及防烟垂壁），打开安全出口的电动门。与此同时，关闭有关的防烟阀及防火门，停止有关防烟区域内的空调系统；（3）在排烟口、防火卷帘、挡烟垂壁、电动安全出口等执行机构处布置火灾探测器，通常为一个探测器联动一个执行机构，但大的厅室也可以几个探测器联动一组同类机构；（4）设有正压送风的系统应打开送风口，启动送风机。

以上所述排烟系统的电气控制是由联动控制盘（某些也由手动开关）发出指令给各防排烟设施的执行机构，使其进行工作并发出动作信号的。防烟、排烟电气设备组成如图 4-2 所示，防排烟设施的相互关系如图 4-3 所示。

图 4-2　防烟、排烟电气控制设备组成

图 4-3 防排烟设施的相互关系图

第三节 防排烟系统

一、排烟系统

高层建筑的排烟方式有自然排烟和机械排烟两种。

1. 自然排烟

自然排烟是火灾时利用室内热气流的浮力或室外风力的作用,将室内的烟气从与室外相邻的窗户、阳台、凹廊或专用排烟口排出。自然排烟不使用动力,结构简单,运行可靠,但当火势猛烈时,火焰有可能从开口部喷出,从而使火势蔓延;自然排烟还易受到室外风力的影响,当火灾房间处在迎风侧时,由于受到风压的作用,烟气很难排出。虽然如此,在符合条件时宜优先采用。自然排烟有两种方式:(1)利用外窗或专设的排烟口排烟;(2)利用竖井排烟,如图4-4 所示。其中图 4-4(a)利用可开启的外窗进行排烟,如果外窗不能开启或无外窗,可以专设排烟口进行自然排烟。图 4-4(b)是利用专设的竖井,即相当于专设一个烟囱,各层房间设排烟风口与之连接,当某层起火有烟时,排烟风口自动或人工打开,热烟气即可通过竖井排到室外。

图 4-4 房间自然排烟系统示意图
(a)利用外窗或专设的排烟口排烟;(b)利用竖井排烟

2. 机械排烟

使用排烟风机进行强制排烟的方法称机械排烟。机械排烟可分为局部和集中排烟两种。局部排烟方式是在每个房间内设置风机直接进行；集中排烟方式是将建筑物划分为若干个防烟分区，在每个区内设置排烟风机，通过风道排出各区内的烟气。

(1) 机械排烟送风系统：高层建筑在机械排烟的同时还要向房间内补充室外的新风，送风方式有两种：

① 机械排烟、机械送风：利用设置在建筑物最上层的排烟风机，通过设在防烟楼梯间、前室或消防电梯前室上部的排烟口及与其相连的排烟竖井排至室外，或通过房间（或走道）上部的排烟口排至室外；由室外送风机通过竖井和设于前室（或走道）下部的送风口向前室（或走道）补充室外的新风。各层的排烟口及送风口的开启与排烟风机及室外送风风机相连锁，如图 4-5 所示。

图 4-5 机械排烟、机械送风
(a) 通过设在前室上部的排烟口及与其相连的排烟竖井排至室外；
(b) 通过房间（或走道）上部的排烟口排至室外

② 机械排烟，自然送风：排烟系统同上，但室外风向前室（或走道）的补充并不依靠风机，而是依靠排烟风机所造成的负压，通过自然进风竖井和进风口补充到前室（或走道）内，如图 4-6 所示。

(2) 机械排烟系统：由防烟垂壁、排烟口、排烟道、排烟阀、排烟防火阀及排烟风机等组成。

① 排烟口：排烟口一般尽可能布置在防烟分区的中心，距最远点的水平距离不能超过 30m。排烟口应设在顶棚或靠近顶棚的墙面上，且与附近安全出口沿走道方向相邻边缘之间最小的水平距离小于 15m。排烟口平时处于关闭状态，当火灾发生时，自动控制系统使排烟口开启，通过排烟口将烟气及时迅速排至室外。排烟口也可作为送风口。图 4-7 所示为多叶式排烟口（多叶送风口）及电路图，排烟口的安装示意如图 4-8 所示。板式排烟口由电磁铁、阀门、微动开关、叶片等组成，如图 4-9 所示。

第三节 防排烟系统

图 4-6 机械排烟、自然进风
(a)通过自然进风竖井和进风口补充到前室；(b)通过自然进风竖井和进风口补充到走道内

图 4-7 多叶式排烟口(多叶送风口)   图 4-8 排烟口的安装示意

图 4-9 板式排烟口示意图

板式排烟口的工作原理如下：

自动开启：火灾时，自动开启装置接受到感烟（温）探测器通过控制盘或远距离操纵系统输入的电气信号（DC24V）后，电磁铁线圈通电，动铁芯吸合，通过杠杆作用使棘轮、棘爪脱开，依靠阀体上的弹簧力，棘轮逆时针旋转，卷绕在滚筒上的钢丝绳释放，于是叶片被打开，同时微动开关动作，切断电磁铁电源，并将阀门开启动作显示线接点接通，将信号返回控制盘，使排烟风机连动等。

远距离手动开启：当火灾发生时，由人工拔开 BSD 操作装置上的荧光塑料板，按下红色按钮，阀门开启。

手动复位：按下 BSD 操作装置上的蓝色复位按钮，使棘爪复位，将摇柄插入卷绕滚筒的插入口，按顺时针方向摇动摇柄，钢丝绳即被拉回卷绕在滚筒上，直至排烟口关闭为止，同时微动开关动作复位。

② 排烟阀：排烟阀应用于排烟系统的风管上，平时处于关闭状态，火灾发生时，烟感探头发出火警信号，控制中心输出 DC24V 电源，使排烟阀开启，通过排烟口进行排烟。图 4-10 所示为排烟阀示意图，图 4-11 所示为排烟阀安装图。

图 4-10　排烟阀示意图

图 4-11　排烟阀安装图

③ 排烟防火阀：排烟防火阀安装在排烟系统管道上或风机吸入口处，兼有排烟阀和防烟阀的功能，在一定时间内能满足耐火稳定性和耐火完整性要求，并起阻火隔烟作用的阀门。

排烟防火阀平时处于关闭状态，需要排烟时，其动作和功能与排烟阀相同，可自动开启排烟。当管道气流温度达到 280℃时，阀门靠装有易熔金属温度熔断器而自动关闭，切断气流，防止火灾蔓延。图 4-12 所示为远距离排烟防火阀示意图。

图 4-12 远距离排烟防火阀

④ 排烟风机：排烟风机也有离心式和轴流式两种类型。在排烟系统中一般采用离心式风机。排烟风机在构造性能上具有一定的耐燃性和隔热性，以保证输送烟气温度在280℃时能够正常连续运行 30min 以上。排烟风机装置的位置一般设于该风机所在的防火分区的排烟系统中最高排烟口的上部，并设在该防火分区的风机房内。风机外缘与风机房墙壁或其他设备的间距应保持在 0.6m 以上。排烟风机设有备用电源，且能自动切换。

排烟风机的启动采用自动控制方式，启动装置与排烟系统中每个排风口连锁，即在该排烟系统任何一个排烟口开启时，排烟风机都能自动启动。

二、防烟系统

高层建筑的防烟有机械加压送风和密闭防烟两种方式。

（一）机械加压送风

1. 设置机械加压送风防烟系统的目的

机械加压送风防烟就是对建筑物的某些部位送入足够量的新鲜空气，使其维持高于建筑物其他部位一定的压力，从而使其他部位因着火所产生的火灾烟气或因扩散所侵入的火灾烟气被堵截于加压部位之外。

设置机械加压送风防烟系统的目的，是为了在建筑物发生火灾时，提供不受烟气干扰的疏散路线和避难场所。因此，加压部位在关闭门时，必须与着火楼层保持一定的压力差（该部位空气压力值为相对正压）；同时，在打开加压部位的门时，在门洞断面处能有足够大的气流速度，以有效地阻止烟气的入侵，保证人员安全疏散与避难。

2. 机械加压送风防烟设施设置部位

当防烟楼梯间及其前室、消防电梯前室或合用前室各部位有可开启外窗时，若采用自然排烟方式，可造成楼梯间与前室或合用前室在采用自然排烟方式与采用机械加压送风防烟方式排列组合上的多样化，而这两种排烟方式不能共用。为此，将这种组合关系及防烟设施设置部位分别列于表 4-1。

垂直疏散通道防烟部位设置 表 4-1

组 合 关 系	防烟设施设置部位
不具备自然排烟条件的楼梯间与前室	楼梯间
采用自然排烟的前室或合用前室与不具备自然排烟条件的楼梯间	楼梯间
采用自然排烟的楼梯间与不具备自然排烟条件的前室或合用前室	前室或合用前室
不具备自然排烟条件的楼梯间与合用前室	楼梯间、合用前室
不具备自然排烟条件的消防电梯前室	前室

需要说明的是,带裙房的高层建筑防烟楼梯间及其前室、消防电梯前室或合用前室,当裙房以上部分利用可开启外窗进行自然排烟,裙房部分不具备自然排烟条件时,其前室或合用前室应设置局部正压送风系统。

3. 机械加压送风系统

对疏散通道的楼梯间进行机械送风,使其压力高于防烟楼梯间或消防电梯前室,而这些部位的压力又比走道和火灾房间要高些,这种防止烟气侵入的方式,称为机械加压送风方式。送风可直接利用室外空气,不必进行任何处理。烟气则通过远离楼梯间的走道外窗或排烟竖井排至室外。如图 4-13 所示为机械加压送风系统图。

图 4-13 机械加压送风系统
(a)对楼梯间机械加压送风;(b)对疏散通道进行机械加压送风

4. 机械加压送风系统组成

由加压送风机、送风道、加压送风口及自动控制等组成机械加压送风系统。它是依靠加压送风机提供给建筑物内被保护部位新鲜空气,使该部位的室内压力高于火灾压力,形成压力差,从而防止烟气侵入被保护部位。

① 加压送风机:加压送风机可采用中、低离心式风机或轴流式风机,其位置根据电位置、室外新风入口条件、风量分配情况等因素来确定。

机械加压送风机的全压,除计算最不利环管压头外,尚有余压,余压值在楼梯间为 40~50Pa,前室、合用前室、消防电梯间前室、封闭避难层(间)为 25~30Pa。

② 加压送风口:楼梯间的加压送风口一般采用自垂式百叶风口或常开的百叶风口。当采用常开的百叶风口时,应在加压送风机出口处设置止回阀。楼梯间的加压送风口一般每隔 2~3 层设置一个。前室的加压送风口为常开的双层百叶风口,每层均设一个。

③ 加压送风道：加压送风道采用密实不漏风的非燃烧材料。

④ 余压阀：为保证防烟楼梯间及前室、消防电梯前室和合用前室的正压值，防止正压值过大而导致门难以推开，为此在防烟楼梯间与前室、前室与走道之间设置余压阀以控制其正压间的正压差不超过50Pa。图4-14为余压阀结构示意图。

图4-14 余压阀结构示意图

（二）密闭防烟

对于面积较小，且其墙体、楼板耐火性能较好、密闭性好并采用防火门的房间，可以采取关闭房间使火灾房间与周围隔绝，让火情由于缺氧而熄灭的防烟方式，称密闭防烟。

三、防排烟系统的适用范围

《高层民用建筑设计防火规范》（GB 50045—95）根据我国目前的实际情况，认为设置防排烟系统的范围不是设置面越宽越好，而是既要从保障基本疏散安全要求，满足扑救活动需要，控制火势蔓延，减少损失出发，又能以节约投资为基点，保证突出重点。需要设置防烟、排烟设施的部位如下：

（1）一类高层建筑和建筑高度超过32m的二类高层建筑的下列部位应设排烟设施：

① 长度超过20m的内走道。

② 面积超过100m，且经常有人停留或可燃物较多的房间。

③ 高层建筑的中庭和经常有人停留或可燃物较多的地下室。

（2）除建筑高度超过50m的一类公共建筑和建筑高度超过100m的居住建筑外，靠外墙的防烟楼梯间及前室，消防电梯前室和合用前室，宜采用自然排烟方式。

（3）一类高层建筑和建筑高度超过32m的二类高层建筑的下列部位，应设置机械排烟设施：

① 无直接自然通风，且长度超过20m的内走道或虽有直接自然通风，但长度超过60m的内走道。

② 面积超过100m^2，且经常有人停留或可燃物较多的地上无窗房间或设固定窗的房间。

③ 不具备自然排烟条件或净空超过12m的中庭。

④ 除利用窗井等开窗进行自然排烟的房间外，各房间总面积超过200m^{2}或一个房间面积超过200m^2，且经常有人停留或可燃物较多的地下室。

(4) 下列部位应设置独立的机械加压送风的防烟设施：
① 不具备自然排烟条件的防烟楼梯间及前室，消防电梯前室或合用前室。
② 采用自然排烟措施的防烟楼梯间，及其不具备自然排烟条件的前室。
③ 封闭避难层(间)。

第四节 防排烟设备的监控

发生火灾时以及在火势发展过程中，正确地控制和监视防排烟设备的动作顺序，使建筑物内防排烟达到理想的效果，以保证人员的安全疏散和消防人员的顺利扑救，防排烟设备的控制和监视具有重要意义。

对于建筑物内的小型防排烟设备，因平时没有监视人员，所以不可能集中控制，一般当发生火灾时在火场附近进行局部操作；对大型防排烟设备，一般均设有消防控制中心来对其进行控制和监视。所谓"消防控制中心"就是一般的"防灾中心"，常将其设在建筑的疏散层或疏散层邻近的上一层或下一层。

图 4-15 表示具有紧急疏散楼梯及前室的高层楼房的排烟系统原理图。图中左侧纵轴表示火灾发生后火势逐渐扩大至各层的活动状况，并依次表示了排烟系统的操作方式。

图 4-15 排烟系统原理图

注：1. 记号 * 表示防灾中心动作。
   2. 虚线表示辅助手段。

首先，火灾发生时由烟感器感知，并在防灾中心显示所在分区。以手动操作为原则将排烟口开启，排烟风机与排烟口的操作连锁启动，人员开始疏散。

火势扩大后，排烟风道中的阀门在温度达到280℃时关闭，停止排烟（防止烟温过高引起火灾）。这时，火灾层的人员全部疏散完毕。

如果当建筑物不能由防火门或防火卷帘构成分区时，火势扩大，烟气扩散到走廊中来。对此，和火灾房间一样，由烟感器感知，防灾中心仍能随时掌握情况。这时打开走廊的排烟口（房间和走廊的排烟设备一般分别设置，即使火灾房间的排烟设备停止工作后，走廊的排烟设备也能运行）。

若火势继续扩大，温度达到280℃时，防烟阀关闭，烟气流入作为重要疏散通道的楼梯间前室。这里的烟感器动作使防灾中心掌握烟气的流入状态。从而，在防灾中心，依靠远距离操作或者防灾人员到现场紧急手动开启排烟口。排烟口开启的同时，进风口也随时开启。

防排烟系统不同于一般的通风空调系统，该系统在平时是处于一种几乎不用的状况。但是，为了使防排烟设备经常处于良好的工作状况，要求平时应加强对建筑物内防火设备和控制仪表的维修管理工作，还必须对有关工作人员进行必要的训练，以便在失火时能及时组织疏散和扑救工作。

第五节 防火分隔设施的控制

一、防火分隔设施的概念

防火分隔设施是指能在一定时间内阻止火势蔓延，且能把建筑内部空间分隔成若干较小防火空间的物体。

要对各种建筑物进行防火分区，必须通过防火分隔设施来实现。用耐火极限较高的防火分隔设施把成片的建筑物或较大的建筑空间分隔、划分成若干较小防火空间，一旦某一分区内发生火灾，在一定时间内不至于向外蔓延扩大，以此控制火势，为扑救火灾创造良好条件。

常用的防火分隔设施有防火门、防火窗、防火卷帘、防火水幕带、防火阀和排烟防火阀等。

二、防火门

防火门是指在一定时间内，连同框架能满足耐火稳定性、完整性和隔热性要求的门。它是设置在防火分区间、疏散楼梯间、垂直竖井等部位，具有一定耐火性的活动防火分隔设施。

防火门除具有普通门的作用外，更重要的是还具有阻止火势蔓延和烟气扩散的特殊功能，它能在一定时间内阻止或延缓火灾蔓延，确保人员安全疏散。

防火门由门框、门扇、控制设备和附件等组成。按其所用的材料可分为钢质防火门、木质防火门和复合材料防火门；按耐火极限可分为甲级防火门、乙级防火门和丙级防火门。

1. 防火门的构造与原理

防火门有防火锁、手动及自动环节组成，如图4-16所示。

图 4-16 防火门示意图

防火门锁按门的固定方式可以分为两种：一种是防火门被永久磁铁吸住处于开启状态，当发生火灾时通过自动控制或手动关闭防火门。自动控制是由感烟探测器或联动控制盘发来指令信号，使 DC24V、0.6A 电磁线圈的吸力克服永久磁铁的吸着力，从而靠弹簧将门关闭；手动操作是：人力克服磁铁吸力，门即关闭。另一种是防火门被电磁锁的固定销扣住呈开启状态，发生火灾时，由感烟探测器或联动控制盘发出指令信号使电磁锁动作，或用手拉防火门使固定销掉下，门关闭。

2. 电动防火门的控制要求

(1) 重点保护建筑中的电动防火门应在现场自动关闭，不宜在消防控制室集中控制。

(2) 防火门两侧应设专用的感烟探测器组成控制电路。

(3) 防火门宜选用平时不耗电的释放器，且宜暗设。

(4) 防火门关闭后，应有关闭信号反馈到区控盘或消防中心控制室。

防火门设置实例如图 4-17 所示：图中 $S_1 \sim S_4$ 为感烟探测器，FM1~FM3 为防火门。当 S_1 动作后，FM1 应自动关闭；当 S_2 或 S_3 动作后，FM2 应自动关闭；当 S_4 动作后，FM3 应自动关闭。

图 4-17 防火门设置示意图

3. 防火门的耐火极限和适用范围

(1) 甲级防火门。耐火极限不低于 1.2h 的门为甲级防火门。甲级防火门主要安装于防火分区间的防火墙上。建筑物内附设的一些特殊房间的门也为甲级防火门，如燃油燃气锅炉房、可燃油民用电力变压器室、中间储油间等。

(2) 乙级防火门。耐火极限不低于 0.9h 的门为乙级防火门。防烟楼梯间和通向前室的门、高层建筑封闭楼梯间的门以及消防电梯前室或合用前室的门均应采用乙级防火门。

(3) 丙级防火门。耐火极限不低于 0.8h 的门为丙级防火门。建筑物中管道井、电缆井等竖向井道的检查门和高层民用建筑中垃圾道前室的门均应采用丙级防火门。

4. 防火门的检查

检查防火门时，除了要求防火门具有可靠的耐火性能和合理的适用场所外，还应注意以下几点：

(1) 防火门应为向疏散方向开启（设防火门的空调机房、库房、客房门等除外）的平开门，并在关闭后应能从任何一侧手动开启。

(2) 用于疏散走道、楼梯间和前室的防火门，应能自行关闭。

(3) 双扇和多扇防火门，应设置顺序闭门器。

(4) 常开的防火门，在发生火灾时，应具有自行关闭和信号反馈功能。

(5) 设在变形缝附近的防火门，应设在楼层数较多的一侧，且门开启后不应跨越变形缝，防止烟火通过变形缝蔓延扩大。

(6) 防火门上部的缝隙、孔洞应采用不燃烧材料填充，并应达到相应的耐火极限要求。

三、防火卷帘

1. 防火卷帘的作用

防火卷帘是指在一定时间内，连同框架能满足耐火稳定性和耐火完整性要求的卷帘。防火卷帘是一种活动的防火分隔设施，平时卷起放在门窗上口的转轴箱中，起火时将其放开展开，用以阻止火势从门窗洞口蔓延。

防火卷帘设置部位一般有消防电梯前室、自动扶梯周围、中庭与每层走道、过厅、房间相通的开口部位、代替防火墙需设置防火分隔设施的部位等。防火卷帘设置在建筑物中防火分区通道口处，可形成门帘或防火分隔。当发生火灾时，可根据消防控制室、探测器的指令或就地手动操作使卷帘下降至一定点，水幕同步供水（复合型卷帘可不设水幕），接受降落信号先一步下放，经延时后再二步落地，以达到人员紧急疏散、灾区隔烟、隔火、控制火灾蔓延的目的。卷帘电动机的规格一般为三相380V，0.55~2kW，视门体大小而定。控制电路为直流24V。

现在有的建筑物已安装防火侧卷帘。此种卷帘除侧向开启外，其他同一般防火卷帘。

2. 电动防火卷帘门组成

防火卷帘由帘板、滚筒、托架、导轨及控制机构组成。整个组合体包括封闭在滚筒内的运转平衡器、自动关闭机构、金属罩及帘板等部分。帘板可阻挡烟火和热气流。

防火卷帘按帘板的厚度分为轻型卷帘和重型卷帘。轻型卷帘钢板的厚度为0.5~0.6mm；重型卷帘钢板的厚度为1.5~1.8mm。重型卷帘一般适用于防火墙或防火分隔墙上。

防火卷帘按帘板构造可分为普通型钢质防火卷帘和复合型钢质防火卷帘。前者由单片钢板制成；后者由双片钢板制成，中间加隔热材料制成。

电动防火卷帘门外形见图4-18(a)，安装示意图如图4-18(b)所示，防火卷帘门控制程序如图4-19所示，防火卷帘门电气控制如图4-20所示。

3. 防火卷帘门电气线路工作原理

正常时卷帘卷起，且用电锁锁住，当发生火灾时，卷帘门分两步下放：

第一步下放：当火灾初期产生烟雾时，来自消防中心联动信号（感烟探测器报警所致）使触点1KA（在消防中心控制器上的继电器因感烟报警而动作）闭合，中间继电器KA1线圈通电动作：(1)使信号灯HL亮，发出光报警信号；(2)电警笛HA响，发出声报警信号；(3)$KA1_{11\text{-}12}$号触头闭合，给消防中心一个卷帘启动的信号（即$KA1_{11\text{-}12}$号触头与消防

图 4-18　防火卷帘门外形及安装示意图
(a)外形图；(b)安装图

第五节 防火分隔设施的控制

图 4-19 防火卷帘门控制程序　　　图 4-20 防火卷帘门电气控制

中心信号灯相接）；（4）将开关 QS1 的常开触头短接，全部电路通以直流电；（5）电磁铁 YA 线圈通电，打开锁头，为卷帘门下降作准备；（6）中间继电器 KA5 线圈通电，将接触器 KM2 线圈接通，KM2 触头动作，门电机反转卷帘下降，当卷帘下降距地 1.2～1.8m 定点时，位置开关 SQ2 受碰撞动作，使 KA5 线圈失电，KM2 线圈失电，门电机停，卷帘停止下放（现场中常称中停），这样既可隔断火灾初期的烟，也有利于灭火和人员逃生。

第二步下放：当火势增大，温度上升时，消防中心的联动信号接点 2KA（安在消防中心控制器上且与感温探测器联动）闭合，使中间继电器 KA2 线圈通电，其触头动作，使时间继电器 KT 线圈通电。经延时（30S）后其触点闭合，使 KA5 线圈通电，KM2 又重新通电，门电机反转，卷帘继续下放，当卷帘落地时，碰撞位置开关 SQ3 使其触点动作，中间继电器 KA4 线圈通电，其常闭触点断开，使 KA5 失电释放，又使 KM2 线圈失电，门电机停止。同时 $KA4_{3-4}$ 号、$KA4_{5-6}$ 号触头将卷帘门完全关闭信号（或称落地信号）反馈给消防中心。

卷帘上升控制：当火扑灭后，按下消防中心的卷帘卷起按钮 SB4 或现场就地卷起按钮 SB5，均可使中间继电器 KA6 线圈通电，使接触器 KM1 线圈通电，门电机正转，卷帘上升，当上升到顶端时，碰撞位置开关 SQ1 使之动作，使 KA6 失电释放，KM1 失电，门电机停止，上升结束。

开关 QS1 用于手动开、关门，而按钮 SB6 则用于手动停止卷帘升和降。

4. 防火卷帘门联动设计实例

防火卷帘门在商场中一般设置在自动扶梯的四周及商场的防火墙处，用于防火隔断。现以商场扶梯四周所设卷帘门为例，说明其应用。如图 4-21 所示，感烟、感温探测器布置在卷帘门的四周，每樘（或一组门）设计配用一个控制模块、一个监视模块与卷帘门电控箱连接，以实现自动控制。动作过程是：感烟探测器报警→控制模块动作→电控箱发出卷帘门降半信号→感温探测器报警→监视模块动作→通过电控箱发出卷帘二步降到底信号。防火卷帘分为中心控制方式和模块控制方式两种，其控制框图如图 4-22 所示。

图 4-21　卷帘门联动示意

图 4-22　防火卷帘控制框图
(a)中心控制方式；(b)模块控制方式

5. 检查防火卷帘时应注意的几点

(1) 门扇各接缝处、导轨、卷筒等缝隙，应有防火防烟密封措施，防止烟火窜入。

(2) 用防火卷帘代替防火墙的场所，当采用以背火面温升作耐火极限判定条件的防火卷帘时，其耐火极限不应小于 3h；当采用不以背火面温升作耐火极限判定条件的防火卷帘时，其卷帘两侧应设独立的闭式自动喷水保护系统，系统喷水延续时间不应小于 3h。喷头的喷水强度不应小于 $0.5L/(s \cdot m)$，喷头间距应为 2~2.5m，喷头距卷帘的垂直距离宜为 0.5m。

(3) 设在疏散走道和消防电梯前室的防火卷帘，应具有在降落时有短时间停滞以及能从两侧手动控制的功能,以保障人员安全疏散。同时应具有自动、手动和机械控制的功能。

(4)用于划分防火分区的防火卷帘,设置在自动扶梯四周、中庭与房间、走道等开口部位的防火卷帘,均应与火灾探测器联动,当发生火灾时,应采用一步降落的控制方式。

(5)防火卷帘除应有上述控制功能外,还应有温度(易熔金属)控制功能,以确保在火灾探测器、联动装置或消防电源发生故障时,借助易熔金属仍能发挥防火卷帘的防火分隔作用。

(6)防火卷帘上部、周围的缝隙应采用不燃烧材料填充、封隔。

四、防火阀

防火阀是指在一定时间内能满足耐火稳定性和耐火完整性要求,用于通风、空调管道内阻火的活动式封闭装置。火灾资料统计表明,在有通风、空气调节系统的建筑物内发生火灾时,穿越楼板、墙体的垂直与水平风道是火势蔓延的主要途径。

防火阀安装在通风、空调系统的送、回风管上,平时处于开启状态,火灾时当管道内气体温度达到 70℃ 时关闭,在一定时间内能满足耐火稳定性和耐火完整性要求,起隔烟阻火作用。

防火阀可手动关闭,也可与火灾自动报警系统联动自动关闭,但均须人工手动复位。不管自动关闭还是手动关闭,均应能在消防控制室接到防火阀动作的反馈信号。

五、防火窗

防火窗是指在一定时间内,连同框架能满足耐火稳定性和耐火完整性要求的窗。防火窗一般安装在防火墙或防火门上。

防火窗按安装方法可分为固定窗扇防火窗和活动窗扇防火窗;按耐火极限可分为甲、乙、丙三级。耐火极限不低于 1.2h 的窗为甲级防火窗,耐火极限不低于 0.9h 的窗为乙级防火窗,耐火极限不低于 0.6h 的窗为丙级防火窗。

防火窗的主要作用:一是隔离和阻止火势蔓延,此种窗多为固定窗;二是采光,此种窗有活动窗扇,正常情况下采光通风,火灾时起防火分隔作用。有活动窗扇的防火窗应具有手动和自动关闭功能。

六、正压风机控制

排烟机、送风机一般由三相异步电动机控制。其电气控制应按防排烟系统的要求进行设计,通常由消防控制中心、排烟口及就地控制组成。高层建筑中的送风机一般装在下技术层或 2~3 层,排烟机构均装在顶层或上技术层。

正压风机按防火分区的火警信号(见图 4-23 中的 K),当发生火灾时,K 闭合,接触器 KM 线圈通电,直接开启相应分区楼梯间或消防电梯前室的正压风机,对各层前室都送风,使前室中的风压为正压,周围的烟雾进不了前室,以保证垂直疏散通道的安全。由于它不是送风设备,高温烟雾不会进入风管,也不会危及风机,所以风机出口不设防火阀。除火警信号联动外,还可以通过联动模块在消防中心直接点动控制;另外设置就地启停控制按钮,以供调试及维修用,这些控制组合在一起,不分自控和手控,以免误放手控位置而使火警失控。火警撤消,则由火警联动模块送出 K′ 停机信号,使正压风机停。

七、排烟风机控制

排烟风机的风管上设排烟阀,这些排烟阀可以伸入几个防火分区。火警时,与排烟阀相对应的火灾探测器探得火灾信号,由消防控制中心确认后,送出开启排烟阀信号至相应排烟阀的火警联动模块,由它开启排烟阀,排烟阀的电源是直流 24V。消防控制中心收到

图 4-23 正压风机控制

排烟阀动作信号,就发指令给装在排烟风机附近的火警联动模块,启动排烟风机,由排烟风机的接触器 KM 常开辅助接点送出运行信号至排烟机附近的火警联动模块。火警撤销由消防控制中心通过火警联动模块停排烟风机、关闭排烟阀。

排烟风机吸取高温烟雾,当烟温度达到 280℃ 时,按照防火规范应停排烟风机,所以在风机进口处设置防火阀,当烟温达到 280℃ 时,防火阀自动关闭,可通过触点开关(串入风机启停回路)直接停风机,但收不到防火阀关闭的信号。也可在防火阀附近设置火警联动模块,将防火阀关闭的信号送到消防控制中心,消防中心收到此信号后,再送出指令至排烟风机火警联动模块停风机,这样消防控制中心不但收到停排烟风机信号,而且也能收到防火阀的动作信号。

图 4-24 排烟系统示意

排烟系统示意如图 4-24 所示,控制原理如图 4-25 所示。就地控制启停与火警控制启

图 4-25 排烟风机控制

停合在一起，排烟阀直接由火警联动模块控制，每个火警联动模块控制一个排烟阀。发生火警时，消防控制中心收到排烟阀动作信号，即发出指令 K_X 闭合，使 KM 线圈通电自锁。火警撤销时，另送出 K_X' 闭合指令停风机。当烟温达到 280℃时，防火阀关闭后，KM 线圈失电断开，使风机停止。

八、排风与排烟共用风机控制

这种风机大部分用于在地下室、大型商场等场所，平时用于排风，火警时用于排烟。

装在风道上的阀门有两种型式：一是空调排风用的风阀与排烟阀是分开的，平时排风的风阀是常开型的，排烟阀是常闭型的。每天由 BA 系统按时启停风机进行排风，但风阀不动。火警时，由消防联动指令关闭全部风阀，按失火部位开启相应的排烟阀，再指令开启风机，进行排烟。火警撤销时，指令停风机，再由人工到现场手动开启排风阀，手动关闭排烟阀，恢复到可以由 BA 系统指令排气或再次接受火警信号的控制。另一种是空调排风用的风阀与排烟阀是合一的，平时是常开的，可由 BA 系统按时指令风机开停，作排风用。火警时，由消防控制中心指令阀门全关，再由各个阀门前的烟感探测器送出火警信号后，开启相应的阀门，同时指令开启风机，进行排烟。火警撤消，由消防控制中心发指令停风机；同时开启所有风阀。由于风阀的开停及信号全部集中在消防控制中心，因此将阀门全开的信号送入控制回路，以防开启风机，部分阀门未开，达不到排风的要求。

排风排烟风机的进口也应设置防火阀，280℃自熔关闭，关阀信号送消防控制中心，再由消防控制中心发指令停风机。

第六节 消防广播与消防通讯

在高层建筑物中，尤其是高层宾馆、饭店、办公楼、综合楼、医院等，一般人员都比较集中，发生火灾时影响面很大，现场非常混乱。为了便于发生火灾时统一指挥疏散，控制中心报警系统应设置火灾应急广播。在条件许可时，集中报警系统也应设置火灾应急广播。

一、火灾消防广播系统要求

(1) 防火分区的走道、大厅、餐厅等公共场所，扬声器的设置数量应能保证防火分区中的任何部位到最近一个扬声器的步行距离不超过 15m，在走道交叉处或拐弯处应设扬声器，走道末端最后一个扬声器距离墙不大于 8m。每个扬声器的功率不小于 3W，实配功率不应小于 2W。

(2) 客房内的扬声器设在多功能床头柜上，每个扬声器功率为 1W。若床头柜不设火灾消防广播时，则客房的走道设的火灾消防广播扬声器功率不小于 3W，间距不大于 10m。

(3) 工业建筑内设置的扬声器，在其播放范围内最远点的播放声压级应高于背景噪声 15dB。

(4) 在空调机房、洗衣机房、文娱场所、车库等有背景噪声干扰的场所，在其播放范围内的播放声压级应高于 15dB，按此确定扬声器的功率。

(5) 餐厅、宴会厅、咖啡厅、酒吧间、商场营业厅等需要播放背景音乐，其扬声器与火灾消防广播合用时，则扬声器应按 $24\sim30m^2$ 设一个，以使声压均匀。

(6) 火灾消防广播功放器应按扬声器计算总功率的 1.3 倍来确定。

(7) 消防广播的线路需单独敷设，并应有耐热的保护措施。当某一路的扬声器、配线短路或开路时，应仅使该路广播中断而不影响其他各路广播。

二、消防广播系统的构成和控制方式

1. 消防广播系统的组成

消防广播系统分为多线制和总线制两种。一般由音源（如录放机卡座、CD 机等）、播音话筒、功率放大器、音箱（分壁挂和吸顶两种）、多线制广播分配盘（多线制专用）、广播模块（总线制专用）等组成。部分设备的外型如图 4-26 所示。

音箱

LD-GBFP-100多线制广播分配盘

LD-8305编码消防广播模块

图 4-26　消防广播系统部分设备的外型示意

(1) 多线制消防广播系统：对外输出的广播线路按广播分区来设计，每一广播分区有两根独立的广播线路与现场放音设备连接，各广播分区的切换控制由消防控制中心专用的多线制消防广播分配盘来完成。多线制消防广播系统中心的核心设备为多线制广播分配盘，通过此切换盘，可完成手动对各广播分区进行正常或消防广播的切换。但是因为多线制消防广播系统的 N 个防火（或广播）分区，需敷设 2N 条广播线路，所以导致施工难度大、工程造价高，所以在实际应用中已很少使用了。其系统构成如图 4-27 所示。

(2) 总线制消防广播系统：取消了广播分路盘，总线制广播系统主要由总线制广播主机、功率放大器、广播模块、扬声器组成，如图 4-28 所示。该系统使用和设计灵活，与正常广播配合协调，同时成本相对较低，所以应用相当广泛。

图 4-27　多线制消防广播系统示意图

图 4-28　总线制火灾广播系统框图

以上两种系统都可与火灾报警设备成套供应，在购买火灾报警系统时厂家都可依据要求加配相关设备。

2. 消防广播系统控制

(1) 控制火灾广播的顺序：

① 2层及2层以上的楼层发生火灾，可先接通火灾层及其相邻的上、下两层。

② 首层发生火灾，可先接通首层、2层及地下各层。

③ 地下室发生火灾，可先接通地下各层及首层，若首层与2层有跳空的共享空间时，也应包括2层。

(2) 广播分路盘每路功率是有定量的，一般一路可接8～10个3W扬声器。分路配制应以报警区划分，以便于联动控制。

(3) 火灾消防广播与背景音乐的切换方式：

① 大部分厂家生产的消防火灾广播设备采用在分路盘中抑制背景音乐声压级，提高消防火灾广播声压级的方式，这样做可使功放及输出线只需一套，方便又简洁。但对酒吧、宴会厅等背景音乐输出要调节音量时，则应从广播分路盘中用3条线引入扬声器，火灾时强切到第三条线路上为火灾广播，并切除第2条线路，即切除背景音乐。

② 用声源切换方式时背景音乐及消防火灾广播需要分开设置功放，每个功放分别输出背景音乐声源和消防广播声源，两路声源同时输入到每层的消防广播模块中，再由消防广播模块将经过其切换后声音信号输出到每层的所有音箱上，这样一来消防广播和背景音乐可以共用一套音箱，而音箱广播的内容则是通过消防广播模块统一控制的。此方法切换方便灵活，同时可以充分利用所有的音箱，避免浪费。

3. 火灾应急广播扬声器的设置数量

设置数量应能保证从一个防火分区内的任何部位到最近一个扬声器的距离不大于25m。当大厅中的扬声器按正方形布置时，其间距可按下式计算：

$$S=\sqrt{2}R \tag{4-1}$$

式中　S——两个扬声器的间距(m)；

　　　R——扬声器的播放半径(m)。

走道内扬声器的布置应满足三个方面的要求：一是扬声器到走道末端的距离不应大于12.5m；二是扬声器的间距应不超过50m；三是在转弯处应设置扬声器。

4. 声光报警器

声光报警器形状各异，如图4-29所示。

图4-29　声光报警器外形

火警时，按着火层由火警联动启动相应的声光报警器，可发出闪光及变调音响，也可直接启动火灾火警电铃，做火灾报警用。它也是火灾报警系统的成套设备之一，常安装在消防楼梯间、电梯间及前室、人员较多场所的走道中。

三、消防通讯

消防通信系统的设置是十分必要的，它对能否及时报警、消防指挥系统是否畅通起着关键的作用。为保证消防报警和灭火指挥的畅通，规范对消防专用电话作了明确的规定。

1. 消防通信系统的设置要求

（1）消防控制室应设置消防专用电话总机，宜选择共电式电话总机或对讲通信电话设备。

（2）电话分机或电话塞孔的设置应符合下列要求：

① 下列部位应设置专用电话分机：消防水泵房、备用发电机房、变配电室、主要通风机房、空调机房、排烟机房、消防电梯机房及其他与消防联动控制有关的且经常有人值班的机房；灭火系统操作装置处或控制室；企业消防站、消防值班室、总调度室。

② 设有手动火灾报警按钮、消火栓按钮等处宜设置电话插孔。电话插孔在墙上安装时，其底边距地面高度宜为 1.3～1.5m。

③ 特级保护对象的各避难层应每隔 20m 步行距离设置消防专用电话分机或塞孔。

④ 消防控制室、消防值班室或企业消防站等处应设置可直接报警的外线电话。

⑤ 消防专用电话宜为独立的消防通信系统，一般不得利用普通电话线路。

2. 消防通信系统的设备

消防通信系统的常用设备如图 4-30 所示。

多线制消防电话主机　　固定式消防电话分机　　多提式消防电话分机　　消防电话插座

图 4-30　消防通信系统的常用设备

（1）多线制消防电话主机：

① 在多线制消防电话系统中，每一部固定式消防电话分机占用消防电话主机的一路，采用独立的两根线与消防电话主机连接消防电话插孔，可并联使用，并联的数量不限；并联的电话插孔仅占用消防电话主机的一路。

② 多线制消防电话系统中主机与分机、分机与分机间的呼叫、通话等均由主机自身控制完成。

（2）消防电话插座：

① 拔插式结构，由安装底座和模块主体两部分组成，插入模块主体之前在底座上就能接线；

② 非编码，与 LD-8304 模块连接构成编码式电话插孔；

③ 可直接与消防电话主机的电话二总线连接，构成非编码电话插孔，并接数量不限。

（3）固定式消防电话分机：

① 有被叫振铃和摘机通话的功能；

② 与多线制消防电话主机配合使用。

（4）多提式消防电话分机

① 插入插孔即可呼叫主机；

② 外形美观，携带方便；

③ 与多线制消防电话主机配合使用。

3. 消防通信系统的实现形式

在具体的工程实践中，消防通信系统常有以下两种实现形式：

（1）多线对讲电话形式：电话总机分 8 门、16 门、24 门、32 门、40 门等几种。当应用现场出现紧急情况时，现场人员通过本系统可快速与中心控制室取得联系，或中心指挥系统由其他系统得到紧急信息，中心指挥系统通过火警广播通信系统快速指挥或疏散人员。中心指挥系统可联动控制广播通信系统，并可将事先录制好的指挥指令通过广播通信系统自动播放出去，实现无人值守。如某 GT1511 火警电话主机具有以下功能：主机呼叫全部分机（群呼），可实现电话会议，接最多达 40 门分机（2N 线制，分机路数可选），实时时钟显示，断电时钟走时；各测试键，随时测试总机显示部件和外线线路；可外接 1 路市话外线，具有隔离偶合特性，有效隔离噪声干扰；市话外线可呼叫主机，主机可自动拨码 119 火警电话；直拨方式的主机与分机之间进行通信，主机与多部分机之间进行呼叫和通信；具有音频输出口，可将通话内容送入其他广播设备，实现对外电话广播调度或录音；有遥控输出口，在通话时输出 24V 高电平，可作为其他联动控制设备的启动信号；具有测试功能可检测显示灯、声报警和市话外线（按外线 119 键时自动拨打 119）；有防电源反接电路，操作容错性强，产品外形如图 4-31 所示。

图 4-31　多线制火警电话总机

（2）总线制电话：总线制火警电话总机，是一种新型的火警通信设备，用于消防火警通信系统，当发生火灾事故时，它能提供方便的通信手段，是火灾控制与报警系统中关键的通信产品之一。总线式火警通信系统总机，通过两总线、24V 电源线与电话模块、电话插孔、电话分机一起构成火灾报警通信系统具有的总线制火警电话总机可容纳 80 个分机地址编码；当总线电缆采用 $1mm^2$ 的双绞线时，总机与分机的通话距离大于 3km；可与广播设备配合使用，可将主机与分机通话内容进行现场广播；采用全固态数字录音机取代传统盒式磁带录音机，使录音机可靠性提高、寿命延长，并且节省运行费用，免维护。GT1511Z 总线制火警电话主机外形如图 4-32 所示。以上两种消防通信系统的系统布线方案如图 4-33 所示。

图 4-32 总线制消防电话总机

图 4-33 消防通信系统布线方案
(a)多线制消防通信系统布线方案；(b)总线制消防通信系统布线方案

第七节 应急照明与疏散指示标志

应急照明与疏散标志是在突然停电或发生火灾而断电时，在重要的房间或建筑的主要通道，继续维持一定程度的照明，保证人员迅速疏散，及时对事故及时处理。高层建筑、大型建筑及人员密集的场所（如商场、体育场等），必须设置应急照明和疏散指示照明。

一、应急照明

1. 应急照明的设置部位

为了便于在夜间或在烟气很大的情况下紧急疏散,应在建筑物内的下列部位设置火灾应急照明:

(1) 封闭楼梯间、防烟楼梯间及其前室,消防电梯及其前室。

(2) 配电室、消防控制室、自动发电机房、消防水泵房、防烟排烟机房、供消防用电的蓄电池室、电话总机房、监控(BMS)中央控制室,以及在发生火灾时仍需坚持工作的其他房间。

(3) 观众厅,每层面积超过 1500m^2 的展览厅、营业厅,建筑面积超过 200m^2 的演播室,人员密集且建筑面积超过 300m^2 的地下室及汽车库。

(4) 公共建筑内的疏散走道和长度超过 20m 的内走道。

2. 应急照明的设置要求

应急照明设置通常有两种方式:一种是设独立照明回路作为应急照明,该回路灯具平时是处于关闭状态,只有当发生火灾时,通过末级应急照明切换控制箱使该回路通电,使应急照明灯具点燃;另一种是利用正常照明的一部分灯具作为应急照明,这部分灯具既连接在正常照明的回路中,同时也被连接在专门的应急照明回路中。正常时,该部分灯具由于接在正常照明回路中,所以被点亮。当发生火灾时,虽然正常电源被切断但由于该部分灯具又接在专门的应急照明回路中,所以灯具依然处于点亮状态,当然要通过末级应急照明切换控制箱才能实现正常照明和应急照明的切换。

3. 供电要求

应急照明要采用双电源供电,除正常电源之外,还要设置备用电源,并能够在末级应急照明配电箱实现备电自投。

二、疏散指示照明

1. 疏散指示照明设置部位

(1) 消火栓处。

(2) 防、排烟控制箱、手动报警器、手动灭火装置处。

(3) 电梯入口处。

(4) 疏散楼梯的休息平台处、疏散走道、居住建筑内长度超过 20m 的内走道,公共出口处。

2. 疏散指示照明设置要求

疏散指示照明应设在安全出口的顶部嵌墙安装,或在安全出口门边墙上距地 2.2~2.5m 处明装;疏散走道及转角处、楼梯休息平台处在距地 1m 以下嵌墙安装;大面积的商场、展厅等安全通道上采用顶棚下吊装。疏散指示照明设置示例如图 4-34 所示。疏散指示照明只需提供足够的照度,一般取 0.5lx,维持时间按楼层高度及疏散距离计算,一般为 20~60min。

疏散指示照明器,并按防火规范要求,采用

图 4-34 疏散指示灯设置示例

白底绿字或绿底白字,并用箭头或图形指示疏散方向,以达到醒目,使光的距离传播较远。常见的疏散指示照明器包括:疏散指示灯和出入口指示灯,如图4-35、图4-36所示。

图 4-35　疏散指示灯外形示意图

3. 安全出口

(1) 设置数量:公共建筑的安全出口不应少于两个。这样,万一有一个出口被烟火充塞时,人员还可以从另一个出口疏散。剧院、电影院和礼堂、观众厅的安全出口数量须根据容纳的人数计算确定。如容纳人数未超过 2000 人,每个安全出口的平均疏散人数不应超过

图 4-36　安全出口示意图

250 人;容纳人数超过 2000 人时,每个安全出口的平均疏散人数不应超过 400 人。体育馆观众厅每个安全出口的平均疏散人数不宜超过 400~700 人(规模较小的观众厅宜采用接近下限值;规模较大的观众厅宜采用接近上限值)。

凡符合下列情况的,可只设一个安全出口:

① 一个房间的面积不超过 60m² ,且人数不超过 50 人(普通建筑),40 人(高层建筑)时,可设一个门;位于走道尽端的房间(托儿所、幼儿园除外)内最远一点到房门口的直线距离不超过 14m,且人数不超过 80 人时,也可设一个向外开启的门,但门的净宽不应小于 1.4m;如其面积不超过 60m² 时,门的净宽可适当减小。

② 在建筑物的地下室、半地下室中,一个房间的面积不超过 50m² ,且经常停留人数不超过 15 人时,可设一个门。

③ 单层公共建筑(托儿所、幼儿园除外)面积超过 200m² ,且人数不超过 50 人时,可设一个直通室外的安全出口。

④ 2、3 层的建筑(医院、疗养院、托儿所、幼儿园除外)符合表 4-2 的要求时,可设一个疏散楼梯。

设置一个楼梯的条件　　　　　　　　　　　表 4-2

耐火等级	层　　数	每层最大建筑面积(m²)	人　　数
一、二级	2、3层	500	第2层和第3层人数之和不超过100人
三级	2、3层	200	第2层和第3层人数之和不超过50人
四级	2层	200	第2层人数不超过30人

⑤ 18层及18层以下，每层不超过8户，建筑面积不超过650m²，且设有一座防烟楼梯和消防电梯（可与客梯合用）的塔式住宅，可设一个安全出口。单元式高层住宅的每个单元，可设一座疏散楼梯，但应通至屋顶。

⑥ 公共建筑中相邻两个防火分区的防火墙上如有防火门连通，且两防火分区面积之和不超过《建筑设计防火规范》（GBJ 18—87，2001版）规定的一个防火分区（地下室除外）面积的1.4倍时，该防火门可作为第二安全出口。

⑦ 地下室、半地下室有两个以上防火分区时，每个防火分区可利用防火墙上通向相邻分区的防火门作为第二安全出口。但每个防火分区必须有一个直通室外的安全出口，或通过长度不超过30m的走道直通室外。人数不超过30人，且面积不超过500m²的地下室、半地下室，其垂直金属梯即可作为第二安全出口。

⑧ 设有不少于两个疏散楼梯的一、二级耐火等级的公共建筑，如顶层局部层数不超过两层，每层面积不超过200m²，人数之和不超过50人时，该高出部分可只设一个楼梯，但应另设一个直通平屋面的安全出口。

（2）安全出口的宽度：在一个建筑物内的人员是否能在允许的疏散时间内迅速安全疏散完毕，与疏散人数、疏散距离、安全出口宽度三个主要因素有关。若安全出口宽度不足，则会延长疏散时间，不利于安全疏散，还会发生挤伤事故。

为了便于在实际工作中运用，确定安全出口总宽度的简便方法是预先按各种已知因素计算出一套"百人宽度指标"，运用时只要按使用人数乘上百人宽度指标即可，即：

安全出口的总宽度(m)＝疏散总人数(百人)×百人宽度指标(m/百人)

当每层人数不等时，其总宽度可分层计算，下层楼梯的总宽度按其上层人数最多一层的人数计算。底层外门的总宽度应按该层以上人数最多的一层人数计算，不供楼上人员疏散的外门，可按本层人数计算。

4. 疏散走道

疏散走道是疏散时人员从房间内到房间门，或从房间门到疏散楼梯、外部出口的室内走道。

当发生火灾时，人员要从房间等部位向外疏散，首先要通过疏散走道。对疏散走道要求如下：

（1）走道要简明直接，尽量避免弯曲，尤其不要往返转折，否则会造成疏散阻力和产生不安全感。

（2）疏散走道内不应设置阶梯、门槛、门垛、管道等突出物，以免影响疏散。

（3）走道的结构和装修。因为走道是火灾时必经之路，为第一安全地带，所以必须保证它的耐火性能。走道墙面、顶棚、地面的装修应符合《建筑内部装修设计防火规范》（GB 50222—95，2001版）的要求。同时，走道与房间的隔墙应砌至梁、板底部并填实所有空隙。

(4) 走道的宽度一般应通过计算确定。

5. 疏散门

疏散用的门应向疏散方向开启。但如果是人数不超过 60 人的房间，且每个门的平均疏散人数不超过 30 人时(甲、乙类生产厂房除外)，其开启方向可不限。疏散用的门不应采用吊门、水平拉门和转门。疏散门开启时，门扇不应影响疏散走道和平台的宽度。

人员密集的公共场所、观众厅的入场门、太平门不应设置门槛，其宽度不应小于 1.4m，紧靠门口 1.4m 范围内不应设置踏步。太平门应为推门闩式外开门，如图 4-37 所示。

图 4-37 太平门的自动门闩

人员密集的公共场所的室外疏散小巷，其宽度不应小于 3m。

6. 避难层(间)

避难层是超高层建筑发生火灾时供人员临时避难使用的楼层。如果作为避难使用的只有几个房间，则这几个房间称为避难间。

7. 供电要求

疏散指示照明的供电要求同应急照明。

第八节 消 防 电 梯

电梯同火车、飞机、轮船一样，属于交通工具。电梯是高层建筑纵向交通的工具，而消防电梯则是在发生火灾时供消防人员扑救火灾和营救人员用的。火灾时，由于电源供电已无保障，因此无特殊情况不用客梯组织疏散。消防电梯控制一定要保证安全可靠。

消防控制中心在火灾确认后，应能控制电梯全部停于首层，并接受其反馈信号。电梯的控制有两种方式：一是将所有电梯控制的副盘显示设在消防控制中心，消防值班人员随时可直接操作，另一种是消防控制中心自行设计电梯控制装置(一般是通过消防控制模块实现)，火灾时，消防值班人员通过控制装置，向电梯机房发出火灾信号和强制电梯全部停于首层的指令。在一些大型公共建筑里，利用消防电梯前的感烟探测器直接联动控制电梯，这也是一种控制方式，但是必须注意感烟探测器误报的危险性，最好还是通过消防中心进行控制。

消防电梯在火灾状态下应能在消防控制室和首层电梯门厅处明显的位置设有控制归底的按钮。消防在联动控制系统设计时，常用总线或多线控制模块来完成此项功能，如图 4-38 所示。

图 4-38 消防电梯控制系统示意图
(a)消防电梯多线制控制系统；(b)消防电梯总线制控制系统

第八节 消防电梯

一、消防电梯的设置场所

(1) 一类公共建筑；
(2) 塔式住宅；
(3) 十二层及十二层以上的单元和通廊式住宅；
(4) 高度超过32m的其他二类公共建筑。

二、消防电梯的设置数量

(1) 当每层建筑面积不大于1500m^2时，应设1台；
(2) 当大于1500m^2但小于或等于4500m^2时，应设2台；
(3) 当大于4500m^2时，应设3台；
(4) 消防电梯可与客梯或工作电梯兼用，但应符合消防电梯的要求。

三、消防电梯的设置规定

(1) 消防电梯的载重量不应小于800kg；
(2) 消防电梯轿厢内装修应用不燃材料；
(3) 消防电梯宜分别设在不同的防火分区内；
(4) 消防电梯轿厢内应设专用电话，并应在首层设置供消防队员专用的操作按钮；
(5) 消防电梯间应设前室，其面积：居住建筑不应小于4.50m^2，公共建筑不应小于6.00m^2。当与防烟楼梯间合用前室时，其面积：居住建筑不应小于6.00m^2；公共建筑不应小于10m^2。
(6) 消防电梯井、机房与相邻其他电梯井、机房之间应采用耐火极限不低于2.00h的隔墙隔开，当在隔墙上开门时，应设甲级防火门；
(7) 消防电梯间前室宜靠外墙设置，在首层应设直通外室的出口或经过长度不超过30m的通道通向室外；
(8) 消防电梯间前室的门，应采用乙级防火门或具有停滞功能的防火卷帘；
(9) 消防电梯的行驶速度，应按从首层到顶层的运行时间不超过60s计算确定；
(10) 动力与控制电缆、电线应采取防水措施；
(11) 消防电梯间前室门口宜设挡水设施。

消防电梯的井底应设排水设施，排水井容量不应小于2.00m^3，排水泵的排水量不应小于10L/s。

本 章 小 结

本章首先对疏散诱导及防排烟系统进行了概述，然后较详细地阐述了防排烟系统中的各种系统。对防火门、防火卷帘、防排烟风机等进行了分析；说明了对防排烟设备的监控；对火灾事故广播的容量估算，广播系统的组成及应用，对火灾情况下的广播方式及切换进行了论述；对应急照明\疏散指示标志、安全出口的设置场所、要求、设置方式进行了概括的叙述；另外，对消防电梯的设置、规定也进行了简要说明。

总之，本章内容是火灾下确保人员有组织逃生，防止人员伤亡及损失减小的重要组成部分。

习 题

1. 说明防烟分区是如何划分的？并说明防烟分区和防火分区的区别。

2. 简单介绍机械排烟系统的组成。
3. 说明排烟阀的使用场合及工作过程。
4. 说明排烟防火阀的使用场合及工作过程。
5. 简单介绍机械加压送风系统的组成。
6. 说明余压阀的作用。
7. 简要说明当发生火灾时，各防排烟设备是如何动作的？
8. 试说明防火卷帘的工作过程。
9. 简述安全出口的定义及数量要求。
10. 对消防电梯的设置要求是什么？
11. 挡烟垂壁的作用是什么？
12. 扬声器布置应注意考虑哪些因素？
13. 消防专用电话如何设置？
14. 说明疏散指示标志的间距及设置场所。
15. 火灾应急照明有哪些规定？
16. 什么是消防电梯？其作用是什么？
17. 建筑物设置防排烟系统的必要性是什么？
18. 什么是自然排烟方式？

第五章 消防系统的供电、安装、布线接地与预算

【本章任务】
(1) 了解消防系统供电特点；
(2) 熟悉消防布线要求与接地方法；
(3) 掌握消防设备的安装；
(4) 具有指导施工的能力；
(5) 掌握消防工程预算的编制。

第一节 消防系统的供电

一、对消防供电的要求及规定

建筑物中火灾自动报警及消防设备联动控制系统的工作特点是连续、不间断。为了保证消防系统的供电可靠性及配线的灵活性，根据《建筑设计防火规范》和《高层民用建筑设计防火规范》应满足下列要求：

(1) 火灾自动报警系统应设有主电源和直流备用电源；

(2) 火灾自动报警系统的主电源应采用消防电源，直流备用电源宜采用火灾报警控制器专用蓄电池。当直流电源采用消防系统集中设置的蓄电池时，火灾报警控制器应采用单独的供电回路，并能保证消防系统处于最大负荷状态下不影响报警器的正常工作；

(3) 火灾自动报警系统中的 CRT 显示器、消防通讯设备、计算机管理系统、火灾广播等的交流电源应由 UPS 装置供电。其容量应按火灾报警器在监视状态下工作 24h 后，再加上同时有两个分路报火警 30min 用电量之和来计算；

(4) 消防控制室、消防水泵、消防电梯、防排烟设施、自动灭火装置、火灾自动报警系统、火灾应急照明和电动防火卷帘、门窗、阀门等消防用电设备，一类建筑应按现行国家电力设计规范规定的一类负荷要求供电；二类建筑的上述消防用电设备，应按二级负荷的两回线要求供电；

(5) 消防用电设备的两个电源或两回路线路，应在最末一级配电箱处自动切换；

(6) 对容量较大或较集中的消防用电设施(如消防电梯、消防水泵等)应自配电室采用放射式供电；

(7) 对于火灾应急照明、消防联动控制设备、报警控制器等设施，若采用分散供电时，在各层(或最多不超过 3~4 层)应设置专用消防配电箱；

(8) 消防联动控制装置的直流操作电压，应采用 24V；

(9) 消防用电设备的电源不应装设漏电保护开关；

(10) 消防用电的自备应急发电设备，应设有自动启动装置，并能在 15s 内供电，当

由市电转换到柴油发电机电源时，自动装置应执行先停后送程序，并应保证一定时间间隔；

（11）在设有消防控制室的民用建筑工程中，消防用电设备的两个独立电源（或两回路线路）宜在下列场所的配电箱处自动切换：

消防控制室；
消防电梯机房；
防排烟设备机房；
火灾应急照明配电箱；
各楼层配电箱；
消防水泵房。

二、消防设备供电系统

消防设备供电系统应能充分保证设备的工作性能，当火灾时能充分发挥消防设备的功能，将火灾损失降到最小。这就要求对电力负荷集中的高层建筑或一、二级电力负荷（消防负荷）一般采用单电源或双电源的双回路供电方式，用两个10kV电源进线和两台变压器构成消防主供电电源。

（一）一类建筑消防供电系统

一类建筑（一级消防负荷）的供电系统如图5-1所示。图5-1(a)中，表示采用不同电网构成双电源，两台变压器互为备用，单母线分段提供消防设备用电源；图5-1(b)中，表示采用同一电网双回路供电，两台变压器备用，单母线分段，设置柴油发电机组作为应急电源向消防设备供电，与主供电电源互为备用，满足一级负荷要求。

（二）二类建筑消防供电系统

二类建筑（二级消防负荷）的供电系统如图5-2所示。

图5-1　一类建筑消防供电系统
(a)不同电网；(b)同一电网

图5-2　二类建筑消防供电系统
(a)一路为低压电源；(b)双回路电源

从图5-2(a)中可知，表示由外部引来的一路低压电源与本部门电源（自备柴油发电机组）互为备用，供给消防设备电源；图5-2(b)表示双回路供电，可满足二级负荷要求。

三、备用电源的自动投入

备用电源的自动投入装置（BZT）可使两路供电互为备用，也可用于主供电电源与应急电源（如柴油发电机组）的连接和应急电源自动投入。

（一）备用电源自动投入线路组成

如图 5-3 所示，由两台变压器、KM1、KM2、KM3 三只交流接触器，自动开关 QF，手动开关 SA1、SA2、SA3 组成。

（二）备用电源自动投入原理

正常时，两台变压器分列运行，自动开关 QF 处于闭合状态，将 SA1、SA2 先合上后，再合上 SA3，接触器 KM1、KM2 线圈通电闭合，KM3 线圈断电触头释放。若母线失压（或 1 号回路掉电），KM1 失电断开，KM3 线圈通电其常开触头闭合，使母线通过Ⅱ段母线接受 2 号回路电源供电，以实现自动切换。

图 5-3 电源自动投入装置接线

应当指出：两路电源在消防电梯、消防泵等设备端实现切换（末端切换）常采用备用电源自动投入装置，双电源自动投入控制线路在第三章中已作了讲述。

第二节 消防系统的设备安装

一、探测器安装

（一）常用探测器的安装

1. 探测器安装

探测器安装方式如图 5-4 所示。

图 5-4 探测器安装示意图

接线盒可采用 86H50 型标准预埋盒，其结构尺寸如图 5-5 所示。DZ-02 探测器通用底座示意图如图 5-6 所示。底座上有 4 个导体片，片上带接线端子，底座上不设定位卡，便于调整探测器报警指示灯的方向。预埋管内的探测器总线分别接在任意对角的两个接线端子上（不分极性），另一对导体片用来辅助固定探测器。待底座安装牢固后，将探测器底部对正底座顺时针旋转，即可将探测器安装在底座上。

2. 探测器的安装要求

探测器的底座应固定牢靠，其导线连接必须可靠压接或焊接。当采用焊接时，应使用带防腐剂的助焊剂；

探测器的确认灯应面向人员观察的主要入口方向；

探测器导线应采用红色导线；

探测器底座的外接导线，应留有不小于 15cm 的余量，入端处应有明显标志；

图 5-5　86H50 预埋盒外形示意图　　图 5-6　探测器通用底座外形示意图

探测器底座的穿线直封堵，安装完毕后的探测器底座应采取保护措施（以防进水或污染）；

探测器在即将调试时方可安装，在安装前妥善保管，并应采取防尘、防腐、防潮措施。

（二）线型感温探测器的安装

（1）线型感温探测器适用于垂直或水平电缆桥架、可燃气体、容器管道、电气装置（配电柜、变压器）等的探测防护，如图 5-7 所示。

（2）线型感温探测器的安装不应妨碍例行的检查及运动部件的动作；

（3）用于电气装置时应保证安全距离；

（4）应根据不同的环境温度来选择不同规格的探测器。

（三）缆式线型感温探测器的安装

缆式线型感温探测器由编码接口、终端及线型感温电缆构成，如图 5-8 所示，其中接口 1 可带两路感温电缆，接口 n 带单路感温电缆。

图 5-7　电缆桥架敷设　　图 5-8　缆式感温探测器构成示意图

（1）接线盒、终端盒可安装在电缆隧道内或室内，并应将其固定在现场附近的墙壁上。安装于户外时，加外罩雨箱。

（2）热敏电缆安装在电缆托架或支架上，应紧贴电力电缆或控制电缆的外护套，呈正弦波方式敷设，如图 5-9 示。固定卡具宜选用阻燃塑料卡具。

图 5-9 热敏电缆在电缆托架上的敷设方式

(3) 热敏电缆在顶棚下方安装。热敏电缆应安装在其线路距顶棚垂直距离 $d=0.5\mathrm{m}$ 以下(通常为 0.2～0.3m)，热敏电缆线路之间及其和墙壁之间的距离如图 5-10 所示。

(4) 热敏电缆在其他场所安装。包括安在市政设施、高架仓库、冷却塔、袋室、沉渣室、灰尘收集器等场所。安装方法可参照室内顶棚下的方式，在靠近和接触安装时可参照电缆托架的安装方式。

热敏电缆线路之间及其和墙壁之间的距离如图 5-11 所示。

图 5-10 热敏电缆在顶棚下安装

图 5-11 热敏电缆线路之间及其和墙壁之间的距离

(四) 空气管线型差温探测器的安装

1. 安装注意事项

(1) 安装前必须做空气管的流通试验，在确认空气管不堵、不漏的情况下再进行安装；

(2) 每个探测器报警区的设置必须正确，空气管的设置要有利于一定长度的空气管足以感受到温升速率的变化；

(3) 每个探测器的空气管两端应接到传感元件上；

(4) 同一探测器的空气管互相间隔应在 5～7m 之内，当安装现场较高或热量上升后有阻碍以及顶部有横梁交叉几何形状复杂的建筑，间隔要适当减小；

(5) 空气管必须固定在安装部位，固定点间隔在 1m 之内；

(6) 空气管应安装在距安装面 100mm 处，难以达到的场所不得大于 300mm；

(7) 在拐弯的部分空气管弯曲半径必须大于 5mm；

(8) 安装空气管时不得使铜管扭弯、挤压、堵塞,以防止空气管功能受损;

(9) 在穿通墙壁等部位时,必须有保护管、绝缘套管等保护;

(10) 在人字架顶棚设置时,应使其顶部空气管间隔小一些,相对顶部比下部较密些,以保证获得良好的感温效果;

(11) 安装完毕后,通电监视:用 U 形水压计和空气注入器组成的检测仪进行检验,以确保整个探测器处于正常状态;

(12) 在使用过程中,非专业人员不得拆装探测器,以免损坏探测器或降低精度;另外应进行年检以确保系统处于完好的监视状态。

2. 安装实例

这里举空气管线差温探测器在顶棚上安装实例,如图 5-12 所示。另外,当空气管需在人字形顶棚、地沟、电缆隧道、跨梁局部安装时,应按工程经验或厂家出厂说明进行。

(五) 红外光束线性火灾探测器(即光束感烟探测器)的安装(图 5-13)

图 5-12 空气管探测器在顶棚上安装示意图

图 5-13 红外光束感烟探测器安装示意图

(1) 将发射器与接收器相对安装在保护空间的两端且在同一水平直线上;

(2) 相邻两面光束轴线间的水平距离不应大于 14m;

(3) 建筑物净高 $h \leqslant 5m$ 时,探测器到顶棚的距离 $h_2 = h - h_1 \leqslant 30cm$,如图 5-14(a)所示(顶棚为平顶棚 H 面);

图 5-14 不同层间高度时探测器的安装方式
(a) 平顶层;(b) 高大平顶层

(4) 建筑物净高 $5m \leqslant h \leqslant 8m$ 时,探测器到顶棚的距离为 $30cm \leqslant h_2 \leqslant 150cm$;

(5) 建筑物净高 $h > 8m$ 时,探测器需分层安装,一般 h 在 8~14m 时分两层安装,如

图 5-14(b)所示，h 在 14～20m 时，分三层安装(图中 S 为距离)；

(6) 探测器的安装位置要远离强磁场；
(7) 探测器的安装位置要避免日光直射；
(8) 探测器的使用环境不应有灰尘滞留；
(9) 应在探测器相对面空间避开固定遮挡物和流动遮挡物；
(10) 探测器的底座一定要安装牢固，不能松动。

(六) 火焰探测器的安装说明

(1) 火焰探测器适用于封闭区域内易燃液体、固体等的储存加工部分；
(2) 探测器与顶棚、墙体以及调整螺栓的固定应牢固，以保证透镜对准防护区域；
(3) 不同产品有不同的有效视角和监视距离，如图 5-15 所示；
(4) 在具有货物或设备阻挡探测器"视线"的场所，探测器靠接收火灾辐射光源动作，如图 5-16 所示。

图 5-15　火焰探测器有效视角的安装方式　　图 5-16　火焰探测器受光线的作用图
(a)光线直射；(b)光线反射

(七) 可燃气体探测器的安装方式

可燃气体探测器的安装应符合下列要求：

(1) 可燃气体探测器应安装在距煤气灶 4m 以内，距地面应为 30cm，如图 5-17(a)所示；
(2) 梁高大于 0.6m 时，气体探测器应安装在有煤气灶的梁的一侧，如图 5-17(b)所示；
(3) 气体探测器应安装在距煤气灶 8m 以内的屋顶板上，当屋内有排气口时，气体探测器允许装在排气口附近，但是位置应距煤气灶 8m 以上，如图 5-17(c)所示；
(4) 在室内梁上安装探测器时，探测器与顶棚距离应在 0.3m 以内，如图 5-17(d)所示。

(八) 设置火灾探测器的注意事项

这里列举的探测器的设置方式是实际常见的典型做法，具体实际的工程现场情况千变万化，不可能一一列举出来，安装者应根据安装规范要求灵活掌握。

二、报警附件安装

(一) 手动报警按钮的安装

图 5-17 可燃气体探测器的设置方式

1. 手动报警按钮的安装要求

(1) 手动报警按钮安装高度为距地 1.5m；

(2) 手动火灾的按钮，应安装牢固并不得倾斜；

(3) 手动报警按钮的外接导线，应留有不小于 10cm 的余量，且在其端部有明显标志。

2. 手动报警按钮的安装

手动报警按钮底盒背面和底部各有一个敲落孔，可明装也可暗装，明装时可将底盒装在 86H50 预埋盒上，安装方式如图 2-69 所示。暗装时可将底盒装进埋入墙内的 YM-02C 型专用预埋盒里。

按规范要求，手动报警按钮旁应设计消防电话插孔，考虑到现场实际安装调试的方便性，将手动报警按钮与消防电话插座设计成一体，构成一体化手动报警按钮。按钮采用拔插式结构，可电子编码，安装简单、方便。

(二) 消火栓报警按钮的安装

1. 消火栓报警按钮的安装要求

(1) 编码型消火栓报警按钮，可直接接入控制器总线，占一个地址编码；

(2) 墙上安装，底边距地 1.3~1.5m，距消火栓箱 200mm 处；

(3) 应安装牢固并不得倾斜；

(4) 消火栓报警按钮的外接导线，应留有不小于 10cm 的余量。

2. 消火栓报警按钮的安装

按新规范要求，消火栓报警按钮通常安装在消火栓箱外，新兴的报警按钮采用电子编码技术，安装方式为拔插式设计，安装调试简单方便；具有 DC24V 有源输出和现场设备无源回答输入，采用三线制与设备连接。报警按钮上的有机玻璃片在按下后可用专用工具复位。

外形尺寸及结构与手动报警按钮相同，安装方法也相同。

(三) 总线中继器

1. 总线中继器结构特征

总线中继器的外形尺寸及结构如图 5-18 所示。

2. 总线中继器的安装

总线中继器的安装采用 M3 螺钉固定,室内墙上安装。

(四)消防广播设备安装

(1) 用于事故广播扬声器间距,不超过 25m;

(2) 广播线路单独敷设在金属管内;

(3) 当背景音乐与事故广播共用的扬声器有音量调节时,应有保证事故广播音量的措施;

图 5-18　LD-8321 总线中继器外形示意图

(4) 事故广播应设置备用扩音机(功率放大器),其容量不应小于火灾事故广播扬声器的三层(区)扬声器容量的总和。

(五)消防专用电话安装

(1) 消防电话墙上安装时其高度宜和手动报警按钮一致,距地 1.5m;

(2) 消防电话位置应有消防专用标记。

(六)消防联动控制现场模块(接口)的安装

消防联动控制设备均与各种现场模块相接,不同厂家的产品,不同的消防设备与现场模块的接线各有差异,安装时综合考虑产品样本和控制功能。下面针对一些典型现场模块作简要说明:

1. 工频互投泵组典型消防接口安装(图 5-19)

(1) 适用于火灾确认后,需要消防用水而自动或手动启动消火栓加压泵或喷淋加压泵组(一用一备形式);

(2) 在水泵动力控制柜中应能实现工作泵启动故障时备用泵能自动投入;

(3) 自动状态代表泵组处于可随时启动状态,当电源断电或处于检修状态时应灭灯;

(4) 消火栓启动泵按钮若单独采用 220V 交流接口与水泵动力控制柜连接时,其控制线路应单独敷设。

2. 正压送风机、排烟风机典型消防接口安装说明(图 5-20)

图 5-19　工频互投泵组典型消防接口原理图
注:JK_1、JK_2 均为 DC24V 线圈。

图 5-20　正压送风机、排烟风机典型消防接口原理图
注:JK_1、JK_2 均为 DC24V 线圈。

(1) 适用于火灾报警后,启动相关区域的防排烟风机;

(2) 本例中风机属防排烟系统中的核心设备,宜设置停止功能;

(3) 反馈信号中自动状态代表风机处于随时可启动状态;

(4) 空调风机的控制接口仅保留停止控制和运行反馈(或停止信号)。

3. 电梯迫降典型消防接口安装说明(图 5-21)

(1) 适用于火灾确认后,将所有相关区域的电梯降至首层,开门停机,扶梯停止运行。

图 5-21 电梯迫降典型消防接口原理示意图

(2) 当有多部梯同时控制时,其控制端可并接或控制接口中使用扩展继电器接点;反馈信号宜单独引至消防联动控制系统。

(3) 反馈信号可以是到首层的位置信号或数码信号。

4. 防火卷帘门典型消防接口安装说明(图 5-22)

图 5-22 防火卷帘门典型消防接口原理图

(1) 适用于火灾确认后,迫降相关区域内的防火卷帘门,实现防火阻隔的目的;

(2) 当用于一步降防火卷帘门或延时二步降的防火卷帘门时,不使用二步降控制及二步反馈信号;

(3) 控制卷帘门下降的信号可同时控制防护卷帘门的水幕等的控制阀,但需考虑驱动电流。

5. 灭火控制典型接口安装说明(图 5-23)

(1) 适用于火灾确认后启动灭火控制盘(一般安装在现场),例如气体灭火系统、雨淋灭火系统、水雾系

图 5-23 灭火控制典型接口原理示意图

统等；

(2) 紧急停止信号一般用于火灾确认后需延时启动灭火系统；

(3) 当灭火系统设置灭火剂(气体、水等)的压力或质量等自动监测时，其故障信号应并入系统故障信号。

6. 切断非消防用电典型接口安装说明(图 5-24)

图 5-24　切断非消防用电典型接口原理图
(a)反馈点并联接法图(任一点动作即反馈)；
(b)反馈点串联接法图(所有点动作才有反馈)

(1) 适用于火灾确认后动作，以切断火灾区域的非消防设备的电源；

(2) 施工中特别注意低压直流与高压交流线路的绝缘、颜色区分等。

三、消防中心设备安装

(一) 消防报警控制室设备布置(图 5-25)

图 5-25　消防报警控制室设备布置示意图
(a)布置图；(b)双列布置图

(1) 壁挂式设备靠近门轴的侧面距离不应小于 0.5m。

(2) 控制盘的排列长度大于 4m 时，控制盘两端应设置宽度不小于 1m 的通道。

(二) 火灾报警控制器的安装

(1) 火灾报警控制器在墙上安装时，其底边距地(楼)面高度不应小于 1.5m。

(2) 控制器应安装牢固，不得倾斜；安装在轻质墙上时，应采取加固措施。

(3) 引入控制器的电缆导线，应能够符合下列要求：

① 配线整齐，避免交叉并应固定牢靠；

② 电缆芯线和所配导线的端部，均应标明编号，并与图纸一致，字迹清晰不易退色；

③ 端子板的每个接线端，接线不得超过 2 根；

④ 电缆芯和导线，应留不小于 20cm 的余量；

⑤ 导线应绑扎成束；

⑥ 在进线管处应封堵。

(4) 控制器的主电源引入线，应直接与消防电源连接，严禁使用电源插头，主电源应有明显标志。

(5) 控制器的接地应牢固，并有明显标志。

(三) 消防控制设备的安装

(1) 消防控制设备在安装前，进行功能检查，不合格者不得安装；

(2) 消防控制设备的外接导线，当采用金属软管作套管时，其长度不宜大于 2m，且应采用管卡固定，其固定点间距不应大于 0.5m；金属软管与消防控制设备的接线盒(箱)，应采用锁紧螺母固定，并应根据配管规定接地；

(3) 消防控制设备外接导线和端部，应有明显标志；

(4) 消防控制设备盘(柜)内不同电压等级、不同电流类的端子，应分开并有明显标志。

第三节 消防系统的布线与接地

一、布线及配管

(1) 火灾自动报警系统的传输线路应采用铜芯绝缘导线或铜芯电缆，其电压等级不应低于交流 250V，线芯最小截面一般应符合表 5-1 的规定。

火灾自动报警系统用导线最小截面 表 5-1

类　　别	线芯最小截面(mm²)	备　　注
穿管敷设的绝缘导线	1.00	
线槽内敷设的绝缘导线	0.75	
多芯电缆	0.50	
由探测器到区域报警器	0.75	多股铜芯耐热线
由区域报警器到集中报警器	1.00	单股铜芯线
水流指示器控制线	1.00	
湿式报警阀及信号阀	1.00	
排烟防火电源线	1.50	控制线＞1.00m²
电动卷帘门电源线	2.50	控制线＞1.50m²
消火栓控制按钮线	1.50	

(2) 火灾探测器的传输线路宜采用不同颜色的绝缘导线，以便于识别，接线端子应有标号。

(3) 配线中使用的非金属管材、线槽及其附件，均应采用不燃或非延燃性材料制成。

(4) 火灾自动报警系统的传输线，当采用绝缘电线时，应采取穿管（金属管或不燃、难燃型硬质、半硬质塑料管）或封闭式线槽进行保护。

(5) 不同电压、不同电流类别、不同系统的线路，不可共管或线槽的同一槽孔内敷设。横向敷设的报警系统传输线路，若采用穿管布线，则不同防火分区的线路不可共管敷设。

(6) 消防联动控制、自动灭火控制、事故广播、通信、应急照明等线路，应穿金属管保护，并宜暗敷设在非燃烧体结构内，其保护层厚度不宜小于3cm。当必须采用明敷设时，则应对金属管采取防火保护措施。当采用具有非延燃性绝缘和护套的电缆时，可以不穿金属保护管，但应将其敷设在电缆竖井内。

(7) 弱电线路的电缆宜与强电线路的电缆竖井分别设置。若因条件限制，必须合用一个电缆竖井时，则应将弱电线路与强电线路分别布置在竖井两侧。

(8) 横向敷设在建筑物的暗配管，钢管直径不宜大于25mm；水平或垂直敷设在顶棚内或墙内的暗配管，钢管直径不宜大于20mm。

(9) 从线槽、接线盒等处引至火灾控测器的底座盒、控制设备的接线盒、扬声器箱等的线路应穿金属软管保护。

二、消防系统的接地

为了保证消防系统正常工作，对系统的接地规定如下：

(1) 火灾自动报警系统应在消防控制室设置专用接地板，接地装置的接地电阻值应符合下列要求：当采用专用接地装置时，接地电阻值不大于4Ω；当采用共用接地装置时，接地电阻值不应大于1Ω。

(2) 火灾报警系统应设专用接地干线，由消防控制室引至接地体。

(3) 专用接地干线应采用铜芯绝缘导线，其芯线截面积不应小于25mm^2，专用接地干线宜穿硬质型塑料管埋设至接地体。

(4) 由消防控制室接地板引至各消防电子设备的专用接地线应选用铜芯塑料绝缘导线，其芯线截面积不应小于4mm^2。

(5) 消防电子设备凡采用交流供电时，设备金属外壳和金属支架等应作保护接地，接地线应与电气保护接地干线（PE线）相连接。

(6) 区域报警系统和集中报警系统中各消防电子设备的接地亦应符合上述(1)～(5)条的要求。

第四节 消 防 预 算

消防预算是消防工程招投标的重要依据，由于消防工程的特殊性，加之消防技术在我国起步较晚，设备价格不全，这就给消防预算带来了不便。根据目前的现状，有关技术人员在作预算时只好根据厂家所给出的价格表进行。为了使有关人员掌握消防预算的编制方法及内容现叙述如下：

一、建筑电气安装工程费用

电气安装工程费用是由直接费、综合费用、利润、有关费用、劳动保险基金、工程定额编制管理费及税金组成。

（一）直接费

直接费是指施工过程中耗费的构成工程实体和有助于工程形成的各项费用。

直接费通常称为定额直接费，是指直接消耗在工程中的人工费、材料费和施工机械费。

1. 人工费及计算方法

人工费是指支付给直接从事建筑安装工程的施工工人的费用，定额的人工包括基本用工和其他用工，不分工种和级别，均以综合工日表示。"综合工日"的工资单价按定额日工资标准计算。人工费内容包括：基本工资、工资性补贴、生产工人辅助工资、职工福利费、生产工人劳动保护费等。分项工程人工费及单位工程人工费按下式计算：

$$分项工程人工费＝换算后的工程数量×相应子目人工费单价$$

$$单位工程人工费＝\Sigma（换算后的工程数量×相应子日人工单价）$$

2. 材料费及计算方法

材料费是指为完成电气安装工程而耗用的主要材料、辅助材料、消耗材料和零星材料的费用之和。主要材料费取自地区材料预算价格，辅助材料、消耗材料、零星材料费用为定额材料费之和。分项工程材料费按下式计算：

$$分项工程材料费＝换算后的工程数量×相应子目材料费单价＋相应子目未计价材料费$$

3. 施工机械费及计算方法

施工机械费是指在完成电气安装工程中使用施工机械而

$$分项工程机械费＝换算后的工程数量×相应子目机械费单价$$

4. 直接费及计算方法

直接费可根据工程量和定额基价计算，也可按上述的人工费、材料费、施工机械费之和计算，其计算方法如下：

$$分项工程直接费＝换算成定额单位后的工程数量×相应子目基价$$

$$分项工程直接费＝分项工程人工费＋分项工程材料费＋分项工程机械费$$

（二）综合费用

综合费用由其他直接费、现场经费及间接费三项费用组成。

1. 其他直接费

其他直接费是指定额直接费以外，在施工过程中发生的直接消耗于工程上的其他费用。此项费用应按各省规定的取费办法进行计算。黑龙江省建筑安装工程费用定额内容包括：

（1）冬期施工增加费：

冬期施工增加费是指在冬期施工所增加的费用。包括材料费、燃料费、人工费、保温设施、人工室外作业临时取暖及降低工效等费用，按下式计算：

$$冬期施工增加费＝冬期施工期实际完成工程量的人工费×相应费率$$

冬期施工期限规定如下：

北纬48°以北：10月20日到下年4月20日。

北纬46°以北：10月30日到下年4月5日。

北纬46°以南：11月5日到下年3月31日。

（2）雨季施工增加费等七项费用：

① 雨季施工增加费：雨季施工增加费是指在雨季施工期所增加的费用。其范围包括防雨措施、排水、工效降低等费用。

② 夜间施工增加费：夜间施工增加费是指按规范、规程正常作业而发生的照明设施、夜餐补助和降低工效等费用。

③ 特殊工种培训费：指在承担某些特殊工程、新型建筑工程任务时，根据技术规范要求对某些特殊工种的培训费。

④ 二次搬运费：二次搬运费是指因施工场地狭小等特殊原因而发生的费用。

⑤ 检验试验费：检验试验费是指按照施工验收规范规定对建筑材料、构件和建筑安装物进行一般鉴定、检查发生的费用，包括自设试验室进行试验所耗用的材料和化学药品等费用，以及技术革新和研究试制试验费。

⑥ 生产工具用具使用费：指施工生产所需不属于固定资产的生产工具仪器及检验用具等的购置、摊销及维修费，以及支付给工人自备工具的补贴费。

⑦ 工程定位复测、工程点交、场地清理费。

雨季施工增加等七项费用按下式计算：

$$雨季施工增加费等七项费用＝定额人工费×相应费用$$

2. 现场经费

现场经费是指为施工准备、组织施工生产和管理所需费用，应按各省规定的取费办法进行计算。其内容包括：

（1）临时设施费：是指施工企业为进行建筑安装工程施工所需的生活和生产用的临时建筑物、构筑物和其他临时设施费用等。

临时设施包括：临时宿舍、文化福利及公用事业房屋与构筑物、仓库、办公室、加工厂以及规定范围内的道路、水、电、管线等设施和小型临时设施。

临时设施费用包括：临时设施的搭设、维修、拆除费或撤销费。

（2）现场管理费：现场管理费是指组织现场施工所发生的管理费用。其内容包括：

① 现场管理人员的基本工资、工资性补贴、职工福利费、劳动保护费等。

② 办公费。是指现场管理办公用的文具、纸张、帐表、印刷、邮电、书报、会议、水、电、饮用热水和集体取暖（包括现场临时宿舍取暖）用煤等费用。

③ 差旅交通费。是指职工因公差期间差旅费、住勤补助费、市内交通费和误餐补助费。职工探亲路费、劳动力招募费、职工离退休、退职一次性路费，工伤人员就医路费、工地转移费以及现场管理使用的交通工具的油料、燃料、养路费及牌照费。

④ 固定资产使用费。是指现场管理及试验部门的属于固定资产的设备、仪器等的折旧、大修理、维修费或租赁费等。

⑤ 工具用具使用费。是指现场管理使用的不属于固定资产的工具、器具、家具、交通工具和检验、试验、测绘、消防用具等的购置、维修和摊销费。

⑥ 保险费。是指施工管理用财产、车辆保险等费用。

⑦ 工程排污费。是指施工现场按规定交纳的排污费用。

⑧ 其他费用。是指上述之外的费用。

3. 间接费

间接费是指施工企业为组织和管理工程施工所发生的非生产性开支费用。间接费由企业管理费、财务费用组成。

（1）企业管理费：企业管理费是指施工企业为组织施工生产经营活动所发生的管理费用，内容包括：

① 管理人员的基本工资、工资性补贴及按规定标准计提的职工福利费。

② 差旅交通费：是指企业职工因公出差、工作调动的差旅费、住勤补助费，市内交通费及误餐补助费、职工探亲路费、劳动力招募费，离、退休职工一次性路费及交通工具油料、燃料、牌照、养路费等。

③ 办公费：是指企业办公用文具、纸张、帐表、印刷、邮电、书报、会议、水、电、燃煤(气)等费用。

④ 固定资产折旧、修理费。是指企业属于固定资产的房屋、设备、仪器折旧及维修等费用。

⑤ 工具用具使用费：是指企业管理使用的不属于固定资产的工具、用具、家具、交通工具、检验、试验、消防等的摊销及维修费用。

⑥ 工会经费：是指企业按职工工资总额2%计提的工会经费。

⑦ 职工教育经费：是指企业为职工学习先进技术和提高文化水平按职工工资总额1.5%计提的费用。

⑧ 职工养老保险费及待业保险费：是指职工退休养老金的积累及按规定标准计提的职工待业保险费用。

⑨ 保险费：是指企业财产保险、管理用车辆保险费用。

⑩ 税金：是指企业按规定交纳的房产税、车辆使用税、土地使用税、印花税及土地使用费等。

⑪ 其他：包括技术转让费、技术开发费、业务招待费、排污费、绿化费、广告费、公证费、法律顾问费、审计费、咨询费。

（2）财务费用：财务费用是指企业为筹集资金而发生的各项费用，包括企业经营期间发生的短期贷款利息净支出、汇兑净损失、调剂外汇手续费、金融机构手续费以及企业筹集资金发生的其他财务费用。综合费用为其他直接费、现场经费和间接费三项费用之和，由于三项费用的计算基础均为人工费，计算式按下式计算：

$$综合费用＝人工费×综合费率$$

（三）利润

利润是指施工企业完成建筑产品按国家规定应计入建筑安装工程造价的利润，此项应按省内各地市规定执行。

（四）有关费用

有关费用是指承包建筑安装工程中发生的，并根据合同条款和规定计算的，但未包括在直接费、综合费用中的相关费用，按省内各地市规定执行。

1. 远地施工增加费

是指施工单位离开驻地25km以上(包括25km)承担建设任务而发生的有关费用。远地工程增加费的内容：

（1）施工力量调遣费和管理费：是指跨地区施工而增加的施工补贴费用。

（2）增加的临时设施费：是指到外地施工而增加的一些生产、行政和生活用的临时设施所发生的费用。

(3) 异地施工补贴费：异地施工补贴费是指施工人员跨地区施工而增加的施工补贴费用。远地施工增加费应根据施工地点与承包单位所在地的实际距离，按费率增加的规定进行计算。

外省进入本省承包工程的施工企业(队伍)一律按本省规定的相应工程类型向建设单位计取各项费用。以黑龙江省为例其中20%的定额日工资、13%的现场经费和间接费是外省市施工企业在黑龙江省施工不应计取的费用，由各地市按建行负责扣缴并统一交工程所在地财政部门。

2. 赶工措施增加费

赶工措施增加费是指发包单位要求按照合同工期提前竣工而增加的各种措施费用。

3. 文明施工增加费

文明施工增加费是指按政府有关文件规定超常规增加的文明施工措施费用。

4. 集中供暖等项费用

各地市几年来对公有房锅炉供暖收费标准连续进行调整，对住房公积金及住房补贴及肉菜、自来水价格补贴连续调整。由于各地市调整的标准不统一，上述几项费用应按当地建委规定执行。

5. 地区差价

地区差价是指定额编制中心地区与其他地区之间存在的材料预算价格、工资类别差、地区津贴等地区性差价。计算方法应按各地、市工程造价主管部门的规定执行。

6. 材料差价

各地区编制的统一材料预算价格，是根据某一时期市场材料行情以综合价格编制的，它只适用本地区并在一段时间相对稳定。随着商品经济的不断发展，材料价格也频繁发生变化，使各地区编制的材料预算价格偏离当时、当地材料实际价格。根据国家经济合同法第十七条、国家计委和国家建设部有关文件规定，在建设过程中，由于材料价格涨落，应对工程造价进行合理调整。

7. 工程风险系数

工程风险系数是指在签订建筑安装工程施工承包合同时，对于建筑安装造价包干的工程，应考虑风险因素而增加的风险费用。其计算方法应根据工程特点、工期，承发包双方协商工程风险系数，并在合同中注明。

8. 其他

对于国家、省或本地区规定的政策性调整费用及其他相关费用，应根据工程实际情况，按国家、省或本地区工程造价主管部门规定计算其他各项费用。

(五) 劳动保险基金

劳动保险基金是指企事业支付离退休职工的退休金、价格补贴、医药费、异地安家补助费、职工退休金及六个月以上的病假人员工资、职工死亡丧葬补助费、遗属生活补贴、抚恤费、按规定支付给离休干部的各项经费

(六) 工程定额管理费

工程定额管理费是指用各级工程定额管理机构编制工程概预算定额、费用定额、估算指标和管理人员经费等支出。工程定额编制管理费由各地、市工程定额(造价)管理机构负

责收缴。收缴方式是由施工企业代工程定额(造价)管理机构向建设单位计取，然后上缴各级工程定额(造价)管理机构。

（七）税金

税金是指国家税法规定的应计入建筑安装工程造价内的营业税、城市维护建设税及教育费附加。

（八）安装工程费用计算程序

在建筑安装费用组成项目中，除定额直接费根据施工图纸和预算定额计算外，其余各项费用均需按照规定的取费标准进行计算。由于各省所划分的费用项目不尽相同，因此，各省均需制定和颁布适用于本省的建筑安装工程费用的取费标准。取费标准的名称，有的称为"间接费及其他直接费定额"，有的称为"建筑安装工程费用定额"等。此外，为了统一计费程序，还需制定和颁布建筑安装工程费用计算程序表。在计算建筑安装工程费时，必须执行本省、自治区、直辖市规定的现行取费标准和计算程序。表 5-2 为黑龙江省 2000 年安装工程费用计算程序表(包工包料)。

2000 年黑龙江省安装工程费用计算程序(包工包料)　　　　表 5-2

代号	费用名称	计算式	备注
（一）	直接费	按预(概)算定额或预算定额价格表计算项目的基价之和	
A	人工费	按预(概)算定额或预算定额价格表计算项目的人工费之和	
（二）	综合费用	A×58.5%～70.4%（一类）	二类 45.8%～54% 三类 31.6%～36.8%
（三）	利润	A×85%（一类）	二类 50% 三类 28%
（四）	有关费用		
1	远地施工增加费	A×15%（25～100km）	100～200km 以内 17% 200～300km 以内 19% 300～400km 以内 21% 400～500km 以内 23%
2	赶工措施增加费	A×5%～10%	
3	文明施工增加费	A×2%～4%	
4	集中供暖费等项费用	A×26.14%	哈尔滨市
5	地区差价		
6	材料差价		
7	其他	按有关规定计算	
8	工程风险系数	[（一）+（二）+（三）]×3%～8%	
（五）	劳动保险基金	[（一）+（二）+（三）+（四）]×3.32%	
（六）	工程定额编制管理费、劳动定额测定费	[（一）+（二）+（三）+（四）]×0.16%	
（七）	税金	[（一）+（二）+（三）+（四）+（五）+（六）]×3.41%	县城、镇 3.35%，城镇以外 3.22%
（八）	单位工程费用	（一）+（二）+（三）+（四）+（五）+（六）+（七）	

二、施工图预算

以单位工程为对象，以施工图和预算定额为依据，以地区材料预算价格为计费标准，用来反映单位工程造价的经济文件，称为施工图预算。

电气安装工程施工图预算费用由直接费、综合费用、利润、其他费用、劳动保险基金、工程定额编制管理费及税金等项组成。编制施工图预算要正确计算工程直接费，其中人工费是计取各项费用的计费基础，是确定预算价格的决定因素。要正确地计算工程直接费就应掌握预算的基本知识，正确计算工程量，正确使用预算定额。

施工图预算应完整准确地反映单位工程造价，即不多，也不少，太多造成浪费，国家投资的效益不能充分发挥，太少造成建设资金不足，影响工程进度，施工单位经济效益受到影响，甚至还要追加基建投资，所以力争准确，误差越小越好。为使施工图预算编制得准确，应对定额的形式、内容、种类及分项工程项目的划分、定额的正确使用方法等都要有比较系统的了解，并应熟练掌握。

（一）施工图预算的编制依据

1. 会审后的施工图纸和设计说明

编制预算的图纸必须是经过建设单位、施工单位和设计部门三方共同会审后的施工图纸。图纸会审后，会审记录要及时送交预算部门和有关人员。编制施工图预算不但要有全套的施工图纸，而且应具备所需的标准图集、验收规范及有关的技术资料。

2. 电气安装工程预算定额

它包括国家颁发的《全国统一安装工程预算定额》中的《电气设备安装工程》、《消防及安全防范设备安装工程》、《自动化控制仪表安装工程》等分册，和各地方主管部门颁发的现行预算定额以及地区单位估价表。

3. 材料预算价格

安装材料预算价格是计算《全国统一安装工程预算定额》及地方预算定额中未计价材料价值的主要依据。在计算材料价格时，应使用各省、市建设委员会编制的地区建设工程材料预算价格表。

4. 建筑安装工程费用定额

目前各省、市、自治区都颁布有各地区的建筑安装工程费用定额，地区不同，取费项目、取费标准也有所不同，编制施工图预算时，应按工程所在地的规定执行。

5. 工程承包合同或协议书

工程承包合同中的有关条款，规定了编制预算时的有关项目、内容的处理办法和费用计取的各项要求，在编制施工图预算时必须充分考虑。

6. 施工组织设计或施工方案

它所确定的施工方法和组织方法是计算工程量、划分分项工程项目、确定其他直接费时不可缺少的依据。为确保施工图预算编制的准确，必须在编制预算前熟悉施工组织设计或施工方案，了解施工现场情况。

7. 有关工程材料设备的出厂价格

对于材料预算价格表中查不到的价格，可以用出厂价格为原价，按预算价格编制方法编制出预算价格。

8. 有关资料

如电气安装工程施工图册、标准图集、本书所述的技术参数及有关材料手册等。

(二)工程预算定额

工程预算定额是确定一定计量单位的分项工程的人工、材料、施工机械台班消耗数量和资金标准。因此,工程定额是确定工程造价和物资消耗数量的主要依据。

1. 工程预算定额的性质

(1) 具有科学性和群众性。定额的科学性体现在定额是在吸取现代科学管理的新成果,采用科学的方法测定计算而制定的。定额的群众性体现在群众是编制定额的参与者,也是定额的执行者,定额产生于生产和管理的实践中,又服务于生产,不仅符合生产的需要,又有广泛的群众基础。

(2) 具有法令性和有限灵活性。定额的法令性体现在定额是国家授权的主管部门组织制定、颁发的,具有法令的性质。执行定额不能有随意性,任何单位都必须认真执行。定额的灵活性,主要是指定额在执行上的有限灵活性。国家工程建设主管部门颁发的全国统一定额是根据全国生产力平均水平编制的,由于全国各地区情况差异较大,国家允许省(直辖市、自治区)级工程建设主管部门,根据本地区的实际情况,在全国统一定额基础上,制定地方定额,并以地方法令性文件颁发,在本地区范围内执行。某一定额中缺项,允许套用相近定额中的雷同项目。如无雷同项目,也允许企业编制补充定额,但需经建设主管部门批准有效。

(3) 具有先进性和合理性。定额的先进性体现在编制定额时,考虑了新工艺、新材料、新技术。定额规定的人工、材料及施工机械台班消耗量是在正常施工条件下,按中等施工企业水平编制的,大多数施工企业可以达到或超额,起到了鼓励先进、鞭策后进的作用,因而定额具有合理性。

2. 预算定额的作用

(1) 预算定额是确定工程造价和工程结算的依据根据施工图在工程开工前和竣工以后,依据相应定额所规定的人工、材料、机械设备的消耗量,以及单位预算价值和各种费用标准来确定工程造价和工程结算费用。

(2) 预算定额是建筑安装企业对招标承包工程计算投标报价的依据。建筑施工企业根据建设单位发出的招标文件及各种资料,依据预算定额和费用标准来确定投标报价,参与招投标竞争。

(3) 预算定额是施工单位加强组织管理和经济核算的依据建筑安装企业以定额为标准,来分析比较企业各种成本的消耗。并通过经济分析找出薄弱环节,提出改进措施,不断降低人工、材料、机械台班等费用在单位建筑产品中的消耗,从而降低单位工程成本,取得更好的经济效益。

为了更好地组织和管理施工生产,必须编制施工进度计划和施工作业计划。在编制计划和组织管理施工生产中,直接或间接地要以各种定额来作为计算人力、物力和资金需用量的依据。

(4) 预算定额是编制概算定额、估算指标的基础。

(5) 预算定额是设计单位对设计方案进行技术经济分析对比的依据。

结构方案是整个设计中的重要环节。结构方案的选择既要符合技术先进、适用、美观的要求,又要符合经济的要求。在满足技术先进、适用、美观要求的条件下,如何在不同的设计方案中选择出最佳的结构方案,关键就是根据预算定额对方案进行经济性比较,以衡量各种方案所需的消耗是多少,选择出最经济的方案。

(三) 全国统一安装工程预算定额

1. 电气安装工程预算定额简介

现行的《全国统一安装工程预算定额》是由国家建设部组织修订的,并于2000年3月报17日颁发,共11册。

在全国统一安装工程预算定额中,以下三册定额属于电气安装工程定额。

第二册《电气设备安装工程》:内容分为14章,依次是变压器;配电装置;母线、绝缘子;控制及低压电器;蓄电池;电机;滑触线装置;电缆;防雷及接地装置;10kV以下架空线路;电气调整试验;配管、配线;照明器具;电梯电气装置。第二册是本专业使用的主要定额之一。

第七册《消防及安全防范设备安装工程》:内容分为6章,依次是火灾自动报警系统安装;水灭火系统安装;泡沫灭火系统安装;消防系统调试;安全防范设备安装。第七册是本专业使用的主要定额之一。

第十册《自动化控制仪表安装工程》:内容分为9章,依次是过程检测仪表;过程控制仪表;集中检测装置及仪表;集中监视与控制装置;工业计算机安装与调试;仪表管路敷设、拌热及脱脂;工厂通讯、供电;仪表盘、箱、柜及附件安装;仪表附件制作安装。第十册定额也是本专业使用的定额之一。

2. 工程量计算规则

电气消防安装工程施工图预算中,经常使用的预算定额为第二册《电气设备安装工程》、第七册《消防及安全防范设备安装工程》。现将第二册定额的工程量计算规则及第七册有关消防工程的工程量计算规则介绍如下:

(1) 电气设备安装工程:

1) 变压器:

① 变压器安装,按不同容量以"台"为计量单位。

② 干式变压器如果带有保护罩时,其定额人工和机械费乘以系数2.0。

③ 变压器通过试验,判定绝缘受潮时才需进行干燥,所以只有需要干燥的变压器才能计取干燥费用(编制施工图预算时可列此项,工程结算时根据实际情况再作处理),以"台"为计量单位。

④ 消弧线圈的干燥按同容量的电力变压器干燥定额执行,以"台"为计量单位。

⑤ 变压器油过滤不论过滤多少次,直到过滤合格为止,以吨为计量单位,其具体计算方法如下:

a. 变压器安装定额未包括绝缘油的过滤,需要过滤时,可按制造厂提供的油量计算。

b. 油断路器及其他充油设备的绝缘油过滤,可按制造厂规定的充油量计算。

2) 配电装置:

① 断路器、电流互感器、电压互感器、油浸电抗器、电力电容的安装以"台(个)"为计量单位。

② 隔离开关、负荷开关、熔断器、避雷器、干式电抗器的安装以"组"为计量单位,每组按三相计算。

③ 交流滤波装置的安装以"台"为计量单位。每套滤波装置包括三台组架安装，不包括设备本身及铜母线的安装，其工程量应按本册相应定额另行计算。

④ 高压设备安装定额内均不包括绝缘台的安装，其工程量应按施工图设计执行相应定额。

⑤ 高压成套配电柜和箱式变电站的安装以"台"为计量单位，均未包括基础槽钢、母线及引下线的配置安装。

⑥ 配电设备安装的支架、抱箍及延长轴、轴套、间隔板等，按施工图设计的需要量计算，执行铁构件制作安装定额或成品价。

⑦ 绝缘油、六氟化硫气体、液压油等均按设备带有考虑；电气设备以外的加压设备和附属管道的安装应按相应定额另行计算。

⑧ 配电设备的端子板外部接线，应按本册第四章相应定额另行计算。

⑨ 设备安装用的地脚螺栓按土建预埋考虑，不包括二次灌浆。

3) 母线及绝缘子：

① 悬垂绝缘子串安装，指垂直或V型安装的提挂导线、跳线、引下线、设备连接线或设备等所用的绝缘子串安装，按单、双串分别以"串"为计量单位计算。耐张绝缘子串的安装，已包括在软母线安装定额内。

② 支持绝缘子安装分别按安装在户内、户外、单孔、双孔、四孔固定，以"个"为计量单位计算。

③ 穿墙套管安装不分水平、垂直安装，均以"个"为计量单位计算。

④ 软母线安装，指直接由耐张绝缘子串悬挂部分，按软母线截面大小分别以"跨/三相"为计量单位。设计跨距不同时，不得调整。导线、绝缘子、线夹、弛度调节金具等均按施工图设计用量加定额规定的损耗率计算。

⑤ 软母线引下线，指由T型线夹或并沟线夹从软母线引向设备的连接线，以三相为一组计算。软母线经终端耐张线夹引下(不经T型线夹或并沟线夹引下)与设备连接的部分均执行引下线定额，不得换算。

⑥ 两跨软母线间的跳引线安装，以"组"为计量单位，每三相为一组。不论两端的耐张线夹是螺栓式或压接式，均执行软母线跳线定额，不得换算。

⑦ 设备连接线安装，指两设备间的连接部分。不论引下线、跳线、设备连接线，均应分别按导线截面、三相为一组计算工程量。

⑧ 组合软母线安装，按三相为一组计算。跨距(包括水平悬挂部分和两端引下部分之和)均以45m以内考虑，跨度的长与短不得调整。导线、绝缘子、线夹、金具按施工图设计用量加定额规定的损耗率计算。

⑨ 软母线安装预留长度按表5-3计算。

软母线安装预留长度　　　　　　　　　　　　　表5-3

项　目	耐　张	跳　线	引下线、设备连接线
预留长度	2.5	0.8	0.6

⑩ 带型母线安装及带型母线引下线安装包括铜排、铝排，分别按不同截面和片数以"m/单相"为计量单位计算。母线和固定母线的金具均按设计量加损耗率计算。

⑪ 钢带型母线安装，按同规格的铜母线定额执行，不得换算。

⑫ 母线伸缩接头及铜过渡板安装均以"个"为计量单位。

⑬ 槽型母线安装以"m/单相"为计量单位计算。槽型母线与设备连接分别以连接不同的设备以"台"为计量单位。槽型母线及固定槽型母线的金具按设计用量加损耗率计算。壳的大小尺寸以"m"为计量单位，长度按设计共箱母线的轴线长度计算。

⑭ 低压（指380V以下）封闭式插接母线槽安装分别按导体的额定电流大小以"m"为计量单位计算，长度按设计母线的轴线长度计算，分线箱以"台"为计量单位，分别以电流大小按设计数量计算。

⑮ 重型母线安装包括铜母线、铝母线，分别按截面大小以母线的成品重量以"t"为计量单位。

⑯ 重型铝母线接触面加工指铸造件需加工接触面时，可以按其接触面大小，分别以"片/单相"为计量单位。

⑰ 硬母线配置安装预留长度按表5-4的规定计算

硬母线配置安装预留长度　　　　　　　　　　　　　　　　　表 5-4

序号	项目	预留长度(m)	说明
1	带型、槽型母线终端	0.3	从最后一个支持点算起
2	带型、槽型母线与分支线连接	0.5	分支线预留
3	带型母线与设备连接	0.5	从设备端子接口算起
4	多片重型母线与设备连接	1.0	从设备端子接口算起
5	槽型母线与设备连接	0.5	从设备端子接口算起

⑱ 带型母线、槽型母线安装均不包括支持瓷瓶安装和钢构件配置安装，其工程量应分别按设计成品数量执行本册相应定额。

4) 控制设备及低压电器：

① 控制设备及低压电器安装均以"台"为计量单位。以上设备安装均未包括基础槽钢、角钢的制作安装，其工程量应按相应定额另行计算。

② 铁构件制作安装均按施工图设计尺寸，以成品重量"kg"为计量单位计算。

③ 网门、保护网制作安装，按网门或保护网设计图示框的外围尺寸，以"m²"为计量单位。

④ 盘柜配线分不同规格，以"m"为计量单位计算。

⑤ 盘、箱、柜的外部进出线预留长度按表5-5计算。

盘、箱、柜的外部进出线预留长度（m/根）　　　　　　　　　表 5-5

序号	项目	预留长度	说明
1	各种箱、柜、盘、板、盒	高+宽	盘面尺寸
2	单独安装的铁壳开关、自动开关、刀开关、启动器、箱式电阻器、变阻器	0.5	从安装对象中心算起
3	继电器、控制开关、信号灯、按钮、熔断器等小电器	0.3	从安装对象中心算起
4	分支接头	0.2	分支线预留

⑥ 配电板制作安装及包铁皮，按配电板图示外形尺寸，以"m^2"为计量单位。

⑦ 焊（压）接线端子定额只适用于导线，电缆终端头制作安装定额中已包括压接线端子，不得重复计算。

⑧ 端子板外部接线按设备盘、箱、柜、台的外部接线图计算，以"个头"为计量单位计算。

⑨ 盘、柜配线定额只适用于盘上小设备元件的少量现场配线，不适用于工厂的设备修、配、改工程。

5）蓄电池：

① 铅酸蓄电池和碱性蓄电池的安装，分别按容量大小以单体蓄电池"个"为计量单位，按施工图设计的数量计算工程量。定额内已包括了电解液的材料消耗，执行时不得调整。

② 免维护蓄电池安装以"组件"为计量单位，其具体计算如下例：

某项工程设计一组蓄电池为 220V/(500A·h)，由 12V 的组件 18 个组成，那么就应该套用 12V/(500A·h) 的定额 18 组件。

③ 蓄电池充放电按不同容量以"组"为计量单位。

6）电机及滑触线安装：

① 发电机、调相机、电动机的电气检查接线，均以"台"为计量单位。直流发电机组和多台一串的机组，按单台电机分别执行定额。

② 起重机上的电气设备、照明装置和电缆管线等安装均执行本册的相应定额。

③ 滑触线安装以"m/单相"为计量单位计算，其附加和预留长度按表 5-6 的规定计算。

滑触线安装附加和预留长度（m/根） 表 5-6

序 号	项 目	预留长度	说 明
1	圆钢、铜母线与设备连接	0.2	从设备接线端子接口起算
2	圆钢、铜滑触线终端	0.5	从最后一个固定点起算
3	角钢滑触线终端	1.0	从最后一个支持点起算
4	扁钢滑触线终端	1.3	从最后一个固定点起算
5	扁钢母线分支	0.5	分支线预留
6	扁钢母线与设备连接	0.5	从设备接线端子接口起算
7	轻轨滑触线终端	0.8	从最后一个支持点起算
8	安全节能及其他滑触线终端	0.5	从最后一个固定点起算

④ 电气安装规范要求每台电机接线均需要配金属软管，设计有规定的，按设计规格和数量计算，设计没有规定的，平均每台电机配相应规格的金属软管 1.25m 和与之配套的金属软管专用活接头。

⑤ 本章的电机检查接线定额，除发电机和调相机外，均不包括电机干燥，发生时其工程量应按电机干燥定额另行计算。电机干燥定额系按一次干燥所需的工、料、机消耗量考虑的，在特别潮湿的地方，电机需要进行多次干燥，应按实际干燥次数计算。在气候干燥、电机绝缘性能良好、符合技术标准而不需要干燥时，则不计算干燥费用。实行包干的

工程，可参照以下比例，由有关各方协商而定。

　　a. 低压小型电机 3kW 以下按 25% 的比例考虑干燥。

　　b. 低压小型电机 3kW 以上至 220kW 按 30%～50% 考虑干燥。

　　c. 大中型电机按 100% 考虑一次干燥。

　⑥ 电机解体检查定额，应根据需要选用。如不需要解体时，可只执行电机检查接线定额。

　⑦ 电机定额的界限划分。单台电机重量在 3t 以下的为小型电机；单台电机重量在 3t 以上至 30t 以下的为中型电机；单台电机重量在 30t 以上的为大型电机。

　⑧ 小型电机按电机类别和功率大小执行相应定额，大、中型电机不分类别一律按电机重量执行相应定额。

　⑨ 与机械同底座的电机和装在机械设备上的电机安装执行第一册《机械设备安装工程》的电机安装定额；独立安装的电机执行本册的电机安装定额。

　7）电缆：

　① 直埋电缆的挖、填土(石)方，除特殊要求外，可按表 5-7 计算土方量。

直埋电缆的挖、填土(石)方量　　　　　　　　　　表 5-7

项　目	电 缆 根 数	
	1～2	每增一根
每米沟长挖方量/m³	0.45	0.153

　注：① 埋 1～2 根电缆的电缆沟土方量为按上口宽度 600mm、下口宽度 400mm、深度 900mm 计算的常规土方量（深度按规范的最低标准）。
　　　② 每增加一根电缆，其宽度增加 170mm。
　　　③ 以上土方量系从自然地坪起算埋深，如设计埋深超过 900mm 时，多挖的土方量应另行计算。

　② 电缆沟盖板揭、盖定额，按每揭或每盖一次以延长米计算，如又揭又盖，则按两次计算。

　③ 电缆保护管长度，除按设计规定长度计算外，遇有下列情况，应按以下规定增加保护管长度。

　　a. 横穿道路，按路基宽度两端各增加 2m。

　　b. 垂直敷设时，管口距地面增加 2m。

　　c. 穿过建筑物外墙时，按基础外缘以外增加 1m。

　　d. 穿过排水沟时，按沟壁外缘以外增加 1m。

　④ 电缆保护管埋地敷设，其土方量凡有施工图注明的，按施工图计算；无施工图的，一般按沟深 0.9m，沟宽按最外边的保护管两侧边缘外各增加 0.3m 工作面计算。

　⑤ 电缆敷设按单根以延长米计算，一个沟内（或架上）敷设三根各长 100m 的电缆，应按 300m 计算，以此类推。

　⑥ 电缆敷设长度应根据敷设路径的水平和垂直敷设长度，按表 5-8 规定增加附加长度。

　⑦ 电缆终端头及中间头均以"个"为计量单位。电力电缆和控制电缆均按一根电缆两个终端头考虑。中间电缆头设计有图示的，按设计确定；设计没有规定的，按实际情况计算（或按平均 250m 一个中间头考虑）。

电缆敷设的附加长度   表 5-8

序号	项目	预留长度(附加)	说明
1	电缆敷设弛度、波形弯度、交叉	2.5%	按电缆全长计算
2	电缆进入建筑物	2.0m	规范规定最小值
3	电缆进入沟内或吊架时引上(下)预留	1.5m	规范规定最小值
4	变电所进线、出线	1.5m	规范规定最小值
5	电力电缆终端头	1.5m	检修余量最小值
6	电缆中间接头盒	两端各留 2.0m	检修余量最小值
7	电缆进控制屏、保护屏及模拟盘等	高+宽	按盘面尺寸
8	高压开关柜及低压配电盘、箱	2.0m	盘下进出线
9	电缆至电动机	0.5m	从电机接线盒起算
10	厂用变压器	3.0m	从地坪起算
11	电缆绕过梁柱等增加长度	按实计算	按被绕物的断面情况计算增加长度
12	电梯电缆与电缆架固定点	每处 0.5m	规范最小值

注：电缆附加及预留的长度是电缆敷设长度的组成部分，应计入电缆长度工程量之内。

⑧ 桥架安装，以"10m"为计量单位。

⑨ 吊电缆的钢索及拉紧装置，应按本册定额另行计算。

⑩ 钢索的计算长度以两端固定点的距离为准，不扣除拉紧装置的长度。

⑪ 电缆敷设及桥架安装，应按定额说明的综合内容范围计算。

⑫ 钢管直径 100mm 以下的电缆保护管敷设执行砖、混结构明(暗)配定额项目。

8) 防雷及接地装置：

① 接地极制作安装以"根"为计量单位，其长度按设计长度计算，设计无规定时，每根长度按 2.5m 计算。若设计有管帽时，管帽另按加工件计算。

② 接地母线敷设，按设计长度以"m"为计量单位计算工程量。接地母线、避雷线敷设均按延长米计算，其长度按施工图设计水平和垂直规定长度另加 3.9% 的附加长度(包括转弯、上下波动、避绕障碍物、搭接头所占长度)计算。计算主材费时应另增加规定的损耗率。

③ 接地跨线以"处"为计量单位计算，按规定凡需作接地跨接线时，每跨接一次按"一处"计算，户外配电装置构架均需接地，每副构架按"一处"计算。

④ 避雷针的加工制作、安装，以"根"为计量单位，独立避雷针安装以"根"为计量单位。长度、高度、数量均按设计规定。独立避雷针的加工制作执行"一般铁构件"制作定额或按成品计算。

⑤ 半导体少长针消雷装置安装以"套"为计量单位，按设计安装高度分别执行相应定额。装置本身由设备制造厂成套供货。

⑥ 利用建筑物内主筋作接地引下线安装以"m"为计量单位计算，每一柱子内按焊接两根主筋考虑，如果焊接主筋数超过两根时，可按比例调整。

⑦ 断接卡子制作安装以"套"为计量单位，按设计规定装设的断接卡子数量计算，接地检查井内的断接卡子安装按每井一套计算。

⑧ 高层建筑物屋顶的防雷装置应执行"避雷网安装"定额,电缆支架的接地线安装应执行"户内接地母线敷设"定额。

⑨ 均压环敷设以"m"为单位计算,主要考虑利用圈梁内主筋作均压环接地连线,焊接按两根主筋考虑,超过两根时,可按比例调整。长度按设计需要作均压接地的圈梁中心线长度,以延长米计算。

⑩ 钢、铝窗接地以"处"为计量单位(高层建筑六层以上的金属窗设计一般要求接地),按设计规定接地的金属窗数进行计算。

注:电缆附加及预留的长度是电缆敷设长度的组成部分,应计入电缆长度工程量之内。

⑪ 电缆终端头及中间头均以"个"为计量单位。电力电缆和控制电缆均按一根电缆有两个终端头考虑。中间电缆头设计有图示的,按设计确定;设计没有规定的,按实际情况计算(或按平均250m一个中间头考虑)。

⑫ 桥架安装,以"10m"为计量单位。

⑬ 吊电缆的钢索及拉紧装置,应按本册定额另行计算。

⑭ 钢索的计算长度以两端固定点的距离为准,不扣除拉紧装置的长度。

⑮ 柱子主筋与圈梁连接以"处"为计量单位计算,每处按两根主筋与两根圈梁钢筋分别焊接连接考虑。如果焊接主筋和圈梁钢筋超过两根时,可按比例调整,需要连接的柱子主筋和圈梁钢筋"处"数按规定设计计算。

9) 10kV以下架空配电线路:

① 工地运输,是指定额内未计价材料从集中材料堆放点或工地仓库运至杆位上的工程运输,分人工运输和汽车运输,以"t·kg"为计量单位计算。

运输量计算公式如下:

工程运输量=施工图用量×(1+损耗率)

预算运输重量=工程运输量+包装物重量(不需要包装的可不计算包装物重量)

运输重量可按表5-9的规定进行计算。

运输重量表 表5-9

材料名称		单位	运输重量(kg)	备注
混凝土制品	人工浇制	m³	2600	包括钢筋
	离心浇制	m³	2860	包括钢筋
线材	导线	kg	W×1.15	有线盘
	钢绞线	kg	W×1.07	无线盘
木杆材料		m³	500	包括木横担
金属、绝缘子		kg	W×1.07	
螺栓		kg	W×1.01	

② 无底盘、卡盘的电杆坑,其挖方体积

$$V=0.8\times0.8\times h$$

式中 h——坑深(m)。

③ 有底盘、卡盘的电杆坑,其挖方体积可按表5-10计算。

杆坑土方量计算表　　　　　　　　　　表 5-10

放坡系数	杆高/m	7	8	9	10	11	12	13	15
	埋深/m	1.2	1.4	1.5	1.7	1.8	2.0	2.2	2.5
	底盘(长×宽)/(m×m)	600×600			800×800			1000×1000	
1∶0.2	混凝土杆土方量/m³	1.36	1.78	2.02	3.39	3.76	4.60	6.87	8.76
	木杆土方量/m³	0.82	1.07	1.21	2.03	2.26	2.76	4.12	5.26

④ 杆坑土质按一个坑的主要土质而定，如一个坑大部分为普通土，少量为坚土，则该坑应全部按普通土计算。

⑤ 带卡盘的电杆坑，如原计算的尺寸不能满足卡盘安装时，因卡盘超长而增加的土(石)方量另计。

⑥ 底盘、卡盘、拉线盘按设计用量以"块"为计量单位。

⑦ 杆塔组立，区别不同杆塔形式和高度，按设计数量以"根"为计量单位。

⑧ 拉线制作安装按施工图设计规定，区别不同形式以"组"为计量单位。

⑨ 横担安装按施工图设计规定，区别不同形式和截面以"根"为计量单位，定额按单根拉线考虑，若安装 V 型、Y 型或对拼拉线时，按 2 根计算。拉线长度按设计全根长度计算，设计无规定时按表 5-11 计算。

拉 线 长 度　　　　　　　　　　表 5-11

项　目		普 通 拉 线	V(Y)形拉线	弓 型 拉 线
杆高/m	8	11.47	22.94	9.33
	9	12.61	25.22	10.10
	10	13.74	27.48	10.92
	11	15.10	30.20	11.82
	12	16.14	32.28	12.62
	13	18.69	37.38	13.42
	15	19.68	39.36	15.12

⑩ 导线架设，区别导线类型和不同截面以"km/单线"为计量单位。导线预留长度按表 5-12 的规定计算。

导 线 预 留 长 度　　　　　　　　　　表 5-12

项 目 名 称		长　度
高　压	转角	2.5
	分支、终端	2.0
低　压	分支、终端	0.5
	交叉、跳线、转角	1.5
与设备连线		0.5
进 户 线		2.5

导线长度按线路总长度和预留长度之和计算。计算主材费时应另增加规定的损耗率。

⑪ 导线跨越架设，包括跨越线架的搭、拆和运输以及因跨越（障碍）施工难度而增加的工作量，以"处"为计量单位。每个跨越间距按 50m 以内考虑，大于 50m 而小于 100m 时按 2 处计算，以此类推。在计算架线工程量时，不扣除跨越挡的长度。

⑫ 杆上变配电设备安装以"台"或"组"为计量单位，定额内包括杆和钢支架及设备的安装工作，但钢支架主材、连引线、线夹、金具等应按设计规定另行计算，设备的接地装置安装和调试应按本册相应定额另行计算。

10) 电气调整试验

① 电气调试系统的划分以电气原理系统图为依据。电气设备元件的本体试验均包括在相应定额的系统调试之内，不得重复计算。绝缘子和电缆等单体试验，只在单独试验时使用。在系统调试定额中各工序的调试费用如需单独计算时，可按表 5-13 所列比例计算。

电气调试琢统各工序的调试费用　　　　　表 5-13

比率(%)　项目 工序	发电机调相机系数	变压器系统	送配电设备系统	电动机系统
一次设备本体试验	30	30	40	30
附属高压二次设备试验	20	30	20	30
一次电流及二次回路检查	20	20	20	20
继电器及仪表试验	30	20	20	20

② 电气调试所需的电力消耗已包括在定额内，一般不另计算。但 10kW 以上电机及发电机的启动调试用的蒸汽、电力和其他动力能源消耗及变压器空载试运转的电力消耗，另行计算。

③ 送配电设备系统调试，应按一侧有一合断路器考虑，若两侧均有断路器时，则应按两个系统计算。

④ 送配电设备系统调试，适用于各种供电回路（包括照明供电回路）的系统调试。凡供电回路中带有仪表、继电器、电磁开关等调试元件的（不包括闸刀开关、保险器），均按调试系统计算。移动式电器和以插座连接的家电设备已经厂家调试合格、不需要用户自调的设备均不应计算调试费用。

⑤ 变压器系统调试，以每个电压侧有一台断路器为准。多于一个断路器的，按相应电压等级送配电设备系统调试的相应定额另行计算。

⑥ 干式变压器，按相应容量变压器调试定额乘以系数 0.8 计算。

⑦ 特殊保护装置，均以构成一个保护回路为一套，其工程量计算规定如下（特殊保护装置未包括在各系统调试定额之内，应另行计算）：

a. 发电机转子接地保护，按全厂发电机共用一套考虑。

b. 距离保护，按设计规定所保护的送电线路断路器台数计算。

c. 高频保护，按设计规定所保护的送电线路断路器台数计算。

d. 故障录波器的调试，以一块屏为一套系统计算。

e. 失灵保护，按设置该保护的断路器台数计算。

f. 失磁保护，按所保护的电机台数计算。

g. 变流器的断线保护，按变流器合数计算。

h. 小电流接地保护，按装设该保护的供电回路断路器台数计算。
　　i. 保护检查及打印机调试，按构成该系统的完整回路为一套计算。
　⑧ 自动装置及信号系统调试，均包括继电器、仪表等元件本身和二次回路的调整试验，具体规定如下：
　　a. 备用电源自动投入装置，按连锁机构的个数确定备用电源自投装置系统数。一个备用厂用变压器，作为三段厂用工作母线备用的厂用电源，计算备用电源自动投入装置调试时，应为三个系统。装设自动装置的两条互为备用的线路或两台变压器，计算备用电源自动投入装置调试时，应为两个系统。备用电动机自动投入装置亦按此计算。
　　b. 线路自动重合闸调试系统，按采用自动重合闸装置的线路自动断路器的台数计算系统数。
　　c. 自动调频装置的调试，以一台发电机为一个系统。
　　d. 同期装置调试，按设计构成一套能完成同期并车行为的装置为一个系统计算。
　　e. 蓄电池及直流监视系统调试，一组蓄电池按一个系统计算。
　　f. 事故照明切换装置调试，按设计能完成交直流切换的一套装置为一个调试系统计算。
　　g. 周波减负荷装置调试，凡有一个周率继电器的，不论带几个回路，均按一个调试系统计算。
　　h. 变送器屏以屏的个数计算。
　　i. 中央信号装置调试，按每一个变电所或配电室为一个调试系统计算工程量。
　　j. 不间断电源装置调试，按容量以"套"为单位计算。
　⑨ 接地网的调试规定如下：
　　a. 接地网接地电阻的测定。一般的发电厂或变电站连为一体的母网，按一个系统计算；自成母网不与厂区母网相连的独立接地网，另按一个系统计算。大型建筑群各有自己的接地网（接地电阻值设计有要求），虽然在最后也将各接地网联在一起，但应按各自的接地网计算，不能作为一个网，具体应按接地网的试验情况而定。
　　b. 避雷针接地电阻的测定。每一避雷针均有单独接地网（包括独立的避雷针、烟囱避雷针等）时，均按一组计算。
　　c. 独立的接地装置按组计算。如一台柱上变压器有一个独立的接地装置，即按一组计算。
　⑩ 避雷器、电容器的调试，按每三相为一组计算；单个装设的亦按一组计算，上述设备如设置在发电机、变压器输、配电线路的系统或回路内，仍应按相应定额，另外计算调试费用。
　⑪ 高压电气除尘系统调试，按一台升压变压器、一台机械整流器及附属设备为一个系统计算，分别按除尘器平方米范围执行定额。
　⑫ 硅整流装置调试，按一套硅整流装置为一个系统计算。
　⑬ 普通电动机的调试，分别按电机的控制方式、功率、电压等级，以"台"为计量单位。
　⑭ 可控硅调速直流电动机调试以"系统"为计量单位，其调试内容包括可控硅整流装置系统和直流电动机控制回路系统两个部分的调试。

⑮ 交流变频调速电动机调试以"系统"为计量单位,其调试内容包括变频装置系统和交流电动机控制回路系统两个部分的调试。

⑯ 微型电机系指功率在 0.75kW 以下的电机,不分类别,一律执行微电机综合调试定额,以"台"为计量单位。功率在 0.75kW 以上的电机调试应按电机类别和功率分别执行相应的调试定额。

⑰ 一般的住宅、学校、办公楼、旅馆、商店等民用电气工程的供电调试应按下列规定:

a. 配电室内带有调试元件的盘、箱、柜和带有调试元件的照明主配电箱,应按供电方式执行相应的"配电设备系统调试"定额。

b. 每个用户房间的配电箱(板)上虽装有电磁开关等调试元件,但如果生产厂家已按固定的常规参数调整好,不需要安装单位进行调试就可直接投入使用的,不得计取调试费用。

c. 民用电度表的调整校验属于供电部门的专业管理,一般皆由用户向供电局订购调试完毕的电度表,不得另外计算调试费用。

⑱ 高标准的高层建筑、高级宾馆、大会堂、体育馆等具有较高控制技术的电气工程(包括照明工程),应按控制方式执行相应的电气调试定额。

11) 配管配线

① 各种配管应区别不同敷设方式、敷设位置、管材材质、规格,以"延长米"为计量单位,不扣除管路中间的接线箱(盒)、灯头盒、开关盒所占长度。

② 定额中未包括钢索架设及拉紧装置、接线箱(盒)、支架的制作安装,其工程量应另行计算。

③ 管内穿线的工程量,应区别导线材质、导线截面,以单线"延长米"为计量单位计算。线路分支接头线的长度已综合考虑在定额中,不得另行计算。

照明线路中的导线截面大于或等于 6m 以上时,应执行动力线路穿线相应项目。

④ 线夹配线工程量,应区别线夹材质(塑料、瓷质)、线式(两线、三线)、敷设位置(在木、砖、混凝土)以及导线规格,以线路"延长米"为计量单位计算。

⑤ 绝缘子配线工程量,应区别绝缘子形式(针式、鼓形、蝶式)、绝缘子配线位置(沿屋架、梁、柱、墙,跨屋架、梁、柱、木结构、顶棚内、砖、混凝土结构,沿钢支架及钢索),导线截面积,以线路"延长米"为计量单位计算。

绝缘子暗配,引下线按线路支持点至天棚下缘距离的长度计算。

⑥ 槽板配线工程量,应区别槽板材质(木质、塑料)、配线位置(木结构、砖、混凝土)、导线截面、线式(二线、三线),以线路"延长米"为计量单位计算。

⑦ 塑料护套线明敷设工程量,应区别导线截面、导线心数(二芯、三芯)、敷设位置(木结构、砖混凝土结构、沿钢索),以单根线路"延长米"为计量单位计算。

⑧ 线槽配线工程量,应区别导线截面,以单根线路"延长米"为计量单位计算。

⑨ 钢索架设工程量,应区别圆钢、钢索直径($\phi6$、$\phi9$),按图示墙(柱)内缘距离,以"延长米"为计量单位计算,不扣除拉紧装置所占长度。

⑩ 母线拉紧装置及钢索拉紧装置制作安装工程量,应区别母线截面、花篮螺栓直径(12、16、18)以"套"为计量单位计算。

⑪ 车间带形母线安装工程量,应区别母线材质(铝、钢)、母线截面、安装位置(沿屋架、梁、柱、墙,跨屋架、梁、柱)以"延长米"为计量单位计算。

⑫ 动力配管混凝土地面刨沟工程量,应区别管子直径,以"延长米"为计量单位计算。

⑬ 接线箱安装工程量,应区别安装形式(明装、暗装)、接线箱半周长,以"个"为计量单位计算。

⑭ 接线盒安装工程量,应区别安装形式(明装、暗装、钢索上)以及接线盒类型,以"个"为计量单位计算。

⑮ 灯具、明、暗开关、插座、按钮等的预留线,已分别综合在相应定额内,不另行计算。

配线进入开关箱、柜、板的预留线,按表 5-14 规定的长度,分别计入相应的工程量。

配线进入箱、柜、板的预留线(每一根线) 表 5-14

序号	项目	预留长度	说明
1	各种开关、柜、板	宽+高	盘面尺寸
2	单独安装(无箱、盘)的铁壳开关、闸刀开关、启动器、线槽进出线盒等	0.3m	从安装对象中心算起
3	由地面管子出口引至动力接线箱	1.0m	从管口计算
4	电源与管内导线连接(管内穿线与软、硬母线接点)	1.5m	从管口计算
5	出户线	1.5m	从管口计算

12) 照明器具安装

① 普通灯具安装的工程量,应区别灯具的种类、型号、规格,以"套"为计量单位计算。普通灯具安装定额适用范围见表 5-15 所示。

普通灯具安装定额适用范围 表 5-15

定额名称	灯具种类
圆球吸顶灯	材质为玻璃的螺口、卡口圆球独立吸顶灯
半圆球吸顶灯	材质为玻璃的独立的半圆球吸顶灯、扁圆罩吸顶灯、平圆型吸顶灯
方型吸顶灯	材质为玻璃的独立的矩型罩吸顶灯、方型罩吸顶灯、大口方罩吸顶灯
软线吊灯	利用软线为垂吊材料,独立的,材质为玻璃、塑料、搪瓷,形状如碗伞、平盘灯罩组成的各式软线吊灯
吊链灯	利用吊链作辅助悬吊材料,独立的,材质为玻璃、塑料罩的各式吊链灯
防水吊灯	一般防水吊灯
一般弯脖灯	圆球弯脖灯、风雨壁灯
一般墙壁灯	各种材质的一般壁灯、镜前灯
软线吊灯头	一般吊灯头
声光控座灯头	一般声控、光控座灯头
座灯头	一般塑胶、瓷质座灯头

② 吊式艺术装饰灯具的工程量，应根据装饰灯具示意图集所示，区别不同装饰物以及灯体直径和灯体垂吊长度，以"套"为计量单位计算。灯体直径为装饰物的最大外缘直径，灯体垂吊长度为灯座底部到灯梢之间的总长度。

③ 吸顶式艺术装饰灯具安装的工程量，应根据装饰灯具示意图集所示，区别不同装饰物、吸盘的几何形状、灯体直径、灯体周长和灯体垂吊长度，以"套"为计量单位计算。灯体直径为吸盘最大外缘直径；灯体半周长为矩形吸盘的半周长；吸顶式艺术装饰灯具的灯体垂吊长度为吸盘到灯梢之间的总长度。

④ 荧光艺术装饰灯具安装的工程量，应根据装饰灯具示意图集所示，区别不同安装形式和计量单位计算。

a. 组合荧光灯光带安装的工程量，应根据装饰灯具示意图集所示，区别安装形式、灯管数量，以"延长米"为计量单位计算。灯具的设计数量与定额不符时，可以按设计量加损耗量调整主材。

b. 内藏组合式灯安装的工程量，应根据装饰灯具示意图集所示，区别灯具组合形式，以"延长米"为计量单位。灯具的设计数量与定额不符时，可根据设计数量加损耗量调整主材。

c. 发光棚安装的工程量，应根据装饰灯具示意图集所示，以"m^2"为计量单位，发光栅灯具按设计用量加损耗量计算。

d. 立体广告灯箱、荧光灯光沿的工程量，应根据装饰灯具示意图集所示，以"延长米"为计量单位。灯具设计用量与定额不符时，可根据设计数量加损耗量调整主材。

⑤ 几何形状组合艺术灯具安装的工程量，应根据装饰灯具示意图集所示，区别不同安装形式及灯具的不同形式，以"套"为计量单位计算。

⑥ 标志、诱导装饰灯具安装的工程量，应根据装饰灯具示意图集所示，区别不同安装形式，以"套"为计量单位计算。

⑦ 水下艺术装饰灯具安装的工程量，应根据装饰灯具示意图集所示，区别不同安装形式，以"套"为计量单位计算。

⑧ 点光源艺术装饰灯具安装的工程量，应根据装饰灯具示意图集所示，区别不同安装形式、不同灯具直径，以"套"为计量单位计算。

⑨ 草坪灯具安装的工程量，应根据装饰灯具示意图集所示，区别不同安装形式，以"套"为计量单位计算。

⑩ 歌舞厅灯具安装的工程量，应根据装饰灯具示意图所示，区别不同灯具形式，分别以"套"、"延长米"、"台"为计量单位计算。装饰灯具安装定额适用范围见表5-16。

装饰灯具安装定额适用范围　　　　　表5-16

定额名称	灯具种类（形式）
吊式艺术装饰灯具	不同材质、不同灯体垂吊长度、不同灯体直径的蜡烛灯、挂片灯、串珠（穗）、串棒灯、吊杆式组合灯、玻璃罩（带装饰）灯
吸顶式艺术装饰灯具	不同材质、不同灯体垂吊长度、不同灯体几何形状的串珠（穗）、串棒灯、挂片、挂碗、挂吊蝶灯、玻璃（带装饰）灯
荧光艺术装饰灯具	不同安装形式、不同灯管数量的组合荧光灯光带，不同几何组合形式的内藏组合式灯，不同几何尺寸、不同灯具形式的发光棚，不同形式的立体广告灯箱、荧光灯光沿

续表

定额名称	灯具种类(形式)
几何形状组合艺术灯具	不同固定形式、不同灯具形式的繁星灯、钻石星钉、礼花灯、玻璃罩钢架组合灯、凸片灯、反射挂灯、筒形钢架灯、U型组合灯、弧形管组合灯
标志、诱导装饰灯具	不同安装形式的标志灯、诱导灯
水下艺术装饰灯具	简易形彩灯、密封形彩灯、喷水池灯、幻光型灯
点光源艺术装饰灯具	不同安装形式、不同灯体直径的筒灯、牛眼灯、射灯、轨道射灯
草坪灯具	各种立柱式、墙壁式的草坪灯
歌舞厅灯具	各种安装形式的变色转盘灯、雷达射灯、幻影转彩灯、维纳斯旋转转彩灯、卫星旋转效果灯、飞蝶旋转效果灯、多头转灯、滚筒灯、频闪灯、太阳灯、雨灯、歌星灯、边界灯、射灯、泡泡发生器、迷你满天星彩灯、迷你单立(盘彩灯)、多头宇宙灯、镜面球灯、蛇光管

⑪ 荧光灯具安装的工程量，应区别灯具的安装形式、灯具种类、灯管数量，以"套"为计量单位计算。

荧光灯具安装定额适用范围见表5-17。

荧光灯具安装定额适用范围　　　　　　　　　　　　　表5-17

定额名称	灯具种类
组装型荧光灯	单管、双管、三管、吊链式、吸顶式、现场组装独立荧光灯
成套型荧光灯	单管、双管、三管、吊链式、吊管式、吸顶式、成套独立荧光灯

⑫ 工厂灯及防水防尘灯安装的工程量，应区别不同安装形式，以"套"为计量单位计算。

工厂灯及防水防尘灯安装定额适用范围见表5-18所示。

工厂灯及防水防尘灯安装定额适用范围　　　　　　　　　表5-18

定额名称	灯具种类
直杆工厂吊灯	配照(GC_1-A)、广照(GC_3-A)、深照(GC_5-A)、斜照(GC_7-A)、圆球(GC_{17}-A)、双罩(GC_{19}-A)
吊链式工厂灯	配照(GC_1-B)、深照(GC_3-B)、斜照(GC_5-C)、圆球(GC_7-B)、双罩(GC_{19}-A)、广照(GC_{19}-B)
吸顶式工厂灯	配照(GC_1-C)、广照(GC_3-C)、深照(GC_5-C)、斜照(GC_7-C)、双罩(GC_{19}-C)
弯杆式工厂灯	配照(GC_1-D/E)、广照(GC_3-D/E)、深照(GC_5-D/E)、斜照(GC_7-D/E)、局部深罩(GC_{26}-F/H)
悬挂式工厂灯	配照(GC_{21}-2)、深照(GC_{23}-2)
防水防尘灯	广照(GC_9-A、B、C)、广照保护网(GC_{11}-A、B、C)、散照(GC_{15}-A、B、C、D、E、F、G)

⑬ 工厂其他灯具安装的工程量，应区别不同灯具类型、安装形式、安装高度，以"套"、"个"、"延长米"为计量单位计算。

工厂其他灯具安装定额适用范围见表5-19。

⑭ 医院灯具安装的工程量，应区别灯具种类，以"套"为计量单位计算。

医院灯具安装定额适用范围见表 5-20。

工厂其他灯具安装定额适用范围　　　　　　　　　　　　表 5-19

定额名称	灯具种类
防潮灯	扁形防潮灯(GC-31)、防潮灯(GC-33)
腰形舱顶灯	腰形舱顶灯 CCD-1
碘钨灯	DW 型，220V，300～1000W
管形氙气灯	自然冷却式，200V/380V，20kW 内
投光灯	TG 型室外投光灯
高压水银灯镇流器	外附式镇流器具，125～450W
安全灯	(AOB-1、2、3)、(AOC-1、2)型安全灯
防爆灯	CB C-200 型防爆灯
高压水银防爆灯	CB C-125/250 型高压水银防爆灯
防爆荧光灯	CB C-1/2 单/双管防爆型荧光灯

医院灯具安装定额适用范围　　　　　　　　　　　　表 5-20

定额名称	灯具种类
病房指示灯	病房指示灯
病房暗脚灯	病房暗脚灯
无影灯	3～12 孔管式无影灯

⑮ 路灯安装工程，应区别不同臂长、不同灯数，以"套"为计量单位计算。

工厂厂区内、住宅小区内路灯安装执行本册定额，城市道路的路灯安装执行《全国统一市政工程预算定额》。

⑯ 开关、按钮安装的工程量，应区别开关、按钮安装形式，开关、按钮种类，开关极数以及单控与双控，以"套"为计量单位计算。

⑰ 插座安装的工程量，应区别电源相数、额定电流、插座安装形式、插座插孔个数，以"套"为计量单位计算。

⑱ 安全变压器安装的工程量，应区别安全变压器容量，以"台"为计量单位计算。

⑲ 电铃、电铃号码牌箱安装的工程量，应区别电铃直径、电铃号牌箱规格(号)，以"套"为计量单位计算。

⑳ 门铃安装工程量计算，应区别门铃安装形式，以"个"为计量单位计算。

㉑ 风扇安装的工程量，应区别风扇种类，以"台"为计量单位计算。

㉒ 盘管风机三速开关、"请勿打扰"灯，须刨插座安装的工程量，以"套"为计量单位计算。

13) 电梯电气设置

① 交流手柄操纵或按钮控制(半自动)电梯电气安装的工程量，应区别电梯层数、站数，以"部"为计量单位计算。

② 交流信号或集选控制(自动)电梯电气安装的工程量，应区别电梯层数、站数，以"部"为计量单位计算。

③ 直流信号或集选控制（自动）快速电梯电气安装的工程量，应区别电梯层数、站数，以"部"为计量单位计算。

④ 直流集选控制（自动）高速电梯电气安装的工程量，应区别电梯层数、站数，以"部"为计量单位计算。

⑤ 小型杂物电梯电气安装的工程量，应区别电梯层数、站数，以"部"为计量单位计算。

⑥ 电梯增加厅门、自动轿厢门及提升高度的工程量，应区别电梯形式、增加自动轿厢门数量、增加提升高度，分别以"个"、"延长米"为计量单位计算。

(2) 消防及安全防范设备：

1) 火灾自动报警系统：

① 点型探测器按线制的不同分为多线制与总线制，不分规格、型号、安装方式与位置，以"只"为计量单位。探测器安装包括了探头和底座的安装及本体调试。

② 红外线探测器以"对"为计量单位。红外线探测器是成对使用的，在计算时一对为两只。定额中包括了探头支架安装和探测器的调试、对中。

③ 火焰探测器、可燃气体探测器按线制的不同分为多线制与总线制两种，计算时不分规格、型号、安装方式与位置，以"只"为计量单位。探测器安装包括了探头和底座的安装及本体调试。

④ 线形探测器的安装方式按环绕、正弦及直线综合考虑，不分线制及保护形式，以"10m"为计量单位。定额中未包括探测器连接的一只模块和终端，其工程量应按相应定额另行计算。

⑤ 按钮包括消火栓按钮、手动报警按钮、气体灭火起/停按钮，以"只"为计量单位，按照在轻质墙体和硬质墙体上安装两种方式综合考虑，执行时不得因安装方式不同而调整。

⑥ 控制模块（接口）是指仅能起控制作用的模块（接口），亦称为中继器，依据其给出控制信号的数量，分为单输出和多输出两种形式。执行时不分安装方式，按照输出数量以"只"为计量单位。

⑦ 报警模块（接口）不起控制作用，只能起监视、报警作用，执行时不分安装方式，以"只"为计量单位。

⑧ 报警控制器按线制的不同分为多线制与总线制两种，其中又按其安装方式不同分为壁挂式和落地式。在不同线制、不同安装方式中按照"点"数的不同划分定额项目，以"台"为计量单位。

多线制"点"是指报警控制器所带报警器件（探测器、报警按钮等）的数量。

总线制"点"是指报警控制器所带的有地址编码的报警器件（探测器、报警按钮、模块等）的数量。如果一个模块带数个探测器，则只能计为一点。

⑨ 联动控制器按线制的不同分为多线制与总线制两种，其中又按其安装方式不同分为壁挂式和落地式。在不同线制、不同安装方式中，按照"点"数的不同划分定额项目，以"台"为计量单位。

多线制"点"是指联动控制器所带联动设备的状态控制和状态显示的数量。

总线制"点"是指联动控制器所带的控制模块（接口）的数量。

⑩ 报警联动一体机按其安装方式不同分为壁挂式和落地式。在不同安装方式中按照"点"数的不同划分定额项目，以"台"为计量单位。

这里的"点"是指报警联动一体机所带的有地址编码的报警器件与控制模块（接口）的数量。

总线制"点"是指报警联动一体机所带的有地址编码的报警器件与控制模块（接口）的数量。

⑪ 重复显示器（楼层显示器）不分规格、型号、安装方式，按总线制与多线制划分，以"台"为计量单位。

⑫ 警报装置分为声光报警和警铃报警两种形式，均以"只"为计量单位。

⑬ 远程控制器按其控制回路数以"台"为计量单位。

⑭ 火灾事故广播中的功放机、录音机的安装按柜内及台上两种方式综合考虑，分别以"台"为计量单位。

⑮ 消防广播控制柜是指安装成套消防广播设备的成品机柜，不分规格、型号，以"台"为计量单位。

⑯ 火灾事故广播中的扬声器不分规格、型号，按照吸顶式与壁挂式，以"只"为计量单位。

⑰ 广播分配器是指单独安装的消防广播用分配器（操作盘），以"台"为计量单位。

⑱ 消防通讯系统中的电话交换机按"门"数不同，以"台"为计量单位；通讯分机、插孔是指消防专用电话分机与电话插孔，不分安装方式，分别以"部"、"个"为计量单位。

⑲ 报警备用电源综合考虑了规格、型号，以"台"为计量单位。

2) 消防系统调试：

① 消防系统调试包括自动报警系统、水灭火系统、火灾事故广播、消防通讯系统、消防电梯系统、电动防火门、防火卷帘门、正压送风阀、排烟阀、防火阀控制装置、气体灭火系统装置。

② 自动报警系统包括各种探测器、报警按钮、报警控制器组成的报警系统，根据不同点数以"系统"为计量单位，其点数按多线制与总线制报警器的点数计算。

③ 水灭火系统控制装置按照不同点数以"系统"为计量单位，其点数按多线制与总线制联动控制器的点数计算。

④ 火灾事故广播、消防通讯系统中的消防广播喇叭、音箱和消防通讯的电话分机、电话插孔，按其数量以"10只"为计量单位。

⑤ 消防电梯与控制中心间的控制调试，以"部"为计量单位。

⑥ 电动防火门、防火卷帘门指可由消防控制中心显示与控制的电动防火门、防火卷帘门，以"10处"为计量单位，每樘为一处。

⑦ 正压送风阀、排烟阀、防火阀以"10处"为计量单位，一个阀为一处。

⑧ 气体灭火系统装置调试包括模拟喷气试验、备用灭火器贮存器切换操作试验，按试验容器的规格（L），分别以"个"为计量单位。试验容器的数量包括系统调试、检测和验收所消耗的试验容器的总数，试验介质不同时可以换算。

3) 安全防范设备安装：

① 设备、部件按设计成品以"台"或"套"为计量单位。

② 模拟盘以"m^2"为计量单位。

③ 入侵报警系统调试以"系统"为计量单位，其点数按实际调试点数计算。

④ 电视监控系统调试以"系统"为计量单位，其头尾数包括摄像机、监视器数量之和。

⑤ 其他联动设备的调试已考虑在单机调试中，其工程量不得另行计算。

（四）施工图预算的编制步骤和方法

1. 熟悉施工图纸、全面了解工程情况

在编制施工图预算之前，必须认真阅读图纸，领会设计意图，了解工程的全部内容。对图纸中的疑难问题记录下来，通过查找有关资料或向有关技术人员咨询解决，这样才能正确确定分项安装工程项目及数量，否则就会影响施工图预算的进度和质量。

2. 计算工程量

工程量的计算在编制预算过程中至关重要，它是整个预算的基础，工程量计算的准确性直接影响工程的造价，所以在计算工程量时应严格按要求进行，才能保证预算的质量。

工程量计算顺序：

① 划分和排列分项工程项目。首先根据施工图所包括的分项工程内容，按所选预算定额中的分项工程项目，划分排列分项工程项目。

② 逐项计算工程量。在划分排列分项工程项目后，可根据工程量计算规则逐项计算工程量。在计算工程量时，应严格按下列要求进行。

a. 应严格按定额规定进行计算，其工程量单位与定额一致。

b. 按一定的顺序进行计算。

在一张电气平面图上有时设计多种工程内容，这样计算起来很不方便，为准确计算工程量，应对图纸中内容进行分解，一部分一部分地进行计算，按一定的顺序计算。例如某综合楼电气图纸，在平面图中既有照明线路又有消防线路，既有广播线路又有电话线路，应分别做电气照明工程预算和电气消防预算，消防预算包括消防线路、广播线路和电话线路。计算顺序应该是消防—广播—电话。

c. 计算过的工程项目在图纸上作出标记。

初学者在计算工程量时，可在图纸上按施工工序或事先排列好的分项工程项目计算工程量，计算过的工程项目在图纸上作出标记，这样既能避免重复计算和漏算，又便于核对工程量。

d. 平面图中线路各段长度的计算均以轴线尺寸或两个符号中心为准，力争计算准确，严禁估算。

e. 所列分项工程项目应包括工程的全部内容。

3. 工程量汇总

线管工程量是在平面图上逐段计算和根据供电系统图计算出的，这样在不同管段、不同的安装位置上会有种类、规格相同的线管。同样在各张平面图上统计出的各种工程量也有种类、规格相同的。因此，要将单位工程中型号相同、规格相同、敷设条件相同、安装方式相同的工程量汇总成一笔数字，这就是套用定额计算定额直接费时所用的数据。

4. 套定额单价，计算定额直接费

根据选用的预算定额套用相应项目的预算单价，计算出定额直接费，通常采用填表的方法进行计算。

(1) 将顺序号、定额编号、分项工程名称或主材名称、定额单位、换算成定额单位以后的数量抄写在表中相应栏目内；再按定额编号，查出定额基价以及其中的人工费、材料费、机械费的单价，也填入定额直接费计算表中相应栏目内。用工程量乘以各项定额单价，即可求出该分项工程的预算金额。

(2) 凡是定额单价中未包括主材费的，在该分项工程项目下面应补上主材费的费用，定额直接费表中的安装费加上材料费，才是该安装项目的全部费用。

(3) 在定额直接费中，还包括各册定额说明中所规定的按系数计取的费用及由定额分项工程子目增减系数而增加或减少的费用。

(4) 在每页定额直接费表下边最后一行进行小计，计算出该页各项费用，便于汇总计算。在最后一页小计下面，写出总计，即工程基价、人工费、材料费、机械费各项目的总和，为计取工程各项间接费等提供依据。

如果最后一页的分项工程项目没填满，小计紧跟最后项目填写。

5. 计取工程各项费用，计算工程造价

在计算出单位工程定额直接费后，应按各省规定的安装工程取费标准和计算程序表计取各项费用，并计算出单位工程预算造价。

6. 编写施工图预算的编制说明

编制说明是施工图预算的一个重要组成部分，它是用来说明编制依据和施工图预算必须进行说明的一些问题。预算书编制说明的主要内容如下：

(1) 编制依据：

① 说明所用施工图纸名称、设计单位、图纸数量、是否经过图纸会审。

② 说明采用何种预算定额。

③ 说明采用何种地方预(结)算单价表。

④ 说明采用何地区工程材料预算价格。

⑤ 说明执行何种工程取费标准。

(2) 其他费用计取的依据：施工图预算包干费以外发生的费用计取方法。

(3) 包工形式。

(4) 工程类别。

(5) 其他需要说明的情况。

要求编制说明简明扼要、语言文字简练，书写工整。

7. 编制主要材料表

定额直接费计算表中各分项工程量加上规定的损耗就是每一项目的主要材料需要量，把各种材料按材料表各栏要求逐项填入表内，材料数量小数点后一位采用四舍五入的方法以整数形式填写。主要材料表型式如表 5-21 所列。

主要材料表　　　　　表 5-21

序号	材料名称	单位	规格型号	数量	单价	金额

表中金额最后进行总计。

较小的工程可不编制主要材料表,规模较大的或重点工程必须编制,便于预算的审核。

8. 填写封面,装订送审

预算封面应采用各地规定的统一格式。封面需填写的内容一般包括:工程名称、建设单位名称、施工单位名称、建筑面积、经济指标、建设单位预算审核人员专用图章以及建设单位和施工单位负责人印章及单位公章、编制日期等。

最后,把预算封面、编制说明、费用计算程序表、工程预算表等按顺序编排并装订成册,装订好的工程预算,经过认真的自审,确认准确无误后,即可送交主管部门和有关人员审核并签字加盖公章,签字盖章后生效。一般电气消防安装工程施工图预算到此才算最后完成。

装订份数按建设单位要求。

三、消防安装工程施工图预算编制实例

以×××市某综合楼工程为例,介绍电气消防安装工程施工图预算。本工程电气消防施工图纸共 11 张,地下 1 层,地上 22 层(其中包括出屋面机房消防平面图),共 23 层,总建筑面积 20336m^2,本例受篇幅所限,仅以首层、3~12 层为例说明消防预算的编制方法。

(一)施工图与设计说明

1. 施工图

本例所使用的施工图纸为:火灾自动报警及消防控制系统图,如图 5-26 所示。一层消防平面图如图 5-27 所示,三~十二层消防平面图如图 5-28 所示,图例符号如表 5-25 所示。

2. 设计说明及图例符号

(1)设计说明:

① 本设计为火灾自动报警及消防联动控制系统图的设计,其设计内容为:

a. 火灾自动报警系统;

b. 消防联动控制系统;

c. 火灾事故广播系统;

d. 消防专用通讯系统。

② 火灾自动报警系统。该系统设备按照建设单位要求选用"ZA6000 系列地址编码两总线火灾报警和消防联动控制系统",系统型式为:集中报警控制器——区域报警器——现场探测元件。

当某防火区域发生火灾,相应探测器发出报警信号后,火灾报警控制器发出声光报警信号。

③ 消防联动控制系统:

a. 消防泵、喷淋泵控制系统;

b. 消防电梯和普通客梯控制系统;

c. 防火卷帘控制系统;

d. 正压送风和排烟控制系统;

图 5-26 火灾自动报警及消防控制系统图

e. 气体灭火控制系统。

④ 火灾事故广播及火灾报警系统。火灾确认后，火灾事故广播及警报装置应按疏散顺序控制，播放疏散指令的楼层控制程序如下：

如二层或二层以上楼层发生火灾，应先接通火灾层及相邻的上下层。

如首层发生火灾，先接通首层、二层及地下层。

如地下室发生火灾，应先接通地下室、首层。

⑤ 消防专用通讯系统。消防控制室内装设 119 专用电话，在手动报警按钮处设置对讲电话插孔，插上对讲电话可与消防控制室通讯，在值班室、消防水泵房、电梯机房、配电室、通风机房及自动灭火系统应急操作装置处设置固定的对讲电话。

⑥ 管线选择及敷设方式：

火灾自动报警与控制系统中的直流电源线为：ZR-BV(2×2.5)。

平面图中所示的点划线为火灾事故广播线，管线型号为：RVB-(2×1.5)SC15 沿地暗设。

平面图中所示的双点划线为消防通讯线路，管线型号为：RVS-(2×0.5)SC15 沿地暗设。

平面图中所示的实线为火灾自动报警及控制管线，未标注的管线型号为 RV－(2×1.0)，未标注的保护管均为 SC20，沿地暗设。

火灾自动报警及消防联动控制管线均应暗敷设在非燃烧体结构内，其保护层厚度不小于 30mm，无法实现暗敷设的部分管线应在金属管上涂耐火极限不小于 1h 的防火涂料。

在电气竖井内的管线沿井壁明敷设，管线在穿过楼板及引出管井处必须采用防火涂料封堵。

⑦ 接地：消防控制室内设接地干线，要求接地电阻值不大于 1Ω，由消防控制室内接地极引至各消防设备的接地线选用截面为 $4mm^2$ 的铜芯绝缘软线。

⑧ 其他：火灾确认后，在管井插接箱处切断正常照明电源，同时投入出境火灾事故照明和疏散指示照明，普通电梯电源的切断需待普通电梯强降首层后并接到反馈信号后才能进行，其他非消防电力电源亦应切断。

探测器的设置要求：

探测器至梁边及墙壁的距离不应小于 0.5m；

探测器与照明灯具的水平净距不应小于 0.2m；

探测器与自动喷水灭火喷头的净距不小于 0.3 m。

⑨ 火灾报警及控制系统元件接线如表 5-22 所示。

⑩ 模块箱一览表如表 5-23 所示。

(2) 图例符号：如表 5-24 所示。

(二) 划分和排列分项工程项目

(1) 控制屏安装；

(2) 配电屏安装；

(3) 集中控制台安装；

(4) 按钮安装；

(5) 一般铁构件制作；

火灾报警元件接线　　　　　　　　　表 5-22

元件名称＼控制总线	S	P	V	G	E	D
总线短路隔离器	V	V	V	V		
离子感烟探测器	V	V				
多态感温探测器	V	V				
手动报警按钮	V	V				
消火栓箱控制按钮	V	V	V	V		V
控制模块	V	V	V	V	V	
输入模块	V	V				

模块箱一览表　　　　　　　　　表 5-23

图例符号	箱内模块型式	外形尺寸(mm)	安装方式	安装高度	备注
☒ 3-2	1C＋1×2224	350×350×100	W	箱顶距棚 0.3m	未表示的同 ☒ 3-2
☒ 22-5	2C＋2×2224	600×400×100	W	箱顶距棚 0.3m	
☒ 22-1	6C＋3M	600×400×100	W	箱顶距棚 0.3m	
☒ 22-4	2C＋1M	350×350×100	W	箱顶距棚 0.3m	
☒ 22-3	2C＋1M	350×350×100	W	箱顶距棚 0.3m	
☒ 22-2	2C＋1M	350×350×100	W	箱顶距棚 0.3m	
☒ 19-2	3C＋2×2224	500×400×100	W	箱顶距棚 0.3m	
☒ 15-2	4C＋4×2224	600×400×100	W	箱顶距棚 0.3m	
☒ 1-2	2C＋2×2224	350×350×100	W	箱顶距棚 0.3m	☒ 2(9)-2 同此箱
☒ 01-3	6C＋6×2224	600×600×100	W	箱顶距棚 0.3m	
☒ 01-2	12C＋12×2224	700×850×100	W	箱顶距棚 0.3m	
☒ 01-1	2C＋2M	350×350×100	W	箱顶距棚 0.3m	☒ 1～21 同此箱

图例符号　　　　　　　　　表 5-24

序号	图例	符号	名称	型号	安装高度(m)
1	⊞	FJX	消防系统接线箱	箱内端子数见系统图	底边距地 1.5
2	⊟	（系统）	总线短路隔离器	ZA6152	吸顶
3	D	D(平面)	总线短路隔离器	ZA6152	吸顶
4	S		离子感烟探测器	ZA6011	吸顶
5	▢		多态感温探测器	ZA6031	吸顶
6	Y	SA	手动报警按钮	ZA6121B	中心距地 1.5
7	⊠		消火栓箱内控制按钮	ZA6122B	中心距地 1.9
8	C	C	控制模块	ZA6211	中心距顶棚 0.5
9	E	E	输入模块	ZA6132	中心距顶棚 0.5
10	⊟		固定式对讲话电话	ZA5712	中心距地 0.4
11	⊔		火警电话插孔	ZA2714	中心距地 1.5
12	◁		声光报警器	ZA2112	中心距顶棚 0.5

续表

序号	图例	符号	名称	型号	安装高度(m)
13			紧急广播扬声器	ZA2724 3W	(吸顶)中心距顶棚0.5
14			强电切换盒	ZA2224	
15			水流指示器	消防水系统元件	棚下安装0.5
16			安全信号阀	消防水系统元件	棚下安装
17		SF PY	正压送风阀排烟阀		安装高度见风施
18		YL	压力开关		
19			消防排烟系统防火阀		安装高度见风施
20			正压送风系统防火阀		安装高度见风施
21		AEL	事故照明箱		底边距地1.5
22		AEP	消防动力配电箱		底边距地1.5
23			消防电梯自带控制装置		落地安装

(6) 一般铁构件安装；

(7) 砖、混凝土结构钢管明配；

(8) 砖、混凝土结构钢管暗配；

(9) 管内穿线；

(10) 接线箱安装；

(11) 接线盒安装；

(12) 消防分机安装；

(13) 消防电话插孔安装；

(14) 功率放大器安装；

(15) 功率放大器安装；

(16) 录放盘安装；

(17) 吸顶式扬声器安装；

(18) 壁挂式扬声器安装；

(19) 正压送风阀检查接线；

(20) 排烟阀检查接线；

(21) 防火阀检查接线；

(22) 感烟探测器安装；

(23) 感温探测器安装；

(24) 报警控制器安装；

(25) 报警联动一体机安装；

(26) 压力开关安装；

(27) 水流指示器安装；

(28) 声光报警器安装；

(29) 控制模块安装；

(30) 自动报警系统装置调试；

(31) 广播扬声器、消防分机及插孔调试；

(32) 水灭火系统控制装置调试；

(33) 正压送风阀、排烟阀、防火阀调试；

(34) 刷第一遍防火漆；

(35) 刷第二遍防火漆。

(三) 工程量计算

1. 控制屏安装

控制屏安装以"台"为单位计算。本例采用 ZA5711 火警通讯控制装置，工程量 1 台；采用 ZA6122 气体灭火控制装置，工程量 1 台。

2. 配电屏安装

配电屏安装以"台"为单位计算。本例采用 ZA2532 电源监控盘，ZA1951/30 直流供电单元，ZA1952/24 浮充备用电池电源装置，工程量 3 台。

3. 集中控制台安装

集中控制台安装以"台"为单位计算。本例采用 ZA6152 控制琴台，工程量 1 台。

4. 按钮安装

按钮安装以"个"为单位计算。本例采用 ZA6122B 消火栓控制按钮，安装在消火栓箱内，工程量 62 个，采用 ZA6121B 手动报警按钮，工程量 35 套。

5. 一般铁构件制作

电气管井内钢管明敷设，用角钢支架固定。本例采用 $63×6$ 等边角钢做 U 支架固定钢管，每层两个支架，1~12 层 24 个支架，每个支架用料 1.6m，工程量 38.4m。

6. 一般铁构件安装

工程量同上。

7. 砖、混凝土结构钢管明配

查土建图已知，一层层高为 5.3m，其余二~十二层层高为 3.5m。

电气管井内钢管工程量如下：

① H：RVS—(6×0.5)SC20　　　　　　　　　　　　　　　　　1~12 层

SC20=[5.3(层高)-0.44(接线箱高)+0.2(管进上下箱预留长度)]×[2(层数)-1]+[3.5(层高)-0.4(接线箱高)+0.2(管进上下箱预留长度)]×[11(层数)-1]：38.06(m)

② G：RVB—(2×1.5)SC15　　　　　　　　　　　　　　　　　1~12 层

计算式如上。

SC15=38.06(m)

③ L2—1~4：RV(8×1.0+4×1.5)SC25

SC25=[5.3(层高)+0.1(进箱预留)]×[2(层数)-1]+3.5(层高)×[11(层数)-1]=40.4(m)

④ L1—2~3：RV—(4×1.0+2×1.5)SC25

SC25=[5.3(层高)-0.44(接线箱高)+0.2(管进箱上下预留)]×[2(层数)-1]+[3.5(层高)-0.4(接线箱高)+0.2(管进箱上下预留)]×[2(层数)-1]=8.36(m)

⑤ L1—3：RV(2×1.0+1×1.5)SC25

SC25=[3.5(层高)-0.4(接线箱高)+0.2(管进箱上下预留)]×[3(层数)-1]=6.6(m)

⑥ L1—4～7：RV(8×1.0+4×1.5)SC25

SC25=[5.3(层高)−0.44(接线箱高)+0.1(管进箱预留)]×[2(层数)−1]+3.5(层高)×[6(层数)−1]=22.46(m)

⑦ L1—5～7：RV(6×1.0+3×1.5)SC25

SC25=[3.5(层高)−0.4(接线箱高)+0.2(管进箱上下预留)]×[3(层数)−1]=6.6(m)

⑧ L1—6～7：RV(4×1.0+2×1.5)SC25

计算式如上。

SC25=6.6(m)

⑨ L1—7：RV(2×1.0+1×1.5)SC25

SC25=[3.5(层高)−0.4(接线箱高)+0.2(管进箱上下预留)]×[2(层数)−1]=3.3(m)

⑩ DZ+D：ZR—BV(3×2.5)SC15

SC15=[5.3(层高)−0.44(接线箱高)+0.2(管进箱上下预留)]×[2(层数)−1]+[3.5(层高)−0.4(接线箱高)+0.2(管进箱上下预留)]×[11(层数)−1]=38.06(m)

8. 砖、混凝土结构钢管暗配

钢管以"m"为单位计算，本例钢管暗配工程量如下：

(1) 一层火灾报警线路水平工程量：

① 感烟探测器回路：

RV—(4×1.0+2×1.5)SC20

(FJX—1)→(D—1)→Y101→Y102→Y103→Y104→Y105→Y106→Y107→Y108→109→Y100→Y111→Y112→Y113→Y114→Y115→Y116→Y117→Y118→Y119→(X1—4)→SA102→控制模块

SC20=1.6+5+1.4+3.6+2.6+1.2+3+3.5+3.5+4.6+3.6+3.8+2.6+3.5+3.4+3.4+12.6+7.4+6.6+6.4+4+6.5+4+6.2+1.6=105.6(m)

② 消火栓控制按钮回路：

RV—(3×1.5+2×1.0)SC20

SA101→消火栓按钮→锅炉房消火栓按钮

SC20=2+7.6+9.4=19(m)

Y119→消火栓按钮

SC20=2.6m

Y115→消火栓按钮

SC20=3m

Y113→消火栓按钮

SC20=2m

控制模块→消火栓按钮

SC20=1.2m

③ 感温探测器回路：

RV—(2×1.0)SC20

控制模块→Y120→W101→W102

SC20=3+1.4+1.2=5.6(m)

④ X1—1→水流指示器回路：
RV—(4×1.0)SC20
SC20=2.2(m)

⑤ X1—1→安全信号阀回路：
RV—(4×1.0)SC20
SC20=2.8(m)

⑥ X1—2→CXD1—1回路：
RV—(4×1.0)SC20
SC20=0.4 m

⑦ X1—2→CXM1回路：
RV—(4×1.0)SC20
SC20=0.8(m)

⑧ X1—3→AEL1—1回路：
RV—(3×1.0)SC20
SC20=1.2(m)

⑨ X1—4→AEL1—2回路：
RV—(4×1.0)SC20
SC20=0.6(m)

⑩ 控制模块→JL1回路：
RV—(8×1.0)SC20
SC20=0.6(m)

⑪ 控制模块→SF1—1回路：
RV—(3×1.0)SC20
SC20=1(m)

⑫ 控制模块→SF1—2回路：
RV—(3×1.0)SC20
SC20=1.2(m)

⑬ 输入模块→压力开关回路：
RV—(2×1.0)SC20
SC20=2.2(m)

14 X1—1→声光报警器回路：
ZR—BV(3×1.5)SC15
SC15=8.2+18=26.2(m)

(2) 一层消防通讯线路水平工程量：
RVS—(2×0.5)SC15
SC15=2.5+15.5=18(m)
RVS—(6×0.5)SC15
SC15=21.5+1.5=23(m)

(3) 一层事故广播线路水平工程量：

RVB—(2×1.5)SC15
SC15=11+7.5+12.5+12+7.5+15+6.5+2.5=74.5(m)
(4) 一层 FJX—1→消防控制室线路水平工程量：
① 火灾报警：
L1—1～3：RV—(6×1.0+3×1.5)SC25
SC25=16.5(m)
L1—4～7：RV—(8×1.0+4×1.5)SC25
SC25=16.5(m)
L2—1～4：RV—(8×1.0+4×1.5)SC25
SC25=16.5(m)
② 事故广播：
G：RVB—(2×1.5)SC15
SC15=17(m)
③ 火警通讯：
H：RVS—(6×0.5)SC20
SC20=17.5(m)
④ 气体灭火：
ZR—BV2(8×1.0) SC20
SI20=18(m)
ZR—BV(4×1.0) SC20
SC20=18(m)
4[ZR—BV(12×1.0) SC32]
SC32=18×4=72(m)
⑤ 直流电源：
ZD：ZR—BV (2×2.5) SC15
SC15=16.5(m)
(5) 一层消防控制室至墙外 119 电话预埋管工程量：
SC20：6(水平长度)+1(埋深)+0.1(引出地面)=7.1(m)
(6) 一层火灾报警线路垂直工程量：
接线箱：FJX—1(100) 0.32(宽)×0.44(高)
RV—(4×1.0+2×1.5)SC20（消防报警回路）
SC20=[5.3(层高)−1.5(接线箱底边距地高度)−0.44(接线箱高)]×1(立管数量)=3.36(m)
RVB—(2×1.5)SC15 （事故广播回路）
SC15=(5.3−1.5−0.44)×1=3.36(m)
ZR—BV(3×1.5)SC15 （声光报警回路）
SC15=(5.3−1.5−0.44)×1=3.36(m)
控制模块：
计算式：(中心距顶棚高度+棚内预留长度)×立管数量

RV—(8×1.0)SC20　　　　　SC20=(0.5+0.1)×1=0.6(m)
RV—(2×1.0)SC20　　　　　SC20=(0.5+0.1)×1=0.6(m)
RV—(4×1.0+2×1.5)SC25　　SC25=(0.5+0.1)×1=0.6(m)
RV—(3×1.5+2×1.0)SC20，　SC20=(0.5+0.1)×1=0.6(m)
RV—(3×1.0)SC20　　　　　SC20=(0.5+0.1)×2=1.2(m)

输入模块(计算方法同上)：
RV—(4×1.0+2×1.5)SC20　SC20=(0.5+0.1)×2=1.2(m)

手动报警按钮：
RV—(2×1.0)SC20
SC20=[5.3(层高)−1.5(手动报警中心距地高度)−0.2(楼板厚度)−0.3(接线盒中心距顶棚高度)]×2(立管数量)=6.6(m)

消火栓报警按钮：
RV—(3×1.5+2×1.0)SC20
SC20=[5.3(层高)−1.9(消火栓报警按钮中心距地高度)−0.1(楼板厚度/2)]×9(立管数量)=29.7(m)

过墙接线盒：RV—(3×1.5+2×1.0)SC20
SC20=[5.3(层高)−0.1(楼板厚度/2)−0.55(接线盒中心距地高度)]×2(立管数量)=9.3(m)

(7) 一层事故广播线路：
广播扬声器(壁装)：
RVB—(2×1.5)SC15
SC15=[0.5(中心距顶棚高度)+0.1(楼板厚度/2+0.8(吊棚高))]×1(立管数量)=1.4(m)

(8) 一层消防通讯线路：
固定电话：RVS—(6×0.5)SC20—FC
SC20=[0.4(中心距地高度)+0.1(楼板厚度/2)]×7(立管数量)=3.5(m)
火警电话插孔：RVS—(2×0.5)SC20—FC
计算方法同上。SC20=(1.5+0.1)×2=3.2(m)

(9) 一层FJX—1(接线箱)至消防控制室线路垂直工程量：
接线箱处立管长度：
计算式：(埋入楼板内长度+接线箱底边距地高度+进箱预留长度)×立管数量
气体灭火：SC20=0.1+1.5+0.1=1.7(m)
气体灭火：SC32=(0.1+1.5+0.1)×4=6.8(m)
火警通讯：H：SC20=0.1+1.5+0.1=1.7(m)
事故广播：G：SC15=0.1+1.5+0.1=1.7(m)
直流电源：ZD：SC15=0.1+1.5+0.1=1.7(m)
气体灭火：SC20=0.1+1.5+0.1=1.7(m)
火灾报警：L1—1～3：SC25=0.1+1.5+0.1=1.7(m)
火灾报警：L1—4～7：SC25=0.1+1.5+0.1=1.7(m)

火灾报警：L2—1～4：SC25＝0.1＋1.5＋0.1＝1.7(m)
消防控制室内引上长度：
管长＝(埋入楼板内长度＋引出地面长度)×数量
气体灭火：SC20＝0.1＋0.1＝0.2(m)
气体灭火：SC32＝(0.1＋0.1)×4＝0.8(m)
火警通讯：H：SC20＝0.1＋0.1＝0.2(m)
事故广播：G：SC15＝0.1＋0.1＝0.2(m)
直流电源：ZD：SC15＝0.1＋0.1＝0.2(m)
气体灭火：SC20＝0.1＋0.1＝0.2(m)
火灾报警：L1—1—3：SC25＝0.1＋0.1＝0.2(m)
火灾报警：L1—4—7：SC25＝0.1＋0.1＝0.2(m)
火灾报警：12—1—4：SC25＝0.1＋0.1＝0.2(m)

(10) 一层模块箱等处立管长度：

X1—2→CXM1、CXD1—1

SC20＝(层高－楼板厚度－模块箱顶面距棚高度－模块箱高度＋管进箱预留长度－照明(动力)箱底边距地高度－箱高＋管进箱预留长度)×数量＝(5.3－0.2－0.3－0.35＋0.1－1.5－0.5＋0.1)×2＝5.3(m)

X1—3→AEL1—1(计算方法同上)

SC20＝2.65(m)

X1—4→AEL1—2(计算方法同上)

SC20＝2.65(m)，

X1—1→声光报警器

SC20＝(模块箱顶面距棚高度＋棚内预留长度)＋(声光报警器中心距顶棚高度＋棚内预留长度)×声光报警器立管数量＝(0.3＋0.1)＋(0.5＋0.1)×3＝2.2(m)

X1—1→水流指示器(计算方法同上)

SC20＝(0.3＋0.1)＋(0.5＋0.1)×1＝1(m)

X1—1→安全信号阀(计算方法同上)

SC20＝(0.3＋0.1)＋(0.8＋0.1)×1＝1.3(m)

输入模块→压力开关

SC20＝输入模块中心距地高度＋下层楼板内预留长度＋(下层楼板内预留长度＋压力开关中心距高度)×压力开关立管数量＝(5.3－0.2－0.5)＋0.1＋(0.1＋1.1)×3＝8.3(m)

RV—(3×1.0)CP20

控制模块→SF1—1　　CP20＝1m

RV—(3×1.0)CP20

控制模块→SF1—2　　CP20＝1.6 m

控制模块→JL1　　RV—(8×1.0)SC20

SC20＝5.3(层高)－0.2(楼板厚度)－0.5(控制模块中心距棚高度)－2(卷帘控制箱顶面距地高度)＋0.1(管进控制箱内预留长度)＝2.7(m)

金属软管

RV—(4×1.0+2×1.5)CP20

  CP20=[0.8(吊棚高度)+0.2(预留长度)]×22(探测器数量)=22(m)

RVB—(2×1.5)CP15

  CP15=[0.8(吊棚高度)+0.2(预留长度)]×7(吸顶扬声器数量)=7(m)

9. 管内穿线

导线以"m"为单位计算。管内穿线工程量如下：

(1) 电气管井内钢管管内穿线：

① 消防通讯线路(H)：

RVS—(2×0.5)=[电源管立管长度+(FJX—1半周长)+(FJX—2半周长)+2(箱半周长数量)×(FJX—2半周长)×(层数—1)]×导线根数=[38.06+(0.32+0.44)+(0.25+0.4)+2×(0.25+0.4)×(11—1)]×3=157.41(m)

② 火灾事故广播线路(G)：   1~12层

计算式同上。

RVS—(2×1.5)=[38.06+(0.32+0.44)+(0.25+0.4)+2×(0.25+0.4)×(11—1)]×1=52.47(m)

③ 火灾自动报警及控制线路：

L2—1~4

RV—1.0=[40.4(钢管长度)+0.76(FJX—1半周长)]×8(导线根数)=329.28(m)

RV—1.5=[40.4+0.76(FJX—1半周长)]×4=164.64(m)

L1—2~3

RV—1.0=[8.36(钢管长度)+(0.32+0.44)(FIX—1半周长)+(0.25+0.4)(FIX—2半周长)×3(半周长数量)]×4(导线根数)：44.36(m)

RV—1.5=[8.36+(0.32+0.44)+(0.25+0.4)×3]×2=22.18(m)

L1—3

RV—1.0={6.6(钢管长度)+[3(层数)—1]×0.65(箱半周长)}×2(导线根数)=15.8(m)

RV—1.5=[6.6+(3—1)×0.65]×1=7.9(m)

L1—4~7

RV—1.0=[22.46(钢管长度)+0.76(FIX—1半周长)+0.65(FJX—2半周长)×3(半周长数量)]×8(导线根数)=201.36(m)

RV—1.5=(22.46+0.76+0.65×3)×4=100.68(m)

L1—5~7

RV—1.0=[6.6(钢管长度)+0.65(箱半周长)×4(半周长数量)]×6(导线根数)=55.2(m)

RV—1.5=(6.6+0.65×4)×3=27.6(m)

L1—6~7

RV—1.0=[6.6(钢管长度)+0.65(箱半周长)×4(半周长数量)]×4(导线根数)=36.8(m)

RV—1.5=(6.6+0.65×4)×2=18.4(m)

L1—7

RV—1.0＝[3.3(钢管长度)＋0.65(箱半周长)×2(半周长数量)]×2(导线根数)＝9.2(m)

RV—1.5＝(3.3＋0.65×2)×1＝4.6(m)

④ ZD＋D：

ZR—BR—2.5＝[38.06(钢管长度)＋0.76(FJX—1半周长)＋0.65(FJX—2半周长)＋2(箱半周长数量)×0.65(FJX—2半周长)×(11－1)(层数－1)]×3(导线根数)＝157.41(m)

(2) 一层火灾报警线路管内穿线：

① 感烟探测器回路：

RV—1.0＝[105.6(水平长度)＋3.36(接线箱立管长度)＋1.2(输入模块立管长度)＋0.6(控制模块立管长度)＋0.76(箱内预留长度)]×4(导线根数)＝446.08(m)

RV—1.5＝(105.6＋3.36＋1.2＋0.6＋0.76)×2＝223.04(m)

② 消火栓控制按钮回路：

RV—1.0＝[(19＋2.6＋3＋2＋1.2)(水平长度)＋29.7(垂直长度)＋0.6(控制模块处立管长度)＋9.3(过墙接线盒引上立管长度)]×2(导线根数)＝134.8(m)

RV—1.5＝[(19＋2.6＋3＋2＋1.2)＋29.7＋0.6＋9.3]×3＝202.2(m)

③ 感温探测器回路：

RV—1.0＝[5.6(水平长度)＋0.6(控制模块处立管长度)]×2(导线根数)＝12.4(m)

④ X1—1→水流指示器回路：

RV—1.0＝[2.2(水平长度)＋1(垂直长度)＋0.7(接线箱预留长度)]×4(导线根数)＝15.6(m)

⑤ X1—1→安全信号阀回路：

RV—1.0＝[2.8(水平长度)＋1.3(垂直长度)＋0.7(接线箱预留长度)]×4(导线根数)＝19.4(m)

⑥ X1—1→声光报警器回路：

ZR—BV—1.5＝[26.2(水平长度)＋2.2(垂直长度)＋0.7(接线箱预留长度)×3(导线根数)]＝87.3(m)

⑦ 手动报警按钮回路：

RV—1.0＝7.4(钢管垂直长度)×2(导线根数)＝14.8(m)

⑧ X1—2→CXD1回路：

RV—1.0＝[0.4(水平长度)＋2.7(垂直长度)＋0.7(模块箱预留长度)＋1.2(CXD1箱预留长度)]×4(导线根数)＝20(m)

⑨ X1—2→CXM1回路：

RV—1.0＝[0.8＋2.7＋(0.7＋1.2)]×4＝21.6(m)

⑩ X1—3→AEL1—1回路：

RV—1.0＝[1.2＋2.65＋(0.7＋1.2)]×3＝17.25(m)

⑪ X1—4→AEL1—2回路：

RV—1.0＝[0.6＋2.65＋(0.7＋1.2)]×3＝15.45(m)

⑫ 控制模块—JL1回路：

RV—1.0＝[0.6(水平长度)＋0.6(控制模块处立管长度)＋2.7(垂直长度)＋1.2(JL1箱预留长度)]×8(导线根数)＝40.8(m)

⑬ 控制模块→SF1—1 回路：

RV—1.0＝[1(水平长度)＋0.6(垂直长度)＋1(金属软管长度)]×3(导线根数)＝7.8(m)

⑭ 控制模块→SF1—2 回路：

RV—1.0＝(1.2＋0.6＋1.6)×3＝10.2(m)

⑮ 输入模块→压力开关回路：

RV—1.0＝[2.2(水平长度)＋8.3(垂直长度)＋0.6(输入输块立管长度)]×2(导线根数)＝22.2(m)

(3) 一层消防通讯线路：

电话插孔：

RVS—(2×0.5)＝[18(水平长度)＋3.2(垂直长度)]×1(导线根数)＝21.2(m)

电话：

RVS—(2×0.5)＝(23＋3.5)×3＝79.5(m)

(4) 一层事故广播线路：

RVB—1.5＝[(74.5＋17)(水平长度)＋(33.6＋1.4＋1.7＋0.2)(垂直长度)＋0.76(接线箱预留长度)]×2(导线根数)＝258.32(m)

(5) 一层 FJX—1→消防控制室线路：

RV—1.0＝[(16.5＋16.5)(水平长度)＋(1.7＋0.2＋1.7＋0.2)(垂直长度)＋0.76(接线箱预留长度)＋1.5(火灾报警装置半周长)]×8(导线根数)＋[16.5(水平长度)＋(1.7＋0.2)(垂直长度)＋0.76(接线箱预留长度)＋1.5(报警装置预留长度)]×6(导线根数)＝436.44(m)

RV—1.5＝[(16.5＋16.5＋16.5)＋(1.7＋0.2＋1.7＋0.2＋1.7＋0.2)＋0.76＋1.5]×4＋[16.5＋(1.7＋0.2)＋0.76＋1.5]×3＝201.82(m)

RVS—(6×0.5)＝[17.5(水平长度)＋(1.7＋0.2)(垂直长度)＋(0.76＋1.5)(预留长度)]×3(导线根数)＝64.98(m)

RVB—(2×1.5)＝[17(水平长度)＋(1.7＋0.2)(垂直长度)＋(0.76＋1.5)(预留长度)]×(导线根数)＝21.16(m)

ZR—BV—1.0＝[18(水平长度)＋(1.7＋0.2)(垂直长度)＋(0.76＋1.5)(预留长度)]×16(导线根数)＋[18(水平长度)＋(1.7＋0.2)(垂直长度)＋(0.76＋1.5)(预留长度)]×4(导线根数)＋[72(水平长度)＋(6.8＋0.8)(垂直长度)＋(0.76＋1.5)(预留长度)]×12(导线根数)＝1425.52(m)

ZR—BV—2.5＝[(16.5(水平长度)＋(1.7＋0.2)(垂直长度)＋(0.76＋1.5)(预留长度)]×2(导线根数)＝41.32(m)

(6) 金属软管管内穿线：

探测器

RV—1.0＝1(垂直长度)×22(探测器数量)×4(导线根数)＝88(m)

广播扬声器

RVB—(2×1.5)＝1(垂直长度)×6(吸顶扬声器数量)×1(导线根数)＝6(m)

以上一层消防平面图中水平和垂直管线计算完毕，三～十二层消防平面图中管线计算方法与一层相同，这里不再叙述。

10. 接线箱安装

接线箱安装以"个"为单位计算。本例 1～12 层采用的接线箱和模块箱共 44 个，其中消防系统接线箱 320mm×440mm×160mm 1 个，消防系统接线箱 250mm×400mm×160mm 11 个；模块箱 350mm×350mm×100mm 32 个。

11. 接线盒安装

接线盒安装以"个"为单位计算。本例 1～12 层采用的接线盒均暗装在棚内、墙内，工程量 608 个。其中 ZA1914/B1 模块预埋盒 39 个；ZA1914/S1 手动报警开关预埋盒 35 个；86H60 预埋盒 534 个。

12. 消防分机安装

消防分机安装以"部"为单位计算。本例 1～12 层采用固定式火警对讲电话，工程量 6 部。

13. 消防电话插孔安装

消防电话插孔安装以"个"为单位计算。本例 1～12 层采用电话插孔 ZA2714，工程量 35 个。

14. 功率放大器安装

功率放大器安装以"台"为单位计算。本例 1～12 层采用 ZA2731 备用功率放大器，工程量 1 台。

15. 功率放大器安装

功率放大器安装以"台"为单位计算。本例采用 ZA2731 工作功率放大器，工程量 1 台。

16. 录放盘安装

录音机安装以"台"为单位计算。本例采用 ZA2721 广播录放盘，工程量 1 台。

17. 吸顶式扬声器安装

吸顶式扬声器安装以"只"为单位计算。本例 1～12 层采用 ZA2724、3w 吸顶式扬声器，工程量 40 只。

18. 壁挂式扬声器安装

壁挂式扬声器安装以"只"为单位计算。本例 1～12 层采用 ZA2725、3w 壁挂式扬声器，工程量 1 只。

19. 正压送风阀检查接线

正压送风阀检查接线以"个"为单位计算。本例 1～12 层正压送风阀工程量 24 个。

20. 排烟阀检查接线

排烟阀检查接线以"个"为单位计算。本例 1～12 层排烟阀工程量 14 个。

21. 防火阀检查接线

防火阀检查接线以"个"为单位计算。本例 1～12 层防火阀工程量 12 个。

22. 感烟探测器安装

感烟探测器安装以"只"为单位计算。本例 1～12 层感烟探测器采用 ZA6011，工程量 323 只。

23. 感温探测器安装

感温探测器安装以"只"为单位计算。本例 1~12 层感温探测器采用 ZA6031，工程量 4 只。

24. 报警控制器安装

报警控制器安装以"台"为单位计算。本例区域报警控制器采用 ZA6351/MA，工程量 2 台。

25. 报警联动一体机安装

报警联动一体机安装以"台"为单位计算。本例采用 ZA6351/MA 集中报警控制器，工程量 1 台。

26. 压力开关安装

压力开关安装以"套"为单位计算。本例 1~12 层压力开关工程量 2 套。

27. 水流指示器安装

水流指示器安装执行隐藏式开关定额项目，以"套"为单位计算。本例 1~12 层水流指示器工程量 12 个。

28. 声光报警器安装

声光报警器安装以"只"为单位计算。本例 1~12 层采用 ZA2112 声光报警器，工程量 24 只。

29. 控制模块安装

控制模块安装以"只"为单位计算。输入模块、强电切换盒、总线短路隔离器、控制模块均执行控制模块安装定额项目。本例 1~12 层采用 ZA6132 输入模块，工程量 25 只；采用 ZA2224 强电切换盒，工程量 22 只；采用 ZA6152 总线短路隔离器，工程量 12 只；采用 ZA6211 控制模块，工程量 84 只，合计 143 只。

30. 自动报警系统装置调试

自动报警系统装置调试以"系统"为单位计算。本例自动报警系统装置调试为 1 个系统。

31. 广播扬声器、消防分机及插孔调试

广播扬声器、消防分机及插孔调试以"个"为单位计算。本例 1~12 层广播扬声器为 41 个；消防分机为 6 个；话机插孔 35 个。合计 82 个。

32. 水灭火系统控制装置调试

水灭火系统控制装置调试以"系统"为单位计算。本例水灭火系统控制装置调试为 1 个系统。

33. 正压送风阀、排烟阀、防火阀调试

正压送风阀、排烟阀、防火阀调试以"处"为单位计算。本例 1~12 层正压送风阀 24 处；排烟阀 14 处；防火阀 12 处。合计 50 处。

34. 管道刷漆

管道刷漆以"m^2"为单位计算。本例电气管井内钢管应刷耐火极限不小于 1 小时的防火涂料，防火涂料刷两遍，工程量 $31.84m^2$。

35. 工程量计算表和工程量汇总表

第四节 消防预算

本例中工程量计算表见表 5-25，工程量汇总表如表 5-26 所示。

工程量计算表 表 5-25

工程名称：消防安装工程

序号		工程名称	计算式	单位	工程量
1		控制屏安装	ZA5711、ZA6211	台	2
2		配电屏安装	ZA2532、ZA1951/30、ZA1952/24	台	3
3		集中控制台安装	ZA6152	台	1
4		按钮安装	ZA6122 B 62 个 ZA6121B 35 个	个	97
5		一般铁构件制作	∠63×6	kg	275.00
6		一般铁构件安装	∠63×6	kg	275.00
7		砖、混凝土结构钢管明配			
		H	SC20(5.3−0.44+0.2)×(2−1)+(3.5−0.4+0.2)×(11−1)	m	38.06
		G	SC15(5.3−0.44+0.2)×(2−1+3.5−0.4+0.2)×(11−1)	m	38.06
		L2−1～4	SC25(5.3+0.1)×(2−1)+3.5×(11−1)	m	40.40
		L1−2～3	SC25(5.3−0.44+0.2)×(2−1)+(3.5−0.4+0.2)×(2−1)	m	8.36
		L1−3	SC25(3.5−0.4+0.2)×(3−1)	m	6.60
		L1−4～7	SC25(5.3−0.44+0.1)×(2−1)+3.5×(6−1)	m	22.46
		L1−5～7	SC25(3.5−0.4+0.2)×(3−1)	m	6.60
		L1−6～7	SC25(3.5−0.4+0.2)×(3−1)	m	6.60
		L1−7	SC25(3.5−0.4+0.2)×(2−1)	m	3.30
		DZ+D	SC15(5.3−0.44+0.2)×(2−1)+(3.5−0.4+0.2)×(11−1)	m	38.06
8		砖、混凝土结构钢管暗配			
(1)		一层火灾报警线路			
	①	感烟探测器回路(水平)	SC20 1.6+5+1.4+3.6+2.6+1.2+3+3.5+3.5+4.6+3.6+3.8+2.6+3.5+3.4+3.4+12.6+7.4+6.6+6.4+4+6.5+4+6.2+1.6	m	105.60
	②	一层消火栓控制按钮回路(水平)	SC20 2+7.6+9.4+2.6+3+2+1.2	m	27.80
	③	感温探测器回路(水平)	SC20 3+1.4+1.2	m	5.60
	④	X1−1→水流指示器回路(水平)	SC20 2.2	m	2.20
	⑤	X1−1→安全信号阀回路(水平)	SC20 2.8	m	2.80
	⑥	X1−2→CXD1−1 回路(水平)	SC20 0.4	m	0.40
	⑦	X1−2→CXM1 回路(水平)	SC20 0.8	m	0.80
	⑧	X1−3→AEL1−1 回路(水平)	SC20 1.2	m	1.20
	⑨	X1−4→AEL1−2 回路(水平)	SC20 0.6	m	0.60

续表

序号	工程名称	计算式	单位	工程量
⑩	控制模块→JL1回路(水平)	SC20 0.6	m	0.60
⑪	控制模块→SF1—1回路(水平)	SC20 1	m	1
⑫	控制模块→SF1—2回路(水平)	SC20 1.2	m	1.20
⑬	输入模块→压力开关回路(水平)	SC20 2.2	m	2.20
⑭	X1—1→声光报警器回路(水平)	SC15 26.2	m	26.20
(2)	一层消防通讯线路(水平)	SC15 18+23	m	41
(3)	一层事故广播线路(水平)	SC15 11+7.5+12.5+12+7.5+15+6.5+2.5	m	74.50
(4)	一层 FJX—1→消防控制室线路(水平)			
①	火灾报警			
	L1—1~3	SC25 16.5	m	16.50
	L1—4~7	SC25 16.5	m	16.50
	L2—1~4	SC25 16.5	m	16.50
②	事故广播 G	SC15 17	m	17
③	火警通讯 H	SC20 17.5	m	17.50
④	气体灭火	SC20 18	m	18
		SC20 18	m	18
		SC32 18×4	m	72
⑤	直流电源	SC15 16.5	m	16.50
(5)	一层消防控制室—墙外119电话预埋管	SC20 6(水平)+1(埋深)+0.1(引出地面)	m	7.10
(6)	一层火灾报警线路垂直工程量			
	接线箱：FJX—1	SC20(5.3−1.5−0.44)×1	m	3.36
	事故广播回路	SC15(5.3−1.5−0.44)×1	m	3.36
	声光报警回路	SC15(5.3−1.5−0.44)×1	m	3.36
	控制模块	SC20 0.6+0.6+0.6+1.2	m	3
	控制模块	SC25	m	0.60
	输入模块	SC20	m	1.20
	手动报警按钮	SC20(5.3−1.5−0.2−0.3)×2	m	6.60
	消火栓报警按钮	SC20 29.7+9.3	m	39
(7)	一层事故广播线路	SC15	m	1.40
(8)	一层消防通讯线路	SC20 3.5+3.2	m	6.70
(9)	一层 FJX—1—消防控制室线路	SC20 1.7+1.7+1.7+0.2+0.2+0.2	m	5.70
		SC15 1.7+1.7+0.2+0.2	m	3.80
		SC25 1.7+1.7+1.7+0.2+0.2+0.2	m	5.70
		SC32 6.8+0.8	m	7.60

第四节 消防预算

续表

序号	工程名称	计算式	单位	工程量
(10)	一层模块箱等处立管长度			
	X1—2—CMX1、CXD1—1	SC20(5.3−0.2−0.3−0.35+0.1−1.5−0.5+0.1)×2	m	5.30
	X1—3—AEL1—1	SC20 2.65	m	2.65
	X1—4—AEL1—2	SC20 2.65	m	2.65
	X1—1—声光报警器	SC20(0.3+0.1)+(0.5+0.1)×3	m	2.20
	X1—1—水流指示器	SC20(0.3+0.1)+(0.5+0.1)×1	m	1
	X1—1—安全信号阀	SC20(0.3+0.1);(0.8+0.1)×1	m	1.30
	输入模块—压力开关	SC20(5.3−0.2−0.5)+0.1+(0.1+1.1)×3	m	8.30
	控制模块—SF1—1	CP20 1	m	1
	控制模块—SF1—2	CP20 1.6	m	1.60
	控制模块—JL1	SC20 5.3−0.2−0.5−2+0.1	m	2.70
	探测器	EP20(0.8+0.2)×22	m	22
	扬声器	EP15(0.8+0.2)×7	m	7
9	管内穿线			
(1)	电气管井内消防线路			
①	通讯线路 H	RVS−(2×0.5)(38.06+(0.32+0.44)+(0.25+0.4)+2×(0.25+0.4)×(11−1)]×3	m	157.41
⑦	事故广播线路 G	R~S−(2×0.5)(38.08+(0.32+0.44)+(0.25+0.4)+2×(0.25+0.4)×(11−1)]×1	m	52.47
③	自动报警及控制线路 12—1~4	RV−1.0mm²(40.4+0.76)×8	m	329.28
		RV−1.5mm²(40.4+0.76)×4	m	164.64
	L1—2—3	RV−1.0mm²[8.36+(0.32+0.44)+(0.25+0.4)×3]×4	m	44.36
		RV−1.5mm²[8.36+(0.32+0.44)+(0.25+0.4)×3]×2	m	22.18
	L1—3	RV−1.0mm²[6.6+(3−1)×0.65]×2	m	15.80
		RV−1.5mm²[6.6+(3−1)×0.65]×1	m	7.90
	L1—4—7	RV−1.0mm²(22.46+0.76+0.65×3)×8	m	201.36
		RV−1.5mm²(22.46+0.76+0,65×3)×4	m	1130.68
	L1—5~7	RV−1.0mm²(6.6+0.65×4)×6	m	55.20
		RV−1.5mm²(6.6+0.65×4)×3	m	27.60
	L1—6~7	RV−1.0mm²(6.6+0.65×4)×4	m	36.80
		RV−1.5mm²(6.6+0.65×4)×2	m	18.40
	L1—7	RV−1.0mm²(3.3+0.65×2)×2	m	9.20
		RV−1.5mm²(3.3+0,65×2)×1	m	4.60

续表

序号	工程名称	计算式	单位	工程量
④	ZD+D	ZR—Bv—2.5mm²[38.06+0.76+0.65+2×0.65×(11-1)]×3	m	157.41
(2)	一层火灾报警线路			
①	感烟探测器回路	RV—1.0mm²(105.6+3.36+1.2+0.6+0.76)×4	m	446.08
		RV—1.5mm²(105.6+3.36+1.2+0.6+0.76)×2	m	223.04
②	消火栓控制按钮回路	RV—1.0mm²[(19+2.6+3+2+1.2)+0.6+9.3]×2	m	134.80
		RV—1.5mm²((19+2.6+3+2+1.2)+0.6+9.3]×3	m	202.20
③	感温探测器回路	RV—1.0mm²(5.6+0.6)×2	m	12.40
④	X1—1→水流指示器回路	RV—1.0mm²(2.2+1+0.7)×4	m	15.60
⑤	X1—1→安全信号阀回路	RV—1.0mm²(2.8+1.3+0.7)×4	m	19.40
⑥	X1—1→声光报警器回路	ZR—BV—1.5mm²(26.2+2.2+0.7)×3	m	87.30
⑦	手动报警按钮回路	RV—1.0mm² 7.4×2	m	14.80
⑧	X1—2→CXD1 回路	RV—1.0mm²(0.4+2.7+0.7+1.2)×4	m	20.00
⑨	X1—2→CXM1 回路	RV—1.0mm²[0.8+2.7+(0.7+1.2)]×4	m	21.60
⑩	X1—3→AEL1—1 回路	RV—1.0mm²[1.2+2.65+(0.7+1.2)]×3	m	17.25
⑪	X1—4→AEL1—2 回路	RV—1.0mm²[0.6+2.65+(0.7+1.2)]×3	m	15.45
⑫	控制模块→JL1 回路	RV—1.0mm²(0.6+0.6+2.7+1.2)×8	m	40.80
⑬	控制模块→SF1—1 回路	RV—1.0mm²(1+0.6+1)×3	m	7.80
⑭	控制模块→SF1—2 回路	RV—1.0mm²(1.2+0.6+1.6)×3	m	10.20
⑮	输入模块→压力开关回路	RV—1.0mm²(2.2+8.3+0.6)×2	m	22.20
(3)	一层消防通讯线路	RVS—(2×0.5)(18+3.2)×1(电话插孔)	m	21.20
		RVS—(2×0.5)(23+3.5)×3(电话)	m	159
(4)	一层事故广播线路	RVB—(2×1.5)=[(74.5+17)+(3.36+1.4+1.7+0.2)+0.76]×2	m	258.32
(5)	一层FJX—1→消防控制室线路	RV—1.0mm²[(16.5+16.5)+(1.7+0.2+1.7+0.2)+0.76+1.5]×8[16.5+(1.7+0.2)+0.76+1.5]×6	m	436.44
		RV—1.5mm²[(16.5+16.5+16.5)+(1.7+0.2+1.7+0.2+1.7+0.2)+0.76+1.5]×4+[16.5+(1.7+0.2)+0.76+1.5]×3	m	291.82
		RVS—(2×0.5)[17.5+(1.7+0.2)+(0.76+1.5)]×3	m	64.98
		RVB—(2×1.5)[1.7+(1.7+0.2)+(0.76+1.5)]×1	m	21.16
		ZR—BV—1.0mm²[18+(1.7+0.2)+(0.76+1.5)]×4+[72+(6.8+0.8)+(0.76+1.5)]×12+[18+(1.7+0.2)+(0.76+1.5)×16	m	1425.52

续表

序号	工程名称	计算式	单位	工程量
(5)	一层 FJX—1→消防控制室线路	ZR—BV—2.5mm²[(16.5+(1.7+0.2)+(0.76+1.5)]×2	m	41.32
(6)	金属软管内探测器、广播扬声器回路	RV—1.0mm² 1×22×4	m	88.00
		RVB—(2×1.5)1×6×1	m	6.00
10	接线箱安装	32(模块箱)+12(接线箱)	个	44
11	接线盒安装	42(模块盒)+35(话机插口)+35(手报)+41(扬声器)+12(短路器)+6(电话)+323(感烟)+4(感温)+24(声光报警)+62(消报)+2(过缝)	个	586
12	消防通讯分机安装	3(一层)+1(二层)+2(九层)	部	6
13	消防通讯电话插孔安装	2(一层)+3(二层)+3(标准层)×10	个	35
14	功率放大器安装	ZA2731(备用 150W)	台	1
15	功率放大器安装	ZA2731(工作 250W)	台	1
16	录放盘安装	ZA2721	台	1
17	吸顶式扬声器安装	ZA27243W	只	40
18	壁挂式扬声器安装	ZA27253W	只	1
19	正压送风阀检查接线	2×12层	个	24
20	排烟阀检查接线	4(二层)+1×10(三层—十二层)	个	14
21	防火阀检查接线	1×12(层)	个	12
22	感烟探测器安装	ZA6011	只	323
23	感温探测器安装	ZA6031	只	4
24	报警控制器安装	ZA6351/MA	台	2
25	报警联动一体机安装	ZA6351/MA	台	1
26	压力开关安装	2(一层)	套	2
27	水流指示器安装	1×12(层)	套	12
28	声光报警器安装	2×12(层)	只	24
29	控制模块安装	25(ZA6132 输入模块)+22(强电切换盒 ZA2224)+12(总线短路隔离器 ZA6152)+84(控制模块 ZA6211)	只	143
30	自动报警系统装置调试		系统	1
31	广播扬声器、消防分机及插孔调试	41(广播扬声器)+6(消防分机)+(35)插孔	个	82
32	水灭火系统控制装置调试		系统	1
33	正压送风阀、排烟阀、防火阀调试	24(正压送风阀)+14(排烟阀)12(防火阀)	处	50
34	管道刷防火漆	第一遍	m²	15.92
		第二遍	m²	15.92

四、套用定额单价,计算定额直接费

1. 所用定额单价和材料预算价格

(1) 本例所用定额为全国统一安装工程预算定额第二册、第七册、第十一册和黑龙江省建设工程预算定额(电气)。

工程名称：住宅楼照明工程　　　　工程量汇总表　　　　表 5-26

序号	定额编号	分项工程名称	单	数量	序号	定额编号	分项工程名称	单	数量
1	2-236	控制屏安装	台	2	24	7-12	按钮安装	只	97
2	2-240	配电屏安装	台	3	25	7-13	控制模块安装	只	143
3	2-260	集中控制台安装	台	1	26	7-26	报警控制器安装	台	2
4	2-358	一般铁构件制作	100kg	2.75	27	7-45	报警联动一体机安装	台	1
5	2-359	一般铁构件安装	100kg	2.75	28	7-50	声光报警器安装	只	24
6	2-997	砖、混结构明配	100m	0.76	29	7-54	125W功率放大器安装	台	1
7	2-998	砖、混结构明配	100m	0.38	30	7-55	250W功率放大器安装	台	1
8	2-999	砖、混结构明配	100m	0.94	31	7-56	录放盘安装	台	40
9	2-1008	砖、混结构暗配	100m	1.87	32	7-58	吸顶式扬声器安装	只	1
10	2-1009	砖、混结构暗配	100m	3.05	33	7-59	壁挂式扬声器安装	只	6
11	2-1010	砖、混结构暗配	100m	0.56	34	7-64	消防通讯分机安装	部	35
12	2-1011	砖、混结构暗配	100m	0.80	35	7-65	消防通讯电话插孔安装	个	1
13	2-1151	金属软管敷设	10m	0.07	36	7-198	自动报警系数装置调试	系统	1
14	2-1152	金属软管敷设	10m	0.25	37	7-202	水灭火系统控制装置调试	系统	8.2
15	2-1196	消防线路管内穿线	100m单线	38.95	38	7-203	广播扬声器、消防分机及插孔调试	10只	5
16	2-1197	消防线路管内穿线	100m单线	11.50	39	7-207	正压送风阀、排烟阀、防火阀调试	10只	2
17	2-1198	消防线路管内穿线	100m单线	1.99	40	7-216	压力开关安装	套	12
18	2-1199	消防线路管内穿线	100m单线	2.86	41	7-221	水流指示器安装	套	24
19	2-1373	明装接线箱安装	10个	4.3	42	黑16-13	正压送风阀检查接线	个	14
20	2-1374	明装接线箱安装	10个	0.1	43	黑16-14	排烟阀检查接线	个	12
21	2-1377	暗装接线箱安装	10个	58.6	44	黑16-15	防火阀检查接线	个	
22	7-6	感烟探测器安装	只	323	45	11-78	钢管刷第一遍防火漆	m²	15.92
23	7-7	感温探测器安装	只	4	46	11-79	钢管刷第二遍防火漆	m²	15.92

第四节 消防预算

主要材料费计算表

表 5-27

工程名称：消防安装工程

顺序号	定额编号	分项工程或费用名称	工程量 定额单位	工程量 数量	预算价值(元) 定额单价	预算价值(元) 总价	其中 人工费 单价	其中 人工费 金额	其中 材料费 单价(元)	其中 材料费 金额(元)
1		∠63×63×6	kg	288.75	22.2	863.03			2.22	863.03
2		SC15	kg	341.63	2.58	881.41			2.58	881.41
3		SC20	kg	575.63	2.58	1485.13			2.58	1485.13
4		SC25	kg	374.19	2.53	946.70			2.53	946.70
5		SC32	kg	247.92	2.50	619.80			2.50	619.80
6		CP20	kg	25.34	3.35	84.89			3.35	84.89
7		CP15	m	7.21	2.35	16.94			2.35	16.94
8		ZR-BV-1.0mm²	m	1496.25	0.45	673.31			0.45	673.31
9		ZR-BV-1.5mm²	m	91.67	0.62	56.84			0.62	56.84
10		ZR-BV-2.5mm²	m	208.67	0.97	202.41			0.97	202.41
11		RVS−(2×0.5)	m	477.81	0.56	267.57			0.56	267.57
12		RVB−(2×1.5)	m	300.22	1.79	537.39			1.79	537.39
13		RV−1.0mm²	m	2115.56	0.36	761.60			0.36	761.60
14		RV−1.5mm²	m	116.21	0.50	401.84			0.50	401.84
15		模块预埋盒 ZA1914/B1	个	39.78	28.96	1152.03			28.96	1152.03
16		手报预埋盒 ZA1914/S1	个	35.7	28.96	1033.87			28.96	1033.87
17		预埋盒 86H60	个	175.44	1.92	336.84			1.92	336.84
18		话机插口 ZA2714	套	35	74.97	2623.95			74.97	2623.95
		小计				12945.55				12945.55

（2）定额单价采用 2002 年黑龙江省建设工程预算定额哈尔滨市单价表。

（3）材料预算价格采用 2002 年哈尔滨市建设工程材料预算价格表。

2. 编制主要材料费计算表

本例主要材料费计算表见表 5-27。

3. 编制消防设备费用表

本例消防设备费用表见表 5-28。

消防设备费用表　　　　　　　　表 5-28

序　号	设备名称及型号	单价(元)	数　量	合计金额(元)
1	集中火灾通用报警控制器 ZA6351MA/254	64057.07	1	64057.07
2	区域火灾通用报警控制器 ZA6351MA/1016	1847.57	2	3695.14
3	电源监控盘 ZA2532	2182.38	1	2182.38
4	直流供电电源 ZA1951/30	4955.28	1	4955.28
5	浮充备用电源 ZA1952/24	4113.14	1	4113.14
6	控制琴台 ZA1942	4970.68	1	4970.68
7	消火栓按钮 ZA6122B	274.21	62	17001.02
8	接线箱 ZA1921/100	64057.07	1	393.34
9	接线箱 ZA1921/40	1847.57	11	3197.04
10	模块箱 350×350×100	2182.38	32	9957.76
11	固定式编址火警电话分机 ZA5712	4955.28	6	5693.70
12	广播功率放大器 ZA2731	4113.14	1	30835.68
13	紧急广播扬声器 ZA27243W(吸顶)	4970.68	40	7271.20
14	控制模块 ZA6211	274.21	84	53658.36
15	输入模块 ZA6132	284.48	25	7112.00
16	强电切换盒 ZA2224	230.00	22	5060.00
17	紧急广播扬声器(壁挂式)ZA2725	141.73	1	141.73
18	声光报警器 ZA2112	452.91	24	10869.84
19	离子感烟探测器 ZA6011	434.42	323	140317.66
20	多态感温探测器 ZA6031	403.61	4	1614.44
21	手动报警按钮 ZA6121B	257.78	35	9022.30
22	火警通讯控制装置 ZA5711A	25619.54	1	25619.54
23	气体灭火控制装置 ZA3211A/4	5484.18	1	5484.18
24	总线短路隔离器 ZA6152	226.97	12	2723.64
25	微机 CRT 显示控制系统 ZA4431	102849.90	1	102849.90
	设备总价			522797.02

4. 编制定额直接费计算表

对表中的有关问题说明如下。

（1）表中工程量的钢管、导线按一层消防平面图计算，电气管井中管线按一～十二层计算，其他设备按一～十二层计算。

（2）消防控制室设备按就地安装考虑。

（3）定额直接费计算表见表 5-29。

五、计算安装工程费用、汇总单位工程造价

消防安装工程费用计算表见 5-30。

第四节 消防预算

单位工程名称

定额直接费计算表

表 5-29

顺序号	定额编号	分部分项工程名称	单位	工程量	单价(元)	合价(元)	人工费 单价(元)	人工费 金额(元)	其中 材料费 单价(元)	其中 材料费 金额(元)	机械费 单价(元)	机械费 金额(元)
1	2-236	控制屏安装	台	2	190.45	380.90	108.45	216.90	21.03	42.06	60.97	121.94
2	2-240	配电屏安装	台	3	192.39	577.17	108.22	324.66	23.20	69.60	60.97	182.91
3	2-260	集中控制台安装	台	1	638.17	683.17	411.84	411.84	78.58	78.58	192.75	192.75
4	2-358	一般铁构件制作	100kg	2.75	437.65	1203.54	247.10	679.53	85.14	234.14	105.41	289.87
5	2-359	一般铁构件安装	100kg	2.75	257.74	708.79	160.62	441.71	16.64	45.76	80.48	221.32
6	2-997	砖混结构明配	100m	0.76	411.40	312.66	270.90	205.88	99.39	75.54	41.11	31.24
7	2-998	砖混结构明配	100m	0.38	446.11	169.52	287.83	109.38	117.17	44.52	41.11	15.62
8	2-999	砖混结构明配	100m	0.94	528.80	497.07	331.30	311.42	138.31	130.01	59.19	55.64
9	2-1008	砖混结构明暗配	100m	1.87	228.55	427.39	154.44	288.80	33.00	61.71	41.11	76.88
10	2-1009	砖混结构明暗配	100m	3.05	246.51	751.86	164.74	502.46	40.66	124.01	41.11	125.39
11	2-1010	砖混结构明暗配	100m	0.56	318.18	178.18	199.74	111.85	59.25	33.18	59.19	47.35
12	2-1011	砖混结构明暗配	100m	0.80	347.73	278.18	212.56	170.05	75.98	60.78	59.19	47.35
13	2-1153	金属软管敷设	10m	0.7	106.14	74.30	58.12	40.68	48.02	33.61		
14	2-1154	金属软管敷设	10m	2.5	130.22	325.55	72.53	181.33	57.69	144.22		
15	2-1196	管内穿线	100m	38.05	24.51	932.61	15.56	592.06	8.95	340.55		
16	2-1197	管内穿线	100m	11.50	24.82	285.43	15.79	181.59	9.03	103.85		
17	2-1198	管内穿线	100m	1.99	25.57	50.88	16.02	31.88	9.55	19.00		
18	2-1198	管内穿线	100m	2.86	28.24	80.77	17.16	49.08	11.08	31.69		
19	2-1373	明装接线箱安装	10个	4.3	239.53	1029.98	218.28	938.60	21.25	91.38		
20	2-1374	明装接线箱安装	10个	0.1	310.28	31.03	295.15	29.52	15.13	1.51		
21	2-1317	暗装接线盒安装	10个	58.6	19.61	1149.15	10.30	603.58	9.31	545.57		
22	7-6	感烟探测器安装	只	323	11.70	3779.10	8.69	2806.87	2.78	897.94	0.23	74.29
23	7-7	感温探测控制	只	4	11.56	46.24	8.69	34.76	2.82	11.28	0.05	0.20
24	7-12	按钮安装	只	97	14.74	1429.78	12.81	1242.57	1.56	151.32	0.37	35.89
25	7-13	控制模块安装	只	143	63.64	9100.52	55.14	7885.02	7.61	1088.23	0.89	127.27
26	7-26	报警控制器安装	台	2	788.10	1576.20	547.75	1095.50	54.76	109.52	185.59	371.18

续表

顺序号	定额编号	分部分项工程名称	单位	工程量	单价(元)	合价(元)	人工费 单价(元)	人工费 金额(元)	其中 材料费 单价(元)	其中 材料费 金额(元)	机械费 单价(元)	机械费 金额(元)
27	7-45	报警联动一体机安装	台	1	1111.19	1111.19	922.52	922.52	45.19	45.19	143.48	143.48
28	7-50	声光报警器安装	只	24	21.34	512.16	18.08	433.92	2.99	71.76	0.27	6.48
29	7-54	125功率放大器安装	台	1	20.83	20.83	13.73	13.73	7.10	7.10		
30	7-55	250功率放大器安装	台	1	24.71	24.71	17.16	17.16	7.55	7.55		
31	7-56	录放盘安装	台	1	21.53	21.53	14.41	14.41	7.12	7.12		
32	7-58	吸顶式扬声器安装	只	40	8.80	352.00	5.72	228.80	2.88	115.20	0.20	8.00
33	7-59	装式扬声器安装	只	1	6.91	6.91	4.58	4.58	2.13	2.13	0.20	0.20
34	7-64	消防通讯分机安装	部	6	10.68	64.08	5.03	30.18	5.65	33.90		
35	7-65	消防通讯电话插孔安装	个	35	4.64	162.40	2.75	96.25	1.89	66.15		
36	7-198	自动报警系统装置调试	系统	1	8676.34	8676.34	6217.18	6217.18	1142.98	1142.98	1316.18	1316.18
37	7-202	水灭火系统控制装置调试	系统	1	4301.26	9301.26	8384.45	8384.45	235.36	235.36	717.45	717.45
38	7-203	广播扬声器	10只	8.2	155.80	1277.56	34.32	281.42	109.82	900.52	11.66	95.61
39	7-207	消防通讯电话插孔安装	10处	5	197.49	987.45	103.19	515.95	83.93	419.65	10.37	51.85
40	7-216	压力开关安装	套	2	23.02	46.04	18.30	36.60	2.11	4.22	2.61	5.22
41	7-221	水流指示器安装	套	12	23.32	279.84	18.30	219.60	2.41	28.92	2.61	31.32
42	黑16-13	正压送风阀安装	10个	2.4	40.24	96.58	37.75	90.60	1.96	4.70	0.53	1.27
43	黑16-14	排烟阀检查接线	10个	1.4	39.10	54.74	36.61	51.25	1.96	2.74	0.53	0.74
44	黑16-15	防火阀检查接线	10个	1.2	36.81	44.17	34.32	41.18	1.96	2.35	0.53	0.64
45	11-78	钢管刷第一遍防火漆	m²	15.92	11.80	187.86	8.01	127.52	3.79	60.34		
46	11-79	钢管刷第二遍防火漆	m²	15.92	11.36	180.85	8.01	127.52	3.35	53.33		
47		防火漆	kg	1.74	23.01	40.4		40.4	23.01			
		合计				49508.54		37306.34		7820.81		4381.33
		脚手架搭拆费	系数	5%	37306.34	1865.32	25%	466.33	75%	1398.99	—	
		高层建筑增加费	系数	2%	37306.34	746.13	37306.34	746.13				
		主要材料费				12945.55				12945.55		
		总计				65065.54		38518.80		22165.35		

单位工程名称

表 5-30

工程费用计费表

序号	工程费用名称	费率计算公式	金额(元)
(一)	直接费		65065.54
(A)	其中人工费	(A)×70.4%	38518.80
(二)	综合费用	(A)×85%	27117.24
(三)	利润	(1)+…+(9)	32740.98
(四)	有关费用	(A)× %	7222.28
(1)	运地施工增加费	(A)× %	
(2)	特种保健津贴	(A)× %	
(3)	赶工措施增加费	(A)× %	
(4)	文明施工增加费	(A)×18.75%	7222.28
(5)	集中供暖等专项费用		
(6)			
(7)	材料价差		
(8)			
(9)	工程风险系数	[(一)+(三)]× %	
(五)	劳动保险基金	[(一)+(二)+(三)+(四)]×3.32%	4387.25
(六)	工程定额测定费	[(一)+(二)+(三)+(四)]×0.1%	132.15
(七)	税金	[(一)+(二)+(三)+(四)+(五)+(六)]×3.41%	4660.29
(八)	消防设备费		522797.02
(九)	单位工程费用	(一)+(二)+(三)+(四)+(五)+(六)+(七)+(八)	664122.75

编制说明:

一、本施工图为×××市某综合楼工程消防施工图,图纸由黑龙江省建设设计研究院设计,图纸共3张。

二、本施工图预算采用2002年黑龙江省建设工程预算定额(第二册电气设备安装工程)

三、本施工图预算采用全国统一安装工程预算定额工程材料预算价格表

四、本施工图预算采用2002年黑龙江省建设工程材料预算价格哈尔滨市单价表

五、本施工图预算执行2000年黑龙江省建筑安装工程费用定额

六、本施工图预算之外发生的费用以现场签证形式计入结算

七、工程地点:市内

八、工程类别:一类

九、本工程2004年4月5日开工,2005年5月1日竣工

六、工程量清单计价与招投标

加入 WTO 以后，我国市场经济体制的迅速发展，建筑工程造价管理体制逐步由传统的定额计价模式转向国际惯用的工程量清单计价模式。为了增强工程清单计价办法的权威性和强制性，规范建设工程工程量清单计价行为，统一建设工程工程量清单的编制和计价方法，根据《中华人民共和国招标投标法》及建设部令第 107 号《建筑工程施工发包与承包计价管理办法》，建设部于 2003 年 2 月 17 日正式颁发了国家标准《建设工程工程量清单计价规范》（GB 50500—2003），作为强制性标准，于 2003 年 7 月 1 日在全国统一实施。

采用工程量清单计价，能够更直观准确地反映建设工程的实际成本，更加适用于招标投标定价的要求，增加招标投标活动的透明度，在充分竞争的基础上降低工程造价，提高投资效益。国有资金投资建设的工程项目，必须采用工程量清单计价方法，实行公开招标。

工程量清单计价方法，是指在建设工程招投标中，招标人或招标人委托具有资质的中介机构编制反映工程实体消耗和措施性消耗的工程量清单，并作为招标文件的一部分提供给投标人，由投标人依据工程量清单自主报价的计价方式。在工程招投标中，采用工程量清单计价是国际通行的做法。

（一）工程量清单的基本概念

1. 工程量清单的含义与特点

（1）工程量清单（BOQ：Bill of Quantity）的含义有：

① 工程量清单是按照招标要求和施工设计图纸要求，将拟建招标工程的全部项目和内容依据统一的工程量计算规则和子目分项要求，计算分部分项工程实物量，列在清单上作为招标文件的组成部分，供投标单位逐项填写单价用于投标报价。

② 工程量清单是把承包合同中规定的准备实施的全部工程项目和内容，按工程部位、性质以及它们的数量、单价、合价等列表表示出来；用于投标报价和中标后计算工程价款的依据。工程量清单是承包合同的重要组成部分。

③ 工程量清单，严格地说不单是工程量，工程量清单已超出了施工设计图纸量的范围，它是一个工作量清单的概念。

工程量清单计价的准确含义为：

① 工程量清单：工程量清单是表现拟建工程的分部分项工程项目、措施项目、其他项目名称及其相应工程数量的明细清单。

② 工程量清单计价：工程量清单计价是指投标人完成由招标人提供的工程量清单所需的全部费用，包括分部分项工程费、措施项目费、其他项目费和规费、税金。

③ 工程量清单计价方法：工程量清单计价方法是指建设工程招标投标中，招标人按照国家统一的工程量计算规则提供工程数量，由投标人依据工程量清单自主报价，并按照经评审低价中标的工程造价的计价方法。

④ 建设工程工程量清单计价规范：《建设工程工程量清单计价规范》是统一工程量清单编制、规范工程量清单计价的标准，是调节建设工程招标投标中使用清单计价的招标人、投标人双方利益的规范性文件。《计价规范》是我国在招标投标工程中实行工程量清单计价的基础，是参与招标投标各方进行工程量清单计价应遵守的准则，是各级建设行政主管部门对工程造价计价活动进行监督管理的重要依据。

(2) 工程量清单计价特点：《计价规范》具有明显的强制性、竞争性、通用性和实用性。

① 强制性：强制性主要表现在：一是由建设主管部门按照强制性国家标准的要求批准颁布，规定全部使用国有资金或国有资金投资为主的大中型建设工程应按《计价规范》规定执行；二是明确工程量清单是招标文件的组成部分，并规定了招标人在编制工程量清单时必须遵守的规则。

② 竞争性：竞争性一方面表现在《计价规范》中从政策性规定到一般内容的具体规定，充分体现了工程造价由市场竞争形成价格的原则。《计价规范》中的措施项目，在工程量清单中只列"措施项目"一栏，具体采用什么措施，由投标人根据企业的施工组织设计，视具体情况报价。另一方面，《计价规范》中人工、材料和施工机械没有具体的消耗量，为企业报价提供了自主的空间。

③ 通用性：通用性的表现是我国采用的工程量清单计价是与国际惯例接轨的，符合工程量计算方法标准化、工程量计算规则统一化、工程造价确定市场化的要求。

④ 实用性：实用性表现在《计价规范》的附录中，工程量清单项目及工程量计算规则的项目名称表现的是工程实体项目，项目名称明确清晰，工程量计算规则简洁明了。

2. 工程量清单的作用（要求）与《计价规范》的编制原则

(1) 工程量清单的作用和要求：

① 工程量清单是编制招标工程标底价、投标报价和工程结算时调整工程量的依据。

② 工程量清单必须依据行政主管部门颁发的工程量计算规则、分部分项工程项目划分及计算单位的规定、施工设计图纸、施工现场情况和招标文件中的有关要求进行编制。

③ 工程量清单应由具有相应资质的中介机构进行编制。

④ 工程量清单格式应当符合有关规定要求。

(2)《计价规范》的编制原则：

① 企业自主报价、市场竞争形成价格的原则：为规范发包方与承包方的计价行为，《计价规范》确定了工程量清单计价的原则、方法和必须遵守的规则，包括统一编码、项目名称、计量单位、工程量计算规则等。工程价格最终由工程项目的招标人和投标人，按照国家法律、法规和工程建设的各项规章制度以及工程计价的有关规定，通过市场竞争形成。

② 与现行预算定额既有联系又有所区别的原则：《计价规范》的编制过程中，参照我国现行的全国统一工程预算定额，尽可能地与全国统一工程预算定额衔接，主要是考虑工程预算定额是我国经过多年的实践总结，具有一定的科学性和实用性，广大工程造价计价人员熟悉，有利于推行工程量清单计价，方便操作，平稳过渡。与工程预算定额有所区别主要表现在：定额项目是规定以工序为划分项目的；施工工艺、施工方法是根据大多数企业的施工方法综合取定的；工、料、机消耗量是根据"社会平均水平"综合测定的；取费标准是根据不同地区平均测算的。

③ 既考虑我国工程造价管理的实际，又尽可能与国际惯例接轨原则编制的《计价规范》，是根据我国当前工程建设市场发展的形势，为逐步解决预算定额计价中与当前工程建设市场不相适应的因素，适应我国社会主义市场经济发展的要求，特别是适应我国加入

世界贸易组织后工程造价计价与国际接轨的需要,积极稳妥地推行工程量清单计价。《计价规范》的编制,既借鉴了世界银行、菲迪克(FIDIC)、英联邦国家、香港地区等的一些做法,同时也结合了我国工程造价管理的实际情况。工程量清单在项目划分、计量单位、工程量计价规则等方面尽可能多地与全国统一定额相衔接,费用项目的划分借鉴了国外的做法,名称叫法上尽量采用国内的习惯叫法。

(二)工程量清单的编制

工程量清单,是用来表现拟建工程的分部分项工程项目、措施项目、其他项目的名称和相应数量的明细清单,它包括分部分项工程量清单、措施项目清单、其他项目清单三部分。工程量清单计价是指投标人完成由招标人提供的工程量清单所需的全部费用,包括分部分项工程费、措施项目费、其他项目费、规费、税金等部分。

工程量清单的编制是由招标人或招标人委托具有工程造价咨询资质的中介机构,按照工程量清单计价规范和招标文件的有关规定,根据施工设计图纸及施工现场的实际情况,将拟建招标工程的全部项目及其工作内容列出明细清单。

1. 工程量清单的特点

工程量清单与定额是两类不同的概念,定额表述的是完成某一工程项目所需的消耗量或价格,而工程量清单表述的是拟建工程所包含的工程项目及其数量,两者不可混淆

工程量清单具有如下特点:

(1)统一项目编码:工程量清单的项目编码采用 5 级编码设置,用 12 位数字表示。第 1 级~第 4 级编码是统一设置的,必须按照《建设工程工程量计价规范》的规定进行设置,第 5 级由编制人根据拟建工程的工程量清单项目名称设置,并自 001 起按顺序编制。各级编码的含义为:

① 第一级编码(2 位)表示工程分类。01 表示建筑工程;02 表示装修装饰工程;03 表示安装工程;04 表示市政工程;05 表示园林绿化工程。

② 第二级编码(2 位)表示各章的顺序码。

③ 第三级编码(2 位)表示节顺序码。

④ 第四级编码(3 位)表示分项工程项目顺序码。

⑤ 第五级编码(3 位)表示各子项目的顺序码,由清单编制人自 001 起按顺序编制。工程量清单的项目编码结构如图 5-29 所示。

图 5-29 工程量清单项目编码

(2)统一项目名称:工程量清单中的项目名称,必须与《建设工程工程量计价规范》的规定一致,保证全国范围内同一种工程项目有相同的名称,以免产生不同的理解。

(3)统一计量单位:工程量的单位采用自然单位,按照计价规范的规定进行。除了各

专业另有特殊规定之外,均按以下单位进行:

① 以重量计算的项目,单位为:t 或 kg。

② 以体积计算的项目,单位为:m^3。

③ 以面积计算的项目,单位为:m^2。

④ 以长度计算的项目,单位为:m。

⑤ 以自然计量单位计算的项目,单位为:个、套、块、组、台等。

⑥ 没有具体数量的项目,单位为:系统、项等。

(4) 统一工程量计算规则:工程数量的计算应按计价规范中规定的工程量计算规则进行。工程量计算规则是指对清单项目工程量的计算规定,除另有说明外,所有清单项目的工程量应以实体工程量为准,并以完成后的净值计算。

工程数量的有效位数应遵守下列规定:

① 以 t 为单位的,应保留三位小数,第四位四舍五入。

② 以 m^3、m^2、m 为单位的,应保留二位小数,第三位四舍五入。

③ 以"个"、"项"等为单位的,应取整数。

2. 电气安装工程量清单项目设置及工程量计算规则

电气安装工程中,包括强电和弱电,工程量清单项目名称、项目编码、工程内容、工程量计算方法等规定如下:计算工程量时,按照设计图纸以实际数量计算,不考虑长度的预留及安装时的损耗。

(1) 变压器安装(030201):

① 油浸电力变压器(030201001):

工程内容:基础型钢制作、安装;本体安装;干燥;网门及铁构件制作、安装;刷(喷)油漆。

工程量计算:按不同名称、型号、容量(kV·A),以油浸电力变压器的数量计算,计量单位:台。

② 干式变压器(030201002):

工程内容:基础型钢制作、安装;本体安装;干燥;端子箱(汇控箱)安装;刷(喷)油漆。

工程量计算:按不同名称、型号、容量(kV·A),以干式变压器的数量计算。单位:台。

③ 整流变压器(030201003):

工程内容:基础型钢制作、安装;本体安装;油过滤;干燥;网门及铁构件制作、安装;刷(喷)油漆。

工程量计算:按不同名称、型号、规格、容量(kV·A),以整流变压器的数量计算,计量单位:台。

④ 自耦变压器(030201004):

工程内容:基础型钢制作、安装;本体安装;油过滤;干燥;网门及铁构件制作、安装;刷(喷)油漆。

工程量计算:按不同名称、型号、规格、容量(kV·A),以自耦式变压器的数量计算,计量单位:台。

⑤ 带负荷调压变压器(030201005)：

工程内容：基础型钢制作、安装；本体安装；油过滤；干燥；网门及铁构件制作、安装；刷(喷)油漆。

工程量计算：按不同名称、型号、规格、容量(kV·A)，以带负荷调压变压器的数量计算，计量单位：台。

⑥ 电炉变压器(030201006)：

工程内容：基础型钢制作、安装；本体安装；刷油漆。

工程量计算：按不同名称、型号、容量(kV·A)，以电炉变压器的数量计算，计量单位：台。

⑦ 消弧线圈(030201007)：

工程内容：基础型钢制作、安装；本体安装；油过滤；干燥；刷油漆。

工程量计算：按不同名称、型号、容量(kV·A)，以消弧线圈的数量计算，计量单位：台。

(2) 配电装置安装(030202)：

① 油断路器(030202001)：

工程内容：本体安装；油过滤；支架制作、安装或基础槽钢安装；刷油漆。

工程量计算：按不同名称、型号、容量(A)，以油断路器的数量计算，计量单位：台。

② 真空断路器(030202002)：

工程内容：本体安装；支架制作、安装或基础槽钢安装；刷油漆。

工程量计算：按不同名称、型号、容量(A)，以真空断路器的数量计算，计量单位：台。

③ SF_6 断路器(030202003)：

工程内容：本体安装；支架制作、安装或基础槽钢安装；刷油漆。

工程量计算：按不同名称、型号、容量(A)，以 SF_6 断路器的数量计算，计量单位：台。

④ 空气断路器(030202004)：

工程内容：本体安装；支架制作、安装或基础槽钢安装；刷油漆。

工程量计算：按不同名称、型号、容量(A)，以空气断路器的数量计算，计量单位：台。

⑤ 真空接触器(030202005)：

工程内容：支架制作、安装；本体安装；刷油漆。

工程量计算：按不同名称、型号、容量(A)，以真空断路器的数量计算，计量单位：台。

⑥ 隔离开关(030202006)：

工程内容：支架制作、安装；本体安装；刷油漆。

工程量计算：按不同名称、型号、容量(A)，以隔离开关的数量计算，计量单位：组。

⑦ 负荷开关(030202007)：

工程内容：支架制作、安装；本体安装；刷油漆。

工程量计算：按不同名称、型号、容量（A），以负荷开关的数量计算，计量单位：组。

⑧ 互感器（030202008）：

工程内容：安装；干燥。

工程量计算：按不同名称、型号、规格、类型，以互感器的数量计算，计量单位：台。

⑨ 高压熔断器（030202009）：

工程内容：安装。

工程量计算：按不同名称、型号、规格，以高压断路器的数量计算，计量单位：组。

⑩ 避雷器（030202010）：

工程内容：安装。

工程量计算：按不同名称、型号、规格、电压等级，以避雷器的数量计算，计量单位：组。

⑪ 干式电抗器（030202011）：

工程内容：本体安装；干燥。

工程量计算：按不同名称、型号、规格、质量，以干式电抗器的数量计算，计量单位：台。

⑫ 油浸电抗器（030202012）：

工程内容：本体安装；油过滤；干燥。

工程量计算：按不同名称、型号、容量（kV·A），以油浸电抗器的数量计算，计量单位：台。

⑬ 移相及串联电容器（030202013）：

工程内容：安装。

工程量计算：按不同名称、型号、规格、质量，以移相及串联电容器的数量计算，计量单位：个。

⑭ 集合式并联电容器（030202014）：

工程内容：安装。

工程量计算：按不同名称、型号、规格、质量，以集合式并联电容器的数量计算，计量单位：个。

⑮ 并联补偿电容器组架（030202015）：

工程内容：安装。

工程量计算：按不同名称、型号、规格、结构，以并联补偿电容器组架的数量计算，计量单位：台。

⑯ 交流滤波装置组架（030202016）：

工程内容：安装。

工程量计算：按不同名称、型号、规格、回路，以交流滤波装置组架的数量计算，计量单位：台。

⑰ 高压成套配电柜（030202017）：

工程内容：基础槽钢制作、安装；柜体安装；支持绝缘子、穿墙套管耐压试验及安装；穿通板制作、安装；母线桥安装；刷油漆。

工程量计算：按不同名称、型号、规格、母线设置方式、回路，以高压成套配电柜的数量计算，计量单位：台。

⑱ 组合型成套箱式变电站(030202018)：

工程内容：基础浇筑；箱体安装；进箱母线安装；刷油漆。

工程量计算：按不同名称、型号、容量(kV·A)，以组合型成套箱式变电站的数量计算，计量单位：台。

⑲ 环网柜(030202019)：

工程内容：基础浇筑；箱体安装；进箱母线安装；刷油漆。

工程量计算：按不同名称、型号、容量(kV·A)，以环网柜的数量计算，计量单位：台。

(3) 母线安装(030203)：

① 软母线(030203001)：

工程内容：绝缘子耐压试验及安装；软母线安装；跳线安装。

工程量计算：按不同型号、规格、数量(跨/三相)，以软母线的单线长度计算，计量单位：m。

② 组合软母线(030203002)：

工程内容：绝缘子耐压试验及安装；母线安装；跳线安装；两端铁构件制作、安装及支持瓷瓶安装；油漆。

工程量计算：按不同型号、规格、数量(组/三相)，以组合软母线的单线长度计算，计量单位：m。

③ 带形母线(030203003)：

工程内容：支持绝缘子、穿墙套管的耐压试验、安装；穿通板制作、安装；母线安装；母线桥安装；引下线安装；伸缩节安装；过渡板安装；刷分相漆。

工程量计算：按不同型号、规格、材质，以带形母线的单线长度计算，计量单位：m。

④ 槽形母线(030203004)：

工程内容：母线制作、安装；与发电机变压器连接；与断路器、隔离开关连接；刷分相漆。

工程量计算：按不同型号、规格，以槽形母线的单线长度计算，计量单位：m。

⑤ 共箱母线(030203005)：

工程内容：安装；进、出分线箱安装；刷(喷)油漆。

工程量计算：按不同型号、规格，以共箱母线的长度计算，计量单位：m。

⑥ 低压封闭式插接母线槽(030203006)：

工程内容：安装；进、出分线箱安装。

工程量计算：按不同型号、容量(A)，以低压封闭式插接母线槽的长度计算，计量单位：m。

⑦ 重型母线(030203007)：

工程内容：母线制作、安装；伸缩器及导板制作、安装；支承绝缘子安装；铁构件制作、安装。

工程量计算：按不同型号、容量(A)，以重型母线的质量计算，计量单位：t。

(4) 控制设备及低压电器安装(030204)：

① 控制屏(030204001)：

工程内容：基础槽钢制作；屏安装；端子板安装；焊、压接线端子；盘柜配线；小母线安装；屏边安装。

工程量计算：按不同名称、型号、规格，以控制屏的数量计算，计量单位：台。

② 继电、信号屏(030204002)：

工程内容：基础槽钢制作、安装；屏安装；端子板安装；焊、压接线端子；盘伪柜配线；小母线安装；屏边安装。

工程量计算：按不同名称、型号、规格，以继电、信号屏的数量计算，计量单位：台。

③ 模拟屏(030204003)：

工程内容：基础槽钢制作、安装；屏安装；端子板安装；焊、压接线端子；盘柜配线；小母线安装；屏边安装。

工程量计算：按不同名称、型号、规格，以模拟屏的数量计算，计量单位：台。

④ 低压开关柜(030204004)：

工程内容：基础槽钢制作、安装；柜安装；端子板安装；焊、压接线端子；盘柜配线；屏边安装。

工程量计算：按不同名称、型号、规格，以低压开关柜的数量计算，计量单位：台。

⑤ 配电(电源)屏(030204005)：

工程内容：基础槽钢制作、安装；柜安装；端子板安装；焊、压接线端子、盘柜配线；屏边安装。

工程量计算：按不同名称、型号、规格，以配电(电源)屏的数量计算，计量单位：台。

⑥ 弱电控制返回屏(030204006)：

工程内容：基础槽钢制作、安装；屏安装；端子板安装；焊、压接线端子；盘柜配线；小母线安装；屏边安装。

工程量计算：按不同名称、型号、规格，以弱电控制返回屏的数量计算，计量单位：台。

⑦ 箱式配电室(030204007)：

工程内容：基础槽钢制作、安装；本体安装。

工程量计算：按不同名称、型号、规格、质量，以箱式配电室的数量计算，计量单位：套。

⑧ 硅整流柜(030204008)：

工程内容：基础槽钢制作、安装；盘柜安装。

工程量计算：按不同名称、型号、容量(A)，以硅整流柜的数量计算，计量单位：台。

⑨ 可控硅柜(030204009)：

工程内容：基础槽钢制作、安装；盘柜安装。

工程量计算：按不同名称、型号、容量(kW)，以可控硅柜的数量计算，计量单位：台。

⑩ 低压电容器柜(030204010)：

工程内容：基础槽钢制作、安装；屏(柜)安装；端子板安装；焊、压接线端子；盘柜配线；小母线安装；屏边安装。

工程量计算：按不同名称、型号、规格，以低压电容器柜的数量计算，计量单位：台。

⑪ 自动调节励磁屏(030204011)：

工程内容：基础槽钢制作、安装；屏(柜)安装；端子板安装；焊、压接线端子；盘柜配线；小母线安装；屏边安装。

工程量计算：按不同名称、型号、规格，以自动调节励磁屏的数量计算，计量单位：台。

⑫ 励磁灭磁屏(030204012)：

工程内容：基础槽钢制作、安装；屏(柜)安装；端子板安装；焊、压接线端子；盘柜配线；小母线安装；屏边安装。

工程量计算：按不同名称、型号、规格，以励磁灭磁屏的数量计算，计量单位：台。

⑬ 蓄电池屏(柜)(030204013)：

工程内容：基础槽钢制作、安装；屏(柜)安装；端子板安装；焊、压接线端子；盘柜配线；小母线安装；屏边安装。

工程量计算：按不同名称、型号、规格，以蓄电池屏(柜)的数量计算，计量单位：台。

⑭ 直流馈电屏(030204014)：

工程内容：基础槽钢制作、安装；屏(柜)安装；端子板安装；焊、压接线端子；盘柜配线；小母线安装；屏边安装。

工程量计算：按不同名称、型号、规格，以直流馈电屏的数量计算，计量单位：台。

⑮ 事故照明切换屏(030204015)：

工程内容：基础槽钢制作、安装；屏(柜)安装；端子板安装；焊、压接线端子；盘柜配线；小母线安装；屏边安装。

工程量计算：按不同名称、型号、规格，以事故照明切换屏的数量计算，计量单位：台。

⑯ 控制台(030204016)：

工程内容：基础槽钢制作、安装；台(箱)安装；端子板安装；焊、压接线端子；盘柜配线；小母线安装。

工程量计算：按不同名称、型号、规格，以控制台的数量计算，

⑰ 控制箱(030204017)：

工程内容：基础型钢制作、安装；箱体安装。

工程量计算：按不同名称、型号、规格，以控制箱的数量计算，计量单位：台。

⑱ 配电箱(030204018)：

工程内容：基础型钢制作、安装；箱体安装。

工程量计算：按不同名称、型号、规格，以配电箱的数量计算，计量单位：台。

⑲ 控制开关(030204019)：

控制开关包括：自动空气开关、刀型开关、铁壳开关、胶盖刀闸开关、组合控制开关、万能转换开关、漏电保护开关等。

工程内容：安装；焊压端子。

工程量计算：按不同名称、型号、规格，以控制开关的数量计算，计量单位：个。

⑳ 低压熔断器(030204020)：

工程内容：安装；焊压端子。

工程量计算：按不同名称、型号、规格，以低压熔断器的数量计算，计量单位：个。

㉑ 限位开关(030204021)：

工程内容：安装；焊压端子。

工程量计算：按不同名称、型号、规格，以限位开关的数量计算，计量单位：个。

㉒ 控制器(030204022)：

工程内容：安装；焊压端子。

工程量计算：按不同名称、型号、规格，以控制器的数量计算，计量单位：台。

㉓ 接触器(030204023)：

工程内容：安装；焊压端子。

工程量计算：按不同名称、型号、规格，以接触器的数量计算，计量单位：台。

㉔ 磁力启动器(030204024)：

工程内容：安装；焊压端子。

工程量计算：按不同名称、型号、规格，以磁力启动器的数量计算，计量单位：台。

㉕ Y—△自耦减压启动器(030204025)：

工程内容：安装；焊压端子。

工程量计算：按不同名称、型号、规格，以 Y—△自耦减压启动器的数量计算，计量单位：台。

㉖ 电磁铁(电磁制动器)(030204026)：

工程内容：安装；焊压端子。

工程量计算：按不同名称、型号、规格，以电磁铁(电磁制动器)的数量计算，计量单位：台。

㉗ 快速自动开关(030204027)：

工程内容：安装；焊压端子。

工程量计算：按不同名称、型号、规格，以快速自动开关的数量计算，计量单位：台。

㉘ 电阻器(030204028)：

工程内容：安装；焊压端子。

工程量计算：按不同名称、型号、规格，以电阻器的数量计算，计量单位：台。

㉙ 油浸频敏变阻器(030204029)：

工程内容：安装；焊压端子。

工程量计算：按不同名称、型号、规格，以油浸频敏变阻器的数量计算，计量单位：台。

㉚ 分流器（030204030）：

工程内容：安装；焊压端子。

工程量计算：按不同名称、型号、容量（A），以分流器的数量计算，计量单位：台。

㉛ 小电器（030204031）：

小电器包括：按钮、照明用开关、插座、电笛、电铃、电风扇、水位电气信号装置、测量表计、继电器、电磁锁、屏上辅助设备、辅助电压互感器、小型安全变压器等。

工程内容：安装；焊压端子。

工程量计算：按不同名称、型号、规格，以小电器的数量计算，计量单位：个(套)。

(5) 蓄电池安装（030205）：

蓄电池（030205001）：

工程内容：防振支架安装；本体安装；充放电。

工程量计算：按不同名称、型号、容量，以蓄电池的数量计算，计量单位：个。

(6) 电机检查接线及调试（030206）：

① 发电机（030206001）：

工程内容：检查接线（包括接地）；干燥；调试。

工程量计算：按不同型号、容量（kW），以发电机的数量计算，计量单位：台。

② 调相机（030206002）：

工程内容：检查接线（包括接地）；干燥；调试。

工程量计算：按不同型号、容量（kW），以调相机的数量计算，计量单位：台。

③ 普通小型直流电动机（030206003）：

工程内容：检查接线（包括接地）；干燥；系统调试。

工程量计算：按不同名称、型号、容量（kW）、类型，以普通小型直流电动机的数量计算，计量单位：台。

④ 可控硅调速直流电动机（030206004）：

工程内容：检查接线（包括接地）；干燥；系统调试。

工程量计算：按不同名称、型号、容量（kW）、类型，以可控硅调速直流电动机的数量计算，计量单位：台。

⑤ 普通交流同步电动机（030206005）：

工程内容：检查接线（包括接地）；干燥；系统调试。

工程量计算：按不同名称、型号、容量（kW）、启动方式，以普通交流同步电动机的数量计算，计量单位：台。

⑥ 低压交流异步电动机（030206006）：

工程内容：检查接线（包括接地）；干燥；系统调试。

工程量计算：按不同名称、型号、类别、控制保护方式，以低压交流异步电动机的数量计算，计量单位：台。

⑦ 高压交流异步电动机（030206007）：

工程内容：检查接线（包括接地）；干燥；系统调试。

工程量计算：按不同名称、型号、容量（kW）、保护类别，高压交流异步电动机的数量计算，计量单位：台。

⑧ 交流变频调速电动机（030206008）：

工程内容：检查接线（包括接地）；干燥；系统调试。

工程量计算：按不同名称、型号、容量（kW），以交流变频调速电动机的数量计算，计量单位：台。

⑨ 微型电机、电加热器（030206009）：

工程内容：检查接线（包括接地）；干燥；系统调试。

工程量计算：按不同名称、型号、规格，以微型电机、电加热器的数量计算，计量单位：台。

⑩ 电动机组（030206010）：

工程内容：检查接线（包括接地）；干燥；系统调试。

工程量计算：按不同名称、型号、电动机台数、联锁台数，以电动机组的数量计算，计量单位：组。

⑪ 备用励磁机组（030206011）：

工程内容：检查接线（包括接地）；干燥；系统调试。

工程量计算：按不同名称、型号，以备用励磁机组的数量计算，计量单位：组。

⑫ 励磁电阻器（030206012）：

工程内容：安装；检查接线；干燥。

工程量计算：按不同型号、规格，以励磁电阻器的数量计算，计量单位：台。

(7) 滑触线装置安装（030207）：

滑触线（030207001）：

工程内容：滑触线支架制作、安装、刷漆；滑触线安装；拉紧装置及挂式支持器制作、安装。

工程量计算：按不同名称、型号、规格、材质，以滑触线的单相长度计算，计量单位：m。

(8) 电缆安装（030208）：

① 电力电缆（030208001）：

工程内容：揭（盖）盖板；电缆敷设；电缆头制作、安装；过路保护管敷设；防火堵洞；电缆防护；电缆防火隔板；电缆防火涂料。

工程量计算：按不同型号、规格、敷设方式，以电力电缆的长度计算，计量单位：m。

② 控制电缆（030208002）：

工程内容：揭（盖）盖板；电缆敷设；电缆头制作、安装；过路保护管敷设；防火堵洞；电缆防护；电缆防火隔板；电缆防火涂料。

工程量计算：按不同型号、规格、敷设方式，以控制电缆的长度计算，计量单位：m。

③ 电缆保护管（030208003）：

工程内容：保护管敷设。

工程量计算：按不同材质、规格，以电缆保护管的长度计算，计量单位：m。

④ 电缆桥架(030208004):

工程内容:制作、除锈、刷漆;安装。

工程量计算:按不同型号、规格、材质、类型,以电缆桥架的长度计算,计量单位:m。

⑤ 电缆支架(030208005):

工程内容:制作、除锈、刷漆;安装。

工程量计算:按不同材质、规格,以电缆支架的质量计算,计量单位:t。

(9) 防雷及接地装置(030209):

① 接地装置(030209001):

工程内容:接地极(板)制作、安装;接地母线敷设;换土或化学处理;接地跨接线;构架接地。

工程量计算:按不同接地母线材质、规格,接地极材质、规格,以接地装置的长度计算,计量单位:m。

② 避雷装置(030209002):

工程内容:避雷针(网)制作、安装;引进下线敷设、断接卡子制作、安装;拉线制作、安装;接地极(板、桩)制作、安装;极间连线;油漆(防腐);换土或化学处理,钢铝窗接地;均压环敷设;柱主筋与圈梁焊接。

工程量计算:按不同受雷体名称、材质、规格、技术要求(安装部位),引下线材质、规格、技术要求(引下形式),接地板材质、规格、技术要求,接地母线材质、规格、技术要求,均压环材质、规格、技术要求,以避雷装置的数量计算,计量单位:项。

③ 半导体少长针消雷装置(030209003):

工程内容:安装。

工程量计算:按不同型号、高度,以半导体少长针消雷装置的数量计算,计量单位:套。

(10) 10kV 以下架空配电线路(030210):

① 电杆组合(030210001):

工程内容:工地运输;土(石)方挖填;底盘、拉线盘、卡盘安装;木电杆防腐;电杆组立;横担安装;拉线制作、安装。

工程量计算:按不同材质、规格、类型、地形,以电杆组立的数量计算,计量单位:根。

② 导线架设(030210002):

工程内容:导线架设;导线跨越及进户线架设;进户横担安装。

工程量计算:按不同型号(材质)、规格、地形,以导线架设的长度计算,计量单位:km。

(11) 电气调整试验(030211):

① 电力变压器系统(030211001):

工程内容:系统调试。

工程量计算:按不同型号、容量(kV·A),以电力变压器系统的数量计算,计量单位:系统。

② 送配电装置系统(030211002):

工程内容:系统调试。

工程量计算：按不同型号、电压等级(kV)，以送配电装置系统的数量计算，计量单位：系统。

③ 特殊保护装置(030211003)：

工程内容：调试。

工程量计算：按不同类型，以特殊保护装置的数量计算，计量单位：系统。

④ 自动投入装置(030211004)：

工程内容：调试。

工程量计算：按不同类型，以自动投入装置的数量计算，计量单位：套。

⑤ 中央信号装置、事故照明切换装置、不间断电源(030211005)：

工程内容：调试。

工程量计算：按不同类型，以中央信号装置、事故照明切换装置、不间断电源的系统数量计算，计量单位：系统。

⑥ 母线(030211006)：

工程内容：调试。

工程量计算：按不同电压等级，以母线的数量计算，计量单位：段。

⑦ 避雷器、电容器(030211007)：

工程内容：调试。

工程量计算：按不同电压等级，以避雷器、电容器的数量计算，计量单位：组。

⑧ 接地装置(030211008)：

工程内容：接地电阻测试。

工程量计算：按不同类型，以接地装置的系统数量计算，计量单位：系统。

⑨ 电抗器、消弧线圈、电除尘器(030211009)：

工程内容：调试。

工程量计算：按不同名称、型号、规格，以电抗器、消弧线圈、电除尘器的数量计算，计量单位：台。

⑩ 硅整流设备、可控硅整流装置(030211010)：

工程内容：调试。

工程量计算：按不同名称、型号、电流(A)，以硅整流设备、可控硅整流装置的数量计算，计量单位：台。

(12) 配管、配线(030212)：

① 电气配管(030212001)：

工程内容：挖沟槽；钢索架设(拉紧装置安装)；支架制作、安装；电线管路敷设；接线盒(箱)、灯头盒、开关盒、插座盒安装；防腐油漆；接地。

工程量计算：按不同名称、材质、规格、配置形式及部位，以电气配管的长度计算，计量单位：m。不扣除管路中间的接线箱(盒)、灯头盒、开关盒所占长度。

② 线槽(030212002)：

工程内容：安装；油漆。

工程量计算：按不同材质、规格，以线槽的长度计算，计量单位：m。

③ 电气配线(030212003)：

工程内容：支持体（夹板、绝缘子、槽板等）安装；支架制作、安装；钢索架设（拉紧装置安装）；配线；管内穿线。

工程量计算：按不同配线形式、导线型号、材质、规格，敷设部位或线制，以电气配线的单线长度计算，计量单位：m。

(13) 照明器具安装(030213)：

① 普通吸顶灯及其他灯具(030213001)：

普通吸顶灯及其他灯具包括：圆球吸顶灯、半圆球吸顶灯、方形吸顶灯、软线吊灯、吊链灯、防水吊灯、壁灯等。

工程内容：支架制作、安装；组装；油漆。

工程量计算：按不同名称、型号、规格，以普通吸顶灯及其他灯具的数量计算，计量单位：套。

② 工厂灯(030213002)：

工厂灯包括：工厂罩灯、防水灯、防尘灯、碘钨灯、投光灯、混光灯、高度标志灯、密闭灯等。

工程内容：支架制作、安装；油漆。

工程量计算：按不同名称、型号、规格、安装形式及高度，以工厂灯的数量计算，计量单位：套。

③ 装饰灯(030213003)：

装饰灯包括：吊式艺术装饰灯、吸顶式艺术装饰灯、荧光艺术装饰灯、几何型组合艺术装饰灯、标志灯、诱导装饰灯、水下艺术装饰灯、点光源艺术灯、歌舞厅灯具、草坪灯具等。

工程内容：支架制作、安装。

工程量计算：按不同名称、型号、规格、安装高度，以装饰灯的数量计算，计量单位：套。

④ 荧光灯(030213004)：

工程内容：安装。

工程量计算：按不同名称、型号、规格、安装形式，以荧光灯的数量计算，计量单位：套。

⑤ 医疗专用灯(030213005)：

医疗专用灯包括：病号指示灯、病房暗脚灯、紫外线杀菌灯、无影灯等。

工程内容：安装。

工程量计算：按不同名称、型号、规格，以医疗专用灯的数量计算，计量单位：套。

⑥ 一般路灯(030213006)：

工程内容：基础制作、安装；立灯杆；灯座安装；灯架安装；引得下线支架制作、安装；焊压接线端子；铁构件制作、安装；除锈、刷漆；灯杆编号；接地。

工程量计算：按不同名称、型号、灯杆材质及高度；灯架形式及臂长；灯杆形式（单、双），以一般路灯的数量计算，计量单位：套。

⑦ 广场灯(030213007)：

工程内容：基础浇筑（包括土石方）；立灯杆；灯座安装；灯架安装；引下线支架制作、安装；焊压接线端子；铁构件制作、安装；除锈、刷漆；灯杆编号；接地。

工程量计算：按不同灯杆的材质及高度、灯架的型号、灯头数量、基础形式及规格，以广场灯的数量计算，计量单位：套。

⑧ 高杆灯(030213008)：

工程内容：基础浇筑(包括土石方)；立杆；灯架安装；引下线支架制作、安装；焊压接线端子；铁构件制作、安装；除锈、刷漆；灯杆编号；升降机构接线调试；接地。

工程量计算：按不同灯杆高度、灯架型式(成套或组装、固定或升降)、灯头数量、基础形式及规格，以高杆灯的数量计算，计量单位：套。

⑨ 桥栏杆灯(030213009)：

工程内容：支架、铁构件制作、安装、油漆；灯具安装。

工程量计算：按不同名称、型号、规格、安装形式，以桥栏杆灯的数量计算，计量单位：套。

⑩ 地道涵洞灯(030213010)：

工程内容：支架、铁构件制作、安装、油漆；灯具安装。

工程量计算：按不同名称、型号、规格、安装形式，以地道涵洞灯的数量计算，计量单位：套。

(14) 火灾自动报警系统(030705)：

① 点型探测器(030705001)：

工程内容：探头安装；底座安装；校接线；探测器调试。

工程量计算：按不同名称、多线制、总线制、类型，以点型探测器的数量计算，计量单位：只。

② 线型探测器(030705002)：

工程内容：探测器安装；控制模块安装；报警终端安装；校接线；系统调试。

工程量计算：按不同安装方式，以线型探测器的数量计算，计量单位：只。

③ 按钮(030705003)：

工程内容：安装；校接线；调试。

工程量计算：按不同规格，以按钮的数量计算，计量单位：只。

④ 模块(接口)(030705004)：

工程内容：安装；调试。

工程量计算：按不同名称、输出形式，以模块(接口)的数量计算，计量单位：只

⑤ 报警控制器(030705005)：

工程内容：本体安装；消防报警备用电源；校接线；调试。

工程量计算：按不同多线制、总线制、安装方式、控制点数量，以报警控制器的计算，计量单位：台。

⑥ 联动控制器(030705006)：

联动控制器的工程内容及工程量计算同报警控制器。

⑦ 报警联动一体机(030705007)：

报警联动一体机的工程内容及工程量计算同报警控制器。

⑧ 重复显示器(030705008)：

工程内容：安装；调试。

工程量计算：按不同多线制、总线制，以重复显示器的数量计算，计量单位：台
⑨ 报警装置(030705009)：
工程内容：安装；调试。
工程量计算：按不同形式，以报警装置的数量计算，计量单位：台。
⑩ 远程控制器(030705010)：
工程内容：安装；调试。
工程量计算：按不同控制回路，以远程控制器的数量计算，计量单位：台。
(15) 消防系统调试(030706)：
① 自动报警系统装置调试(030706001)：
工程内容：系统装置调试。
工程量计算：按不同点数，以自动报警系统装置的数量计算，计量单位：系统。点数按多线制、总线制报警器的点数计算。
② 水灭火系统控制装置调试(030708002)：
工程内容：系统装置调试。
工程量计算：按不同点数，以水灭火系统控制装置的数量计算；计量单位：系统。点数按多线制、总线制联动控制器的点数计算。
③ 防火控制系统装置调试(030706003)：
工程内容：系统装置调试。
工程量计算：按不同名称、类型、以防火控制系统装置的数量计算，计量单位：处。
④ 气体灭火系统装置调试(030706004)：
工程内容：模拟喷气试验；备用灭火器贮存容器切换操作试验。
工程量计算：按不同试验容器规格，以调试、检验和验收所消耗的试验容器总数计算，计量单位：个。

3. 工程量清单的格式

工程量清单格式由下列内容组成：封面、填表须知、总说明、分部分项工程量清单、措施项目清单、其他项目清单、零星工作项目表等部分。工程量清单应由招标人填写。下面分别介绍。

(1) 工程量清单的封面：封面格式如下：

```
工程报建号：_____
              _____工程

            工程量清单

招 标 人：_____(单位盖章)
法定代表人：_____(签字盖章)
编 制 人：_____(签字并盖执业专用章)
编制单位：_____(单位盖章)
编制日期：
```

(2) 工程量清单填表须知：填表须知的格式如下：填表须知除了以下内容外，招标人可根据具体情况进行补充。

> **填 表 须 知**
>
> 1. 工程量清单及其计价格式中所有要求签字、盖章的地方，必须由规定的单位和人员签字、盖章。
> 2. 工程量清单及其计价格式中的任何内容不得随意删除或涂改。
> 3. 工程量清单计价格式中列明的所有需要填报的单价和合价，投标人均应填报，未填报的单价和合价，视为此项费用已包含在工程量清单的其他单价和合价中。
> 4. 金额（价格）均应以_____币表示。

(3) 总说明：总说明应按下列内容填写：

① 工程概况：建设规模、工程特征、计划工期、施工现场实际情况、交通运输情况、自然地理条件、环境保护要求等。

② 工程招标和分包范围。

③ 工程量清单编制依据。

④ 工程质量、材料、施工等的特殊要求。

⑤ 招标人自行采购材料的名称、规格型号、数量等。

⑥ 预留金、自行采购材料的金额数量。

⑦ 其他需说明的问题。

(4) 分部分项工程量清单：分部分项工程量清单的格式如表 5-31 所示。

分部分项工程清单　　　　　　　　　　　　　　　　　　表 5-31

工程名称：　　　　　　　　　　　　　　　　　　　　　　　第 页 共 页

序　号	项目编码	项目名称	计量单位	工程数量

(5) 措施项目清单：措施项目清单的格式如表 5-32 所示。

措 施 项 目 清 单　　　　　　　　　　　　　　　　　　表 5-32

工程名称：　　　　　　　　　　　　　　　　　　　　　　　第 页 共 页

序　号	项 目 名 称	金额(元)

(6) 其他项目清单：其他项目清单的格式如表 5-33 所示。

其他项目清单　　　　　　　　　　　　　　　　表 5-33

工程名称：　　　　　　　　　　　　　　　　　　　　第　页　共　页

序　号	项 目 名 称	金　额(元)
1	招标人部分	
1.1		
2	投标人部分	
2.1		

(7) 零星工作项目表：零星工作项目表如表 5-34 所示。

零星工作项目表　　　　　　　　　　　　　　　　表 5-34

工程名称：　　　　　　　　　　　　　　　　　　　　第　页　共　页

序　号	名　　称	计 量 单 位	数　量
1	人工		
1.1	高级技术工人	工　日	
1.2	技术工人	工　日	
1.3	普工	工　日	
2	材料		
2.1	管材	kg	
2.2	型材	kg	
2.3	其他	kg	
3	机械		
3.1			

4．工程量清单的编制

分部分项工程量清单是不可调整的闭口清单，投标人对招标文件提供的分部分项工程量清单必须逐一计价，对清单所列内容不允许作任何变动和更改。如果投标人认为清单内容有不妥或遗漏的地方，只能通过质疑的方式向清单编制人提出，由清单编制人统一修改更正，并将修正后的工程量清单发给所有投标人。

措施项目清单为可调整的清单，投标人对招标文件中所列的措施项目清单，可根据企业自身的特点作适当的变更。投标人要对拟建工程可能发生的措施项目和措施费用作通盘考虑，清单计价一经报出，即被认为是包含了所有应该发生的措施项目的全部费用。如果投标人报出的清单中没有列项，而施工中又必须发生的措施项目，招标人有权认为该费用已经综合在分部分项工程量清单的综合单价中。将来在施工过程中该措施项目发生时，投标人不得以任何借口提出索赔或调整。

其他项目清单由招标人部分、投标人部分组成。招标人填写的内容随招标文件发给投标人，投标人不得对招标人部分所列项目、数量、金额等内容进行改动。由投标人填写的零星工作项目表中，招标人填写的项目与数量，投标人也不得随意更改，而且必须进行报价。如果不报价，招标人有权认为投标人就未报价内容已经包含在其他已报价内容中，要无偿为自己服务。当投标人认为招标人所列项目不全时,可自行增加列项并确定其工程量及报价。

(1) 分部分项工程量清单的编制:

编制分部分项工程量清单时,要依据《建设工程工程量清单计价规范》、工程设计文件、招标文件、有关的工程施工规范与工程验收规范、拟采用的施工组织设计和施工技术方案等资料进行。

分部分项工程量清单的具体编制步骤如下:

① 参阅招标文件和设计文件,按一定顺序读取设计图纸中所包含的工程项目名称,对照计价规范所规定的清单项目名称,以及用于描述项目名称的项目特征,确定具体的分部分项工程名称。项目名称以工程实体而命名,项目特征是对项目的准确描述,按不同的工程部位、施工工艺、材料的型号、规格等分别列项。

② 对照清单项目设置规则设置项目编码。项目编码的前 9 位取自计价规范中同项目名称所对应的编码,后 3 位自 001 起按顺序设置。

③ 按照计价规范中所规定的计量单位确定分部分项工程的计量单位。

④ 按照计价规范中所规定的工程量计算规则,读取设计图纸中的相关数据,计算出工程数量。

⑤ 参考计价规范中列出的工程内容,组合该分部分项工程量清单的综合工程内容。

【例1】 某拟建工程有油浸式电力变压器 4 台,设备型号为 SL_1-1000kV·A/10kV,根据工程设计图纸计算得知需过滤绝缘油共 0.71t,制作基础槽钢共 80kg。

在工程量清单项目设置及工程量计算规则中查得:

项目名称:油浸电力变压器

项目特征:SL_6-1000kV·A/10kV

项目编码:030201001001

计量单位:台

工程数量:4

工作内容:变压器本体安装;变压器干燥处理;绝缘油过滤 0.71t;基础槽钢制作安装 80kg。

依据上述分析,可列出工程量清单如表 5-35 所示。

分部分项工程清单 表 5-35

工程名称: 第 页 共 页

序 号	项目编码	项 目 名 称	计量单位	工程数量
1	030201001001	油浸式电力变压器 SL_1-1000/10 变压器本体安装 变压器干燥处理 绝缘油过滤 0.71t 基础槽钢制作安装 80kg	台	4

【例2】 某建筑防雷及接地装置如图 5-30 所示。根据设计图纸,列出工程量清单。

说明:①接地电阻<20Ω。②金属件必须镀锌处理。③接地极与接地母线电焊连接,焊接处刷红丹漆一遍,沥青漆两遍。④断接卡距地 1.3m,自断接卡子起,用—25×4 扁

图 5-30 防雷及接地装置

钢作接地母线,接至接地极。⑤接地极用∠50×5 角钢,距墙边 2.5m,埋深 0.8m。

通过阅读设计图纸及设计说明可知,该防雷与接地装置工程包含接地极(∠50×5,$L=2.5$m 角钢共 6 根)、接地母线(-25×4 镀锌扁钢 30.6m)、引下线($\phi 8$ 镀锌圆钢 24.6m)、混凝土块避雷带($\phi 10$ 镀锌圆钢 53m)、混凝土块制作(C20 100mm×100mm× 80mm,含 $\phi 14$ 镀锌圆钢支撑架,$L=160$mm,共 60 块)、断接卡制作安装 2 处、保护角钢(∠50×5)4m、接地电阻测试等工程内容。

在工程量清单项目设置及工程量计算规则中查得:

项目名称:避雷装置

项目特征:混凝土块 $\phi 10$ 镀锌圆钢避雷网装置 53m;$\phi 8$ 镀锌圆钢引下线沿建筑物引下 24.6m;-25×4 镀锌扁钢接地母线 30.6m;∠50×5,$L=2.5$m 镀锌角钢接地极 6 根;断接卡子制作安装 2 处;∠50×5 镀锌保护角钢 4m;C20 100mm×100mm×80mm 混凝土块制作 60 块(含净 14 镀锌圆钢支撑架,$L=160$mm);焊接处刷红丹漆一遍,沥青漆两遍。

项目编码:030209002001

计量单位:项

工程数量:1

该项目名称综合了避雷网制作安装、引下线敷设、断接卡子制作安装、接地母线敷设、接地极制作安装、镀锌保护角钢制作安装、混凝土支墩制作安装、焊接处刷红丹漆一遍、沥青漆两遍等工作内容。

根据上述分析可列出该分部分项工程量清单如表 5-36 所示。

(2)措施项目清单的编制:措施项目清单的编制,主要依据拟建工程的施工组织设计、施工技术方案、相关的工程施工与验收规范、招标文件、设计文件等资料。

编制措施项目清单时,可按如下步骤进行:

① 参考拟建工程的施工组织设计,确定环境保护、文明施工、材料二次搬运等项目。

② 参阅施工技术方案,以确定夜间施工、脚手架、垂直运输机械、大型吊装机械的

进出以及安装、拆卸等项目。

分部分项工程量清单 表 5-36

工程名称： 第 页 共 页

序号	项目编码	项目名称	计量单位	工程数量
1	030209002001	避雷装置 混凝土块 $\phi10$ 镀锌圆钢避雷网装置 53m $\phi8$ 镀锌圆钢沿建筑物引下 24.6m -25×4 镀锌扁钢接地母线 30.6m $\angle 50\times5$, $L=2.5$m 镀锌角钢接地极 6 根 断接卡子制作安装 2 处 $\angle 50\times5$ 镀锌保护角钢 4m C20 100mm×100mm×80mm 混凝土块制作（含 $\phi14$ 镀锌圆钢支撑架, $L=160$mm）60 块 焊接处刷红丹漆一遍, 沥青漆两遍	项	1
2	030211008001	接地装置调试 接地电阻测试	系统	2

③ 参阅电气装置安装工程施工与验收规范，确定施工技术方案中没有表述，但在施工过程中必须发生的技术措施。

④ 考虑招标文件中提出的某些在施工过程中需通过一定的技术措施才能实现的要求，以及设计文件中一些不足以写进技术方案的但是要通过一定的技术措施才能实现的内容等等。

编制措施项目清单时，可参考表 5-37 所列的常见措施项目及列项条件，根据工程实际情况进行编制。

常见措施项目及列项条件 表 5-37

序号	措施项目名称	措施项目发生的条件
1	环境保护	正常情况下都要发生
2	文明施工	
3	安全施工	
4	临时设施	
5	材料二次搬运	
6	脚手架	
7	已完工程及设备保护	
8	夜间施工	有夜间连续施工的要求或夜间需赶工
9	垂直运输机械	施工方案中有垂直运输机械的内容，施工高度超过 5m 的工程
10	现场施工围栏	按照招标文件及施工组织设计的要求，有需要隔离施工的内容

(3) 其他项目清单的编制：其他项目清单的编制，分为招标人部分和投标人部分，可按表 5-38 所列内容填写。

① 招标人部分：

a. 预留金：预留金是考虑到可能发生的工程量变更而预留的金额。工程量变更主要指工程量清单的漏项，或因计算错误而引起的工程量的增加；以及施工过程中由于设计变更而引起的工程量的增加；在施工过程中，应业主的要求，并由设计或监理工程师出具的工程变更增加的工程量。

其 他 项 目 清 单　　　　　　　　　　　表 5-38

工程名称：　　　　　　　　　　　　　　　　　　　　　　第　页　共　页

序　号	项 目 名 称	金　　额(元)
1	招标人部分	
1.1	预留金	
1.2	材料购置费	
1.3	其他	
	小　　计	
2	投标人部分	
2.1	总包服务费	
2.2	零星工作费	
2.3	其他	
	小　　计	
	合　　计	

预留金的计算，应根据设计文件的深度、设计质量的高低、拟建工程的成熟程度来确定其额度。对于设计深度深、设计质量高、已经成熟的工程设计，一般预留工程总造价的 3%～5%。而在初步设计阶段，工程设计不成熟的，至少应预留工程总造价的10%～15%。

预留金作为工程造价的组成部分计入工程总价中，但预留金是否支付以及支付的额度，都必须经过监理工程师的批准。

b. 材料购置费：是指在招标文件中规定的，由招标人采购的拟建工程材料费。材料购置费可按下式计算：

$$\text{材料购置费} = \Sigma(\text{招标人所供材料量} \times \text{到场价}) + \text{采购保管费} \quad (5-1)$$

预留金和材料购置费由清单编制人根据招标人的要求以及工程的实际情况计算出金额并填写在表格中。

招标人还可根据实际情况增加其他列项。比如，指定分包工程费，由于某分项工程的专业性较强，需要由专业队伍施工，即可增加指定分包工程费这项费用，具体金额可向专业施工队伍询价取得。

② 投标人部分：

投标人部分的清单内容设置，除总包服务费只需简单列项外，零星工作费必须量化，并在零星工作项目表中详细列出，其格式参见表 5-34 所示。

零星工作项目表中的工、料、机计量，要根据工程的复杂程度、工程设计质量的高低、工程项目设计的成熟程度来确定其数量。一般工程中，零星人工按工程人工消耗总量的 1% 取值。零星材料主要是辅材的消耗，按不同材料类别列项。零星机械可参考各施工单位工程机械消耗的种类，按机械消耗总量的 1% 取值。

(三) 工程量清单计价

在工程招投标中，采用工程量清单计价方式，是国际通行的做法。所谓工程量清单计价，是指根据招标文件以及招标文件所提供的工程量清单，按照市场价格以及施工企业自身的特点，计算出完成招标文件所规定的所有工程项目所需要的费用。

采用工程量清单计价具有深远的意义，有利于降低工程造价、促进施工企业提高竞争能力、保证工程质量，同时还增加了工程招标、投标的透明度。

1. 工程量清单计价的特点

(1) 彻底放开价格：工程消耗量中的人工、材料、机械的价格以及利润、管理费等全面放开，由市场的供求关系自行确定其价格，实行量价分离。

(2) 市场有序竞争形成价格：工程的承包价格，在投标企业自主报价的基础上，引入竞争机制，对投标企业的报价进行合理评定，在保证工程质量与工期的前提下，以合理低价者中标。这里所指的合理低价，应不低于工程成本价，以防止投标企业恶意竞标，施工时又偷工减料，使工程质量得不到保证。

(3) 统一计价规则：采用工程量清单计价，必须遵守《建设工程工程量清单计价规范》的规定，按照统一的工程量计算规则，统一的工程量清单设置规则，统一的计价办法进行，使工程计价规范化。这些计价规则是强制性的，建设各方都应遵守。

(4) 企业自主报价：投标企业根据自身的技术特长、材料采购渠道和管理水平等，制定企业自身的定额，或者参考造价管理部门颁发的建设工程消耗量定额，按照招标人提供的工程量清单自主报价。

(5) 有效控制消耗量：通过由政府发布统一的社会平均消耗量作为指导性的标准，为施工企业提供一个社会平均尺度，避免随意扩大或减少工程消耗量，从而达到控制工程质量及工程造价的目的。

2. 工程量清单计价与定额计价的比较

(1) 项目设置不同：定额计价时，工程项目按综合定额中的子目来设置，其工程量按相应的工程量计算规则计算并独立计价。

工程量清单计价时，工程项目设置综合了各子项目工作的内容及施工程序，清单项目工程量按主项工程量计算规则计算，并综合了各子项工作内容的工程量。各子项目工作内容的费用，按相应的计量方法折算成价格并入该清单项目的综合单价中。

(2) 费用组成不同：定额计价时，工程费用由直接费、间接费、规费、利润、税金等组成。工程量清单计价时，工程费用由清单项目费、规费、税金等组成，定额计价中的直接费、间接费(包括管理费)、利润等以综合单价的形式包含在清单项目费中。

虽然工程量清单计价实行由市场竞争形成价格，但《全国统一安装工程预算定额》仍然有用，它向招投标双方提供了现阶段单位工程消耗量的社会平均尺度，作为控制工程耗量、编制标底及投标报价的参照标准。

(3) 计价模式不同：定额计价是我国长期以来所用的计价模式，其基本特点是"价格＝定额＋费用＋文件规定"，并作为法定性的依据强制执行，不论是工程招标编制标底还是投标报价均以此为惟一的依据，承、发包双方共用一本定额和费用标准确定标底价和投标报价，一旦定额价与市场价脱节就影响到计价的准确性。定额计价是建立在以政府定价为主导的计划经济管理基础上的价格管理模式，它所体现的是政府对工程价格的直接管理和调控。随着市场经济的发展，我们曾提出过"控制量、指导价，竞争费"、"量价分离"、"以市场竞争形成价格"等多种改革方案。但由于没有对定额管理方式及计价模式进行根本的改变，以至于未能真正体现量价分离，以市场竞争形成价格。

工程量清单计价属于全面成本管理的范畴，其基本特点是"统一计价规则，有效控制耗量，彻底放开价格，正确引导企业自主报价、市场有序竞争形成价格"。工程量清单计价跳出了传统的定额计价模式，建立一种全新的计价模式，依靠市场和企业的实力通过竞争形成价格，使业主通过企业报价可直观地了解工程项目的造价。

（4）计算方法不同：定额计价采用工、料、机单价法进行计算，当定额单价与市场价有差异时，需按工程承发包双方约定的价格与定额价对比，进行价差调整。

工程量清单计价采用综合单价法进行计算，不存在价差调整。工、料、机价格由施工企业根据市场价格及自身实力自行确定。

3. 工程量清单计价的编制方法

采用工程量清单计价时，工程造价由分部分项工程量清单费、措施项目费、其他项目费、规费（行政事业性收费）、税金等部分组成。

工程量清单计价，按其作用不同可分为标底和投标报价。标底是由招标人编制的，作为衡量工程建设成本，进行评标的参考依据。投标报价是由施工企业编制的，反映该企业承建工程所需的全部费用。无论是标底编制还是投标报价编制，都应按照相同的格式进行。

工程量清单计价格式应随招标文件发给投标人。电气安装工程工程量清单计价格式的内容包括：封面、投标总价、工程项目总价表、单位工程费汇总表、分部分项工程清单项目费汇总表、分部分项工程量清单计价表、措施项目清单计价表、其他项目清单计价表、零星工作项目计价表、安装工程设备价格明细表、主要材料价格明细表、分部分项工程量清单综合单价分析表、措施项目费分析表等部分。各部分的内容及格式如下：

（1）封面：封面格式如下：

```
_____工程

        工程量清单报价表

    投  标  人：_____（单位签字盖章）
    法定代表人：_____（签字盖章）
    造价工程师
    及注册证号：_____（签字盖执业专用章）
    编 制 时 间：_____
```

（2）投标总价：投标总价的格式如下：

```
            投 标 总 价

    建 设 单 位：_____
    工 程 名 称：_____
    投标总价(小写)：_____
          (大写)：_____
    投  标  人：_____（单位签字盖章）
    法定代表人：_____（签字盖章）
    编 制 时 间：_____
```

(3) 工程项目总价表：工程项目总价表汇总了大型工程中各单项工程的造价，如土建工程、安装工程、装饰工程等。

(4) 单位工程费汇总表：单位工程费汇总表汇总了分部分项工程量清单项目费、措施项目费、其他项目费、行政事业性收费(又叫做规费)、税金等费用。该表反映了工程总造价及总造价中各组成部分的费用。工程量清单总价表的格式如表5-39所示。

单位工程费汇总表　　　　　　　　　　　　　　　　表5-39

工程名称　　　　　　　　　　　　　　　　　　　　第　页　共　页

代码	费用名称	计算公式	费率(%)	金额(元)
A	工程量清单项目费	QDF		
B	措施项目费			
C	其他项目费	DLF		
D	行政事业性收费			
	社会保险金	RGF	27.81	
	住房公积金	RGF	8.00	
	工程定额测定费	A+B+C	0.10	
	建筑企业管理费	A+B+C	0.20	
	工程排污费	A+B+C	0.40	
	施工噪声排污费	A+B+C		
	防洪工程维护费	A+B+C	0.18	
E	不含税工程造价	A+B+C+D	100.00	
F	税金	E	3.41	
	含税工程造价	E+F	100.00	

法人代表：　　　　　　　编制单位：　　　　　　　编制日期：　　年　月　日

(5) 分部分项工程量清单项目费汇总表：该表汇总了各分部工程的清单项目费，如电气安装工程中的电缆敷设、配电箱、荧光灯具等。格式如表5-40所示。

分部分项工程清单项目汇总表　　　　　　　　　　　表5-40

工程名称　　　　　　　　　　　　　　　　　　　　第　页　共　页

序号	名称及说明	合价(元)	备注
1			
2			
3			
4			
5			
	合计		

编制人：　　　　　　　　编制证：　　　　　　　　编制日期：　　年　月　日

(6) 分部分项工程量清单计价表：分部分项工程量清单计价表由标底编制人或投标人按照招标文件提供的分部分项工程量清单，逐项进行计价。表中的序号、项目编码、项目名称、计量单位、工程数量必须按分部分项工程量清单中的相应内容填写。格式如表5-41

所示。

分部分项工程量清单计价表 表 5-41

工程名称　　　　　　　　　　　　　　　　　　　　　　　　　　第　页　共　页

序　号	项目编码	项目名称	计量单位	工程数量	金　额(元)		备　注
					综合单价	合　价	
1							
2							
3							
4							
5							
				合　计			

编制人：　　　　　　　编制证：　　　　　　　编制日期：　　年　月　日

表中费率按照广州地区一类工程计取，金额栏中的数据等于计算公式栏乘以费率栏中对应数据。需要注意的是，不同省市、地区的行政事业性收费(即规费)的费用项目及计算公式、对应的费率等都有所不同，实际使用时，应按照工程所在地的建委或建设工程造价管理机构的有关规定进行计算。

(7) 措施项目清单计价表：措施项目清单计价表，是按照招标文件提供的措施项目清单及施工单位补充的措施项目，逐项进行计价的表格。表中的序号、项目名称必须按措施项目清单中的相应内容填写，如表 5-42 所示。

措施项目清单计价表 表 5-42

工程名称　　　　　　　　　　　　　　　　　　　　　　　　　　第　页　共　页

序　号	项目名称	单　位	合　价(元)	备　注
1	脚手架费	宗		
2	临时设施费	宗		
3	文明施工费	宗		
4	工程保险费	宗		
5	工程保修费	宗		
6	预算包干费	宗		
	合计			

编制人：　　　　　　　编制证：　　　　　　　编制日期：　年　月　日

(8) 其他项目清单计价表：其他项目清单计价表，是按照招标文件提供的其他项目清单及施工单位补充的项目，逐项进行计价的表格。表中的序号、项目名称必须按其他项目清单中的相应内容填写，如表5-38所示。

（9）零星工作项目计价表：零星工作项目计价表是按照招标文件提供的零星工作项目及施工单位补充的项目，逐项进行计价的表格。表中的人工、材料、机械名称、计量单位和相应数量应按零星工作项目表中相应的内容填写，工程竣工后零星工作费应按实际完成的工程量所需费用结算，如表5-43所示。

零星工作项目计价表 表5-43

工程名称　　　　　　　　　　　　　　　　　　　第　页　共　页

序号	名称	计量单位	数量	金额（元）	
				综合单价	合价
1	人工				
1.1	高级技术工人	工日			
1.2	技术工人	工日			
1.3	普工	工日			
2	材料				
2.1	管材	kg			
2.2	型材	kg			
2.3	其他	kg			
3	机械				
3.1					
	合计				

编制人：　　　　　编制证：　　　　　编制日期：　　年　月　日

（10）安装工程设备价格表：表的格式如表5-44所示。

安装工程设备价格明细表 表5-44

工程名称　　　　　　　　　　　　　　　　　　　第　页　共　页

序号	设备编码	名称、规格、型号	单位	编制价(元)	产地	厂家	备注

编制人：　　　　　编制证：　　　　　编制日期：　　年　月　日

（11）主要材料价格明细表：明细表的格式和表5-44相同。

(12) 综合单价分析表：综合单价分析表反映了工程量清单计价时综合单价的计算依据。其格式如表 5-45 所示。

综合单价分析表　　　　　　　　　　　　　　　表 5-45

工程名称　　　　　　　　　　　　　　　　　　　第　页　共　页

清单编码	项目名称	计量单位	工程数量	综合单价(元)					
				人工费	材料费	机械费	管理费	利润	合价
定额编号	合　计								

编制人：　　　　　　　　编制证：　　　　　　　　编制日期：　　年　月　日

(13) 措施项目费分析表：措施项目费分析表的格式见表 5-46 所示。

措施项目费分析表　　　　　　　　　　　　　　表 5-46

工程名称　　　　　　　　　　　　　　　　　　　第　页　共　页

序　号	措施项目名称	单　位	数　量	金　额(元)					
				人工费	材料费	机械费	管理费	利润	小　计
	合　计								

编制人：　　　　　　　　编制证：　　　　　　　　编制日期：　　年　月　日

4. 综合单价的确定

综合单价是指完成工程量清单中一个计量单位的工程项目所需的人工费、材料费、机械使用费、管理费、利润的总和及一定的风险费用。在工程量清单计价中，综合单价的准确程度，直接影响到工程计价的准确性，对于投标企业，合理计算综合单价，可以降低投标报价的风险。

综合单价应根据招标文件、施工图纸、图纸会审纪要、工程技术规范、质量标准、工程量清单等，按照施工企业内部定额或参照国家及省市有关工程消耗量定额、材料指导价格等计算得出。具体计算综合单价时，可按如下步骤进行：

(1) 根据工程量清单项目所对应的项目特征及工作内容，分别套取对应的预算定额子目得到工、料、机的消耗量指标，或者套用企业内部定额得到相应消耗量。

(2) 按照市场价格计算出完成相应工作内容所需的工、料、机费用以及管理费、利润。其中管理费和利润依据施工企业的实际情况按系数计算，一般情况下当不考虑风险时，电气安装工程的管理费包括现场管理费和企业管理费，可按人工费的 50% 计取，利润可按人工费的35%计取。

(3) 合计得到完成该清单项目所规定的所有工作内容的总费用,用总费用除以该清单项目的工程数量,即得该清单项目的综合单价。

【例3】 根据例1所列的工程量清单,分析计算该清单项目的综合单价。

该清单项目包括4台油浸式变压器的本体安装、干燥、绝缘油过滤共0.71t、基础槽钢制作安装共80kg,计算综合单价时,应首先计算出完成所有工作内容的总费用,再除以4即得到安装1台油浸式变压器的综合单价。

假设清单所列变压器的市场价为150000.00元/台,槽钢的市场价为3500.00元/t,经计算得槽钢的单位长度重量为15kg/m。

该例管理费,按人工费的50%计取,利润按人工费的35%计取。计算管理费和利润时,可对各子目按系数分别计算,合计后除以清单工程数量。也可以在计算出综合工、料、机费后,再按系数计算管理费和利润。

分析计算得该清单项目的综合单价如表5-47所示。

分部分项工程量清单综合单价分析表　　　　　表5-47

工程名称　　　　　　　　　　　　　　　　　　　　第　页　共　页

序号	清单编码	项目名称	计量单位	工程数量	综合单价(元)					
					人工费	材料费	机械使用费	管理费	利润	合计
1	030201001001	油浸电力变压器 SL_1-1000kV·A/10kV	台	1	721.07	150948.48	477.80	360.54	252.37	152760.26
	定额编号	合计	台	4	2884.29	603793.92	1911.21			
	2-1-3	油浸电力变压器安装 10kV/容量 1000kVA 以下	台	4	356.75	185.19	380.32			
		油浸电力变压器 SL_1-1000kV·A/10kV	台	4		150000.00				
	2-1-25	电力变压器干燥 10kV/容量 1000kVA 以下	台	4	345.66	654.49	42.87			
	2-1-30	变压器油过滤	t	0.71	58.26	181.67	277.12			
	2-4-121	基础槽钢制作安装	10m	0.533	62.44	49.19	40.71			
	010099	槽钢	t	0.08		3500.00				

编制人:　　　　　　编制证:　　　　　　编制日期:　　年　月　日

【例4】 根据例2所列的工程量清单,分析计算该清单项目的综合单价。

根据计算出的工程量清单,按照广州地区的消耗量标准及市场价格,计算该防雷与接地装置工程中避雷装置项目的综合单价如表5-48所示。其中管理费按人工费的36.345%计算,利润按人工费的30%计算。

分部分项工程量清单综合单价分析表

表 5-48

工程名称　　　　　　　　　　　　　　　　　　　　　　　　　　第 页 共 页

序号	清单编码	项目名称	计量单位	工程数量	综合单价(元)					
					人工费	材料费	机械使用费	管理费	利润	合计
1	030209002001	避雷装置	项	1	392.35	266.82	189.13	143.38	117.70	1109.38
	定额编号	合计	项	1	392.35	266.82	189.13	143.38	117.70	
	2-9-61	避雷网沿混凝土块敷设	10m	5.30	85.81	49.87	56.07	31.16	25.74	
	2-9-63	避雷网混凝土块制作	10块	6.00	48.60	57.54		17.64	14.58	
	2-9-58	避雷引下线沿建筑、构筑物引下	10m	2.46	39.83	24.30	50.06	14.46	11.95	
	B000042	引下线 φ8 镀锌圆钢	m	24.60		29.52				
	2-9-60	避雷引下线断接卡子	10套	0.20	12.67	5.14	0.12	4.61	3.80	
	7-6-3	接地极(板)制作安装∠50×5镀锌角钢	根	6.00	34.32	10.92	72.90	13.86	10.30	
	2-9-10	户外接地母线敷设截面200mm² 内	10m	3.06	164.26	4.22	9.98	59.70	49.28	
	B000040	接地母线—25×4镀锌扁钢	m	30.60		45.90				
	11-2-1	管道刷油红丹防锈漆第一遍	10m²	0.58	2.26	0.59		0.64	0.68	
	11-2-16	管道刷油沥青漆第一遍	10m²	0.58	2.34	0.73		0.67	0.70	
	11-2-17	管道刷油沥青漆第二遍	10m²	0.58	2.26	0.65		0.64	0.68	
	Z100147	煤焦油沥青清漆 L01-17	kg	1.43		8.60				
	Z100147	煤焦油沥青清漆 L01-17	kg	1.67		10.02				
	Z100013	醇酸防锈漆 G53-1	kg	0.85		6.82				
		∠50×5 镀锌保护角钢	m	4.00		12.00				
2	030211008001	接地装置调试	系统	1	68.99	1.86	110.88	25.07	20.70	227.50
	定额编号	合计	系统	2	137.98	3.72	221.76	50.14	41.4	
	2-14-48	接地电阻测试	系统	2	68.99	1.86	110.88	25.07	20.70	

编制人：　　　　　　　　　编制证：　　　　　　　　　编制日期：　　　年　月　日

计算出综合单价后，即可按照表 5-40 的格式，顺序填写分部分项工程量清单计价表，合计得出分部分项工程量清单项目费。

分部分项工程量清单综合单价分析表，是按照招标文件的要求编制的，必须按照计价规范中规定的格式填写，项目名称及工作内容必须与工程量清单一致。

（四）安装工程招标投标基本知识

1. 招标

所谓招标，是指建设单位将拟建工程的条件、标准、要求等信息在公开媒体上登出，寻找符合条件的施工单位。建设项目招标可采取公开招标、邀请招标和议标的方式进行。公开招标应同时在一家以上的全国性报刊上刊登招标通告，邀请潜在的有关单位参加投标；邀请招标，应向有资格的三家以上的有关单位发出招标邀请书，邀请其参加投标；议标主要是通过一对一协商谈判方式确立中标单位，参加议标的单位不得少于两家。

招标公告或者招标邀请书应当包含招标人的名称和地址、招标项目的内容、规模、资金来源、实施地点和工期、对投标人的资质等级的要求、获取招标文件或者资格预审文件的地点和时间、对招标文件或者资格预审文件收取的费用等内容。

招标文件是招标人根据施工招标项目的特点和需要而编制出的文件。招标文件一般包括投标邀请书、投标人须知、合同主要条款、投标文件格式、工程量清单、技术条款、设计图样、评标标准和方法、投标辅助材料等内容。

国家重点建筑安装工程项目和各省、市人民政府确定的地方重点建筑安装工程项目，以及全部使用国有资金投资或者国有资金投资控股的建筑安装工程项目，应当公开招标，招标时采用工程量清单方式进行。

2. 投标

所谓投标，是指施工单位按照招标文件的要求进行报价，并提供其他所需资料，已取得对该工程的承包权。

参加建筑安装工程投标的单位，必须具有招标文件要求的资质证书，并为独立的法人实体；承担过类似建设项目的相关工作，并有良好的工作业绩和履约记录；财务状况良好，没有处于财产被接管、破产或其他关、停、并、转状态；在最近三年内没有与骗取合同有关以及其他经济方面的严重违法行为；近几年有较好的安全施工记录，投标当年内没有发生重大质量和特大安全事故等条件。

投标人按照招标文件的要求编制投标文件，在招标人规定的时间内将投标文件密封送达投标地点。投标文件一般包括投标函、投标报价、施工组织设计、商务和技术偏差表等内容。

投标人根据招标文件所述的项目实际情况，拟在中标后将中标项目的部分非主体、非关键性工作进行分包的，应当在投标文件中加以说明。

3. 开标、评标、中标

投标单位递交的投标文件是密封起来的，招标人在招标文件中约定的时间召开开标会议，当众拆开投标文件，叫开标。由评委对各投标单位的投标文件进行评议，选出符合中标条件的标书，叫评标。业主最后选定投标单位，由其承包工程建设，叫中标。

建设项目的开标由项目法人主持，邀请投资方、投标单位、政府有关主管部门和其他有关单位代表参加。

项目法人负责组建评标委员会，评标委员会由项目法人、主要投资方、招标代理机构的代表以及受聘的技术、经济、法律等方面的专家组成，总人数为 5 人以上单数，其中受聘的专家不得少于 2/3。与投标单位有利害关系的人员不得进入评标委员会。评标委员会依据招标文件的要求对投标文件进行综合评审和比较，并按顺序向项目法人推荐 2 至 3 个中标候选单位。项目法人应当从评标委员会推荐的中标候选单位中择优确定中标单位。

中标人确定后，招标人向中标人发出中标通知书。招标人和中标人应当自中标通知书发出之日起 30 天内，按照招标文件和中标人的投标文件订立书面合同。

（五）标底的编制

标底是工程招标标底价格的简称。标底是招标人为了掌握工程造价，控制工程投资的主要依据，也作为评价投标单位的投标报价是否准确的依据。在以往的招投标工作中，标底价格起到了决定性的作用，但在实施工程量清单报价的情况下，标底价格的作用逐渐淡化，工程招投标转向由招标人按照国家统一的工程量计算规则计算出工程数量，由投标人自主报价，经评审以低价中标的工程造价管理模式。工程招投标可以无标底进行。

1. 标底编制的原则

（1）遵循四统一原则：四统一原则是：项目编码统一、项目名称统一、计量单位统一、工程量计算规则统一。

（2）体现公开、公平、公正的原则：工程量清单下的标底价格应充分体现公开、公平、公正的原则，标底价格的确定，应由市场价值规律来确定，不能人为地盲目压低或抬高。

（3）遵循风险合理分担的原则：工程量清单下的招投标工作，招投标双方都存在风险，招标人承担工程量计算准确与否的风险，投标人承担工程报价是否合理的风险。因此在标底价格的编制过程中，编制人应充分考虑招投标双方风险可能发生的几率，在标底价格中予以体现。

（4）遵循市场形成价格的原则：工程量清单下的标底价格反映的是由市场形成的具有社会先进水平的生产要素的市场价格。

2. 标底的编制依据

在编制标底时，应依据表 5-49 中的资料进行。

标底的编制依据　　　　　　　　　　表 5-49

序号	标底的编制依据内容
1	《建设工程工程量清单计价规范》
2	招标文件的商务条款
3	招标期间建筑安装材料及设备的市场价格
4	相关的工程施工规范和工程验收规范
5	工程项目所在地的劳动力市场价格
6	施工组织设计及施工技术方案
7	工程设计文件
8	施工现场地质、水文、气象以及地面情况的资料

序 号	标底的编制依据内容
9	由招标方采购的材料、设备的到货计划
10	招标人制定的工期计划

3. 标底编制的方法

标底价格由分部分项工程量清单费、措施项目清单费、其他项目清单费、规费(行政事业性收费)、税金等部分组成。

(1) 分部分项工程量清单费：分部分项工程量清单费的计价有两种方法：预算定额调整法、工程成本测算法。

① 预算定额调整法：对照清单项目所描述的项目特征及工作内容，套用相应的预算定额。对定额中的人工、材料、机械的消耗量指标按社会先进水平进行调整；对定额中的人工、材料、机械的单价按工程所在地的市场价格进行调整；对管理费和利润，可按当地的费用定额系数，并考虑投标的竞争程度计算并调整。由此计算得出清单项目的综合单价，按规定的格式计算分部分项工程量清单费。

② 工程成本测算法：根据施工经验和历史资料预测分部分项工程实际可能发生的人工、材料、机械的消耗量，按照市场价格计算相应的费用。

(2) 措施项目清单费：措施项目清单标底价格主要依据施工组织设计和施工技术方案，采用成本预测法进行估算。

(3) 对其他项目清单逐项进行计价，并按规定的方法计算规费和税金，汇总得到工程标底价格。

(六) 投标报价的编制

投标报价是施工企业根据招标文件及工程量清单，按照本企业的现场施工技术力量、管理水平等编制出的工程造价。投标报价反映出施工企业承包该工程所需的全部费用，招标单位对各投标单位的报价进行评议，以合理低价者中标。

1. 投标报价的程序

工程量清单下投标报价的程序如表 5-50 所示。

投标报价的程序　　　　　　　　　　　　　　　　　表 5-50

程序号	投标报价的程序内容
1	获取招标信息
2	准备资料，报名参加投标
3	提交资格预审资料
4	通过资格预审后得到招标文件
5	研究招标文件
6	准备与投标有关的所有资料
7	对招标人及工程场地进行实地考查
8	确定投标策略

续表

程序号	投标报价的程序内容
9	核算工程量清单
10	编制施工组织设计及施工方案
11	计算施工方案工程量
12	采用多种方式进行询价
13	计算工程综合单价
14	按工程量清单计算工程成本价
15	分析报价决策，确定最终报价
16	编制投标文件
17	投送投标文件
18	参加开标会议

2. 投标报价的编制

投标报价的编制工作，是投标人进行投标的实质性工作。编制投标报价时，必须按照工程量清单计价的格式及要求进行。编制的要点如下：

(1) 审核工程量清单并计算施工工程量：投标人在按照招标人提供的工程量清单报价时，应结合本企业的实情，把施工方案及施工工艺造成的工程增量以价格的形式包括在综合单价内。另外，投标人还应对措施项目中的工程量及施工方案工程量进行全面考虑，认真计算，避免因考虑不全而漏算，造成低价中标亏损。

(2) 编制施工组织设计及施工方案：施工组织设计及施工方案是招标人评标时考虑的主要因素之一，也是投标人计算施工工程量的依据，其内容主要有：项目概况、项目组织机构、项目保证措施、前期准备方案、施工现场平面布置、总进度计划和分部分项工程进度计划、分部分项的施工工艺及施工技术组织措施、主要施工机械配置、劳动力配置、主要材料保证措施、施工质量保证措施、安全文明施工措施、保证工期措施。

(3) 多方面询价：工程量清单下的价格是由投标人自主计算的，投标人在编制投标报价时，除了参考在日常工作中积累起来的人工、材料、机械台班的价格外，还应充分了解当地的材料市场价、当地的人工综合价、机械设备的租赁价、分部分项工程的分包价等。

(4) 计算投标报价，填写标书：按照工程量清单计价的方法计算各项清单费用，并按规定的格式填写表格。计算步骤如下：

① 按照企业定额或《全国统一安装工程预算定额》的消耗量，以及人工、材料、机械的市场价格计算各清单项目的人工费、材料费、机械费，并以此为基础计算管理费、利润，进而计算出各分部分项工程清单项目的综合单价。

② 根据工程量清单及现场因素计算各清单费用、规费、税金等，并合计汇总得到初步的投标报价。

③ 根据投标单位的投标策略进行全面分析、调整，得到最终的投标报价。

④ 按规定格式填写各项计价表格，装订形成投标标书。

3. 工程投标策略简介

投标的目的是争取中标，通过承包工程建设而盈利，因此，投标时除了应熟练掌握工程量清单计价方法外，还应掌握一定的投标报价策略及投标报价技巧，提高投标的中标率。

（1）投标报价策略：投标时，根据投标人的经营状况和经营目标，既要考虑自身的优势和劣势，也要考虑竞争的激烈程度，还要分析投标项目的整体特点，按照工程类别、施工条件等确定投标策略。采用的投标策略主要有：

① 生存型报价策略。如投标报价以克服生存危机为目标而争取中标时，可以不考虑其他因素，采取不盈利甚至赔本的报价策略，力争夺标。

② 竞争型报价策略。投标报价以开拓市场、打开局面为目标，可以采用低盈利的竞争手段，在精确计算工程成本的基础上，充分估计各竞争对手的报价目标，用有竞争力的报价达到中标的目的。

③ 盈利型报价策略。施工企业充分发挥自身的优势，以实现最佳盈利为目标，对效益小的项目热情不高，对盈利大的项目充分投入，争取夺标。

（2）投标报价技巧：投标报价时常用的技巧有：

① 不平衡报价法。不平衡报价法是指在工程总价基本确定后，调整内部各工程项目的报价，既不提高总价、影响中标，又能在结算时得到更好的经济效益。具体操作时可采取如下方法：

a. 能够早日结算的项目如前期措施费可报的较高，以利于资金周转，后期工程项目可适当报低。

b. 经过工程量核算，预计今后工程量会增加的项目，适当提高单价，而工程量可能减少的项目，适当降低单价。

c. 对招标人要求采用包干报价的项目可高报，其余项目可适当降低。

d. 在议标时，投标人要求压低标价时应首先压低工程量少的项目单价，以表现有让利的诚意。

e. 其他项目清单中的工日单价和机械台班单价可报高些。

采用不平衡报价法对投标人可降低一定的风险，但报价必须建立在对工程量清单进行仔细核对和分析的基础上，并把单价的增减控制在合理的范围内，以免引起招标人的反对而废标。

② 多方案报价法。当招标文件允许投标人提建议方案，或者招标文件对工程范围不明确、条款不清楚、技术要求过于苛刻时，可在充分估计风险的基础上，进行多种方案报价。

③ 突然降价法。先按一般情况报价，到快要投标截止时，按已经计划好的方案，突然降价，以击败竞争对手。

④ 先亏后赢法。对大型分期建设的工程，第一期工程以成本价甚至亏本夺标，以获得招标人的信赖，在后期工程中赢回。

（七）工程量清单计价案例

本节根据某综合楼电气消防安装工程施工图纸，按施工企业的实际情况编制投标报价标书。工程量清单由甲方随招标文件提供，工程图纸略。投标单位具有一级施工资质，施工经验较丰富，施工管理水平较高，拥有先进的施工机具。工程量清单及投标报价标书如下所示。

某综合楼电气消防安装工程

电气消防安装工程工程量清单

某综合楼电气消防安装工程

工程量清单

招 标 人：_____（略）_____（单位签字盖章）

法定代表人：_____（略）_____（签字盖章）

中介机构
法定代表人：_____（略）_____（签字盖章）

造价工程师
及注册证号：_____（略）_____（签字盖执业专用章）

编制时间：　　　年　　月　　日

填 表 须 知

1. 工程量清单及其计价格式中所有要求签字、盖章的地方，必须有规定的单位和人员签字、盖章。

2. 工程量清单及其计价格式中的任务内容不得随意删除或涂改。

3. 工程量清单及其计价格式中列明的所有需要填报的单价和合价，投标人均应填写，未填报的单价和合价，视为此项费用已包含在工程量清单的其他单价和合价中。

4. 金额（价格）均应以<u>人民币</u>表示。

分部项工程量清单

工程名称：某综合楼电气消防安装　　　　　　　　　　　第1页 共1页

序号	项目编码	项目名称	计量单位	工程数量
一、		自动报警		
1	030705007001	报警联动一体机（总线制落地式500点以下）	台	1
2	031205008001	广播控制柜	台	1
3	031208016001	CRT显示终端	台	1
4	030705001001	总线制点型感温探测器	只	65
5	030705001002	总线制点型感烟探测器	只	98
6	030705003001	手动报警按钮	只	20
7	030705003002	消防栓破玻按钮	只	23
8	030705009001	声光报警器	台	3
9	030705009002	警铃	台	20
10	030705009003	气体喷药指示灯	台	3
11	030705010001	气体灭火控制器（3路控制）	台	1
12	030204018001	户内端子箱（端子板接线）	台	7
13	030705004001	单输入单输出探测器模块	只	3
14	030705004002	单输入单输出控制模块	只	26
15	030705004003	单输入监视模块	只	30
16	030705004004	单输入单输出隔离模块	只	6
17	030208004001	金属线槽100×80×1.0（支架制安、支架及线槽刷防火漆两遍）	m	64.66
18	030208004002	金属线槽30×20×1.0（支架制安、支架及线槽刷防火漆两遍）	m	64.66
19	030212001001	电气配管暗配镀锌电线管SC20（暗装接线盒金属软管φ19安装）	m	2525.30
20	030212001002	电气配管暗配镀锌电线管SC25 接线盒暗装	m	486.40
21	030212003001	管内穿线 ZR-RVS-2×1.0	m	3255.10
22	030212003002	管内穿线 ZR-BVV-1.5	m	1191.40
23	030212003003	线槽配线 ZR-BVV-4	m	193.98
24	030212003004	线槽配线 ZR-BVV-1.5	m	29.00
25	030212003005	线槽配线 ZR-RVS-2×1.5	m	308.71
26	030208002001	控制电缆 NH-KVV-4×1.5 控制电缆头安装	m	74.06
27	030208002002	控制电缆 NH-KVV-7×1.5 控制电缆头安装	m	377.01
28	030208002003	控制电缆 NH-KVV-14×1.5 控制电缆头安装	m	142.15
29	030706001001	自动报警系统装置调试（256点以下）	系统	1
30	030706003001	防火控制系统装置调试	处	14

措施项目清单

工程名称：某综合楼消防安装　　　　　　　　　　　　　　　　第1页　共1页

序　号	项 目 名 称
1	通用项目
1.1	文明施工费
1.2	安全施工费
1.3	临时施费
1.4	脚手架搭拆费

其他项目清单

工程名称：某综合楼消防安装　　　　　　　　　　　　　　　　　第1页 共1页

序　号	项　目　名　称
1	招标人部分
1.1	预留金
1.2	材料购置费
2	投标人部分
2.1	总承包服务费
2.2	零星工作项目费

零星工作项目表

工程名称：某综合楼消防安装　　　　　　　　　　　　第1页　共1页

序号	名称	计量单位	数量
1	人工		
2	材料		
3	机械		

主 要 材 料 表

工程名称：某综合楼消防安装　　　　　　　　　　　　　　　　第1页　共1页

序号	材料编码	材料名称	规格、型号等特殊要求	单 位	单价(元)
1	—	点型感烟探测器	总线制		
2	—	室内消火栓	单栓 DN65 带 20m 卷盘，不带报警(铝合金箱)		
3	—	控制模块	单输出		
4	—	镀锌钢管	SC100		
5	—	监视模块	单输出		
6	—	镀锌电线管	SC20		
7	—	镀锌钢管	SC25		
8	—	控制电缆	NH-KVV7×1.5		
9	—	手动报警按钮			
10	—	探测器模块	单输出		
11	—	电线	ZR-RVS2×1.0		
12	—	镀锌电线管	SC25		
13	—	金属线槽	100×80×1.0		
14	—				
15	—				
16	—				
17	—				
18	—				

电气消防安装工程工程量清单计价

某综合楼电气消防安装工程

工程量清单计价表

招 标 人：_____（略）_____（单位签字盖章）

法定代表人：_____（略）_____（签字盖章）

造价工程师
及注册证号：_____（略）_____（签字盖执业专用章）

编制时间： 　年　　月　　日

投 标 总 价

建 设 单 位： _____(略)_____

工 程 名 称： ___某综合楼电气消防安装___

投标总价(小写)： ___567361.47___

(大写)： ___伍拾陆万柒仟叁佰陆拾壹元肆角柒分___

投 标 人： _____(略)_____ (单位签字盖章)

法定代表人： _____(略)_____ (签字盖章)

编制时间： 　　　年　　　月　　　日

单位工程费汇总表

工程名称：某综合楼电气消防安装工程　　　　　　　　　第1页　共1页

序 号	费 用 名 称	费 用 金 额
1	分部分项工程费	527559.20
2	措施项目费	2857.46
3	其他项目费	0.00
4	规费	18235.77
5	税金	18709.05
	合　计	567361.47

单位工程费汇总计算表

工程名称：某综合楼电气消防安装工程　　　　　　　　　　第1页　共1页

序号	费用名称	取费说明	费率	费用金额
1	分部分项工程费	分部分项工程量清单合计		527559.20
2	措施项目费	措施项目清单合价		2857.46
3	其他项目费	其他项目清单合价		0.00
4	规费	〔5～10〕		18235.77
4.1	社会保险费	〔1～3〕分部分项工程量清单人工费	3.32	17609.83
4.2	住房公积金	分部分项工程量清单人工费	3.5	95.52
4.3	工程定额测定费	〔1～3〕	0.10	530.42
4.4	工程排污费			
4.5	施工噪声排污费			
5	税金	〔1～4〕	3.41	18709.05
	合计			567361.47

措施项目清单计价表

工程名称：某综合楼消防安装　　　　　　　　　　　　　　第1页　共1页

序　号	项目名称	金额(元)
1	通用项目	2857.46
1.1	文明施工费	
1.2	安全措施费	
1.3	临时设施费	128.27
1.4	脚手架搭拆费	2729.19
	合　计	2857.46

措施项目清单计算表

工程名称：某综合楼消防安装　　　　　　　　　　　　　第1页　共1页

序号	措施项目名称	单位	数量	计算方法 计算基础	费用标准	金额(元)
1	临时设施	项	1	人工费	4.7%	128.27
2	安全措施	项	1	按工程所在地规定计算		未计
3	文明施工	项	1			未计
4	脚手架搭拆	项	1	按所采用的消耗量定额的计算规则和有关规定计算		2729.19
	合　计					2857.46

分部分项工程清单计价表

工程名称：某综合楼电气消防安装　　　　　　　　　　　　　　　第1页 共1页

序号	项目编码	项目名称	计量单位	工程数量	综合单价	合价
		一、	自动报警			
1	030705007001	报警联动一体机（总线制地式500点以下）	台	1	87727.62	87727.62
2	031205008001	广播控制柜	台	1	18675.20	18675.20
3	031208016001	CRT显示终端	台	1	140211.55	140211.55
4	030705001001	总线制点型感温探测器	只	65	725.98	47188.53
5	030705001002	总线制点型感烟探测器	只	98	771.61	75617.52
6	030705003001	手动报警按钮	只	20	206.71	4134.22
7	030705003002	消防栓破玻按钮	只	23	162.71	3742.34
8	030705009001	声光报警器	台	3	530.99	1592.97
9	030705009002	警铃	台	20	222.42	4448.48
10	030705009003	气体喷药指示灯	台	3	180.99	542.97
11	030705010001	气体灭火控制器（3路控制）	台	1	4679.61	4679.61
12	030204018001	户内端子箱（端子板接线）	台	7	749.36	5245.52
13	030705004001	单输入单输出探测器模块	只	3	1232.74	3698.21
14	030705004002	单输入单输出控制模块	只	26	958.73	24927.06
15	030705004813	单输入监视模块	只	30	767.73	23031.99
16	030705004004	单输入单输出隔离模块	只	6	835.73	5014.40
17	030208004001	金属线槽100×80×1.0（支架制安、支架及线槽刷防火漆两遍）	m	64.66	43.78	2830.99
18	030208004002	金属线槽30×20×1.0（支架制安、支架及线槽刷防火漆两遍）	m	64.66	17.47	1129.48
19	030212001001	电气配管暗配镀锌电线管SC20（暗装接线盒金属软管ϕ19安装）	m	2525.30	10.74	27134.16
20	030212001002	电气配管暗配镀锌电线管DN25接线盒暗装	m	486.40	12.92	6286.00
21	030212003001	管内穿线ZR-RVS-2×1.0	m	3255.10	1.74	5660.86

续表

序 号	项目编码	项 目 名 称	计量单位	工程数量	金额(元)	
					综合单价	合　　价
22	030212003002	管内穿线 ZR-BVV-1.5	m	1191.40	1.23	1467.74
23	030212003003	线槽配线 ZR-BVV-4	m	193.98	2.48	480.36
24	030212003004	线槽配线 ZR-BVV-1.5	m	29.00	2.36	68.35
25	030212003005	线槽配线 ZR-RVS-1.5	m	308.71	2.27	700.80
26	030208002001	控制电缆 NH-KVV-4×1.5 控制电缆头安装	m	74.06	31.13	2305.46
27	030208002002	控制电缆 NH-KVV-7×1.5 控制电缆头安装	m	377.01	29.98	11304.10
28	030208002003	控制电缆 NH-KVV-14×1.5 控制电缆头安装	m	142.15	47.64	6771.48
29	030706001001	自动报警系统装置调试(256点以下)	系统	1	4852.67	4852.67
30	030706003001	防火控制系统装置调试	处	14	434.90	6088.56
		分部小计(自动报警)				527599.20

其他项目清单

工程名称：某综合楼电气消防安装　　　　　　　　　　　　第1页　共1页

序号	名称	金额
1	招标人部分	
1.1	预留金	
1.2	材料购置费	
	小　计	0.00
2	招标人部分	
2.1	总承包服务费	
2.2	零星工作项目费	
	小　计	0.00
	合　计	0.00

零星工作项目清单

工程名称：某综合楼电气消防安装　　　　　　　　　　　　　　第1页　共1页

序　号	名　　称	计量单位	数量	金额(元)	
				综合单位	合　　计
1	人　工				
1.1					
	小　计				0.00
2	材　料				
2.1					
	小　计				0.00
3	机　械				
3.1					
	小　计				0.00
	合　计				0.00

分部分项工程清单综合单价分析表

工程名称：某综合楼电气消防安装　　　　　　　　　第1页　共1页

序号	项目编码	项目名称	工程内容	综合单价组成(元)					综合单价
				人工费	材料费	机械使用费	管理费	利润	
1	030705007001	报警联动-体机(总线制落地式500点以下)	1. 本体安装	568.68	84815.35	196.24	146.24	156.39	87727.62 元/台
			2. 消防报警备用电源	12.00	1804.57	0.77	3.09	3.30	
			3. 高层建筑增加费	609.97					
			小计	609.97	86619.92	197.71	149.33	159.69	
2	031205008001	广播控台	1. 播控台安装	267.00	18073.12	183.66	68.66	73.43	18675.20 元/台
			2. 高层建筑增加费	9.33					
			小计	276.33	18073.12	183.66	68.66	73.43	
3	031208016001	CRT显示终端	1. 本体安装	84.09	14053.68	26.10	21.63	23.12	140211.55 元/台
			2. 高层建筑增加费	2.93					
			小计	87.02	14053.68	26.10	21.63	23.12	
4	030705001001	总线制点型感湿探测器	1. 探头安装	7.08	714.69	0.19	1.82	1.95	725.98 元/台
			2. 高层建筑增加费	0.25					
			小计	7.33	714.69	0.19	1.82	1.95	
5	030705003001	手动报警按钮	1. 安装	10.32	189.19	1.35	2.65	2.84	206.71 元/台
			2. 高层建筑增加费	0.36					
			小计	10.68	189.19	1.35	2.65	2.84	
6	030705009001	声光报警器	1. 调试	14.64	507.03	1.01	3.77	4.03	530.99 元/台
			2. 高层建筑增加费	0.51					
			小计	15.15	507.03	1.01	3.77	4.03	
7	030705009002	警铃	1. 安装	7.56	209.84	0.74	1.94	2.08	222.42 元/台
			2. 高层建筑增加费	0.26					
			小计	7.82	209.84	0.74	1.94	2.08	
8	030705009003	气体喷药指示灯	1. 安装	14.64	157.03	1.01	3.77	4.03	180.99 元/台
			2. 高层建筑增加费	0.51					
			小计	15.15	157.03	1.01	3.77	4.03	

续表

序号	项目编码	项目名称	工程内容	综合单价组成(元)					综合单价
				人工费	材料费	机械使用费	管理费	利润	
9	030705010001	气体灭火控制器（3路控制）	1. 本体安装	105.48	4510.66	3.66	27.12	29.01	4679.61 元/台
			2. 高层建筑增加费	3.68					
			小计	109.16	4510.66	3.66	27.12	29.01	
10	030204018001	户内端子箱端子板接线	1. 箱本安装	73.54	622.85	10.58	19.58	20.24	749.36 元/台
			2. 高层建筑增加费	2.57					
			小计	76.11	622.85	10.58	19.58	20.24	
11	030705004001	单输入单输出探测器模块	1. 安装	21.84	1196.38	2.12	5.62	6.10	1232.74 元/只
			2. 高层建筑增加费	0.77					
			小计	22.61	1196.38	2.12	5.62	6.10	
12	030208004002	金属线槽100×80×1.0支架制安、支架及线槽刷防火漆两遍	1. 制作、除锈、刷油	1.58	1.52	0.40	0.40	0.43	17.47 元/m
			2. 安装	1.86	8.88	1.28	0.50	0.51	
			3. 高层建筑增加费	0.12					
			小计	3.56	10.40	1.68	0.89	0.94	
13	030212001001	电气配管暗配镀锌电线管SC20（暗装接线盒金属软管φ19安装）	1. 电线管路敷设	1.53	7.24	0.41	0.41	0.42	10.74 元/m
			2. 接线盒（箱）、灯头盒、开关盒、插座盒安装	0.15	0.46		0.04	0.04	
			3. 高层建筑增加费	0.07					
			小计	1.75	7.69	0.41	0.45	0.04	
14	030212003001	管内穿线 ZR-RVS-2×1.0	1. 管内穿线	0.20	1.43		0.05	0.05	1.74 元/m
			2. 高层建筑增加费	0.01					
			小计	0.20	1.43		0.05	0.06	

续表

序号	项目编码	项目名称	工程内容	综合单价组成(元)					综合单价
				人工费	材料费	机械使用费	管理费	利润	
15	030212003003	线槽配线 ZR-BVV-4	1. 配线	0.32	1.97		0.09	0.09	2.48 元/m
			2. 高层建筑增加费	0.01					
			小计	0.33	1.97		0.09	0.09	
16	030208002002	控制电缆 NH-KVV7×1.5 控制电缆头安装	1. 电缆敷设	1.33	24.94	0.07	0.36	0.37	29.98 元/m
			2. 电缆头制作、安装	0.64	1.86		0.17	0.18	
			3. 高层建筑增加费	0.06					
			小计	2.03	26.80	0.07	0.53	0.55	
17	030706001001	自动报警系统系统装置调试(256 点以下)	1. 系统装置调试	1428.90	415.33	2198.12	367.45	392.95	4852.67 元/系统
			2. 高层建筑增加费	49.92					
			小计	1478.82	415.33	2198.12	367.45	392.95	
18	030706003001	防火控制系统装置调试	1. 系统装置调试	5.00	420.25	6.82	1.29	1.37	434.90 元/处
			2. 高层建筑增加费	0.17					
			小计	5.17	420.25	6.82	1.29	1.37	

措施项目费分析表

工程名称：某综合楼电气消防安装　　　　　　　　　　第1页　共1页

序号	措施项目名称	单位	数量	金额(元)					
				人工费	材料费	机械费	管理费	利润	小计
1	脚手架搭拆费	项	1	2729.19					2729.19
	合计			3594.23	0.00	0.00	0.00		2729.19

主要材料价格表

工程名称：某综合楼电气消防安装

序号	材料编码	材料名称	规格、型号等特殊要求	单 位	单价(元)
1	——	点型感烟探测器	总线制 ISL555IR(××厂家)	只	756.00
2	——	控制模块	单输出 ISL—AOM—2(××厂家)	只	917.00
3	——	镀锌钢管	SC100(××厂家)	m	68.02
4	——	监视模块	单输出 ISL—AOM—2(××厂家)	只	726.00
5	——	镀锌电线管	SC20(××厂家)	m	6.56
6	——	镀锌钢管	SC25(××厂家)	m	14.50
7	——	控制电缆	NH—KVV7×1.5(××厂家)	m	19.08
8	——	手动报警按钮	ISLKR1/SR(××厂家)	只	184.00
9	——	探测器模块	单输出 ISL—AMM-45(××厂家)	只	1191.00
10	——	电线	ZR—RVS2×1.0(××厂家)	m	1.20
11	——	镀锌电线管	SC25(××厂家)	m	8.44
12	——	金属线槽	100×80×1.0(××厂家)	m	20.03

以 下 省 略

分部分项工程量清单综合单价计算表

工程名称：某综合楼电气消防安装　　　　　　　　　　　计量单位：台
项目编码：030705007001　　　　　　　　　　　　　　　工程数量：1
项目名称：报警联动一体机　　　　　　　　　　　　　　综合单价：87727.62元

序号	定额编码	工程内容	单位	工程量	综合单价(元)					
					人工费	材料费	机械费	管理费	利润	小计
1	—	报警联动一体机安装落地式500点以下	台	1	568.68	58.35	196.94	146.24	156.39	85883.60
2	—	报警联动一体机ISL7200-4落地式500点以下	台	1		84757.00				
3	—	消防报警备用电源	台	1	12.00	4.57	0.77	3.09	3.30	1823.73
4	—	消防报警备用电源	台	1		1800.00				
5	—	高层建筑增加费9层以下30m	元		20.29					20.29
		合计			596.59	86619.92	197.71	149.33	159.69	87727.62

注：综合单价＝合计÷清单工程量＝87727.62÷1＝87727.62。

分部分项工程量清单综合单价计算表

工程名称：某综合楼电气消防安装　　　　　　　　　　计量单位：台
项目编码：031205008001　　　　　　　　　　　　　　工程数量：1
项目名称：广播控制柜　　　　　　　　　　　　　　　综合单价：18675.20 元

序号	定额编码	工程内容	单位	工程量	综合单价（元）					
					人工费	材料费	机械费	管理费	利润	小计
1	—	火灾事故广播安装消防广播控制柜	台	1	267.00	73.12	183.66	68.66	73.43	18665.87
2	—	消防广播控制柜	台	1		18000.00				
3	—	高层建筑增加费9层以下30m	元		9.33					9.33
		合计			274.32	191174.77	183.66	68.66	73.43	18675.20

注：综合单价＝合计÷清单工程量＝18675.20÷1＝18675.20。

工程名称：某综合楼电气消防安装　　　　　　　　　　计量单位：台
项目编码：031208016001　　　　　　　　　　　　　　工程数量：1
项目名称：CRT 显示终端　　　　　　　　　　　　　　综合单价：140211.55 元

序号	定额编码	工程内容	单位	工程量	综合单价（元）					
					人工费	材料费	机械费	管理费	利润	小计
1	—	CRT 显示终端彩色带键	台	1	84.09	53.68	26.10	21.63	23.12	140208.62
2	—	CRT 显示终端	台	1		140000.00				
3	—	高层建筑增加费9层以下30m	元		2.93					2.93
		合计			87.02	140053.68	26.10	21.63	23.12	140211.55

注：综合单价＝合计÷清单工程量＝140211.55÷1＝140211.55。

工程名称：某综合楼电气消防安装　　　　　　　　　　计量单位：只
项目编码：030705001001　　　　　　　　　　　　　　工程数量：65
项目名称：总线制点型感温探测器　　　　　　　　　　综合单价：725.98 元

序号	定额编码	工程内容	单位	工程量	综合单价（元）					
					人工费	材料费	机械费	管理费	利润	小计
1	—	点型探测器总线制感温	只	65	460.20	239.85	12.35	118.30	126.75	47172.45
2	—	点型探测器总线制感温 ISL1251	只	65		46215.00	46215.00			
3	—	高层建筑增加费9层以下30m	元							16.25
		合计			476.45	46454.85	12.35	118.30	126.75	47188.70

分部分项工程量清单综合单价计算表

工程名称：某综合楼电气消防安装　　　　　　　　　　　计量单位：只
项目编码：030705003001　　　　　　　　　　　　　　　工程数量：20
项目名称：手动报警按钮　　　　　　　　　　　　　　　综合单价：206.71元

序号	定额编码	工程内容	单位	工程量	综合单价(元)					
					人工费	材料费	机械费	管理费	利润	小计
1	—	按钮安装	只	20	206.40	103.80	27.00	53.00	56.80	4127.00
2	—	手动报警按钮 IS-LKR1/SR	只	20		3680.00				
3	—	高层建筑增加费9层以下30m	元			7.20				7.20
		合计			213.60	3783.80	27.00	53.00	56.80	4134.20

注：综合单价＝合计÷清单工程量＝4134.20÷20＝206.71。

工程名称：某综合楼电气消防安装　　　　　　　　　　　计量单位：台
项目编码：030705009001　　　　　　　　　　　　　　　工程数量：3
项目名称：声光报警器　　　　　　　　　　　　　　　　综合单价：530.99元

序号	定额编码	工程内容	单位	工程量	综合单价(元)					
					人工费	材料费	机械费	管理费	利润	小计
1	—	声光报警	只	3	43.92	9.09	3.03	11.31	12.09	1591.44
2	—	声光报警	只	3		1512.00				
3	—	高层建筑增加费9层以下30m	元			1.53				1.53
		合计			45.45	1521.09	3.03	11.31	12.09	1592.97

注：综合单价＝合计÷清单工程量＝1592.97÷3＝530.99。

工程名称：某综合楼电气消防安装　　　　　　　　　　　计量单位：台
项目编码：030705009002　　　　　　　　　　　　　　　工程数量：20
项目名称：警铃　　　　　　　　　　　　　　　　　　　综合单价：222.42元

序号	定额编码	工程内容	单位	工程量	综合单价(元)					
					人工费	材料费	机械费	管理费	利润	小计
1	—	警铃	只	20	151.20	56.80	14.80	38.80	41.60	4443.20
2	—	警铃 ISL MBF-6W	只	20		4140.00				
3	—	高层建筑增加费9层以下30m	元			5.20				5.20
		合计			156.40	4196.80	14.80	38.80	41.60	4448.40

注：综合单价＝合计÷清单工程量＝4448.40÷20＝222.42。

分部分项工程清单综合单价分析表

工程名称：某综合楼电气消防安装 　　　　　　　　　计量单位：台
项目编码 030204018001 　　　　　　　　　　　　　　工程数量：7
项目名称：户内端子箱 　　　　　　　　　　　　　　　综合单价：749.36 元

序号	定额编码	工程内容	单位	工程量	综合单价(元)					
					人工费	材料费	机械费	管理费	利润	小计
1	—	端子箱安装户内	台	7	364.56	226.31	74.60	97.16	100.24	4782.33
2		端子箱	台	7		3920.00				
3	—	无端子外部接线2.5	10个	29.8	150.19	213.67		39.93	41.42	445.21
4	—	高层建筑增加费9层以下30.m	元		17.98					17.98
		合计			532.73	4359.98	74.06	137.09	141.66	5245.52

注：综合单价＝合计÷清单工程量＝5245.52÷7＝749.36。

分部分项工程量清单综合单价计算表

工程名称：某综合楼电气消防安装 　　　　　　　　　计量单位：只
项目编码：030705004001 　　　　　　　　　　　　　工程数量：3
项目名称：单输入单输出探测器模块 　　　　　　　　综合单价：1232.75 元

序号	定额编码	工程内容	单位	工程量	综合单价(元)					
					人工费	材料费	机械费	管理费	利润	小计
1	—	控制模块(接口)安装单输出	只	3	65.52	16.14	6.36	16.86	18.03	3695.91
2	—	探测器模块ISL-AMM-4S单输出接口	只	3		3573.00				
3	—	高层建筑增加费9层以下30m	元		2.31					
		合计			67.83	3589.14	6.36	16.86	18.03	3698.22

注：综合单价＝合计÷清单工程量＝3698.22÷3＝1232.74

工程名称：某综合楼电气消防安装　　　　　　　　　　　　　计量单位：m
项目编码：030208004002　　　　　　　　　　　　　　　　　工程数量：64.66
项目名称：金属线槽100×80×1.0　　　　　　　　　　　　　综合单位：17.47元

序号	定额编码	工程内容	单位	工程量	综合单价(元)					
					人工费	材料费	机械费	管理费	利润	小计
1	—	金属线槽安装 100×80×1.0	10m	6.47	120.27	107.92	82.76	32.07	33.11	842.33
2	—	金属线槽100×80×1.0	M	66.60		466.20				
3	—	一般铁构件制作	100kg	0.20	51.84	15.36	14.62	13.82	14.26	165.65
4	—	圆铁(综合)	kg	1.60		4.24				
5	—	角钢(综合)	kg	15.00		40.20				
6	—	扁刚—25～40	kg	4.40		11.31				
7	—	一般铁构件 安装	100kg	0.20	33.70	3.21	11.16	8.98	9.27	66.32
8	—	刷防火涂料 支架第一遍	100kg	0.20	1.68	0.25		0.29	0.46	4.39
9	—	防火涂料	kg	0.15		1.71				
10	—	刷防火涂料 支架每二遍	100kg	0.20	1.68	0.25		0.29	0.46	4.20
11	—	防火涂料	kg	0.13		1.52				
12	—	刷防火涂料 槽盒第一遍	10m²	0.65	6.60	1.26		1.13	1.82	20.15
13	—	防火涂料	kg	0.82		9.34				
14	—	刷防火涂料 槽盒第二遍	10m²	0.65	6.41	1.18		1.10	1.76	19.28
15	—	防火涂料	kg	0.78		8.83				
16	—	高层建筑增加费9层以下 30m(第2册)	元		7.29					7.29
		合计			229.47	672.78	108.54	57.68	61.14	1129.61

注：综合单价＝合计÷清单工程量＝1129.61÷64.66＝17.47。

分部分项工程量清单综合单价计算表

工程名称：某综合楼电气消防安装　　　　　　　　　计量单位：m
项目编码：030208002002　　　　　　　　　　　　　工程数量：377.01
项目名称：控制电缆 NH-KVV-7×1.5　　　　　　　　 综合单位：29.98元

序号	定额编码	工程内容	单位	工程量	综合单价(元)					
					人工费	材料费	机械费	管理费	利润	小计
1	—	控制电缆敷设14芯以下	100m	4.53	502.49	227.32	25.56	133.91	138.17	10203.85
2	—	控制电缆 NH-KVV-7×1.5	m	459.98		9176.40				
3	—	控制电缆头 终端头14芯以下	个	16.00	241.92	701.28		64.48	66.56	1074.24
4		高层建筑增加费9层以下30m	元		24.67					24.67
		合计			769.08	10105.00	25.56	198.36	204.73	11302.76

注：综合单价＝合计÷清单工程量＝11302.76÷377.01＝29.98

工程名称：某综合楼电气消防安装　　　　　　　　　计量单位：系统
项目编码：030706001001　　　　　　　　　　　　　工程数量：1
项目名称：自动报警系统装置调试256点以下　　　　 综合单位：4852.67元

序号	定额编码	工程内容	单位	工程量	综合单价(元)					
					人工费	材料费	机械费	管理费	利润	小计
1	—	自动报警系统装置调试256点以下	系统	1	1428.90	415.33	2198.12	367.45	392.95	4802.75
2	—	高层建筑增加费9层以下30m	元		49.92					49.92
		合计			1478.82	415.33	2198.12	367.45	392.95	4852.67

注：综合单价＝合计÷清单工程量＝4852.67÷1＝4852.67

工程名称：某综合楼电气消防安装　　　　　　　　　计量单位：处
项目编码：030706003001　　　　　　　　　　　　　工程数量：14
项目名称：防火系统装置调试　　　　　　　　　　　综合单位：434.90元

序号	定额编码	工程内容	单位	工程量	综合单价(元)					
					人工费	材料费	机械费	管理费	利润	小计
1	—	正压送风阀、排烟阀、防火阀	10处	1.4	69.97	5883.43	95.48	17.99	19.24	6086.11
2	—	高层建筑增加费9层以下30m	元		2.49					2.49
		合计			72.46	5883.43	95.48	17.99	19.24	6088.60

注：综合单价＝合计÷清单工程量＝6088.607÷1.4＝434.90

本 章 小 结

本章共分为四部分内容：消防系统的供电、安装、布线与接地及消防预算。

消防系统供电主要介绍了对消防供电的要求及规定；讲述了消防供电系统；对备用电源的自动投入进行了阐述。

消防系统的安装从探测器的安装入手，讲述了报警附件的安装，包括手动报警报钮、消防专用电话、灭火设备、防火卷帘、消防电梯、非消防电源的安装。

消防系统的布线与接地主要介绍有关要求，以便实际应用中考虑。

消防施工图预算与其他预算有一定差异，因此本书首先讲述了定额及工程量的计算方法，最后通过一高层消防工程的预算作了非常详细的阐述。

本章讲述了同国际接轨的新方法工程量清单计价。

1. 工程量清单

是用来表现拟建工程的分部分项工程项目、措施项目、其他项目的名称和相应数量的明细清单

2. 工程量清单计价

工程量清单计价，是指根据招标文件以及招标文件所提供的工程量清单，按照市场价格以及施工企业自身的特点，计算出完成招标文件所规定的所有工程项目所需要的费用。

3. 综合单价

是指完成工程量清单中一个计量单位的工程项目所需的人工费、材料费、机械使用费、管理费、利润的总和及一定的风险费用。

4. 标底

是招标人为了掌握工程造价，控制工程投资，对投标单位的投标报价进行评价的依据。标底必须按照工程量清单计价的方法及格式进行编制。

5. 投标报价

是施工企业根据招标文件及工程量清单，按照本企业的现场施工技术力量、管理水平等编制出的工程造价。

习 题

1. 常用探测器的安装有哪些特点及要求？
2. 特殊探测器的安装有哪些特点及要求？
3. 报警附件有哪些？如何安装？
4. 消防中心设备安装有何要求？
5. 消防系统的布线有何要求？
6. 简述消防系统的接地装置的安装要求。
7. 消防系统的供电要求与规定有哪些？
8. 简述手动报警按钮的安装要求。
9. 消防中心控制设备的安装要求有哪些？
10. 系统布线有哪些规定？
11. 消防广播如何安装？

第六章　消防系统的开通调试验收及维护运行

【本章任务】
(1) 了解火灾自动报警及联动控制系统施工时应该符合哪些规定、验收前系统的调试内容、检测验收时所包含的项目、交付使用后要进行的维护与保养知识；
(2) 掌握验收条件及维护方法；
(3) 具有独立调试和维护的能力；
(4) 学会施工与调试的配合及消防报警设备的选择技巧；
(5) 施工与调试的配合及消防报警设备的选择技巧。

第一节　概　述

消防系统在安装完成后便进入系统的开通调试阶段。所谓系统调试就是对已经安装完毕的各子系统，按照国家消防有关规范要求及现场实际情况需要调整相关组件和设施的参数，使其性能达到国家有关消防规范及使用的要求，以便保证火灾发生时有效发挥作用的工作过程。从该阶段的性质上讲分为两个阶段：

第一阶段，即各子系统单独调试。各子系统（例如通风、排烟、消防水系统）分别按照国家有关消防规范对其性能、指标和参数进行调整，通过模拟火灾方式实际测量其系统参数，直至达到规范及使用的要求为止；第二阶段，在各子系统已经完成自身系统调试工作并达到规范及使用的要求后，以自动报警联动系统为中心，按照规范用使用要求进行消防系统自动功能整体调试（例如外部设备定义、联动编程等）。从时间上讲也应是先完成第一阶段的内容后再进行第二阶段工作，按照这样顺序第一阶段是各工种分别按照自己的专业进行工作，既不浪费劳动力，也能为第二阶段顺利进行做好准备工作，第二阶段的工作主要以电气专业为主进行联动关系调试，其他专业配合。第二阶段的调试过程也是检验各子系统在第一阶段调试中所达到参数的稳定性的过程。

第二节　消防系统的开通调试

消防系统的开通调试主要有：系统稳压装置的调试；室内消火栓系统的调试；自动喷水灭火系统的调试；防排烟系统的调试；防火卷帘门的调试等。下面分别叙述。

一、消防系统稳压装置的调试

系统的稳压装置是消防水系统的一个重要设施，它是保证消火栓灭火系统和自动喷淋灭火系统能否达到设计和规范要求及主要设备能否满足火灾初期 10min 灭火的基础。在高层建筑中稳压装置有稳压水泵和气压罐给水设备等。我们这里主要介绍一下隔膜式气压给水设备的调试。隔膜式气压给水设备的调试工作主要是对其压力值的设定，其设定方式可参考以下方法进行。

1. 压力设置原则

压力设置的原则主要是使消防给水管道最不利点的压力始终保持防火所需的要求。

2. 消防系统最不利点所需压力 P_1 的计算

按照稳压设备安装的位置，P_1 的计算方法分以下几种：

(1) 安装在底层的稳压设备从水池吸水时，消火栓系统中最不利点所需压力 P_1 的计算式为：

$$P_1 = H_1 + H_2 + H_3 + H_4 \quad (\text{mH}_2\text{O})$$

式中　H_1——自水池最低水位至最不利点消火栓的几何高度；

H_2——管道系统的沿程和局部压力损失之和；

H_3——水龙带及消火栓本身的压力损失；

H_4——水枪喷射充实水柱长度所需压力。

(2) 稳压设备安装在高位水箱间，水箱以自灌吸水方式工作时，消火栓系统压力 P_1 计算式为：

$$P_1 = H_3 + H_4 \quad (\text{mH}_2\text{O})$$

(3) 稳压设备安装在底层从水池吸水时，自动喷水灭火系统的压力 P_1 计算式为：

$$P_1 = \Sigma H + H_o + H_r + Z \quad (\text{mH}_2\text{O})$$

式中　ΣH——自动喷水管道至最不利点喷头的沿程和局部压力损失之和；

H_o——最不利点喷头的工作压力；

H_r——报警阀的局部水头损失；

Z——最不利点喷头与水池最低水位（或供水干管）之间的几何高度。

(4) 稳压设备安装在高位水箱间，从水箱自灌吸水且最不利点喷头低于设备时，自动喷水灭火系统的压力计算式为：

$$P_1 = \Sigma H + H_o + H_r \quad (\text{mH}_2\text{O})$$

3. 消防泵启动压力 P_2 的计算

在工程中通常将 $P_2 - P_1$ 的值设定在 0.1MPa 左右。

4. 稳压泵启动压力 P_{s1} 的计算

$$P_{s1} = P_2 + (0.02 \sim 0.03) \quad (\text{MPa})$$

5. 稳压泵停泵压力 P_{s2} 的计算

$$P_{s2} = P_{s1} + (0.05 \sim 0.06) \quad (\text{MPa})$$

按照上述的要求设定压力，压力设定后应进行压力限位试验，观察加压水泵在压力下限时能否启泵，在达到系统设置的上限时能否停止。

二、室内消火栓系统的调试

这里所指的消火栓系统仅以高层建筑室内消火栓系统为例加以说明，且该室内消火栓系统的稳压装置是采用隔膜式气压罐给水装置。该系统调试时应按照以下步骤进行。

1. 系统的水压强度试验

消火栓系统在完成管道及组件安装后，应首先进行水压强度试验。水压强度试验的压力值应按照下列方式设定：当系统设计压力等于或小于 1.0MPa 时，水压强度试验压力为设计工作压力的 1.5 倍，并不应低于 1.4MPa；当系统设计工作压力大于 1.0MPa 时，水压强度试验压力应为工作压力加上 0.4MPa。

做水压试验时应考虑试验时的环境温度，如果环境温度低于 5℃时，水压试验应采取防冻措施。

水压强度试验的测试点应设在系统管网的最低点。对管网注水时，应将管网内的空气排净，并应缓慢升压，达到试验压力后稳压 30min，观察管网应无泄漏和无变形，且压力降不应大于 0.05MPa。

2. 消火栓系统水压严密性试验

消火栓系统在进行完水压强度试验后应进行系统水压严密性试验。试验压力应为设计工作压力，稳压为 24h，应无泄漏。

3. 系统工作压力设定

消火栓系统在系统水压和严密性试验结束后，进行稳压设施的压力设定，稳压设施的稳压值应保证最不利点消火栓的静压力值满足设计要求。当设计无要求时最不利点消火栓的静压力应不小于 0.2MPa。

4. 静压测量

当系统工作压力设定后，下一步是对室内消火栓系统内的消火栓栓口静水压力和消火栓栓口的出水压力进行测量。静水压力不应大于 0.80MPa，出水压力不应大于 0.50MPa。

当测量结果大于以上数值时应采用分区供水或增设减压装置（如减压阀等），使静水压力和出水压力满足要求。

5. 消防泵的调试

上述调试工作结束后开始进行消防泵的调试。

在消防泵房内通过开闭有关阀门将消防泵出水和回水构成循环回路，保证试验时启动消防泵不会对消防管网造成超压。

以上工作完成后，将消防泵控制装置转入到手动状态，通过消防泵控制装置的手动按钮启动主泵，用钳型电流表测量启动电流，用秒表记录水泵从启动到正常出水运行的时间，该时间不应大于 5min，如果启动时间过长，应调节启动装置内的时间继电器，减少降压过程的时间。

主泵运行后观察主泵控制装置上的启动信号灯是否正常，水泵运行时是否有周期性噪声发出，水泵基础连接是否牢固，通过转速仪测量实际转速是否与水泵额定转速一致，通过消防泵控制装置上的停止按钮停止消防泵。

利用上述方法调试备用泵，并在主泵故障时备用泵应自动投入。

以上工作完成后，将消防泵控制装置转入到自动状态。因为消防泵本身属于重要被控设备，所以一般需要进行两路控制，即总线制控制（通过编码模块）和多线制直接启动。所以在针对该设备调试时要从这两方面入手。总线制调试可利用 24V 电源带动相应 24V 中间继电器线圈，观察主继电器是否吸合，同时用万用表测量消防泵控制柜中相应的泵运行信号回答端子（无源）是否导通；多线制直接启动调试可利用短路线短接消防泵远程启动端子（注意强电 220V），观察主继电器是否吸合，同时用万用表测量泵直接起动信号回答端子（无源或有源 220V），观察是否导通。

对双电源自动切换装置实施自动切换,测量备用电源相序是否与主电源相序相同。利用备用电源切换时消防泵应在 1.5min 内投入正常运行。

6. 最不利点消火栓充实水柱的测量

当消火栓系统的静压值经调整测量符合要求后,再下一步就是要进行最不利点消火栓充实水柱的测量。

打开试验消火栓,接好水带、水枪,启动消防泵。当消火栓出水稳定后测量充实水柱长度是否满足下列要求:

当建筑物高度不超过 100m 时充实水柱长度应不小于 10m;

当建筑物高度超过 100m 时充实水柱长度应不小于 13m。

应当指出,这里所指的启动消防泵是指启动消火栓系统的主泵,同时自动关闭稳压装置。测量时水枪的上倾角应为 45°,当测量结果满足不了要求时应校核主泵的扬程,审核设计资料。如是泵的问题应更换主泵并重新按照上述要求进行测量直到满足要求。

三、自动喷水灭火系统的调试

自动喷水灭火系统在管网安装完毕后应按照顺序进行水压强度试验、严密性试验和冲洗管网。

(一)自动喷水灭火系统的水压强度试验

自动喷水灭火系统在进行水压强度试验前应对不能参与试压的设备、仪表、阀门及附件进行隔离或拆除。对于加设临时盲板应准确,盲板的数量、位置应确定,以便试验结束后拆除。

水压强度试验压力同消火栓系统相同,具体做法如下:

当系统设计压力等于或小于 1.0MPa 时,水压强度试验压力应为设计工作压力的 1.5 倍,并不应低于 1.4MPa;当系统设计工作压力大于 1.0MPa 时,水压强度试验压力应为工作压力加上 0.4MPa。

水压强度试验的测试点应设在系统管网的最低点。对管网注水时,应将管网内的空气排净,并应缓慢升压,达到试验压力后稳压 30min,观察管网应无泄漏和无变形,且压力降不应大于 0.05MPa。

水压强度试验时应考虑环境温度,如果环境温度低于 5℃时,水压试验应采取防冻措施。

(二)自动喷水灭火系统的水压严密性试验

自动喷水灭火系统在进行完水压强度试验后应进行系统水压严密性试验。试验压力应为设计工作压力,稳压 24h,应无泄漏。

(三)管道的冲洗

管道冲洗应在试压合格后分段进行。冲洗的顺序应先室外,后室内;先地下,后地上;室内部分的冲洗应按照配水干管、配水管、配水支管的顺序进行。

管网冲洗前应对系统的仪表采取保护措施,止回阀和报警阀等应拆除,冲洗工作结束后应及时复位。

管网冲洗用水应为生活用水,水流速度不宜小于 3m/s,流量不宜小于表 6-1 所列数据。

冲 洗 水 流 量　　　　　　　　　表 6-1

管道公称直径(mm)	300	250	200	150	125	100	80	65	50	40
冲洗流量(L/s)	220	154	98	58	38	25	15	10	6	4

当现场冲洗流量不能满足要求时，应按系统设计流量进行冲洗，或采用水压气动冲洗法进行冲洗。管网冲洗应连续进行，当出口处水的颜色、透明度与入口处水的颜色一致时，冲洗方可结束。

（四）喷淋系统消防泵调试

自动喷水灭火系统上述调试工作结束后开始进行消防泵的调试。

1. 喷淋泵的手动启停试验

（1）首先，在消防泵房内通过开闭阀门将喷淋泵出水和回水构成循环回路，保证试验时启动喷淋泵不会对管网造成超压。

（2）以上工作完成后，将喷淋泵控制装置投入到手动状态，通过喷淋泵控制装置手动按钮启动主泵，通过钳型电流表测量启动电流，通过秒表记录水泵从启动到正常出水运行的时间，该时间不应大于 5min。

（3）主泵运行后观察主泵控制装置上的启动信号灯是否正常，水泵运行时是否有周期性噪声发出，水泵基础连接是否牢固，通过转速仪测量实际转速是否与水泵额定转速一致，通过喷淋泵控制装置上的停止按钮停止消防泵。

（4）利用上述方法调试备用泵。

2. 备用泵自动投入试验

将喷淋泵控制装置内启动主泵的接触器的主触头电源摘除，启动主泵，观察主泵启动失败后备用泵是否自动投入启动直至正常运行。

3. 喷淋泵自动启动实验

以上工作完成后，将喷淋泵控制装置投入到自动状态。因为喷淋泵本身属于重要被控设备，所以一般需要进行两路控制，即总线制控制（通过编码模块）和多线制直接启动。所以在针对该设备调试时要从这两方面入手。总线制调试可利用 24V 电源带动相应 24V 中间继电器线圈，观察主继电器是否吸合，同时用万用表测量消防泵控制柜中相应的泵运行信号回答端子（无源）是否导通；多线制直接启动调试可利用短路线短接消防泵远程启动端子（注意强电 220V），观察主继电器是否吸合，同时用万用表测量泵直接启动信号回答端子（无源或有源 220V），观察是否导通。

4. 备用电源切换试验

主泵运行时切断主电源，观察备用电源自动投入时，喷淋泵应在 1.5min 内投入正常运行。

（五）水流指示器的调试

水流指示器分机械式和感应式两种。

启动自动喷水灭火系统的末端试水装置，通过万能表测量水流指示器输出信号端子（动作时应为导通状态），利用秒表测量在末端试水装置放水后 5~90s 内水流指示器是否发出动作信号。如发不出动作信号，则应从新调整水流指示器的桨叶是否打开，方向是否正确，微动开关是否连接可靠，与联动机构接触是否可靠。调试工作期间系统稳压装置应正常工作。

(六) 湿式报警装置的调试

湿式报警装置在系统充水结束后,阀前压力表和阀后压力表的读数应相等,表明水源压力正常,管网无漏损。

打开试警铃阀观察水力警铃应在 5~90s 内发出报警声音。用万能表测量压力开关是否有信号输出(动作时应为导通状态),用声压计在距离水力警铃 3m 处(水力警铃喷嘴处压力不小于 0.05MPa 时)测量,其警铃声强度应不小于 70dB。

(七) 信号碟阀的调试

确定信号碟阀开关是否到位、顺畅,同时在信号碟阀处于打开状态时其电信号输出端子应为开路;当信号碟阀处于关闭状态时其电信号回答端子应为短路。调试时可用万用表检验。

四、防排烟系统的调试

在高层建筑中防排烟系统的调试分为正压机械送风系统的调试和机械排烟系统的调试。

(一) 正压送风系统

正压送风系统主要是设置在封闭楼梯间和电梯前室。正压送风系统的调试主要是正压送风机的启停和余压值的测量。

首先检查风道是否畅通及有无漏风,然后把正压送风口手动打开,观察机械部分打开是否顺畅,有无卡堵现象(电气自动开启可在联动调试时进行)。在风机室手动启动风机,利用微压仪测量余压值,防烟楼梯间余压值应为 40~50Pa,前室、合用前室、消防电梯前室的余压值应为 25~30Pa。

以上工作完成后,将送风机控制装置投入到自动状态。因为送风机本身属于重要被控设备,所以一般需要进行两路控制,即总线制控制(通过编码模块)和多线制直接启动。所以在针对该设备调试时要从这两方面入手。总线制调试可利用 24V 电源带动相应 24V 中间继电器线圈,观察主继电器是否吸合,同时用万用表测量消防泵控制柜中相应的泵运行信号回答端子(无源)是否导通;多线制直接启动调试可利用短路线短接消防泵远程启动端子(注意强电 220V),观察主继电器是否吸合,同时用万用表测量泵直接启动信号回答端子(无源或有源 220V),观察是否导通。

送风阀的调试:送风阀一般情况下默认为关闭状态,动作时打开。调试时首先通过手动方式开关送风阀,观察其动作是否灵活,同时通过 24V 蓄电池为其启动端子供电,观察其能否打开,同时用万用表实测其动作状态下电信号回答端子是否导通。

防火阀的调试:防火阀一般情况下默认为打开状态,当温度升高到一定值时动作,动作时关闭。通过手动方式开关防火阀看其是否灵活顺畅,同时在其关闭状态下用万用表实测其电信号回答端子是否导通。

(二) 排烟系统

排烟系统的调试主要是进行排烟风机的调试和排烟口风速的测量(关于排烟口的自动打开、排烟风机的自动启动及防火阀动作联动风机停止等项目在联动调试时进行)。排烟风机的调试主要是进行风机的手动启停试验和远距离启停试验,如采用双速风机应当在火灾时启动高速运行,这里只对单速风机进行调试,首先在风机室启动排烟风机,在排烟风机达到正常转速后测量该防烟分区排烟口的风速,该值宜在 3~4m/s,但不应大于 10m/s

(测量方式在后面消防系统检测验收中叙述)。在风机室手动停止排烟风机。

以上工作完成后，将排烟机控制装置投入到自动状态。因为排烟机本身属于重要被控设备，所以一般需要进行两路控制，即总线制控制(通过编码模块)和多线制直接启动。所以在针对该设备调试时要从这两方面入手。总线制调试可利用24V电源带动相应24V中间继电器线圈，观察主继电器是否吸合，同时用万用表测量消防泵控制柜中相应的泵运行信号回答端子(无源)是否导通；多线制直接启动调试可利用短路线短接消防泵远程启动端子(注意强电220V)，观察主继电器是否吸合，同时用万用表测量泵直接启动信号回答端子(无源或有源220V)，观察是否导通。

排烟阀调试：排烟阀一般情况下常闭，动作时打开。调试时首先通过手动方式开关排烟阀，看其动作是否灵活到位，同时通过24V蓄电池为其启动端子供电，看其能否打开，同时用万用表实测其动作状态下电信号回答端子是否导通。

五、防火卷帘门的调试

在高层建筑内采用的防火卷帘门主要是电动防火卷帘门，以下所指均为电动防火卷帘门。

防火卷帘门的调试主要分三部分进行：(1)机械部分的调试(限位装置、手动速降装置和手动提升装置)；(2)电动部分调试(现场手动启停按钮升、降、停试验)；(3)自动功能调试(将在联动调试进行)。

(一) 机械部分调试

1. 限位调整

在防火卷帘门安装结束后，首先要进行的是机械部分的调整。设定限位(一步降、二步降的停止位置)位置。两步降落的防火卷帘门的一步降位置应在距地面1.8m位置，降落到地面位置应保证帘板底边与地面最大间距不大于20mm。

2. 手动速放装置试验

手动速放装置的试验通过手动速放装置拉链下放防火卷帘门，帘板下降顺畅，速度均匀，一步停降到底。

3. 手动提升装置试验

通过手动拉链拉起防火卷帘门，拉起全程应顺利，停止后防火卷帘门应当靠其自重下降到底。

(二) 电动部分调试

通过防火卷帘门两侧安装的手动按钮升、停、降防火卷帘门，防火卷帘门应能在任意位置通过停止按钮停止防火卷帘门。

(三) 自动功能调试

卷帘门自动控制方式分有源和无源启动两种。无源启动的卷帘门可利用短路线分别短接中限位和下限位的远程控制端子，观察其下落是否顺畅，悬停的位置是否准确。同时要用万用表实测中限位和下限位电信号的无源回答端子是否导通；有源启动方式的卷帘门在自动方式调试时需要24V电源(可用24V电池代替)为其远程控制端子供电以启动卷帘门，观察其下落是否顺畅，悬停的位置是否准确。同时要用万用表实测中限位和下限位的电信号的无源回答端子观察其是否导通；

六、空调机、发电机及电梯的电气调试

(一) 空调机的电气调试

从消防电气角度讲在发生火情时，为避免火焰和烟气通过空调系统进入其他空间，需要立即停止空调的运行。一般情况下除要求通过总线制控制外有时还需要多线制直接控制，以便更可靠的将其停止。具体调试方法同送风机。

（二）发电机的电气调试

发电机的电气调试主要是看其在市电停止后能否立即自动发电，同时要求其启动回答信号能反馈到消防报警控制器上，该回答信号可通过万用表实测其电信号回答端子获得。

（三）电梯的电气调试

电梯的电气调试需要通过对其远程端子的控制，使电梯能立即降到底层，在此期间任何呼梯命令均无效。同时当其降落到底层后，相应的电信号回答端子导通，可通过万用表实测以便确认。

七、火灾自动报警及联动系统的调试

在上述各子系统的分步调试结束后，就可以进行最后的火灾自动报警及消防联动系统的调试了，这也是整个消防系统最后的调试，也是最关键的步骤。火灾自动报警及消防联动系统的调试流程大致如下：外部设备（探测器和模块）的编码、各类线路的测量、报警控制器内部线路的连接、设备注册、外部设备定义、手动消防启动盘的定义、联动公式的编写、报警和联动试验。以下是针对各步骤进行具体的说明。

1. 外部设备（探测器和模块）的编码

按照图纸中相应设备的编码，通过电子编码器或手动拨码方式对外部设备（探测器和模块）进行编码，同时对所编设备的编码号、设备种类及位置信息进行书面记录以防出错。原则上外部设备不允许重码。

2. 各类线路的测量

各外部设备（探测器和模块）接线编码完毕后需把各回路导线汇总到消防控制中心，通过万用表测量各报警回路和电源回路的线间及对地阻值是否符合规范要求的绝缘要求（报警和联动总线的绝缘电阻不小于 $20M\Omega$），符合要求后接到报警制控制器相应端子上。消防专用接地线对地电阻是否符合要求，测量合格后接到报警制控制器专用接地端子上。有条件的可采用兆欧表对未接设备的线路进行绝缘测试。同时要对控制器内部的备用电源和交流电源（测量电压范围不应超出 $220V+10\%$）进行安装接线，以便做好开机调试前的最后准备工作。

3. 设备注册

线路连接完毕后打开消防报警控制器，对外部设备（探测器和模块）进行在线注册，并通过注册表上的外部设备数量及其具体编码来判断线路上设备的连接情况，以便指导施工人员对错误接线进行改正。

4. 外部设备定义

根据现场施工人员提供的针对每个编码设备的具体信息向报警主机内输入相关数据。这其中包括设备的类型（如感烟、感温、手报等）、对应设备的编码、对应设备具体位置的汉字注释等等。

5. 手动消防启动盘的定义

手动消防启动盘是厂家为了方便对消防联动设备的控制，在主机上单独添加的一些手动按钮，因为其数量巨大，所以需要单独调试。该项调试完成后即可方便的对外部消防设备进行手动控制了。

6. 联动程序的编写

为实现火灾发生时整个消防系统中各子系统的自动联动，需要依据消防规范并结合现场实际情况向报警控制器内编写相应的联动公式。因为涉及的联动公式数量较多而且相对复杂，所以需要单独调试。此项工作完成后就可以实现相关设备的联动控制了。

7. 报警和联动试验

以上各步分别完成后就可以进行最终的报警和联动试验。首先可以按照实际的防火分区均匀的挑选10%的报警设备（探测器和手报等）进行报警试验，观察能否按照以下的要求准确无误的报警。其具体要求是：①探测器报警、手报被按下，报警信息反馈到火灾报警控制器上；②消报被按下，动作信息被反馈到火灾报警控制器上。

一切正常后可通过手动消防启动盘和远程启动盘（也叫多线制控制盘）有针对性的启动相关的联动设备，看这些联动设备能否正常动作，同时观察动作设备的回答信号能否正确地反馈到火灾报警控制器上。其具体要求如下：①启动消防泵、喷淋泵，启动后信号是否反馈到火灾报警控制器上；②启动排烟机、送风机，启动后信号是否反馈到火灾报警控制器上；③启动排烟阀、送风阀，启动后信号是否反馈到火灾报警控制器上；④关闭空调机，关闭后信号是否反馈到火灾报警控制器上；⑤启动消防广播、消防电话，启动后信号是否反馈到火灾报警控制器上；⑥启动一步降或二步降卷帘门，启动后信号是否反馈到火灾报警控制器上；⑦启动切断非消防电源和迫降消防电梯，启动后信号是否反馈到火灾报警控制器上。

最后把火灾报警控制器上的自动功能打开，分别在相应的防火分区内做报警试验，观察出现报警信息后其相应防火分区内的相应联动设备是否动作，动作后其动作回答信号能否显示到火灾报警控制器上。具体的联动要求如下：①探测器报警信号"或"手动报警按钮报警信号——相应区域的讯响器报警；②消火栓报警按钮按下——消火栓报警按钮动作信号反馈到控制器上——启动消火栓系统消防泵——消防泵启动信号反馈到控制器上；③压力开关动作——压力开关动作信号反馈到控制器上——启动喷淋泵——喷淋泵启动信号反馈到控制器上；④探测器报警信号"或"手动报警按钮报警信号——打开本层及相邻层正压送风阀——正压送风阀打开信号反馈到控制器上——启动正压送风机——正压送风机启动信号反馈到控制器上；⑤探测器报警信号"或"手动报警按钮报警信号——打开本层及相邻层排烟阀——排烟阀打开信号反馈到控制器上——启动排烟机——排烟机启动信号反馈到控制器上；⑥排烟风、正压送风机或空调机入口处的防火阀关闭——防火阀关闭信号反馈到控制器上——停止相应区域的排烟机、正压送风机或空调机；⑦探测器报警信号"或"手动报警按钮报警信号——打开本层及相邻层消防广播；⑧探测器报警信号"或"手动报警按钮报警信号——相应区域的防火防烟分割的卷帘门降到底——卷帘门动作信号反馈到控制器上；⑨疏散用卷帘门附近的感烟探测器报警——卷帘门一步降——卷帘门一步降动作信号反馈到控制器上；⑩疏散用卷帘门附近的感温探测器报警——卷帘门二步降——卷帘门二步降动作信号反馈到控制器上；手动报警按钮"或"两只探测器报警信号"与"——切断非消防电源同时迫降消防电梯到首层——切断和迫降信号反馈到控制器上。以上就是对一般情况下联动关系的介绍，在实际调试中遇到特殊情况时要以消防规范和实际情况为原则进行适当的调整。

在完成上述内容后,即可进行系统验收交工的工作。

第三节 消防系统的检测验收

一、验收条件及交工技术保证资料

消防工程的验收分为两个步骤。第一个步骤是在消防工程开工之初对消防工程进行的审核审批,第二步骤是当消防工程竣工后进行的消防验收。以下是在进行这两个步骤工作时所需具备条件及办理时限的详细说明,同时附有所需的主要表格以供参考。

(一)新建、改建、扩建及用途变更的建筑工程项目审核审批条件

建设单位应当到当地公安消防机构领取并填写《建筑消防设计防火审核申报表》,见表6-2所示;设有自动消防设施的工程,还应领取并填写《自动消防设施设计防火审核申报表》,并报送以下资料:

(1)建设单位上级或主管部门批准的工程立项、审查、批复等文件;
(2)建设单位申请报告;
(3)设计单位消防设计专篇(说明);
(4)工程总平面图、建筑设计施工图;
(5)消防设施系统、灭火器配置设计图纸及说明;
(6)与防火设计有关的采暖通风、防排烟、防爆、变配电设计图及说明;
(7)审核中需要涉及的其他图纸资料及说明;
(8)重点工程项目申请办理基础工程提前开工的,应报送消防设计专篇,总平面布局及书面申请报告等材料;
(9)建设单位应将报送的图纸资料装订成册(规格为 A4 大小)。

建筑消防设计防火审核申报表 表 6-2

工程名称			预计开工时间		
工程地点			预计竣工时间		
单位类别	单位名称	负责人	联系人	联系电话	
建设单位					
设计单位					
施工单位					
使用类别	1. 饭店、旅馆 2. 公寓、住宅 3. 体育场、馆、俱乐部、影剧院 4. 办公、科研、医院 5. 商业、金融 6. 交通、通信枢纽 7. 甲、乙类厂房 8. 甲、乙类库房 9. 丙类厂房 10. 丙类库房 11. 丁、戊类厂房 12. 丁、戊类库房 13. 油罐站、管线 14. 气罐站、管线 15. 高级综合建筑 16. 一般综合建筑 17. 其他					
工程性质	工程类别	工程方式	总投资(概算)	水源	进水管
1. 国家直属 2. 省属 3. 市属 4. 县(市、区)属 5. 私营	1. 新建 2. 改建 3. 扩建 4. 改变用途	1. 中资 2. 合资 3. 外资	万元	1. 市政 2. 河流 3. 湖泊 4. 深井 5. 水池 6. 无	数量(条) 管径(mm)
			消防投资(概算)		
			万元		
电力负荷等级			电源情况		

续表

1. 一级负荷 2. 二级负荷 3. 三级负荷	1. 一路供电 2. 二回路供电 3. 二路供电 4. 三路供电 5. 一路供电、自备发电 6. 二回路供电、自备发电 7. 二路供电、自备发电 8. 三路供电、自备发电						
单 体 建筑名称	结 构 类 型	耐 火 等 级	层 数 （层）	高 度 (m)	建筑面积 (m²)	占地面积 (m²)	火 灾 危险性
	1. 砖木 2. 混合 3. 钢筋混凝土 4. 钢结构 5. 其他	1. 一级 2. 二级 3. 三级 4. 四级	地 上 地 下				1. 甲 2. 乙 3. 丙 4. 丁 5. 戊

储存情况	储罐位置						
	储 罐 类 型				储 存 物 状 态		
	1. 桶装、瓶装 2. 内浮顶罐 3. 水槽式罐 4. 浮顶罐 5. 球型罐 6. 拱型罐 7. 卧式罐 8. 其他				1. 可燃液体 2. 易燃液体 3. 可燃气体 4. 助燃气体 5. 不燃气体 6. 可燃固体 7. 其他		
	储罐材质		储存形式	储存工作压力	储存温度	储 存 物	
	1. 钢 2. 混凝土 3. 硅 4. 洞穴		1. 半地下 2. 地上 3. 地下	1. 高压 2. 常压 3. 低压	1. 低温 2. 常温 3. 降温		
	罐 体 几何容积		m³	罐 区 几何容积	m³	储罐直径 (m)	

防火及疏散系统	设施名称	有无状况	设施名称	有无状况
	疏散指示标志	1. 有；2. 无	防火门	1. 有；2. 无
	消防电源	1. 有；2. 无	防火卷帘	1. 有；2. 无
	应急照明	1. 有；2. 无	消防电梯	1. 有；2. 无
消防供水系统	产品名称	有无状况	产品名称	有无状况
	室内消火栓	1. 有；2. 无	水泵接合器	1. 有；2. 无
	室外消火栓	1. 有；2. 无	气压罐	1. 有；2. 无
	消防水泵	1. 有；2. 无	稳压泵	1. 有；2. 无
通风空调系统	产品名称	有无状况	产品名称	有无状况
	风 机	1. 有；2. 无	防火阀	1. 有；2. 无
防烟排烟系统	部 位	系统方式	产品名称	有无状况
	防烟楼梯间		防火阀	1. 有；2. 无
	前室及合用前室		送风机	
	走 道		排烟阀	1. 有；2. 无
	房 间		排烟机	1. 有；2. 无
	系统方式分：1. 自然排烟；2. 机械排烟；3. 送风排烟；4. 正压送风；5. 通风兼排烟			

续表

火灾自动报警系统	系统有无状况：1. 有；2. 无			设置部位	
	形 式	1. 控制中心报警 2. 集中报警 3. 区域报警	应急广播系统有无状况 1. 有；2. 无		应急照明和疏散诱导系统有无状况 1. 有；2. 无
自动灭火系统	系统名称及有无状况：1. 有；2. 无		系统名称及有无状况：1. 有；2. 无		
	自动喷水灭火系统		蒸汽灭火系统		
	卤代烷灭火系统		干粉灭火系统		
	二氧化碳灭火系统		消控室	设置位置	
	泡沫灭火系统			面　积	
	其他灭火系统及名称			耐火等级	
灭火器配置设计	火灾配置场所类别		1. A类 2. B类 3. C类 4. D类		
	危险等级	1. 严重危险 2. 中危险 3. 轻危险			
	选择类型	1. 清水	2. 干粉	3. 泡沫	4. 二氧化碳　　5. 其他
	数　量				

工程简要说明

（二）建筑工程消防验收条件

建筑工程验收由申请消防验收的单位到当地公安消防机构领取并填写《建筑工程消防验收申报表》两份，如表6-3所示，并报送以下资料：

(1) 防火专篇；

(2) 室内、室外消防给水管网和消防电源的竣工资料；

(3) 具有法定资格的监理单位出具的《建筑消防设施质量监理报告》；

(4) 具有法定资格的检测单位出具的《建筑消防设施检测报告》（只有室内消火栓且无消防水泵房系统的建筑不做要求）；

(5) 主要建筑防火材料、构件和消防产品合格证明；

(6) 电气设施消防安全检测报告；

(7) 建设单位应将报送的图纸资料装订成册（规格为 A4 大小）。

建筑工程消防验收申报表　　　　　　　　表 6-3

建设单位				联系人	
工程名称				电话	
建筑地点				使用性质	
批准文号					

土建情况	建筑结构		耐火等级		建筑面积(m²)	
	高　度	m	层　数	层	防火间距(m)	
	消防车道				防火分区面积(m²)	
	登高面情况				防烟分区面积(m²)	
	消防控制室位置				消防控制室面积(m²)	
	单层最多人数			人	疏散宽度(m)	
	疏散楼梯(出口)数量			个	消防电梯数量(台)	
	最大安全疏散距离			m	消防电梯速度(m/s)	
	防火门	型　号	数　量	生产厂家	电缆井、管道井封堵情况	
	防火卷帘	型　号	数　量	生产厂家		
	危险品储存				工艺流程	

自验意见	设计单位	单位盖章： 　　　　年　月　日
	施工单位	单位盖章： 　　　　年　月　日
	监理单位	单位盖章： 　　　　年　月　日

续表

自验意见	建设单位	单位盖章： 年 月 日				
土建验收情况	验收意见		公安消防监督机构经办人签名			
	参加验收有关单位负责人签名					
消防设施	室内外消火栓系统	进水管数量	个	室内消防用水量(L/s)		
		进水管直径	mm	室外消防用水量(L/s)		
		消防储水量	m³	室外消火栓管径(mm)		
		室内消火栓间距	m	室内消火栓数量(个)		
		室外消火栓间距	m	室外消火栓数量(个)		
		消防立管直径	mm	配套消防卷盘(个)		
		消防水泵	型 号		扬 程(m)	
			功 率	kW	流 量(L/s)	
			台 数	台	生产厂家	
	自动喷水灭火系统	系统类型	1. 喷水灭火；2. 喷雾水灭火；3. 喷雾水冷却			
		喷洒类型	1. 干式；2. 湿式；3. 预作用；4. 开式			
		系统设置部位					
		系统保护面积(m²)					
		产品名称	型 号	生产厂家	数 量	
		喷洒头					
		报警控制阀					
		水流指示器					
		压力开关					

续表

消防设施	自动喷水灭火系统	气压水罐					
		水泵接合器					
		水　泵					
		稳压泵					
		设计流量		水泵类型	流　量	扬　程	功　率
		设计压力		供水泵			
		总用水量		稳压泵			
	火灾自动报警系统	系统形式	1.区域报警；2.集中报警；3.控制中心报警				
		设置部位					
		产品名称	型　号		生产厂家		数　量
		集中报警器					
		区域报警器					
		感烟探测器					
		感温探测器					
		应急广播					
		手动按钮和其他					
		手动报警按钮间距		供电等级			
		消防用电线路保护方式		用电总负荷(kV·A)			
		备用电源情况		消防用电总负荷(kV·A)			
		应有控制功能数	实有控制功能数		缺何种控制功能		
		应急照明与安全疏散诱导系统					
	防烟排烟系统	部位	防烟楼梯间	前室及合用前室	走道	房间	自然排烟口位置
		方式					自然排烟口面积
		1.自然排烟；2.机械排烟；3.通风兼排烟；4.正压送风(m²)					
		产品名称	型　号		生产厂家		数　量
		防烟阀					
		排烟阀					
		送风机					
		排烟机					
		机械防烟送风量(m³/h)			机械排烟排烟量(m³/h)		
		其他通风空调设备情况					
	气体灭火	1.卤代烷；2.氮气；3.二氧化碳；4.其他		系统形式 1.全充满；2.局部应用		保护容积(m³)	
		设置部位					
		产品名称	产品型号		生产厂家		数　量
		喷　头					
		瓶头阀					

续表

消防设施	气体灭火	产品名称	产品型号	生产厂家	数量
		分配阀			
		远程启动装置			
		联动开启装置			
		手动开启装置			
		紧急制动			
		储 罐	L/每瓶		
	系统设置部位				

其他灭火设备	系统名称	系统类型	系统启动方式	用量或储量	工作压力	生产厂家
	泡沫灭火系统	1. 抗溶性 2. 氟蛋白 3. 高倍 4. 低倍	1. 半固定 2. 移动 3. 固定	kg	供给强度	
	干粉灭火系统	1. 磷酸二氢铵 2. 碳酸氢钠 3. 碳酸氢钾 4. 尿素	1. 半自动 2. 自动 3. 手动	kg	供给强度	
	蒸汽灭火系统	1. 全充满半固定 2. 全充满固定 3. 固定		%	供给强度	

灭火器配置验收	火灾配置场所类别核实	1. A 类；2. B 类；3. C 类				
	危险等级核实	1. 严重危险；2. 中危险；3. 轻危险				
	选择类型	1. 清水	2. 酸碱	3. 干粉	4. 化学泡沫	5. 二氧化碳	6. 其他
	数量					

自动消防系统工程	项目	调试情况	调试人员
	自动喷水灭火系统		
	防烟排烟系统		
	火灾自动报警系统 （含联动控制）		
	其他灭火系统		
	进口产品复检情况		

自验意见	设计单位	

单位盖章：

年 月 日

续表

自验意见	施工单位		单位盖章： 年 月 日
	监理单位		单位盖章： 年 月 日
	建设单位		单位盖章： 年 月 日
消防系统工程	验收意见		公安消防监督机构经办人签名
	参加验收有关单位负责人签名		

续表

	装修部位	装修面积(m²)	装修材料	防火保护措施
建筑内部装修工程	顶棚装修材料			
	墙面装修材料			
	地面装修材料			
	房间隔断材料			
	固定家具			
	装饰织物			
	其他装修材料			
	其他电器设备情况			

自验意见	设计单位	单位盖章： 年 月 日
	施工单位	单位盖章： 年 月 日
	监理单位	单位盖章： 年 月 日
	建设单位	单位盖章： 年 月 日

续表

建筑内部装修工程验收情况	验收意见		公安消防监督机构经办人签名	
	参加验收有关单位负责人签名			
	备注			

(三) 办理时限

1. 建筑防火审批时限

一般工程七个工作日内，重点工程及设置建筑自动消防设施的建筑工程十个工作日、工程复杂需要组织专家论证的十五个工作日内签发《建筑工程消防设计审核意见书》。

2. 建筑工程验收时限

五个工作日之内由对建筑工程进行现场验收，并在五个工作日之内下发《建筑工程消防验收意见书》。

(四) 消防系统交工技术保证资料

消防系统交工技术保证资料是消防系统交工检测验收中的重要部分，也是保证消防设施质量的一种有效手段。现将常用的有关保证资料内容加以列举，供有关人员使用参考。

(1) 消防监督部门的建审意见书。

(2) 图纸会审记录。

(3) 设计变更。

(4) 竣工图纸。

(5) 系统竣工表。

(6) 主要消防设备的型式检验报告。

型式检验报告是国家或省级消防检测部门对该设备出具的产品质量、性能达到国家有关标准，准许在我国使用的技术文件。无论是国内产品还是进口产品均应通过此类的检测并获得通过后方可在工程中使用。同时省外的产品还应具备使用所在地消防部门发布的"消防产品登记备案证"。

需要上述文件的设备主要有：
① 火灾自动报警设备（包括：探测器、控制器等）；
② 室内外消火栓；
③ 各种喷头、报警阀、水流指示器等；
④ 气压稳压设备；
⑤ 消防水泵；
⑥ 防火门、防火卷帘门；
⑦ 防火阀；
⑧ 水泵结合器；
⑨ 疏散指示灯；
⑩ 其他灭火设备（如二氧化碳等）。

(7) 主要设备及材料的合格证。除上述设备外，各种管材，电线、电缆等；难燃、不燃材料应有有关检测报告，钢材应有材质化验单等。

(8) 隐蔽工程记录。隐蔽工程记录是对已经隐蔽检测时又无法观察的部分进行评定的主要依据之一。隐蔽工程记录应有施工单位、建设单位的代表签字及上述单位公章方可生效。主要隐蔽工程记录如下：
① 自动报警系统管路敷设隐蔽工程记录；
② 消防供电、消防通讯管路隐蔽工程记录；
③ 消防管网隐蔽工程记录（包括水系统、气体、泡沫等系统）；
④ 接地装置隐蔽工程记录。

(9) 系统调试报告（包括火灾自动报警系统、水系统、气体、泡沫、二氧化碳等系统）。
(10) 绝缘电阻测试记录。
(11) 接地电阻测试记录。
(12) 消防管网水冲洗记录（包括自动喷水系统、气体、泡沫、二氧化碳等系统）。
(13) 管道系统试压记录（包括自动喷水系统、气体、泡沫、二氧化碳等系统）。
(14) 接地装置安装记录。
(15) 电动门及防火卷帘安装记录。
(16) 电动门及防火卷帘调试记录。
(17) 消防广播系统调试记录。
(18) 风机安装记录。
(19) 水泵安装记录。
(20) 风机、水泵运行记录。
(21) 自动喷水灭火系统联动试验记录。
(22) 消防电梯安装记录。
(23) 防排烟系统调试及联动试验、试运行记录。
(24) 气体灭火联动试验记录。
(25) 气体灭火管网冲洗、试压记录。
(26) 泡沫液储罐的强度和严密性试验记录。
(27) 阀门的强度和严密性试验记录。

二、项目验收的具体内容

系统的检测和验收应根据国家现行的有关法规，由具有对消防系统检测资质的中介机构进行系统性能检测，在取得检测数据报告后，向当地消防主管部门提请验收，验收合格后方可投入使用。以下就几种常见的系统的检测和验收的内容加以整理和说明。

（一）室内消火栓检测验收

1. 消火栓设置的位置检测

消火栓设置位置应能满足火灾时两只消火栓同时达到起火点。检测时通过对设计图纸的核对及现场测量进行评定。

2. 最不利点消火栓的充实水柱的测量

对于充实水柱的测量应在消防泵启动正常，系统内存留气体放尽后测量。在实际测量有困难时，可以采用目测，从水枪出口处算起至90%水柱穿过32cm圆孔为止的长度。

3. 消火栓静压测量

消火栓栓口的静水压力应不大于0.80MPa，出水压力应不大于0.50MPa。

对于高位水箱设置高度应保证最不利点消火栓栓口静水压力，当建筑物不超过100m时应不低于0.07MPa，当建筑物高度超过100m时应不低于0.15MPa，当设有稳压和增压设施时，应符合设计要求。

对于静压的测量应在消防泵未启动状态下进行。

4. 消火栓手动报警按钮

消火栓手动报警按钮应在按下后启动消防泵，按钮本身应有可见光显示表明已经启动，消防控制室应显示按下的消火栓报警按钮的位置。

5. 消火栓安装质量的检测

消火栓安装质量检测主要是箱体安装应牢固，暗装的消火栓箱的四周及背面与墙体之间不应有空隙，栓口的出水方向应向下或与设置消火栓的墙面相垂直，栓口中心距地面高度宜为1.1m。

（二）防火门的检测验收

对防火门的检测除进行有关型式检测报告、合格证等检查外，应进行下列项目检查：

1. 核对耐火等级

将实际安装的防火门的耐火等级同设计要求相对比，看是否满足设计要求；

2. 检查防火门的开启方向

安装在疏散通道上的防火门开启方向应向疏散方向开启，并且关闭后应能从任何一侧手动开启；安装在疏散通道上的防火门必须有自动关闭的功能。

3. 钢质防火门关闭后严密度检查

(1) 门扇应与门框贴合，其搭接量不小于10mm；

(2) 门扇与门框之间两侧缝隙不大于4mm；

(3) 双扇门中缝不大于4mm；

(4) 门扇底面与地面侧缝隙不大于20mm。

（三）防火卷帘门的检测验收

(1) 防火卷帘门的安装部位、耐火及防烟等级应符合设计要求；防火卷帘门上方应有箱体或其他能阻止火灾蔓延的防火保护措施。

(2) 电动防火卷帘门的供电电源应为消防电源；供电和控制导线截面积、绝缘电阻、线路敷设和保护管材质应符合规范要求。防火卷帘门供电装置的过电流保护整定值应符合设计要求。

(3) 电动防火卷帘门应在两侧（人员无法操作侧除外）分别设置手动按钮控制电动防火卷帘门的升、降、停，并应具有在火灾时防火卷帘门下降，且灭火后自动提升该防火卷帘门的功能。

(4) 设有自动报警控制系统的电动防火卷帘应设有自动关闭控制装置，用于疏散通道上的防火卷帘应有由探测器控制两步下降或下降到 1.5～1.8m 后延时下降到底功能；用于只起到防火分隔作用的卷帘应一步下降到底，防火卷帘门手动速放装置的臂力不大于50N；消防控制室应有强制电动防火卷帘门下降功能（应急操作装置）并显示其状态；安装在疏散通道上的防火卷帘门的启闭装置应能在火灾断电后手动机械提升已下降关闭的防火卷帘门，并且该防火卷帘门能依靠其自重重新恢复原关闭状态。手动防火卷帘门手动下放牵引力不大于 150N。

(5) 帘板嵌入导轨（每侧）深度如表 6-4 所列。

(6) 防火卷帘下降速度如表 6-5 所列。

帘板嵌入导轨深度　　　　　表 6-4

门洞宽度 B(mm)	每端嵌入长度(mm)
<3000	>45
3000≤B<5000	>50
5000≤B<9000	>60

防火卷帘下降速度　　　　　表 6-5

洞口高度(m)	下放速度(m/min)
洞口高度在 2 以内	2～6
洞口高度在 2～5	2.5～6.5
洞口高度在 5 以上	3～9

(7) 防火卷帘门的重复定位精度应小于 20mm。

(8) 防火卷帘门座板与地面的间隙不大于 20mm；帘板与底座的连接点间距不大于 300mm。

(9) 防火卷帘门导轨预埋钢件间距不大于 600mm。

(10) 防火卷帘门的启闭装置处应有明显操作标志，便于人员操纵维护。

(11) 防火卷帘门的导轨的垂直度不大于 5mm/m，全长不大于 20mm。

(12) 防火卷帘门两导轨中心线平行度不大于 10mm。

(13) 防火卷帘门座板升降时两端高低差不大于 30mm。

(14) 导轨的顶部应制成圆弧形或喇叭口形，且圆弧形或喇叭口形应超过洞口以上至少 75mm。

(15) 防火卷帘门运行时的平均噪声如表 6-6 所示；

防火卷帘门运行时的平均噪声　　　　　表 6-6

卷门机功率 W(kW)	平均噪声(dB)	卷门机功率 W(kW)	平均噪声(dB)
W≤0.4	≤50	1.5<W	≤70
0.4<W≤1.5	≤60		

(16) 防火卷帘门的手动按钮安装高度宜为 1.5m，且不应加锁；

(17) 检测方法：

① 按照产品的合格证及型式检测报告的耐火极限进行核对；
② 分别使用双电源的任一路做现场手动升、降、停实验；
③ 模拟火灾信号做联动实验，核对联动程序；
④ 观察消防控制室返回的信号；
⑤ 消防控制室强降到底功能；
⑥ 现场手动速放下降实验；
⑦ 按照断路器的脱扣值对比电动防火卷帘门工作电流值；
⑧ 测量秒表测量时间后换算速度；弹簧测力计测量臂力和牵引力；
⑨ 导轨的垂直度：从导轨的上部吊下线坠到底部，分别用钢直尺测量上部及下部垂线至导轨的距离，其差值为导轨全长的垂直度，按照上述方法每隔 1m 测一次数据，取其最大差值为每米导轨的垂直度，以上测量应分别对导轨在帘板平面方向和垂直方向测量，测量结果取最大值；
⑩ 两导轨中心线的平行度测量：在两导轨上部轴线上取两平行点，分别用线坠垂下，测量下部水平位置上各垂线与轨道纵向的水平距离，同侧偏移时取其中的最大距离，异侧偏移时取其两导轨的偏移距离之和为中心线偏移度；
⑪ 利用声级计测量距离防火卷帘门 1m 远、高度 1.5m 处防火卷帘门运行时的噪声，测量三次取平均值。

(四) 消防电梯的检测验收

消防电梯检测验收主要对下列内容：

(1) 载重量。消防电梯的载重量应不小于 800kg。
(2) 运行时间。消防电梯从首层运行到顶层的时间应不大于 1min。
(3) 消防电梯轿箱内应设消防专用电话。
(4) 消防控制室应有对消防电梯强行下降功能，并且显示其工作状态。
(5) 消防电梯前室应设有挡水措施，电梯井底应设排水措施。

(五) 发电机的检测验收

自备发电机的检测验收主要项目如下：

(1) 发电机的发电容量应满足消防用电量的要求；
(2) 发电机自动启动时间应不大于 30s；手动启动时间应不大于 1min；
(3) 发电机供电线路应有防止市电倒送装置，且发电机相序与市电相序应相一致。

(六) 疏散指示灯的检测验收

(1) 疏散指示灯的指示方向应与实际疏散方向相一致，墙上安装时安装高度应在 1m 以下且间距不宜大于 20m，人防工程不宜大于 10m。
(2) 疏散指示灯的照度应不小于 0.5lx，人防工程不低于 1lx；
(3) 疏散指示灯采用蓄电池作为备用电源时，其应急工作时间应不少于 20min，建筑物高度超过 100m 时其应急工作时间应不少于 30min；
(4) 疏散指示灯的主备电源切换时间应不多于 5s。

(七) 火灾应急广播的检测验收

(1) 扬声器的功率应不小于 3W，在环境噪声大于 60dB 的场所，在其播放范围内最远处的播放声压应高于背景 15dB。

(2) 火灾广播接通顺序如下：

① 当 2 层及 2 层以上楼层发生火灾时，宜先接通火灾层及其相邻的上、下层；

② 当首层发生火灾时，宜先接通本层、2 层及地下各层；

③ 当地下室发生火灾时，宜先接通地下各层及首层。若首层与 2 层有大共享空间时应包括 2 层。

(八) 火灾探测器的检测验收

(1) 探测器应能输出火警信号，且报警控制器所显示的位置应与该探测器安装位置相一致。

(2) 探测器安装质量应符合下列要求：

① 实际安装的探测器的数量、安装位置、灵敏度等应符合设计要求；

② 探测器周围 0.5m 内不应有遮挡物，探测器中心距墙壁、梁边的水平距离应不小于 0.5m；

③ 探测器中心至空调送风口边缘的水平距离应不小于 0.5m，距多孔送风顶棚孔口的水平距离不小于 0.5m；

④ 探测器距离照明灯具的水平净距离不小于 0.2m，感温探测器距离高温光源（碘钨灯、100W 以上的白炽灯）的净距离不小于 0.5m；

⑤ 探测器距离电风扇的净距离不小于 1.5m，距离自动喷水灭火系统的喷头不小于 0.3m；

⑥ 对防火卷帘门、电动防火门起联动作用的探测器应安装在距离防火卷帘门、防火门 1~2m 的适当位置；

⑦ 探测器在宽度小于 3m 的内走道顶棚上设置时宜居中布置，感温探测器安装间距应不超过 10m，感烟探测器的安装间距应不超过 15m，探测器距离端墙的距离不大于探测器安装间距的一半；

⑧ 探测器的保护半径及梁对探测器的影响应满足规范要求；

⑨ 探测器的确认灯应面向便于人员观察的主要入口方向；

⑩ 探测器倾斜安装时倾斜角不应大于 45°；

⑪ 探测器底座的外接导线应留有不小于 15cm 的余量。

(九) 报警（联动）控制器的检测验收

1. 报警控制器功能检测

(1) 能够直接或间接地接收来自火灾探测器及其他火灾报警触发器件的火灾报警信号并发出声光报警信号，指示火灾发生的部位，并予以保持；光报警信号在火灾报警控制器复位之前应不能手动消除，声报警信号应能手动消除，但再次有火灾报警信号输入时，应能再启动。

(2) 火灾报警自检功能。火灾报警控制器应能对其面板上的所有指示灯、显示器进行功能检查。

(3) 消声、复位功能。通过消声键消声，通过复位键整机复位。

(4) 故障报警功能。火灾报警控制器内部，火灾报警控制器与火灾探测器、火灾报警控制器与火灾报警信号作用的部件间发生下述故障时，应能在 100s 内发出与火灾报警信号有明显区别的声光故障信号。

① 火灾报警控制器与火灾探测器、手动报警按钮及起传输火灾报警信号功能的部件间连接线断线、短路应进行故障报警（短路时发出火灾报警信号除外）并指示其部位。

② 火灾报警控制器与火灾探测器或连接的其他部件间连接线的接地，能显示出现妨碍火灾报警控制器正常工作的故障并指示其部位。

③ 火灾报警控制器与位于远处的火灾显示盘间连接线的断线、短路应进行故障报警并指示其部位。

④ 火灾报警控制器的主电源欠压时应报警并指示其类型。

⑤ 给备用电源充电的充电器与备用电源之间连接线断线、短路时应报警并指示其类型。

⑥ 备用电源与其负载之间的连接线断线、短路或由备用电源单独供电时其电压不足以保证火灾报警控制器正常工作时应报警并指示其类型。

⑦ （联动型）输出、输入模块连线断线、短路时应报警。

(5) 消防联动控制设备在接收到火灾信号后应在 3s 内发出联动动作信号，特殊情况需要延时时最大延时时间不应超过 10min。

(6) 火灾优先功能。当火警与故障报警同时发生时，火警应优先于故障警报。模拟故障报警后再模拟火灾报警，观察控制器上火警与故障报警优先。

(7) 报警记忆功能。火灾报警控制器应能有显示或记录火灾报警时间的记时装置，其日记时误差不超过 30s；仅使用打印机记录火灾报警时间时，应打印出月、日、时、分等信息。

(8) 电源自动转换功能。当主电源断电时能自动转换到备用电源；当主电源恢复时，能自动转换到主电源上；主备电源工作状态应有指示，主电源应有过流保护措施。

(9) 主电源容量检测。主电源应能在最大负载下连续正常工作 4h，按照下列最大负荷计算主电源容量是否满足最大负荷容量。

报警控制器最大负载是指：

① 火灾报警控制器容量不超过 10 个构成单独部位号的回路时，所有回路均处在报警状态。

② 火灾报警控制器容量超过 10 个构成单独部位号的回路时，20％的回路（不少于 10 回路，但不超过 30 回路）处在报警状态。

联动控制器最大负载是指：

① 所连接的输入输出模块的数量不超过 50 个时，所有模块均处于动作状态。

② 所连接的输入输出模块的数量超过 50 个时，20％模块（但不少于 50 个）均处于动作状态。

(10) 备用电源容量检测。当采用蓄电池时，电池容量应可提供火灾报警控制器在监视状态下工作 8h 后，在下述情况下正常工作 30min。或采用蓄电池容量测试仪测量蓄电池容量，然后计算报警器与联动控制器容量之和是否小于或等于所测蓄电池容量，以便确定是否合理。

报警控制器：

① 火灾报警控制器容量不超过 4 回路时，处于最大负载条件下。

② 火灾报警控制器容量超过 4 回路时，十五分之一回路（不少于 4 回路，但不超过 30 回路）处于报警状态。

联动控制器：

① 所连接的输入输出模块的数量不超过 50 个时，所有模块均处于动作状态。

② 所连接的输入输出模块的数量超过 50 个时，20％模块（但不少于 50 个）均处于动作状态。

(11) 火灾报警控制器应能在额定电压（220V）的 10％～15％范围内可靠工作，其输出直流电压的电压稳定度（在最大负载下）和负载稳定度应不大于 5％。采用稳压电源提供 220V 交流标准电源，利用自耦调压器分别调出 242V 和 187V 两种电源电压，在这两种电源电压下分别测量控制器的 5V 和 24V 直流电压变化。

2. 报警控制器安装质量检查

(1) 控制器应有保护接地且接地标志明显。

(2) 控制器的主电源应为消防电源，且引入线应直接与消防电源连接，严禁使用电源插头。

(3) 工作接地电阻值应小于 4Ω；当采用联合接地时接地电阻值应小于 1Ω；当采用联合接地时，应用专用接地干线由消防控制室引至接地体。专用接地干线应用铜芯绝缘导线或电缆，其芯线截面积不应小于 16mm²。

(4) 由消防控制室接地板引至各消防设备的接地线，应选用铜芯绝缘软线，其线芯截面积不应小于 4mm²。

(5) 集中报警控制器安装尺寸。其正面操作距离：当设备单列布置时，应不小于 1.5m；双列布置时，应不小于 2m。当其中一侧靠墙安装时，另一侧距墙应不小于 1m。需从后面检修时，其后面板距墙应不小于 1m，在值班人员经常工作的一面，距墙不应小于 3m。

(6) 区域控制器安装尺寸。安装在墙上时，其底边距地面的高度应不小于 1.5m，且应操作方便。靠近门轴的侧面距墙应不小于 0.5m。正面操作距离应不小于 1.2m。

(7) 盘、柜内配线清晰、整齐，绑扎成束，避免交叉；导线线号清晰，导线预留长度不小于 20cm。报警线路连接导线线号清晰，端子板的每个端子其接线不得超过两根。

(十) 湿式报警阀组的检测验收

1. 湿式报警阀

(1) 报警阀的铭牌、规格、型号及水流方向应符合设计要求，其组件应完好无损。

(2) 报警阀前后的管道中应顺利充满水。过滤器应安装在延迟器前。

(3) 安装报警阀组的室内地面应有排水措施。

(4) 报警阀中心至地面高度宜为 1.2m，侧面距墙 0.5m，正面距墙 1.2m。

2. 延迟器

(1) 延迟器应安装在报警阀与压力开关之间。

(2) 延迟器最大排水时间不应超过 5min。

3. 水力警铃

(1) 末端放水后，应在 5～90s 内发出报警声响，在距离水力警铃 3m 处声压应不小于 70dB。

(2) 水力警铃应设在公共通道、有人的室内或值班室里。水力警铃不应发生误报警。

(3) 水力警铃的启动压力不应小于 0.05MPa。

(4) 水力警铃应安装检修、测试用阀门。水力警铃应安装在报警阀附近,与报警阀连接的管道应采用镀锌钢管,当管径为 15mm 时,长度不大于 6m,当管径为 20mm 时,长度不大于 20m。

4. 压力开关

(1) 压力开关应安装在延迟器与水力警铃之间,安装应牢固可靠,能正确传送信号。

(2) 压力开关在 5~90s 内动作,并向控制器发出动作信号。

5. 报警阀组功能

(1) 试验时,当末端试水装置放水后,在 90s 内报警阀应及时动作,水力警铃发出报警信号,压力开关输出报警信号。

(2) 压力开关(或压力开关的输出信号与水流指示器的输出信号以"与"的关系)输出信号应能自动启动消防泵。

(3) 关闭报警阀时,水力警铃应停止报警,同时压力开关应停止动作;报警阀上、下压力表指示正常;延迟器最大排水时间不多于 5min。

6. 水流指示器

(1) 水流指示器的安装方向应符合要求;输出的报警信号应正常。

(2) 水流指示器应安装在分区配水干管上,应竖直安装在水平管道上侧,其前后直管段长度应保持 5 倍管径。

(3) 水流指示器应完好,有永久性标志,信号阀安装在水流指示器前的管道上,其间距为 300mm。

7. 末端试水装置

(1) 每个防火分区或楼层的最末端应设置末端试水装置,并应有排水设施。末端试水装置的组件包括试验阀、连接管、压力表和排水管。

(2) 连接管和排水管的直径应不小于 25mm。

(3) 最不利点处末端试验放水阀打开,以 0.94~1.5L/s 的流量放水,压力表读值应不小于 0.049MPa。

(十一) 正压送风系统的检测验收

(1) 机械加压送风机应采用消防电源,高层建筑风机应能在末端自动切换,启动后运转正常。

(2) 机械加压送风机的铭牌标志应清晰,风量、风压符合设计要求。

(3) 加压送风口的风速不应大于 7m/s。

(4) 加压送风口安装应牢固可靠,手动及控制室开启送风口正常,手动复位正常。

(5) 机械正压送风余压值:防烟楼梯间内 40~50Pa;前室、合用前室、消防电梯前室、封闭避难层为 25~30Pa。

(十二) 机械排烟系统的检测验收

(1) 排烟风机应采用消防电源,并能在末端自动切换,启动后运转正常。

(2) 排烟防火阀应设在排烟风机的入口处及排烟支管上穿过防火墙处。

(3) 排烟风机铭牌应清晰,其风压、风量符合设计要求,轴流风机应采用消防高温轴流风机,在280℃应连续工作30min。

(4) 排烟口的风速不大于10m/s。

(5) 排烟口的安装应牢固可靠,平时关闭,并应设置手动和自动开启装置。

(6) 排烟管道的保温层、隔热层必须采用不燃材料制作。

(7) 排烟防火阀平时处于开启状态,手动、电动关闭时动作正常,并应向消防控制室发出排烟防火阀关闭的信号,手动能复位。

(8) 排烟口应设在顶棚或靠近顶棚的墙上,且附近安全出口烟走道方向相邻边缘之间的最小水平距离不应小于1.5m。设在顶棚上的排烟口,距可燃物或可燃物件的距离应不小于1m。

第四节 消防系统的使用、维护及保养

消防系统相对庞大和复杂,且在建筑内的地位又非常重要,所以其系统的维修与保养难度较大且非常重要。因此在消防系统经检测验收合格交付使用后,用户最好委托具有相应资质的消防物业管理公司进行维护保养,以确保系统的正常运行。具体的维护保养方法叙述如下:

一、一般规定

(1) 火灾自动报警系统必须经当地消防监督机构检查合格后方可使用,任何单位和个人不得擅自决定使用。

(2) 使用单位应有专人负责系统的管理、操作和维护,无关人员不得随意触动。

(3) 对于火灾自动报警系统应建立完整的值班制度,值班人员应认真填写系统运行日登记表(值班记录表)、探测器日检登记表和季(年)检登记表。

(4) 系统的操作维护人员应由经过专门培训,并经消防监督机构组织考试合格的专门人员担任。值班人员应熟悉掌握本系统的工作原理及操作规程,应清楚了解本单位报警区域或探测区域的划分和火灾自动报警系统的报警部位号。

(5) 系统正式启用时,使用单位必须具备下列文件资料:

① 系统竣工图及设备技术资料和使用说明书;

② 调试开通报告、竣工报告、竣工验收情况表;

③ 操作使用规程;

④ 值班员职责;

⑤ 记录和维护图表。

(6) 使用单位应建立系统的技术档案,将上述所列的文件资料及其他资料归档保存,其中试验记录表至少应保存5年。

(7) 火灾自动报警系统应保持连续正常运行,不得随意中断运行。如一旦中断,必须及时作好记录并通报当地消防监督机构。

(8) 为了保证火灾自动报警系统的连续正常运行和可靠性,使用单位应根据本单位的具体情况制定出具体的定期检查试验程序,并依照程序对系统进行定期的检查试验。在任何试验中,都要做好准备和安排,以防发生不应有的损失。

二、重点部位的说明

1. 对于探测器的维护及保养

对于火灾探测器,每隔一年检测一次,每隔三年应清洗一次。其中感烟探测器可在厂家的指导下自行清洗,离子感烟探测器因其具有一定的辐射且清洗难度大,所以必须委托专业的清洗公司进行清洗。

2. 火灾报警控制器在使用、维护及保养过程中要注意的几点。

(1) 当火灾报警控制器报总线故障时,一般证明信号线线间或对地电阻太低或短路,此时应关闭火灾报警控制器,并通知相应的消防安装公司对信号线路进行维修;

(2) 当火灾报警控制器电源部分报输出故障时,一般证明24V电源线线间或对地电阻太低或短路,此时应关闭火灾报警控制器电源部分,并通知相应的消防安装公司对电源线进行维修;

(3) 当火灾报警控制器的广播主机和电话主机报过流故障时应关闭相应的广播和电话主机,并通知相应的消防安装公司对广播和电话线路进行维修;

(4) 当火灾报警控制器报备电故障时,一般证明电池因过放导致损坏,应尽早通知火灾报警控制器厂家对电池进行更换;

(5) 当火灾报警控制器发生异常的声光指示或气味等情况时,应立即关闭火灾报警控制器电源,并尽快通知厂家进行维修;

(6) 当使用备电供电时应注意供电时间不应超过8h,若超过8h应关闭火灾报警控制器的备电开关,待主电恢复后再打开,以防蓄电池损坏;

(7) 若现场设备(包括探测器或模块等)出现故障时应及时维修,若因特殊原因不能及时排除故障时应将其隔离,待故障排除后再利用释放功能将设备恢复。

(8) 用户应认真做好值班记录,如发生报警后应先按下火灾报警控制器上的"消声"键并迅速确认火情,酌情处理完毕后做好执行记录,最后按"复位"键清除。如确认为误报警,在记录完毕后可针对误报警的探测器或模块进行处理,必要时通知厂家进行维修。

3. 消防水泵的保养

(1) 消防水泵的一级保养一般每周进行一次,其内容如表6-7所列。

消防水泵一级保养内容　　　　表6-7

序号	保养部位	保养内容和要求	序号	保养部位	保养内容和要求
1	消防泵体	1. 擦拭泵体外表,达到清洁无油垢 2. 紧固各部位螺栓	4	润滑	检查润滑油是否适量、保持油质良
2	联轴器	检查联轴器,更换损坏的橡胶圈,确保可靠工作	5	阀门	1. 检查手轮转动是否灵活 2. 检查填料是否过期,必要时更换
3	填料、压盖	1. 调节压盖,使之松紧适度 2. 检查填料是否发硬,必要时更换	6	电器	1. 检查电机的接线、接地 2. 检查电机的绝缘 3. 检查电机的启动控制装置

(2) 二级保养一般每年进行一次,其内容如表6-8所列。

消防水泵二级保养内容 表 6-8

序号	保养部位	保养内容和要求	序号	保养部位	保养内容和要求
1	消防泵体	拆检泵体,更换已经损坏的零件	4	磨水环	调整磨水环间隙
2	联轴器	检修联轴器,调整损坏零件	5	润滑	清洗轴承,更换润滑油
3	填料、压盖	更换填料,调节压盖	6	电器	1. 拆检电动机,清晰轴承,更换润滑油 2. 检修各开关接点、接头,使之接触良好

4. 自动喷水灭火系统的维修与保养

(1) 自动喷水灭火系统日常检查内容如下:

① 自动喷水灭火系统的水箱水位是否达到设计水位;

② 水源通向系统的阀门是否打开;

③ 稳压泵进出口端阀门是否打开;

④ 稳压系统是否正常工作;

⑤ 报警阀前端阀门是否全开;

⑥ 报警阀上的压力表是否正常;

⑦ 报警阀上的排水阀是否关严。

(2) 湿式报警阀的保养内容。如表 6-9 所列。

湿式报警阀的保养内容 表 6-9

序号	保养部位	保养内容与要求	序号	保养部位	保养内容与要求
1	阀体	1. 清理阀体内污锈 2. 紧固压板螺丝 3. 清理绞接轴 4. 检查阀瓣密封盘是否老化	3	阀外管道	清理全部附件管道
			4	单流阀	检查清理旁路单流阀,保证逆止功能
2	压力表	校核压力表,保证计量准确	5	过滤器	清理过滤器

5. 防排烟系统

(1) 防排烟系统日常检查主要是对系统各部件外观检查,每日开启一次风机观察风机运行情况是否正常。

(2) 定期检查。一般每隔 3 个月检查一次,检查主要是对风机的联动启动,风口的风速测量,封闭楼梯间余压值测量,风机的保养、润滑、传动带的松紧程度等。

6. 消防电梯

消防电梯应每隔一个月进行一次强降试验及井道排水泵的启动,并进行排水泵保养、润滑、电器部分的检查。

7. 防火卷帘门

对于作为防火分区的卷帘门每天下班后亦降半,对于所有卷帘门应每周进行依次联动试验;每月进行一次机械部分的保养、润滑;每年进行一次整体保养。

第五节　施工与调试的配合及消防报警设备的选择技巧

一般情况下电气消防工程主要分为设备的选择、各设备的安装和火灾报警系统的调试三个阶段。前两部分一般由安装公司完成，后一部分一般由相应的设备厂家来完成。因为火灾报警设备是消防报警系统的核心，火灾的探测和各消防子系统的协调控制均由其来完成，地位至关重要，所以该设备的选择及施工与调试的配合自然很关键。设备选择的科学、施工与调试配合的默契，则整个工程进度就快、出错几率小、排错容易、工程的质量高而且稳定可靠、后期维护方便；相反则会在施工及以后的使用中问题多多，甚于导致整个系统的瘫痪。在此提出一些建议，以供参考。具体说明如下：

(1) 先尽量选用无极性信号二总线的设备，电源也最好是无极性的，这样可大大降低安装难度，减少出错的可能性，而且提高工作效率。

(2) 尽量选用底座和设备分离的报警产品(包括探测器和模块)，因为一般底座的价格相对较底而且体积小，所以供货比较快，备货充足，所以工程进度受供货周期的影响小，同时因为外部设备的线均接在底座上，所以当设备损坏后只需用好设备替代就可以了，避免了重新接线的麻烦，实际施工中会方便很多。

(3) 因为在整个消防报警系统中感烟探测器所占的比例相对较大且分布较广，同时也担负着主要的火灾探测任务，所以对感烟探测器的选择相对要重要得多。建议尽量使用光电感烟探测器，离子感烟探测器因为探测范围窄、稳定性差、误报率高、放射源污染环境和后期维护费用高、难度大等缺点已渐渐被淘汰(欧洲国家已基本停止使用)。

(4) 尽量选用采用 10 进制电子编码的外部设备，现在有些厂家已能实现部分外部设备的电子编码，有些(如 GST 系统产品)则能实现所有外部设备的 10 进制电子编码。尽量不选用通过拨码开关或短路环以二、三进制方式编码的设备。因为 10 进制电子编码既方便易学，不用进行数制转换，编码效率高且不易出错，又避免了因拨码开关或短路环拨不到位或接触不良而产生错码的可能性，同时因为电子编码设备取消了拨码开关和短路环，所以避免了由此处进水或进灰的可能性，使系统更耐用。

(5) 外部设备编码应尽可能遵循以下一些规则：同一回路的设备编码不能重复，不同回路的编码可以重复；每一回路的编码顺序要有规律，或者以设备类型为顺序依次编码(例如：感烟、感温、手报、消防、声光报警器、模块等)，或者以场所和楼层为顺序依次编码(例如：一层大厅、一层走廊、一层会议室、二层大厅、二层走廊、二层会议室等)。切不可毫无规律乱编码，否则将会给后期的调试工作带来很大的麻烦，例如调试效率低、出错的可能性大且易排错，严重时可能不得不重新编码。

(6) 现场施工人员要以所选报警设备每个回路所带的总点数为依据，合理、清晰并有层次地布线，切忌只图一时方便毫无规律地把所有线路全部互连。可一个回路带一个或几个连续的防火分区，但尽量避免一个防火分区被几个回路瓜分，同时这几个回路又分别连接到其他防火分区上，因为相互关系混乱，所以会给后期的调试和查线带来很大的隐患。每个回路要有 10% 左右的预留量。

(7) 因为弱电系统对线路的电气参数要求相对较高，所以在施工中要严格按照要求控制各线路的线间和对地电阻，以便使系统稳定可靠的运行，否则整个系统将会出现很多意想不到的奇怪问题。

(8) 因为施工方接触现场早且时间长，所以对现场实际情况相对熟悉，而厂家的调试人员则相反，所以为了双方能够配合默契以便提高工作效率，除了要向调试人员详细介绍现场情况外，还应把编码、设备类型、位置信息等的对应关系以表格的形式提供给调试人员，这点很重要。表 6-10 为可供参考的表格格式，可根据现场实际情况进行删改。

编码、设备类型、位置信息表　　　　表 6-10

编　码	设 备 类 型	位 置 信 息	备　注
1	感烟探测器	一层大厅	
2	感温探测器	一层大厅	
3	手动报警按钮	一层走廊	
4	消火栓报警按钮	二层走廊	
5	声光讯响器	二层大厅	
6	水流指示器	二层大厅	
7	卷帘门	二层大厅	中　位
8	卷帘门	二层大厅	下　位
……	……	……	……

本 章 小 结

本章共分为五部分内容：从概述入手，叙述了系统稳压装置、室内消火栓、自动喷水灭火、防排烟、防火卷帘、火灾报警及联动系统的调试，目的是检验施工质量并为验收打好基础；说明了验收所包含的内容、程序及方法；概括了消防系统的具体使用、维护及保养的内容及其相关注意事项；同时根据作者的经验，阐述了设备选择技巧及与调试的配合技巧。

本单元的内容可使学习者掌握消防系统的全部调试过程，掌握验收程序及今后运行中的维护保养知识。

习 题

1. 室内消火栓系统调试步骤有哪些？
2. 消防泵如何进行调试？
3. 湿式报警阀如何调试？
4. 防排烟系统的调试如何进行？
5. 防火卷帘的调试方法如何？
6. 简述室内消火栓系统的检测与验收步骤。
7. 简述消防系统的检测验收包括哪些内容？
8. 消防系统的维护保养有哪些内容？
9. 消防系统调试前的准备工作有哪些？
10. 消防系统调试的内容有哪些？
11. 系统竣工验收的要求是什么？
12. 系统运行有哪些规定？

第七章 消防系统的设计知识与应用实例

【本章任务】 作者根据多年的设计经验，从消防系统设计的基本原则和内容、消防系统的设计程序及方法、消防系统设计实例三个课题，对系统的设计进行了透彻的阐述，为从业奠定了基础。其主要任务：
(1) 了解消防设计原则和程序；
(2) 学会根据具体工程查阅相关规范，确定工程类别、防火等级等；
(3) 按规范要求设计出完整的火灾自动报警及联动控制系统的施工图。

第一节 消防系统设计的基本原则和内容

一、设计内容

消防系统设计一般有两大部分内容：一是系统设计、二是平面图设计。

(一) 系统设计

1. 火灾自动报警与联动控制系统设计

火灾自动报警与联动控制设计的形式有以下三种，可根据实际情况选择。
(1) 区域系统；
(2) 集中系统；
(3) 控制中心系统。

2. 系统供电

火灾自动报警系统应设有主电源和直流备用电源。应独立形成消防、防灾供电系统，并要保障供电的可靠性。

3. 系统接地

系统接地装置可采用专用接地装置或共用接地装置。

(二) 平面设计

平面设计一般有两大部分内容：一是火灾自动报警系统；二是消防联动控制系统。其具体设计内容如表 7-1 所列。

火灾自动报警平面设计的内容　　　　　　　　　　　　表 7-1

设备名称	内　容
报警设备	火灾自动报警控制器、火灾探测器、手动报警按钮、紧急报警设备
通信设备	应急通信设备、对讲电话、应急电话等
广　播	火灾事故广播设备、火灾警报装置
灭火设备	喷水灭火系统的控制 室内消火栓灭火系统的控制 泡沫、卤代烷、二氧化碳等 管网灭火系统的控制等

续表

设备名称	内容
消防联动设备	防火门、防火卷帘门的控制，防排烟风机、排烟阀控制，空调通风设施的紧急停止，电梯控制监视，非消防电源的断电控制
避难设施	应急照明装置、火灾疏散指示标志

一个建筑物内合理设计火灾自动报警系统，能及早发现和通报火灾，防止和减少火灾危害，保证人身和财产安全。设计的优劣主要从以下几方面进行评价。

(1) 满足国家火灾自动报警设计规范及建筑设计防火规范的要求；
(2) 满足消防功能的要求；
(3) 技术先进，施工、维护及管理方便；
(4) 设计图纸资料齐全，准确无误；
(5) 投资合理，即性能价格比高。

二、消防系统的设计原则

消防系统设计的最基本原则就是应符合现行的建筑设计消防法规的要求。积极采用先进的防火技术，协调合理设计与经济的关系，做到"防患于未然"。

必须遵循国家有关方针、政策，针对保护对象的特点，做到安全适用、技术先进、经济合理，因此在进行消防工程设计时，要遵照下列原则进行：

(1) 熟练掌握国家标准、规范、法规等，对规范中的正面词及反面词的含义领悟准确，保证做到依法设计；
(2) 详细了解建筑的使用功能、保护对象及有关消防监督部门的审批意见；
(3) 掌握所设计建筑物相关专业的标准、规范等，如车库、卷帘门、防排烟、人防等，以便于综合考虑后着手进行系统设计。

我国消防法规大致分为五类，即：建筑设计防火规范、系统设计规范、设备制造标准、安全施工验收规范及行政管理法规。设计者只有掌握了这五大类的消防法规，设计中才能做到应用自如，准确无误。在执行法规遇到矛盾时，应按以下几点进行：

(1) 行业标准服从国家标准；
(2) 从安全方面采用高标准；
(3) 报请主管部门解决，包括公安部、建设部等主管部门。

第二节 设计程序及方法

一、设计程序

设计程序一般分为两个阶段，第一阶段为初步设计(即方案设计)，第二阶段为施工图设计。

(一) 初步设计

1. 确定设计依据

(1) 相关规范；
(2) 建筑的规模、功能、防火等级、消防管理的形式；
(3) 所有土建及其他工种的初步设计图纸；

(4) 采用厂家的产品样本。

2. 方案确定

由以上内容进行初步概算,通过比较和选择,决定消防系统采用的形式,确定合理的设计方案。这一阶段是第二阶段的基础、核心。设计方案的确定是设计成败的关键所在,一项优秀设计不仅是工程图纸的精心绘制,而且更要重视方案的设计、比较和选择。

(二) 施工图设计

1. 计算

包括探测器的数量、手动报警按钮数量、消防广播数量、楼层显示器、短路隔离器、中继器、支路数、回路数、控制器容量的计算。

2. 施工图绘制

(1) 平面图 图中包括探测器、手动报警按钮、消防广播、消防电话、非消防电源、消火栓按钮、防排烟机、防火阀、水流指示器、压力开关、各种阀等设备,以及这些设备之间的线路走向。

(2) 系统图 根据厂家产品样本所给系统图结合平面中的实际情况绘制系统图,要求分层清楚,设备符号、设备数量与平面图一致。

(3) 绘制其他一些施工详图 消防控制室设备布置图及有关非标准设备的尺寸及布置图等。

(4) 设计说明 说明内容有:设计依据、材料表、图例符号及补充图纸表述不清楚的部分。

二、设计方法

(一) 设计方案的确定

火灾自动报警与消防联动控制系统的设计方案应根据建筑物的类别、防火等级、功能要求、消防管理以及相关专业的配合才能确定,因此,必须掌握以下资料:

(1) 建筑物类别和防火等级;

(2) 土建图纸:防火分区的划分、防火卷帘樘数及位置、电动防火门、电梯;

(3) 强电施工图中的配电箱(非消防用电的配电箱);

(4) 通风与空调专业给出的防排烟机、防火阀;

(5) 给排水专业给出消火栓位置、水流指示器、压力开关及相关阀体。

总之,建筑物的消防设计是各专业密切配合的产物,应在总的防火规范指导下各专业密切配合,共同完成任务。电气专业应考虑的内容如表 7-2 所列。

设计项目与电气专业配合的内容　　　　表 7-2

序 号	设计项目	电气专业配合措施
1	建筑物高度	确定电气防火设计范围
2	建筑防火分类	确定电气消防设计内容和供电方案
3	防火分区	确定区域报警范围、选用探测器种类
4	防烟分区	确定防排烟系统控制方案
5	建筑物内用途	确定探测器形式类别和安装位置
6	构造耐火极限	确定各电气设备设置部位
7	室内装修	选择探测器形式类别、安装方法

续表

序 号	设计项目	电气专业配合措施
8	家具	确定保护方式、采用探测器类型
9	屋架	确定屋架探测方法和灭火方式
10	疏散时间	确定紧急和疏散标志、事故照明时间
11	疏散路线	确定事故照明位置和疏散通路方向
12	疏散出口	确定标志灯位置指示出口方向
13	疏散楼梯	确定标志灯位置指示出口方向
14	排烟风机	确定控制系统与连锁装置
15	排烟口	确定排烟风机连锁系统
16	排烟阀门	确定排烟风机连锁系统
17	防火卷帘门	确定探测器联动方式
18	电动安全门	确定探测器联动方式
19	送回风口	确定探测器位置
20	空调系统	确定有关设备的运行显示及控制
21	消火栓	确定人工报警方式与消防泵连锁控制
22	喷淋灭火系统	确定动作显示方式
23	气体灭火系统	确定人工报警方式、安全启动和运行显示方式
24	消防水泵	确定供电方式及控制系统
25	水箱	确定报警及控制方式
26	电梯机房及电梯井	确定供电方式、探测器的安装位置
27	竖井	确定使用性能，采取隔离火源的各种措施，必要时放置探测器
28	垃圾道	设置探测器
29	管道竖井	根据井的结构及性质，采取隔断火源的各种措施，必要时设置探测器
30	水平运输带	穿越不同防火区，采取封闭措施

火灾自动报警系统的三种传统形式所适应的保护对象如下：

区域报警系统，一般适用于二级保护对象；

集中报警系统，一般适用于一、二级保护对象；

控制中心报警系统，一般适用于特级、一级保护对象。

为了使设计更加规范化，且又不限制技术的发展，消防规范对系统的基本功能形式规定了很多原则，工程设计人员可在符合这些基本原则的条件下，根据工程规模和对联动控制的复杂程度，选择检验合格且质量上乘的厂家产品，组成合理、可靠的火灾自动报警与消防联动系统。

（二）消防控制中心的确定及消防联动设计要求

1. 消防控制系统设计的主要内容

（1）火灾自动报警控制系统；

（2）灭火系统；

（3）防排烟及空调系统；

（4）防火卷帘门、水幕、电动防火门；

（5）电梯；

（6）非消防电源的断电控制；

(7) 火灾应急广播及消防专用通信系统；

(8) 火灾应急照明与疏散指示标志。

2. 消防控制室

(1) 消防控制室应设置在建筑物的首层，距通往室外出入口不应大于20m；

(2) 消防控制室的最小使用面积不宜小于15m²；

(3) 不应将消防控制室设于厕所及锅炉房、浴室、汽车库、变压器室等的隔壁和上、下层相对应的房间；

(4) 消防控制室外的门应向疏散方向开启，且入口处应设置明显的标志；

(5) 消防控制室的布置应符合有关要求；

(6) 消防控制室内不应穿过与消防控制室无关的电气线路及其他管道，不装设与其无关的其他设备；

(7) 内部和外部的消防人员能容易找到并可以接近的房间部位，并应设在交通方便和发生火灾时不易延燃的部位；

(8) 宜与防火监控、广播、通信设施等用房相邻近；

(9) 消防控制室的送、回风管在其穿墙处应设防火阀；

(10) 消防控制室应具有接受火灾报警、发出火灾信号和安全疏散指令、控制各种消防联动控制设备及显示电源运行情况等功能。

3. 消防联动控制系统

消防联动控制应根据工程规模、管理体制、功能要求合理确定控制方式，一般可采取：

(1) 集中控制（适用于单体建筑），如图7-1所示。

(2) 分散与集中相结合（适用于大型建筑），如图7-2所示。

无论采用何种控制方式应将被控对象执行机构的动作信号送至消防控制室。

4. 消防联动控制设备的功能

(1) 灭火设施：

① 消防控制设备对消火栓系统应具有的控制显示功能如下：

a. 控制消防水泵的启、停；

b. 显示消防水泵的工作、故障状态；

c. 显示消火栓按钮的工作部位；

② 消防控制设备对自动喷水灭火系统宜有下列控制监测功能：

a. 控制系统的启、停；

b. 系统的控制阀，报警阀及水流指示器的开启状态；

c. 水箱、水池的水位；

d. 干式喷水灭火系统的最高和最低气压；

e. 预作用喷水灭火系统的最低气压；

f. 报警阀和水流指示器的动作情况。

在消防控制室宜设置相应的模拟信号盘，接收水流指示器和压力报警阀上压力开关的报警信号，显示其报警部位，值班人员可按报警信号启动水泵，也可由总管上的压力开关直接控制水泵的启动。在配水支管上装的闸阀，在工作状态下是开启的，当维修或其他原

图 7-1 联动控制系统集中控制示意图

图 7-2 联动控制系统分散与集中相结合示意图

因使闸阀关闭时,在控制室应有显示闸阀开关状态的装置,以提醒值班人员注意使闸阀复原。为此应选用带开关接点的闸阀或选用明杆闸阀加装微动开关,以便将闸阀的工作状态反映到控制室。
③ 消防控制设备对泡沫和干粉灭火系统应有下列控制、显示功能：
a. 控制系统的启、停；
b. 显示系统的工作状态。
④ 消防控制设备对管网气体灭火系统应有下列控制及显示功能：
a. 气体灭火系统防护区的报警、喷放及防火门(帘)、通风空调等设备的状态信号应送到消防控制室；
b. 显示系统的手动及自动工作状态；
c. 被保护场所主要出入口门处，应设置手动紧急控制按钮，并应有防误操作措施和特殊标志；
d. 组合分配系统及单元控制系统宜在防护区外的适当部位设置气体灭火控制盘；
e. 在报警、喷射各阶段，控制室应有相应的声、光报警信号，并能手动切除声响信号；
f. 主要出入口上方应设气体灭火器停放指示标志灯；
g. 在延时阶段，应关闭有关部位的防火阀，自动关闭防火门、窗，停止通风空调系统；
h. 被保护对象内应设有在释放气体前30s内人员疏散的声报警器。
(2) 电动防火卷帘、电动防火门：
① 消防控制设备对防火卷帘的控制应符合下列要求：
a. 防火卷帘两侧应设置探测器及其报警装置，且两侧应设置手动报警按钮。
b. 防火卷帘下放的动作程序应为：感烟探测器动作后，卷帘进行第一步下放(距地面为1.5~1.8m)；感温探测器动作后，卷帘进行第二步下放即归底；感烟、感温探测器的报警信号及防火卷帘的关闭信号应送至消防控制室。
c. 当电动防火卷帘采用水幕保护时，水幕电磁阀的开启宜用感温探测器与水幕管网有关的水流指示器组成控制电路控制。
② 消防控制设备对防火门的控制、应符合下列要求：
a. 门任一侧的火灾探测器报警后，防火门应自动关闭；
b. 防火的关闭信号应送到消防控制室。
(3) 火灾报警后，消防控制设备对防烟、排烟设施应有下列控制、显示功能：
① 控制防烟垂壁等防烟设施；
② 停止有关部位的空调送风，关闭电动防火阀，并接收其反馈信号；
③ 启动有关部位的排烟阀、送风阀、排烟风机、送风机等，并接受其反馈信号；
④ 设在排烟风机入口处的防火阀动作后应联动停止排烟风机；
⑤ 消防控制室应能对防烟、排烟风机(包括正压送风机)进行应急控制。
(4) 消防控制室对非消防电源、警报装置、火灾应急照明灯和疏散标志灯的控制：
为了扑救方便，避免电气线路因火灾而造成短路，形成二次灾害，同时也为了防止救援人员触电，发生火灾时切断非消防电源是必要的。但是切断非消防电源应控制在一定的范围之内。一定范围是指着火的那个防火分区或楼层。切断方式可为人工切断，也可以自动切断，切断顺序应考虑按楼层或防火分区的范围，逐个实施，以减少断电带来的不必要的惊慌。非消防电源的配电盘应具有联动接口，否则消防控制设备是不能完成切断功能的。

在正常照明被切断后，应急照明和疏散标志灯就担负着为疏散人群提供照明和诱导指示的重任。由于火灾应急照明和疏散标志灯属于消防用电设备，因此其电源应选用消防电源；如果不能选用消防电源，则应将蓄电池组作为备用电源，且主、备电源应能自动切换。

火灾状态下，为了避免人为的紧张，造成混乱，影响疏散，同时也是为了通知尚不知道火情的人员，首先应在最小范围内发出警报信号并进行应急广播，如图 7-3 所示。

图 7-3 总线控制非消防电源、警报装置示意图

(5) 消防控制室的消防通信功能：

为了能在发生火灾时发挥消防控制室的指挥作用，在消防控制室内应设置消防通信设备，并满足：

① 应有一部能直接拨打"119"火警电话的外线电话机。

② 应有与建筑物内其他重要消防设备室直接通话的内部电话。

③ 应有无线对讲设备。

考虑到一般建筑物都设有内部程控交换机、消防控制室及其他重要消防设备房，都装设了内部电话分机，而且在程控交换机上就可设定消防控制室的电话分机，并具有拨打外线电话的功能。无线对讲设备是重要的辅助通信设备，它具有移动通话的作用，可以避免线路的束缚，但它的通信距离和通话质量受诸多条件的限制。

(6) 消防控制室对电梯的控制与显示：

发生火灾时，消防控制室应能将全部电梯迫降至首层，并接受其反馈信号。

对电梯的控制有两种方式，一是将电梯的控制显示盘设在消防控制室，消防值班人员在必要时可直接操作；二是在人工确认确实发生火灾后，消防控制室向电梯控制室发出火灾信号及强制电梯下降的指令，所有电梯下行停位于首层。

(三) 平面图中设备的选择、布置及管线计算

1. 设备选择及布置

(1) 探测器的选择及布置：根据房间使用功能及层高确定探测器种类，量出平面图中所计算房间的地面面积，再考虑是否为重点保护建筑，还要看房顶坡度是多少，然后按

$N \geqslant \dfrac{S}{k \cdot A}$ 分别算出每个探测区域内的探测器数量,最后再进行布置。

火灾探测器的选用原则如下:

① 火灾初期有阴燃阶段,产生大量的烟和少量的热,很少或没有火焰辐射,应选用感烟探测器;

② 火灾发展迅速,有强烈的火焰辐射和少量的热、烟,应选用火焰探测器;

③ 火灾发展迅速,产生大量的热、烟和辐射,应选用感温、感烟火焰探测器或其组合(即复合型探测器);

④ 若火灾形成的特点不可预料,应进行模拟试验,根据试验结果选用适当的探测器。探测器种类选择在探测器中已有表可查,但这里还需进一步说明其种类选择范围。

下列场所宜选用光电和离子感烟探测器:

电子计算机房、电梯机房、通信机房、楼梯、走道、办公楼、饭店、教学楼的厅堂、办公室、卧室等,有电气火灾危险性的场所、书库、档案库、电影或电视放映室等。

有下列情况的场所不宜选用光电感烟探测器:

存在高频电磁干扰;在正常情况下有烟滞流;可能产生黑烟;可能产生蒸汽和油雾;大量积聚粉尘。

有下列情况的场所不宜选用离子感烟探测器:

产生醇类、醚类酮类等有机物质;可能产生腐蚀气体;有大量粉尘、水雾滞留;相对湿度长期大于95%;在正常情况下有烟滞留;气流速度大于5m/s。

有下列情况的场所不宜作出快速反应:

无阴燃阶段的火灾;火灾时有强烈的火焰辐射。

下列情况的场所不宜选用火焰探测器:

在正常情况下有明火作业以及X射线、弧光等影响;探测器的"视线"易被遮挡;在火焰出现前有浓烟扩散;可能发生无焰火灾;探测器的镜头被污染;探测器易受阳光或其他光源直接或间接照射。

下列情况的场所宜选用感温探测器:

可能发生无烟火灾;在正常情况下有烟和蒸汽滞留;吸烟室、小会议室、烘干车间、茶炉房、发电机房、锅炉房、厨房、汽车库等;其他不宜安装感烟探测器的厅堂和公共场所;相对湿度经常高于95%以上的场所;有大量粉尘的场所;

在库房、电缆隧道、天棚内、地下汽车库及地下设备层等场所,可选用空气管线型差温探测器。

在电缆托架、电缆隧道、电缆夹层、电缆沟、电缆竖井等场所,宜采用缆式线型感温探测器。

散发可燃气体、可燃蒸汽和可燃液体的场所,宜选用可燃气体探测器。

(2) 火灾自动报警装置的选择及布置:规范中规定火灾自动报警系统应有自动和手动两种触发装置。

自动触发器件有:压力开关、水流指示器、火灾探测器等。

手动触发器件有:手动报警按钮、消火栓报警按钮等。

要求探测区域内的每个防火分区至少设置一个手动报警按钮。

① 手动报警按钮的安装场所：各楼层的电梯间、电梯前室主要通道等经常有人通过的地方；大厅、过厅、主要公共活动场所的出入口；餐厅、多功能厅等处的主要出入口。

② 手动报警按钮的布线宜独立设置。

③ 手动报警按钮的数量应按一个防火分区内的任何位置到最近一个手动报警按钮的距离不大于25m来考虑。

④ 手动报警按钮在墙上安装的底边距地高度为1.5m，按钮盒应具有明显的标志和防误动作的保护措施。

(3) 其他附件选择及布置：

① 模块：由厂家产品的系统确定型号，安装距顶棚0.3m的高度，墙上安装；

② 短路隔离器：与厂家产品配套选用，墙上安装，距顶棚0.2~0.5m；

③ 总线驱动器：与厂家产品配套选用，根据需要定数量，墙上安装，底边距地2~2.5m；

④ 中继器：由所用产品实际确定，现场墙上安装，距地1.5m。

(4) 火灾事故广播与消防专用电话：

① 火灾事故广播及警报装置：火灾警报装置(包括警灯、警笛、警铃等)是当发生火灾时发出警报的装置。火灾事故广播是火灾时(或意外事故时)指挥现场人员进行疏散的设备。两种设备各有所长，火灾发生初期交替使用，效果较好。

火灾报警装置的设置范围和技术条件：国家规范规定，设置区域报警系统的建筑应设置火灾警报装置；设置集中和控制中心报警系统的建筑，宜设置火灾警报装置；在报警区域内，每个防火分区应至少安装一个火灾报警装置，其安装位置，宜设在各楼层走道靠近楼梯出口处。

为了保证安全，火灾报警装置应在确认火灾后，由消防中心按疏散顺序统一向有关区域发出警报。在环境噪声大于60dB的场所设置火灾警报装置时，其声压级应高于背景噪声15dB。

火灾事故广播与其他广播合用时应符合以下要求：

火灾时，应能在消防控制室将火灾疏散层的扬声器和公共广播扩音机强制转入火灾应急广播状态；消防控制室应能监控用于火灾应急广播时的扩音机的工作状态，并能开启扩音机进行广播。火灾应急广播设置备用扩音机，其容量不应小于火灾应急广播扬声器最大容量总和的1.5倍。床头控制柜设有扬声器时，应有强制切换到应急广播的功能。

② 消防专用电话：安装消防专用电话十分重要，它对能否及时报警、消防指挥系统是否畅通起着关键作用。为保证消防报警和灭火指挥畅通，规范对消防专用电话有明确规定。

2. 消防系统的接地

为了保证消防系统正常工作，对系统的接地应按第五章规定执行。

3. 布线及配管

布线及配管按第五章中规定进行。

(四) 画出系统图及施工详图

设备、管线选好且在平面图中标注后，根据厂家产品样本，再结合平面图画出系统图，并进行相应的标注；如每处导线根数及走向、每个设备的数量、所对应的层数等。

施工详图主要是对非标产品或消防控制室而言的，比如非标控制柜(控制琴台)的外形、尺寸及布置图；消防控制室设备布置图，应标明设备位置及各部分距离等。

第三节 消防系统应用实例

一、工程概况

某综合楼共18层，地下1层、地上17层、1～2层为商业用房、3～17为办公用房。地下层为设备用房、库房。总建筑面积456070m²。

管理要求：该楼与周围的综合楼构成整个商业区，实行统一管理，并把管理单位放在该建筑物内。

建设单位要求，在满足规范的情况下，力求经济合理。

本工程采用北京中安厂的7000系列产品。采用集中—区域报警系统，在总消防控制室采用集中报警控制器和三台区域报警控制器，即集中机和区域机均设在消防控制室。

二、设计内容

图纸共十张，电消施10-1为设计说明、图例符号、图纸目录及管线图例，电消施10-2为系统图，电消施10-3及其他图为平面图。为和本书一致，将10张图编号为：图7-4～图7-13。

（一）设计说明

一般情况下，应具备以下内容：

1. 设计依据

(1)《民用建筑电气设计规范》(JGJ/T 16—92)；

(2)《高层民用建筑设计防火规范》(GB 50045—95)；

(3)《火灾自动报警系统设计规范》(GB 50116—98)；

(4) 建筑平、立、剖面图及暖通专业、给排水专业提供的功能要求和设备电容量及平面位置。

2. 电容量及平面位置

消防报警及控制：本工程为一类建筑，按防火等级为一级设计，消防控制室设在首层，具有以下功能：

（1）火灾自动报警系统：采用总线制配线，按消防分区及规范进行感烟、感温探测器的布置。在消防中心的报警控制器上能显示各分区、各报警点探头的状态，并设有手动报警按钮。

（2）联动报警：

① 火灾情况下，任一消火栓上的敲击按钮动作时，消防控制室能显示报警部位，自动或手动启动消防泵。

② 对于气体灭火系统应有下列控制、显示功能：

a. 控制系统的紧急启动和切断；

b. 由火灾探测器联动的设备，应具有30s可调的延时功能；

c. 显示系统的手动、自动状态；

d. 在报警、喷射各阶段控制室应有相应的声、光报警信号，并能手动切除声响信号；

e. 在延时阶段应能自动关闭防火门，停止通风、空调系统。

f. 气体灭火系统在报警或释放灭火剂时，应在建筑物的消防控制室有显示信号；

g. 当被保护对象的房间无直接对外窗户时，气体释放灭火剂后应有排除有害气体的措施，但此设施在气体释放时应是关闭的。

　　③ 火灾确认后，控制中心发出指令［自动或手动］将相关楼层紧急广播接通，实施紧急广播。

　　④ 消防中心与消防泵房、变电所、发电机房处均设固定对讲电话，消防中心设直接对外的 119 电话，每层适当部位还设有对讲电话插孔。

　　⑤ 火灾情况下，消防中心能切断非消防用电，启动柴油发电机组。

　　3. 探测器等消防设备的安装

　　应根据第二章和第五章的规定进行。

　　4. 配线

　　(1) 对于消防配电线路，控制线路均采用塑料铜芯绝缘导线或铜芯电缆，其电压等级不应低于交流 250V；

　　(2) 绝缘导线、电缆线芯应满足机械强度的要求；

　　(3) 消防控制、通信和报警线路，应采取穿金属管保护，导线敷设于非燃烧体结构内，其保护层厚度不小于 3cm；

　　(4) 穿管绝缘导线或电缆的总面积不应超过管内截面积的 40%。

　　5. 电缆井（强电井、弱电井）

　　电缆井每层上下均封闭。

　　6. 接地

　　(1) 消防控制室工作接地采用单独接地，电阻值应小于 4Ω；

　　(2) 应用专用接地干线由消防控制室引至接地体，接地干线应用铜芯绝缘导线或电缆，其线芯截面积不应小于 $25mm^2$；

　　(3) 由消防控制室接地板引至各消防设备的接地线，应选用铜芯绝缘软线，其线芯截面积不应小于 $4mm^2$。

　　本设计的说明如图 7-4 电消施 10-1 所示。

　　(二) 火灾报警及联动控制系统系统图

　　火灾报警及联动控制系统图如图 7-5 电施 10-2 所示，要求按样本标注支路数、回路数、容量。

　　(三) 平面布置图

　　地下一层平面布置图如图 7-6 电消施 10-3 所示，一层平面布置图如图 7-7 电消施 10-4 所示，二层平面布置图如图 7-8 电消施 10-5 所示，三层平面布置图如图 7-9 电消施 10-6 所示，四层平面布置图如图 7-10 电消施 10-7 所示，17.1m 标高设备层平面布置图如图 7-11 电消施 10-8 所示，标准层平面布置图如图 7-12 电消施 10-9 所示，顶层平面布置图如图 7-13 电消施 10-10 所示，平面图中表述了各种设备的位置以及线路走向。

　　三、设计效果图举例

　　从以上实例可以看出，对于同一工程的消防设计，即使选用同一厂家的产品，当线制不同或系统不同（分体化或总体化）时，施工图也是不同的。为了便于读者对消防系统设计有所把握，下面给出几种不同线制的系统图及平面图。

　　(1) 火灾信息处理即消防联动：关于消防系统的联动控制是很复杂的，各环节的联动

第三节 消防系统应用实例

火灾自动报警系统设计说明

一、火灾自动报警系统组成：

该楼内所设之火灾自动报警系统为总线式自动报警系统。在下列部位设置感烟探测器：营业厅、办公室、配电室、前室、电梯机房，防火卷帘门两侧及疏散通道等场所在地下停车库、柴油发电机室设感温探测器。

二、火灾自动报警系统控制方式：

1. 消防设备控制系统：

当该楼发生火灾，任一消火栓手动报警按钮按破后，信号送至消防报警中心，由消防中心发出指令动作消防泵。消防泵的运行反馈信号返至消防中心。当喷淋系统动作时，喷淋泵及自动喷淋泵自动启动，喷淋泵的工作及故障状态信息通过报警总线送至消防中心。在消防控制中心除自动控制外，在消防控制中心可实现手动控制。

2. 加压送风及排烟系统：

发生火灾时，根据探测器的报警信号，失火层及相邻上下层之干一排烟口，失火层相邻内所设之正压风机自动动作开打，同时联动加压送风机房内送风防火阀动作；自动打开上的防火阀，加压送风机，排烟风机运行。当某分区发生火灾时，当该区门探测器动作后，自动打开防烟排烟道上的排烟口，同时联动排烟风机动作，排烟防火阀（280°C）动作后，在消防控制中心可实现手动控制。

地下停车库内按钮或烟探测器将信号送至一个排烟口干一排烟口(各梯内的防火卷帘)，在消防控制中心自动控制外，排烟系统的所有电动装置均可在消防中心实现手动控制，消防电梯停止工作。

3. 电梯控制系统：

当控制模块状态所有电梯停至首层后切断首层电源)消防电梯待命使用。

4. 火灾卷帘控制系统：

卷帘门上设两阻感烟探测器，前后两侧的防火卷帘一至四层自动防火卷帘。当火灾探测器报警后，卷帘门立即下降至本层地面。在防火通道上的防火卷帘，在首层火灾报警地面1.8m处中设置：当温探测器报警后该地层下降其1.5m处，感烟探测器报警该层防火卷帘开始下降时，防火卷帘下降通过上的火灾报警装置网传至消防中心。

5. 火警通讯系统：

在消防中心内设119专用火警电话，在手动报警按钮附处设对讲电话插孔。发生火灾时可与消防中心通讯。消防泵、加压送风机房及电梯机房内设固定式对讲电话。

6. 火灾应急广播：

一层及二层以上的楼层作火警广播，自动接通失火层及上下层广播接警报器，当首层发生火灾时，接通地下层及首层广播，要求应急广播一播，系统设备用扬声器，容量采用火灾自动报警及联动控制图示。

三、管线选择及敷设方式：

ZD+D——直流电源管线，按防火分区线路（ZD为直流排线、D为直流电源线）在配电室内自动屏内装有各部的消防回路电源）。

平面图回路管线，报警号线：RVS：[2(2×1.5)+BV-2×1.0)] SC20，垂直敷设信号线，均为BV-2×1.5+BV-2×1.0 SC20。

DJ——火警监控回路管线，管线型号注为四根时，管线标号为BV-2×1.5+BV-2×1.0 SC20。

在平面敷设线注管接信号为明敷设外，余暗埋敷设时，除平面图注明设外，线线标注为BV-3×1.5 SC20。

以上，管线可当电缆井管内敷设时，接内为互根树，管以上，由管井内引至各楼层出管在平层板内接处均采取防火堵进行实施。

消防控制室采用联合接地，要求接地电阻不大于1欧姆，由消防控制室内接地盒引至各消防设备接地处装，备用接地选用截面积4mm²的钢芯软线。

四、消防控制室采用联合接地，要求接地电阻不大于1欧姆，由消防控制室内接地盒引至各消防设备接地处装，备用接地选用截面积4mm²的钢芯软线。

五、本设计未尽事宜依照国家有关现行规范收集实施。

图 例 符 号

序号	图例符号	名称	型号	安装高度	备注
1	☐	消防系统总线接线盒	XFX	底边距地0.5m	管井内明装
2	▨	消防控制台	详见火灾报警系统图	落地安装	消防控制中心内
3	▦	消防动力配电箱	详见动力配电系统图		
4	▤	事故照明配电箱	详见事故照明系统图		
5	▥	客梯及电梯控制装置	设备自带		
6	▣	消防电梯控制装置	设备自带		
7	▫	防火卷帘控制箱	详见防火卷帘配电系统图	顶板下安装	
8	▪	短路隔离器	ZA7152	吸顶安装	每层XFX内均设一个
9	▯	模块入	详见火灾报警系统图	中心距顶棚0.5m	
10	▰	输出入模块	ZA7221	中心距顶棚0.5m	
11	▱	输入模块	ZA7132	—	
12	▲	感烟探测器	ZA7051	—	
13	△	感温探测器	ZA7031	—	
14	◉	手动报警按钮	ZA7121	底边距地1.5m	
15	⊗	消火栓报警按钮	ZA7122	底边距地1.5m	
16	⊙	对讲电话插孔	ZA5713	底边距地1.5m	
17	◎	固定式对讲电话	ZA5712A	底边距地1.5m	
18	◐	扬声器	3W	中心距顶地0.8m	
19	◑	高音扬声器	10W	墙上安装距地2.2m卷帘下，吸顶	地下停车库内安装
20	◒	警报器	ZA2112A		
21	⊠	水流指示器	详见给水排水施工图		
22	▲	压力开关	详见给水排水施工图		
23	⊟	送风阀(排烟阀)	详见给水暖通施工图		
24	■	防火阀	详见给水暖通施工图		
25					
26					
27					
28					

图 纸 目 录

序号	图号	图名	备注
1	电消施10-1	设计说明图例符号图纸目录	
2	电消施10-2	火灾自动报警及控制系统图	
3	电消施10-3	地下一层电消防平面图	
4	电消施10-4	一层电消防平面图	
5	电消施10-5	二层电消防平面图	
6	电消施10-6	三层电消防平面图	
7	电消施10-7	四层电消防平面图	
8	电消施10-8	标准层电消防平面图	五层至十九层
9	电消施10-9	17.1米标准层电消防平面图	
10	电消施10-10	顶层机房电消防平面图	

平面图中管线图例

管线图例	管线名称
————	火灾自动报警线
————	火灾应急广播线
————	消防通讯系统线

图 7-4 电消施 10-1 设计说明、图例符号

图 7-5 电消施 10-2 火灾报警及联动控制系统系统图

第三节 消防系统应用实例

图 7-6 电消施 10-3 地下一层平面布置图

第七章 消防系统的设计知识与应用实例

图 7-7 电消施 10-4 一层平面布置图

第三节 消防系统应用实例

图 7-8 电消施 10-5 二层平面布置图

第七章 消防系统的设计知识与应用实例

图 7-9 电消施 10-6 三层平面布置图

第三节 消防系统应用实例

图 7-10 电消施 10-7 四层平面布置图

第七章 消防系统的设计知识与应用实例

图 7-11 电消施 10-8 17.1m标高设备层平面布置图

第三节 消防系统应用实例

图 7-12 电消施 10-9 标准层平面布置图

图 7-13 电消施 10-10 顶层平面布置图

第三节 消防系统应用实例

图 7-14 火灾信息处理框图

图7-15 火灾报警及消防集中控制系统示意图

第三节 消防系统应用实例

图 7-16 火灾区域——集中报警及消防控制系统示意图

图 7-17　$n+1$ 火灾报警及消防控制系统示意图

第三节 消防系统应用实例

图7-18 $n+1$ 线火灾报警平面布置示意图

图 7-19 二总线火灾报警平面示意图

功能前已述及，这里为了对联动关系有总体的掌握，给出火灾信息处理框图，见图 7-14。

（2）火灾报警及消防集中控制系统：该系统无区域报警器，采用楼层显示器显示，如图 7-15 所示。

（3）火灾区域-集中报警及消防控制系统：这种系统中设有区域报警控制器，如图 7-16 所示。

（4）传统的多线制控制实例：这里仅以两线制（也称 $n+1$）为例，其系统如图 7-17 所示，其平面布置如图 7-18 所示。

（5）现代总线制系统实例：这里以二总线火灾报警系统为例，说明其平面布置情况，如图 7-19 所示。

综上可知：在消防系统的设计中，选用不同厂家不同系列的产品，其绘制的图形是不同的，设计者可根据情况进行选择。

本 章 小 结

为了便于进行消防工程设计，本章根据设计的实际过程对消防设计作了详细的阐述，首先给出了设计的基本原则和内容，接着介绍了探测器的选用、设计程序和方法，通过设计实例加深对消防设计的感性认识。

本章目的是为设计者介绍如何着手设计和怎样完成一个合格的设计。掌握消防设计是较好从事施工的基础，是进行消防预算的必要条件，由此可见，学会消防设计事关重大。

习 题

1. 消防设计的内容有哪些？
2. 消防系统的设计原则是什么？
3. 简述消防系统的设计程序。
4. 简述火灾探测器的设置部位。
5. 系统图、平面图表示了哪些内容？
6. 消防控制中心的设备如何布置？
7. 选择消防中心应符合什么条件？
8. 消防联动控制设计有什么要求？
9. 对消防控制室有哪些要求？
10. 如何确定消防设计方案？
11. 编写设计计算书和说明书包含哪些内容？

第八章　消防系统资质考试辅导及模拟训练

【本章任务】 本章主要针对全国消防资质考试所涉及的范围及从事电气消防工程所必备的知识，共分为六部分，有题及答案，主要应掌握如下内容：
(1) 消防系统的基础知识；
(2) 建筑防火基础知识；
(3) 消防电气基础知识；
(4) 火灾自动报警系统设计和施工要求；
(5) 实训项目；
(6) 资质考试模拟训练。

第一部分　消防系统的基础知识

1. 燃烧的必备条件是什么？

答：燃烧的必备条件是：必须同时具备可燃物、具有助燃的氧化剂或氧化物，有使可燃物质燃烧的火源这三个必备条件。

2. 什么是火灾？

答：火灾的定义：凡是违背人们的意志，在时间或空间上失去控制的燃烧所造成的火害，都称火灾。

3. 火灾分为哪些种类？

答：火灾的种类分为：

(1) 按燃烧对象分类：

A类火灾：普通固体可燃物燃烧而引起的火灾。

B类火灾：油脂及一切可燃液体燃烧引起的火灾。

C类火灾：可燃气体燃烧引起的火灾。

D类火灾：可燃金属燃烧引起的火灾或某种带电火灾。

(2) 按火灾损失严重程度分类：

① 特大火灾：死亡10人以上(含10人)，重伤20人以上；死亡、重伤20人以上；受灾50户以上；烧毁财物损失100万元以上。

② 重大火灾：死亡3人以上，重伤10人以上；死亡、重伤10人以上；受灾30户以上，烧毁财物损失30万元以上。

③ 一般火灾：不具备重大火灾的任一指标。

(3) 按起火直接原因分类：

①纵火；②违反电气安装安全规定；③违反电器使用安全规定；④违反安全操作规

定;⑤吸烟;⑥生活用火不慎;⑦玩火;⑧自燃;⑨自然灾害;⑩其他。

4. 灭火的基本原理是什么?

答:灭火的基本原理是:

(1) 冷却灭火法:减小燃速、热辐射,用水、二氧化碳。

(2) 隔离灭火法:中断可燃物的供给。

(3) 窒息灭火法:阻挡空气流入燃区,使燃烧少氧而熄灭。

(4) 抑制灭火法:将有抑制作用的灭火剂喷射到燃烧区,使其参与到燃烧反应过程中去,造成燃烧反应中产生的游离基消失而使反应中止,停止燃烧的方法(如卤代烷、1211、1202、1301等)。

5. 闪燃、阴燃、爆燃、爆炸的定义是什么?

答:闪燃、阴燃、爆燃、爆炸的定义是:

闪燃:是可燃液体的特有燃烧现象,在液体表面上能产生足够的可燃蒸气,遇火能产生一闪即灭的燃烧现象称闪燃。

阴燃:是固体物质特有的燃烧形式。阴燃是物质无可见光的缓慢燃烧,通常产生烟和温度升高的迹象。

爆燃:是火灾特有的燃烧现象,它发生在火灾由初期阶段向发展阶段转变的过程中。火灾从局部燃烧迅速扩大到所有材料表面开始燃烧的现象称为爆燃。

爆炸:按可燃气体与空气混合的时间,可燃气体燃烧分为预混燃烧和扩散燃烧。可燃气体与空气混合好后的燃烧称为预混燃烧,可燃气体与空气也混合也燃烧称为扩散燃烧,失去控制的扩散燃烧称为爆炸,这是C类火灾最危险的燃烧方式。

6. 自燃及自燃点的定义是什么?

答:自燃及自燃点的定义:

自燃:可燃物质在没有外部火花、火焰等火源作用下,因受热或自身发热并蓄热所产生的自然燃烧称自燃(根据自燃的过程,自燃还可进一步分为热自燃、化学自燃和蓄热自燃三大类)。

自燃点:在规定的条件下,可燃物质产生自燃的最低温度称自燃点。

7. 爆炸极限的定义是什么?

答:爆炸极限的定义:(爆炸下限)

可燃蒸气、气体或粉尘与空气组成的混合物遇火源即能发生爆炸的最低浓度(可燃蒸气、气体的浓度按体积比计算)。

8. 可燃液体的燃烧特点是什么?

答:可燃液体的燃烧特点:

液体燃烧是液体蒸气与空气进行的燃烧,液体在火灾中受热首先变成蒸气,蒸气与空气燃烧变成产物,轻质液体的蒸发纯属相变过程,评定可燃液体火灾危险性的理化参数是闪点。

9. 可燃固体的燃烧特点是什么?

答:固体物质燃烧过程非常复杂,一般可分为四类燃烧模式:

(1) 熔融蒸发式燃烧(如蜡):这类物质在火灾中首先被加热熔化为液体,继续加热变成蒸气,该蒸气与空气进行燃烧变成产物。

(2) 升华式燃烧(如萘)：这类物质在火灾中直接被加热成蒸气，蒸气与空气燃烧变成产物。

(3) 热分解式燃烧(如木材、高分子化合物)：这类物质在火灾中被加热，发生热分解，释放出可燃的挥发分子，挥发分子与空气进行燃烧变成产物。

(4) 表面燃烧(如木炭、焦炭)：这类物质在燃烧时，空气中的氧扩散到固体的表面或内部孔隙中，与表面的炭直接进行燃烧，变成产物。

大多数固体物质是热分解式燃烧。

10. 常见燃烧产物的种类及其毒性是什么？

答：常见燃烧产物的种类及其毒性：

(1) 放出燃烧热，温度升高烧毁设备物资，引起人员伤亡。

(2) 释放出毒性产物，主要是一氧化碳、氰化氢、光气、氮氧化物、氯化物、二氧化硫、氨等，是引起人员毒性死亡的主要物。

(3) 释放出烟，主要引起能见度降低，疏散困难，使人情绪紧张、呼吸困难等。烟尘对人的呼吸系统危害很大，对大气污染严重。

11. 热传播的几种途径是什么？

答：热传播的几种途径有：传导、对流、辐射、火焰接触、延烧。

12. 甲、乙、丙类液体的概念是什么？

答：甲、乙、丙类液体的概念：

甲类：易燃液体，闪点≤28℃；

乙类：可燃液体，闪点>28℃至<60℃的液体；

丙类：可燃液体，闪点≥60℃的液体。

第二部分　建筑防火基础知识

1. 耐火极限的概念是什么？

答：耐火极限的概念是：即对建筑物构件进行标准条件下的升温试验。从受到火的作用时起，到建筑物构件烧坏为止，持续能力或发生穿透裂缝或背火一面温度升高到220℃时止，这段时间称为构件的耐火极限，用小时表示。

2. 建筑构件不燃烧体、难燃烧体、燃烧体的概念是什么？

答：

不燃烧体：用非燃烧材料做成的构件。非燃烧材料系在空气中受到火烧或高温作用下不起火、不微燃、不炭化的材料。

难燃烧体：用难燃烧材料做成的构件或用燃烧材料做成而用非燃烧材料做保护层的构件。难燃烧材料系指在空气中受到火烧或高温作用时难起火、难燃烧、难炭化，当火源移走后燃烧或微燃立即停止的材料。

燃烧体：用燃烧材料做成的构件。燃烧材料系指在空气中受到火烧或高温作用时立即起火或微燃，且火源移走后仍继续燃烧或微燃的材料。

3.《建规》、《高规》的适用范围是什么？

答：(1)《建规》适用于下列新建、扩建和改建的工业与民用建筑：

① 九层及九层以下的住宅（包括底层设置商业服务网点的住宅）和建筑高度不超过 24m 的单层公共建筑；

② 单层、多层和高层工业建筑。

《建规》不适用于炸药厂（库）、花炮厂（库）、无窗厂房、地下建筑、炼油厂和石油化工厂的生产区。

(2)《高规》适用于下列新建、扩建和改建的高层建筑及其裙房：

① 十层及十层以上的居住建筑（包括首层设置商业服务网点的住宅）；

② 建筑高度超过 24m 的公共建筑。《高规》不适用于单层主体建筑超过 24m 的体育馆、会堂、剧院等公共建筑以及高层建筑的人民防空地下室。

4. 安全出口的概念是什么？

答：凡符合有关规定的安全疏散楼梯或直通室外地平面的出口。

5. 防火分区的概念及划分原则是什么？

答：当建筑物占地面积或建筑面积过大时，如发生火灾，火场面积可能蔓延过大。这样一则损失较大，二则扑救困难。所以，应把整个建筑物用防火分隔物进行分区，使之成为面积较小的若干防火单元，称为防火分区。

防火分区的划分，主要考虑消防队的灭火实力、火灾危险性类别、建筑物耐火等级、层数及是否装有消防设施等因素。

6. 防烟分区的概念及划分原则是什么？

答：防烟分区的概念：烟气控制的主要任务就是要把火灾烟气控制在本区域之内，而不使蔓延出去，这种烟气控制区域是排烟区；对非着火区域，特别是疏散通道，烟气控制的主要任务就是防止烟气的侵入，这种烟气控制区域是防烟区；排烟区与防烟区统称为防排烟分区。

划分原则：

(1) 防烟分区不应跨越防火分区。

(2) 每个防烟分区面积，对地面建筑一般控制在 $500m^2$，个别情况下，如顶棚高度在 3m 以上时，允许适当扩大，但最大不超过 $1000m^2$；对地下建筑则不应超过 $500m^2$。

(3) 通常把建筑物中的每个楼层选作分隔开的烟气控制区，但是，一个楼层包括一个以上的防烟分区。有些情况，一个烟气控制区也可能包括一个以上的楼层，但以不超过三个楼层为宜。

(4) 对有特殊用途的场所，应单独划分烟气控制区，如发生火灾时作为主要疏散通道的楼梯间、消防电梯、地下室避难层、避难间等都应单独分区。

7. 挡烟垂壁的概念是什么？

答：挡烟垂壁是：用不燃烧材料制成，从顶棚下垂不小于 500mm 的固定或活动的挡烟设施。活动挡烟垂壁系指火灾时因感温、感烟或其他控制设备的作用，自动下垂的挡烟垂壁。

8. 高层民用建筑裙房的概念是什么？

答：高层民用建筑裙房的概念：与高层建筑相连的建筑高度不超过 24m 的附属建筑。

9. 建筑物耐火等级的概念是什么？

答：建筑物耐火等级的概念：建筑物的耐火等级是衡量建筑物抵抗火烧能力的综合指

标。《建筑设计规范》把建筑物的耐火等级划分为四级,《高层建筑防火规范》把高层民用建筑的耐火等级划为一级和二级。

10. 生产、储存物品的火灾危险性分类是什么?

答:生产物品的火灾危险性分类:甲、乙、丙、丁、戊类,详见《建规》表3.1.1。储存物品的火灾危险性分类:甲、乙、丙、丁、戊类,详见《建筑设计规范》表4.1.1。

11. 什么是防火间距?

答:防火间距是指某栋给定建筑物到周围其他建筑物、或铁路、公路干线之间的防火安全距离。防火间距反映了建筑物与周围环境在防火方面的布局要求。

12. 建筑物中庭的防火技术措施有哪些?

答:建筑物中庭的防火技术措施如下:

(1) 房间与中庭回廊相通的门,应设自行关闭的乙级防火门。

(2) 与中庭相连的过厅、通道处,应设防火门或防火卷帘分隔,主要起防火门或防火分隔作用,防止其相互蔓延扩大。

(3) 中庭每层回廊都要设自动喷水灭火设备,以提高扑救初期火灾的实际效果。喷头要求间距不小于2m,也不能大于2.8m,主要目的是在于提高灭火和隔火的效能。

(4) 中庭每层回廊应设火灾自动报警设备,即起到早报警、早扑救、减少火灾损失的作用。

(5) 设置排烟设施(自然排烟、机械排烟)。

13. 烟气的产生、危害及在建筑物中的蔓延规律是什么?

答:烟气的产生、危害及在建筑物中的蔓延规律:

(1) 烟气是指燃烧过程的一种产物。凡可燃物质,无论是固态、液态或气态物质燃烧时都会产生烟气。

(2) 烟气的危害:

① 烟气中含氧量降低;

② 烟气中含有各种有毒物质;

③ 烟气中的悬浮微粒对人身肺胞、大气有危害;

④ 火灾烟气具有较高的温度,对人身也是一个很大的危害。

(3) 蔓延规律:

火灾产生的高温烟气,因密度小于空气,由于浮力作用向上升起,遇到水平楼板或顶棚时,改为水平方向继续流动,这就形成烟气的上升及水平扩散。

建筑物内烟气扩散有三条路线:

一条:着火房间——走廊——楼梯间——上部各楼层——室外;

二条:着火房间——室外;

三条:着火房间——相邻上层房间——室外。

14. 防火门种类及分级有哪些?

答:防火门种类及分级:

按门扇数分类:有单扇门和双扇。

按门扇结构分类:有镶玻璃门和不镶玻璃防火门。

按开启形式分类:有平开和推拉防火门。

按材质分类：有钢质和木质防火门。

按耐火极限分成：甲级防火门（耐火时间为1.2h）；乙级防火门（耐火时间为0.9h）；丙级防火门（耐火时间为0.6h）。

15. 防火卷帘有哪些种类？

答：防火卷帘的种类：

依其安装位置、形式和性能分类：

(1) 依安装建筑物位置分为外墙用和室内用钢质防火卷帘门；

(2) 按耐风压强度分类：可分为500MPa、800MPa、1200MPa三种；

(3) 按耐火时间分类：

① 普通型可分为耐火时间1.5h、2.0h；

② 复合型可分为耐火时间2.5h、3.0h。

16. 防火阀的种类及防火要求是什么？

答：防火阀的种类及防火要求：

种类：排烟阀、排烟防火阀、防火调节阀、防烟防火调节阀。

(1) 排烟阀：安装在高层建筑、地下建筑排烟系统的管道上。其基本功能要求如下：

① 感烟（温）电信号联动，阀门开启，排烟风机同时启动；

② 手动使阀门开启，排烟风机同时启动；

③ 输出阀门开启信号。

(2) 排烟防火阀：安装在有排烟防火要求的排烟系统管道上。其基本功能要求如下：

① 感烟（温）电信号联动，阀门开启，排烟风机同时启动；

② 手动使阀门开启，排烟风机同时启动；

③ 输出阀门开启信号；

④ 当排烟温度超过280℃时熔断器熔断，使阀门关闭，排烟风机同时停机。

(3) 防火调节阀：安装在有防火要求的通风、空调系统管道上。其基本功能要求如下：

① 温度熔断器在70℃时熔断，使阀门关闭；

② 输出阀门关闭信号，通风、空调系统风机停机；

③ 无级调节风量。

(4) 防烟防火调节阀：安装在有防火防烟要求的通风、空调系统管道上。其基本功能要求如下：

① 感烟（温）电信号联动使阀门关闭，通风空调系统风机停机；

② 手动使阀门关闭，风机停机；

③ 温度熔断器在70℃时熔断，使阀门关闭；

④ 输出阀门关闭信号；

⑤ 按90°五等分，有级调节风量。

17. 安全疏散出口的定义、数量、宽度和疏散距离要求是什么？

答：安全疏散出口的定义、数量、宽度和疏散距离要求：

(1) 定义：保证人员安全疏散的楼梯或直通室外地平面的出口。

(2) 数量：建筑物每个防火分区的安全出口不应少于两个。但符合下列条件之一的，可设一个安全出口。

多层建筑：

① 公共建筑和通廊式居住建筑；

a. 一个房间的面积不超过 60m²，且人数不超过 50 人时，可设一个门；位于走道尽端的房间（托儿所、幼儿园除外）内由最远一点到房门口的直线距离不超过 14m，且人数不超过 80 人时，也可设一个向外开启的门，但门的净宽不应小于 1.4m。

b. 二、三层的建筑（医院、疗养院、托儿所、幼儿园除外）符合表 8-1 的要求时，可设一个疏散楼梯。

设置一个疏散楼梯的条件　　　　　　　　　　　　　　　　　表 8-1

耐火等级	层 数	每层最大建筑面积(m²)	人　　数
一、二级	二、三层	500	二、三层人数之和不超过 100 人
三级	二、三层	200	二、三层人数之和不超过 50 人
四级	二层	200	第二层人数不超过 30 人

② 九层及九层以下，建筑面积不超过 500m² 的塔式住宅，可设一个楼梯。九层及九层以下的每层建筑面积不超过 300m²，且每层人数不超过 30 人的单元式宿舍，可设一个楼梯。

③ 地下室、半地下室面积不超过 50m²，且人数不超过 10 人时，可设一个。

高层建筑：

① 十八层及十八层以下，每层不超过八户，且建筑面积不超过 650m²，设有一座防烟楼梯间和消防电梯的塔式住宅。

② 每个单元设有一座通向屋顶的疏散楼梯，且从第十层起每层相邻单元设有连通阳台或凹廊的单元式住宅。

③ 除地下室外的相邻两个防火分区，当防火墙上有防火门连通，且两个防火分区的建筑面积之和不超表 8-2 所列规定的一个防火分区面积的 1.4 倍的公共建筑。

规　　定　　　　　　　　　　　　　　　　　表 8-2

建筑类别	每个防火分区建筑面积(m²)	建筑类别	每个防火分区建筑面积(m²)
一类建筑	1000	地下室	500
二类建筑	1500		

注：a. 设有自动灭火系统的防火分区，其允许最大建筑面积可按表 8-2 增加 1 倍；当局部设置自动灭火系统时，增加面积可按该局部面积的 1 倍计算。

b. 一类建筑的电信楼，其防火分区允许最大建筑面积可按表 8-2 增加 50%。

(3) 宽度：

多层建筑：

① 剧院、电影院、礼堂、体育馆等人员密集的公共场所，其观众厅内的疏散走道宽度应按其通过人数每 100 人不小于 0.6m 计算，但最小净宽度不应小于 1.0m，边走道不宜小于 0.8m。

② 剧院、电影院、礼堂等人员密集的公共场所，观众厅内的疏散内门和观众厅外的

疏散外门、楼梯和走道各自总宽度均应按不小于表 8-3 的规定计算。

疏 散 宽 度 指 标(m/百人) 表 8-3

观众厅座位数(个)			≤2500	≤1200
耐 火 等 级			一、二级	三级
疏散部位	门和走道	平坡地面	0.65	0.85
		阶梯地面	0.75	1.00
	楼 梯		0.75	1.00

注：观众厅需要的入场门，不应作为观众厅的疏散门。

③ 体育馆观众厅的疏散门以及疏散外门、楼梯和走道各自宽度，均应按不小于表 8-4 的规定计算。

疏 散 宽 度 指 标(m/百人) 表 8-4

观众厅座位数(个)			3000～5000	5001～10000	10001～20000
耐 火 等 级			一、二级	一、二级	一、二级
疏散部位	门和走道	平面地面	0.43	0.37	0.32
		阶梯地面	0.5	0.43	0.37
	楼 梯		0.5	0.43	0.37

注：表 8-4 中较大座位数档次按规定指标计算出来的疏散总宽度，不应小于相邻较小座位数档次按其最多座位数计算出来的疏散总宽度。

④ 学校、商店、办公楼、候车室等民用建筑底层疏散外门、楼梯、走道的各自总宽度，应通过计算确定，疏散宽度指标不应小于表 8-5 的规定。

楼梯门和走道的宽度指标(m/百人) 表 8-5

层数	耐 火 等 级	一、二级	三级	四级
	一、二级	0.65	0.75	1.00
	三级	0.75	1.00	—
	≥四级	1.00	1.25	—

注：a. 每层疏散楼梯的总宽度应按表 8-5 规定计算。当每层人数不等时，其总宽层计算，下层楼梯的总宽度应按其上层人数最多一层的人数计算。
  b. 每层疏散门和走道的总宽度应按表 8-5 规定计算。
  c. 底层外门的总宽度应按该层或该层以上人数最多的一层人数计算，不供楼上人员疏散的外门，可按本层的人数计算。

⑤ 疏散走道和楼梯的最小宽度不应小于 1.1m，不超过六层的单元式住宅中一边设有栏杆的疏散楼梯，其最小宽度可不小于 1m。

⑥ 人员密集的公共场所、观众厅的入场门、太平门不应设置门槛，其宽度不应小于 1.40m，紧靠门口 1.40m 内不应设置踏步。

太平门应为推闩式外开门。

人员密集的公共场所的室外疏散小巷，其宽度不应小于 3.00m。

高层建筑：

① 位于两个安全出口之间的房间,当面积不超过 60m² 时,可设置一个门,门的净宽不应小于 0.90m。位于走道尽端的房间,当面积不超过 75m² 时,可设置一个门,门的净宽不应小于 1.40m。

② 高层建筑内走道的净宽,应按通过人数每 100 人不小于 1.00m 计算;高层建筑首层疏散外门的总宽度,应按人数最多的一层每 100 人不小于 1.00m 计算。首层疏散外门和走道净宽不应小于表 8-6 规定。

首层疏散外门和走道的净宽(m)　　　　　　　　　　　　　　　　表 8-6

高层建筑	每个外门的净宽	走道净宽	
		单面布房	双面布房
医　院	1.30	1.40	1.50
居住建筑	1.10	1.20	1.30
其　他	1.20	1.30	1.40

③ 疏散楼梯间及其前室的门的净宽应按通过人数每 100 人不小于 1.00m 计算,但最小净宽不应小于 0.90m。

④ 高层建筑内设有固定座位的观众厅、会议厅等人员密集场所,其疏散走道、出口等应符合下列规定:

a. 厅内的疏散走道的净宽应按通过人数每 100 人不小于 0.8m 计算,且不小于 1.00m;边走道的最小净宽不宜小于 0.80m。

b. 厅的疏散出口和厅外疏散走道的总宽度,平坡地面应分别按通过人数每 100 人不小于 0.80m 计算,疏散出口和疏散走道的最小净宽均应不小于 1.40m。

⑤ 高层建筑地下室、半地下室的安全疏散,人员密集的厅、室疏散出口总宽度,均按其通过人数每 100 人不应小于 1.00m 计算。

⑥ 建筑物每层疏散楼梯总宽度应按其通过人数每 100 人不小于 1.00m 计算,各层人数不等时,其总宽度可分段计算,下层疏散楼梯总宽度应按其上层人数最多的一层计算。疏散楼梯的最小净宽不应小于表 8-7 规定。

疏散楼梯的最小净宽度　　　　　　　　　　　　　　　　表 8-7

高层建筑	疏散楼梯的最小净高度(m) 12	高层建筑	疏散楼梯的最小净高度(m) 12
医院病房楼	1.30	其他建筑	1.20
居住建筑	1.10		

⑦ 室外楼梯可作为辅助的防烟楼梯,其最小净宽不应小于 0.90m,当倾斜度不大于 45°,栏杆扶手高度不小于 1.10m 时,室外楼梯宽度可计入疏散楼梯总宽度内。

(4) 距离:

多层建筑:

民用建筑的安全疏散距离应符合下列要求:

① 直接通向公共走道的房间门至最近的外部出口或封闭楼梯间的距离应符合表 8-8 规定。

安全疏散距离 表 8-8

名　　称	房门至外部出口或封闭楼梯间的最大距离(m)					
	位于两个外部出口或楼梯间的房间			位于袋形走道两侧或尽端的房间		
	耐火等级			耐火等级		
	一、二级	三级	四级	一、二级	三级	四级
托儿所、幼儿园	25	20	—	20	15	—
医院、疗养院	35	30	—	20	15	—
学　　校	35	30	—	20	20	—
其他民用建筑	40	35	25	20	20	15

注：a. 敞开式外廊建筑的房间门至外部出口或楼梯间的最大距离可按表 8-8 增加 5m。

b. 设有自动喷水灭火系统的建筑物，其安全疏散距离可按表 8-8 规定增加 25%。

② 房间的门至最近的非封闭楼梯间的距离，如房间位于两个楼梯间之间时，应按表 8-8 减少 5m；如房间位于袋形走道或尽端时，应按上表 8-8 减少 2m。楼梯间的首层应设置直接对外的出口，当层数不超过四层时，可将对外出口设置在离楼梯间不超过 15m 处。

③ 不论采取何种形式的楼梯间，房间内最远一点到房门的距离，不应超过表 8-8 中规定的袋形走道两侧或尽端的房间从房门到外部出口或楼梯间的最大距离。

高层建筑：

① 高层建筑的安全出口应分散布置，两个安全出口之间的距离不应小于 5m。安全疏散距离应符合表 8-9 规定。

安全疏散距离 表 8-9

高层建筑		房间门或住宅户门至最近的外部出口或楼梯间的最大距离(m)	
		位于两个安全出口之间的房间	位于袋形走道到两侧或尽头的房间
医　院	病房部分	24	12
	其他部分	30	15
旅馆、展览楼、教学楼		30	15
其　他		40	20

② 跃廊式住宅的安全疏散距离，应从户门算起，小楼梯的一段距离按其 1.5 倍水平投影计算。

③ 高层建筑内的观众厅、展览厅、多功能厅、餐厅、营业厅和阅览室等，其室内任何一点至房门的直线距离不宜超过 30m；其他房间内最远一点至房门的直线距离不宜超过 15m。

18. 避难层、避难间的要求是什么？

答：避难层、避难间的要求：

建筑高度超过 100m 的公共建筑，应设置避难层（间），并应符合下列规定：

(1) 避难层的设置，自高层建筑首层至第一个避难层或两个避难层之间，不宜超过 15 层。

(2) 通向避难层的防烟楼梯应在避难层分隔，同层错位或上下层断开，但人员均必须经避难层方能上下。

（3）避难层的净面积应能满足设计避难人员避难的要求，并宜按 5 人/m^2 计算。

（4）避难层可兼作设备层，但设备管道宜集中布置。

（5）避难层应设消防电梯出口。

（6）避难层应设消防专线电话，并应设有消火栓和消防卷盘。

（7）封闭式避难层应设独立的防烟设施。

（8）避难层应设有应急广播和应急照明，其供电时间不应小于 1h，照度不应低于 1.00lx。

19. 消防电梯的基本要求是什么？

答：消防电梯的基本要求：

（1）下列高层建筑应设消防电梯：

① 一类公共建筑。

② 塔式住宅。

③ 十二层及十二层以上的单元式住宅和通廊式住宅。

④ 高度超过 32m 的其他二类公共建筑。

（2）高层建筑消防电梯的设置数量应符合下列规定：

① 当每层建筑面积不大于 1500m^2 时，应设 1 台。

② 当大于 1500m^2，但不大于 4500m^2 时，应设 2 台。

③ 当大于 4500m^2 时，应设 3 台。

④ 消防电梯可与客梯或工作电梯兼用，但应符合消防电梯的要求。

（3）消防电梯的设置应符合下列规定：

① 消防电梯宜分别设在不同的防火分区内。

② 消防电梯应设前室，其面积：居住建筑不应小于 4.50m^2，公共建筑不应小于 6.00m^2。

当与防烟楼梯间合用前室时，其面积：居住面积不应小于 6.00m^2，公共建筑不应小于 10.00m^2。

③ 消防电梯前室依靠外墙设置，在首层应设直通室外的出口或经过长度不超过 30m 的通道通向室外。

④ 消防电梯前室的门，应采用乙级防火门或具有停滞功能的防火卷帘。

⑤ 消防电梯的载重量不应小于 800kg。

⑥ 消防电梯井、机房与相邻其他电梯井机房之间，应采用耐火极限不低于 2h 的隔墙隔开，当在隔墙上开门时，应设甲级防火门。

⑦ 消防电梯的行驶速度，应按从首层到顶层的运行时间不超过 60s 确定。

⑧ 消防电梯轿厢的内装修应采用不燃烧材料。

⑨ 动力与控制电缆、电线应采取防火措施。

⑩ 消防电梯轿厢内应设专用电话，并应在首层设供消防队员专用的操作按钮。

⑪ 消防电梯间前室门口宜设挡火设施。

消防电梯的井底应设排水设施，排水井容量不应小于 2.00m^3，排水泵的排水量不应小于 10L/s。

20. 锅炉房、自备发电机房的防火要求是什么？

答：锅炉房、自备发电机房的防火要求：

(1) 燃油、燃气的锅炉、可燃油油浸电力变压器、充有可燃油的高压电容器和多油开关等宜设置在高层建筑外的专用房间内。

除液化石油气作燃料的锅炉外，当上述设备受条件限制必须布置在高层建筑或裙房内时，其锅炉的总蒸发量不应超过 6.00t/h，且单台锅炉蒸发量不应超过 2.00t/h；可燃油油浸电力变压器总容量不应超过 1260kV·A，单台容量不应超过 630kV·A，并应符合下列规定：

① 不应布置在人员密集场所的上一层、下一层或贴邻，并采用无门窗洞口的耐火极限不低于 2h 的隔墙和 1.5h 的楼板与其他部位隔开。当必须开门时，应设甲级防火门。

② 锅炉房、变压器室，应布置在首层或地下一层靠外墙部位，并应设直接对外的安全出口。外墙开口部位的上方，应设置宽度不小于 1.00m 的不燃烧体的防火挑檐。

③ 应设置火灾自动报警系统和自动灭火系统。

(2) 柴油发电机房可布置在高层建筑、裙房的首层或地下一层，并应符合下列规定：

① 柴油发电机房应采用耐火极限不低于 2h 的隔墙和 1.5h 的楼板与其他部位隔开。

② 柴油发电机房内应设置储油间，其总储存量不应超过 8h 的需要量，储油间应采用防火墙与发电机间隔开；当必须在防火墙上开门时，应设置能自行关闭的甲级防火门。

③ 应设置火灾自动报警系统和自动灭火系统。

第三部分　消防电气基础知识

1. 消防供电负荷等级要求有哪些？

答：(1) 消防控制室，消防水泵、消防电梯、防排烟设施、火灾自动报警、自动灭火装置、火灾应急照明和电动防火门窗、卷帘、阀门等消防用电，一类建筑应按一级负荷要求供电；一级负荷应由两个电源供电，当一个电源发生故障时，另一个电源应不致同时受到损坏。二类建筑的上述消防用电，应按二级负荷的两回线路要求供电。二级负荷的供电系统应做到当电力变压器发生故障或线路常见故障时不致中断供电。

(2) 建筑物、储罐、堆场的消防用电设备，其电源应符合下列要求：

① 建筑高度超过 50m 的乙、丙类厂房和丙类库房，其消防用电设备应按一级负荷供电；

② 下列建筑物、储罐和堆场的消防用电，应按二级负荷供电：

a. 室外消防用水量超过 30L/s 的工厂、仓库；

b. 室外消防用水量超过 35L/s 的易燃材料堆场、甲类和乙类液体储罐或储罐区；

c. 超过 1500 个座位的电影院、超过 3000 个座位的体育馆、每层面积超过 3000m² 的百货楼、展览楼和室外消防用水量超过 25L/s 的其他公共建筑。

(3) 按一级负荷供电的建筑物，当供电不满足要求时，应设自备发电设备。

(4) 除一、二款外的民用建筑物、储罐和露天堆场等的消防用电，可采用三级负荷供电。

2. 消防配电线路有哪些防火要求？

答：(1) 当采用暗敷设时，应设在不燃烧体结构内，且保护层厚度不应小于30mm。

(2) 当采用明敷设时，应采用金属管或金属线槽上涂防火涂料保护。

(3) 当采用绝缘和护套为不延燃材料的电缆时，可不穿金属管保护，但应敷设在电缆井内。

3. 一般配电线路的防火要求是什么？

答：(1) 配电线路不应敷设在可燃物体上，否则应采取隔热措施。

(2) 配电线路的保护管应为非燃或阻燃管。

(3) 敷设在高温环境配电线路应采取防护措施。

(4) 爆炸和火灾危险环境的配电线路应按《爆炸和火灾危险环境电力装置设计规范》采取防护措施。

(5) 配电线路应按有关规程要求设置短路、过载保护和接地故障保护。

(6) 见民用建筑防火规范第10.2.1至10.2.3条。

4. 照明设计的防火要求包括哪些内容？

答：(1) 照明器表面高温部位靠近可燃物体时，应采取隔热、散热等防火保护措施。卤钨灯和额定功率为100W及100W以上的白炽灯泡的吸顶灯、槽灯、嵌入式灯的引入线应采用瓷管、石棉、玻璃丝等非燃烧材料作隔热保护。

(2) 超过60W的白炽灯、卤钨灯、荧光高压汞灯（包括镇流器）等不应直接安装在可燃装修或可燃构件上。

可燃物品库房不应设置卤钨灯等高温照明器。

5. 爆炸性气体环境危险区域划分、危险区域的范围及电气装置选型有什么要求？

答：(1) 爆炸性气体环境危险区域划分：

爆炸性气体、可燃蒸气与空气混合形成爆炸性气体混合物的场所，按其危险程度的大小分为三个区域等级。

① 0区：连续出现或长期出现爆炸性气体混合物的环境。

② 1区：在正常运行时可能出现爆炸性气体混合物的环境。

③ 2区：在正常运行时不可能出现爆炸性气体混合物的环境，或即使出现也仅是短时存在爆炸性气体混合物的环境。

爆炸危险区域的划分应按释放源级别和通风条件确定，并应符合下列规定：

① 首先按下列释放源的级别划分区域：

a. 存在连续级释放源的区域可划分为0区；

b. 存在第一级释放源的区域可划分为1区；

c. 存在第二级释放源的区域可划分为2区。

② 根据通风条件调整区域划分：

a. 当通风良好时，应降低爆炸危险区域等级；当通风不良时应提高爆炸危险区域等级；

b. 局部机械通风在降低爆炸性气体混合物浓度方面比自然通风和一般机械通风更为有效时，可采用局部机械通风降低爆炸危险区域等级；

c. 在障碍物、凹坑和死角处，应局部提高爆炸危险区域等级；

d. 利用堤或墙等障碍物，限制比空气重的爆炸性气体混合物的扩散，可缩小爆炸危险区域的范围。

(2) 危险区域的范围：

① 爆炸危险区域的范围应根据释放源的级别和位置、易燃物质的性质、通风条件、障碍物及生产条件、运行经验，经技术经济比较综合确定。

② 建筑物内部，宜以厂房为单位划定爆炸危险区域的范围。但也应根据生产的具体情况，当厂房内空间大，释放源释放的易燃物质量少时，可按厂房内部分空间划定爆炸危险区域的范围，并应符合下列规定：

a. 当厂房内具有比空气重的易燃物质时，厂房内通风换气次数不应少于 2 次/h，且换气不受阻碍；厂房地面上高度 1m 以内容积的空气与释放至厂房内的易燃物质所形成的爆炸性气体混合浓度应小于爆炸下限。

b. 当厂房内具有比空气轻的易燃物质时，厂房平屋顶平面以下 1m 高度内，或圆顶、斜顶的最高点以下 2m 高度内容积的空气与释放至厂房内的易燃物质形成的爆炸性气体混合物的浓度应小于爆炸下限。

c. 当易燃物质可能大量释放并扩散到 15m 以外时，爆炸危险区域的范围应划分附加 2 区。

d. 在物料操作温度高于可燃液体闪点的情况下，可燃液体可能泄漏时，爆炸危险区域的范围可适当缩小。

可尽量复习防爆规范第 2.3.2 条至 2.3.18 条插图。

(3) 电气装置选型的要求：

① 根据爆炸危险区域的分区、电气设备的种类和防爆结构的要求，应选择相应的电气设备。

② 选用的防爆电气设备的级别和组别，不应低于爆炸性气体环境内爆炸性气体混合物的级别和组别。当存在有两种以上易燃性物质形成的爆炸性气体混合物时，应按危险程度较高的级别和组别选用防爆电气设备。

③ 爆炸危险区域内的电气设备，应符合周围环境内化学的、机械的、热的、霉菌以及风沙等不同环境条件对电气设备的要求。电气设备结构应满足电气设备在规定的运行条件下不降低防爆性能的要求。

还应熟悉防爆规范表 2.5.3-1～表 2.5.3-5。

6. 爆炸性粉尘环境危险区域划分、危险区域的范围及电气装置选型的要求是什么？

答：(1) 爆炸性粉尘环境危险区域划分：

爆炸性粉尘环境应根据爆炸性粉尘混合物出现的频繁程度和持续时间，按下列规定进行分区。

① 10 区：连续出现或长期出现爆炸性粉尘的环境。

② 11 区：有时会将积留下的粉尘扬起而偶然出现爆炸性粉尘混合物的环境。

爆炸危险区域的划分应按爆炸性粉尘的量、爆炸极限和通风条件确定。

(2) 危险区域的范围：

① 爆炸性粉尘环境的范围，应根据爆炸性粉尘的量、释放率、浓度和物理特性，以及同类企业相似厂房的实践经验等确定。

② 爆炸性粉尘环境在建筑物内部，宜以厂房为单位确定范围。

(3) 电气装置选型的要求：

除可燃性非导电粉尘和可燃纤维的 11 区环境采用防尘结构（标志为 DP）的粉尘防爆电气设备外，爆炸性粉尘环境 10 区及其他爆炸性粉尘环境 11 区均采用尘密结构（标志为 DT）的粉尘防爆电气设备，并按照粉尘的不同引燃温度选择不同引燃温度组别的电气设备。

7. 火灾危险环境危险区域划分、电气装置选型的要求是什么？

答：(1) 火灾危险区域划分：

火灾危险环境应根据火灾事故发生的可能性和后果，以及危险程度及物质状态的不同，按下列规定进行分区。

① 21 区：具有闪点高于环境温度的可燃液体，在数量和配置上能引起火灾危险的环境。

② 22 区：具有悬浮状、堆积状的可燃粉尘或可燃纤维，虽不可能形成爆炸混合物，但在数量和配置上能引起火灾危险的环境。

③ 23 区：具有固体状可燃物质、可燃纤维，在数量和配置上能引起火灾危险的环境。

(2) 电气装置选型的要求：

① 火灾危险环境的电气设备和线路，应符合周围环境内化学的、机械的、热的、霉菌以及风沙等环境条件对电气设备的要求。

② 在火灾危险环境内，正常运行时有火花的和外壳表面温度较高的电气设备，应远离可燃物质。

③ 在火灾危险环境内，不宜使用电热器。当生产要求必须使用电热器时，应将其安装在非燃材料的底板上。

④ 在火灾危险环境内，应根据区域等级和使用条件，选择相应类型的电气设备。

8. 建筑物防雷、防静电基本要求包括哪些内容？

答：(1) 首先确定建筑物的使用性质、重要性、发生雷电事故的可能性和后果，按防雷要求分为三类。各类防雷建筑物应采取防直击雷和防雷电波侵入的措施。有爆炸危险环境的建筑物尚应采取防雷电感应的措施。装有防雷装置的建筑物，在防雷装置与其他设施和建筑物内人员无法隔离的情况下，应采取等电位连接。

应熟悉各级防雷的适用范围和基本防雷措施，见国家防雷规范。

(2) 防静电的基本要求：

爆炸和火灾危险环境中的各类机组、电力装置、输送爆炸和火灾危险物质的金属管道等应作防静电接地。

接地措施：在需要设置防静电接地的场所设专用的接地干线，并将需要作防静电的设备用专用的接地线与接地干线连接。接地干线应有两点与接地装置直接连接，专用防静电接地装置的接地电阻应小于 100Ω，采用联合接地时，应按最小接地电阻确定。

9. 火灾事故照明的设置场所有哪些？

答：(1) 楼梯间、防烟楼梯间前室、消防电梯间及其前室、合用前室和避难层。

(2) 配电室、消防控制室、消防水泵房、防烟排烟机房、自备发电机房、供消防用电的蓄电池室、电话、总机房以及发生火灾时仍需坚持工作的其他房间。

(3) 观众厅、展览厅、多功能厅、餐厅和商业厅等人员密集的场所。

第四部分 火灾自动报警系统设计和施工要求

1. 火灾自动报警系统的设置场所有哪些？

答：火灾自动报警系统的设置场所有：

（1）建筑高度超过100m的高层建筑，除面积小于$5.00m^2$的厕所、卫生间外，均应设火灾自动报警系统。

（2）除普通住宅外，建筑高度不超过100m的一类高层建筑的下列部位应设置火灾自动报警系统：

① 医院病房楼的病房、贵重医疗设备室、病历档案室、药品库。
② 高级旅馆的客房和公共活动用房。
③ 商业楼、商住楼的营业厅，展览楼的展览厅。
④ 电信楼、邮政楼的重要机房和重要房间。
⑤ 财贸金融楼的办公室、营业厅、票证库。
⑥ 广播电视楼的演播室、播音室、录音室、节目播出技术用房、道具布景。
⑦ 电力调度楼、防灾指挥调度楼的微波机房、计算机房、控制机房、动力机房。
⑧ 图书馆的阅览室、办公室、书库。
⑨ 办公楼的办公室、会议室、档案室。
⑩ 走道、门厅、可燃物品库房、空调机房、配电室、自备发电机房。
⑪ 净高超过2.60m且可燃物较多的技术夹层。
⑫ 贵重设备间和火灾危险性较大的房间。
⑬ 经常有人停留或可燃物较多的地下室。
⑭ 电子计算机房的主机室、控制室、纸库、磁带库。

（3）二类高层建筑的下列部位应设火灾自动报警系统：

① 财贸金融楼的办公室、营业厅、票证库。
② 电子计算机房的主机室、控制室、纸库、磁带库。
③ 面积大于$50m^2$的可燃品库房。
④ 面积大于$500m^2$的营业厅。
⑤ 经常有人停留或可燃物较多的地下室。
⑥ 性质重要或有贵重物品的房间。

（4）低层建筑的下列部位应设火灾自动报警装置：

① 大中型电子计算机房，特殊贵重的机器、仪表、仪器设备室、贵重物品库房，每座占地面积超过$1000m^2$的棉、毛、丝、麻、化纤及其织物库房，设有卤代烷、二氧化碳等固定灭火装置的其他房间，广播、电信楼的重要机房，火灾危险性大的重要实验室。
② 图书、文物珍藏库，每座藏书超过100万册的书库，重要的档案、资料库，占地面积超过$500m^2$或总建筑面积超过$1000m^2$的卷烟库房。
③ 超过3000个座位的体育馆观众厅，有可燃物的吊顶内及其电信设备室，每层面积超过$3000m^2$的百货楼、展览楼和高级旅馆等。

2. 火灾探测器的种类有哪些？各类探测器有哪些特点？

答：
种类：

火灾探测器
- 感烟探测器
  - 离子式感烟探测器
  - 光电式感烟探测器
  - 红外光束感烟探测器
- 感温探测器
  - 定温探测器
  - 差温探测器
  - 差定温复合式探测器
- 火焰探测器
  - 紫外火焰探测器
  - 红外火焰探测器

特点：

离子式感烟探测器——无论是对低温燃烧阶段的大颗粒烟雾，还是对开放性火灾时的小颗粒烟雾，都有恒定的灵敏度，因此有较宽的响应范围，对火灾的烟雾进行及早识别，其使用范围也最普及、最广泛。

光电式感烟探测器——它的优点在于对燃烧过程中产生烟雾的火灾反应非常快，适用于火势蔓延前产生可见烟雾、火灾危险性大的场所。敏感元件的寿命较离子式感烟探测器短。

红外光束感烟探测器——红外线光束传播具有直线性，其保护范围为一具有一定水平展开角和垂直展开角的空间，适用于对红外线光束无遮挡空间的大型库房。

感温探测器——在火灾产生一定温度时报警，但火灾已引起物质上的损失。感温探测器工作比较稳定，不受非火灾性烟尘雾气等干扰，适用正常情况下有烟雾、粉尘等的场所。凡不宜采用感烟探测器的场所，并允许产生一定损失、非爆炸性的场所，均可采用感温探测器。

定温探测器——对超过所调定的温度界限的环境进行报警，适用于常温和环境温度梯度较大、变化区间较小的场所，允许正常情况下温度有较大变化而工作比较稳定，但火灾引起的损失较大。

差温探测器——以环境温度升高速率为其动作报警参数，适用于常温和环境温度梯度较小、变化区间较大的场所。

差定温复合式探测器——具有感温探测器的所有优点而又比其可靠。

火焰探测器——主要是用来感应扩散火焰燃烧所产生的光辐射能量，感应火焰所发生的光照强度和火焰的闪烁频率。它主要用于预先没有烟雾产生而立即形成开放性火焰的火灾探测，它比感温探测器能更早地报警。紫外火焰探测器须安装在距被监视对象较近的地方，红外火焰探测器可以距光源较远，通常用于易燃液体的仓库。

3. 火灾自动报警系统有哪几类？其各自组成如何？

答：火灾自动报警系统的类型有以下三种基本形式：

(1) 区域报警系统

由火灾探测器、手动报警按钮、区域火灾报警控制器（不超过两台）、火灾警报装置及电源组成。

(2) 集中报警系统

由火灾探测器、手动报警按钮、区域火灾报警控制器（两台以上）、集中火灾报警控制器、火灾警报装置及电源组成。

(3) 控制中心报警系统

由火灾探测器、手动报警按钮、区域火灾报警控制器、集中火灾报警控制器(至少一台)、消防控制设备、火灾警报装置、消防通讯、火灾事故照明、火灾事故广播、联动控制装置、固定灭火系统控制装置及电源组成。

4. 火灾事故广播的设置场所有哪些？

答：控制中心报警系统应设火灾事故广播，集中报警系统宜设火灾事故广播。

扬声器应设置在走道和大厅等人员密集的公共场所，其数量应能保证从本层任何部位到最近一个扬声器的步行距离不超过25m。

5. 什么是报警区域和探测区域？

(1) 报警区域：将火灾自动报警系统警戒的范围按防火分区或楼层划分的单元。

(2) 探测区域：将报警区域按部位划分的单元。

6. 报警区域和探测区域如何划分？

答：(1) 报警区域：报警区域应按防火分区或楼层划分，一个报警区域宜由一个防火分区或同层的几个防火分区组成。

(2) 探测区域：

① 一般情况下：探测区域应按独立房(套)间划分。一个探测区域的面积不宜超过500m²。从主要出入口能看清其内部，且面积不超过1000m²的房间，也可划为一个探测区域。

② 符合下列条件之一的非重点保护建筑可将数个房间划为一个探测区域：

a. 相邻房间不超过五个，总建筑面积不超过400m²，并在每个门口设有灯光显示装置；

b. 相邻房间不超过十个，总建筑面积不超过1000m²，在每个房间门口均能看清其内部，并在门口设有灯光显示装置。

③ 下列场所应分别单独划分探测区域：

a. 敞开或封闭楼梯间；

b. 防烟楼梯间前室、消防电梯前室、消防电梯与防烟楼梯间合用的前室；

c. 走道、坡道、管道井和电缆隧道；

d. 建筑物闷顶、夹层。

7. 区域报警系统设计有哪些要求？

答：区域报警系统的设计应符合下列要求：

(1) 一个报警区域宜设置一台区域报警控制器，系统中区域报警控制器不应超过三台；

(2) 当用一台区域报警控制器警戒数个楼层时，应在每个楼梯口明显部位装设识别楼层的灯光显示装置；

(3) 区域报警控制器安装在墙上时其底边距地面的高度不应小于1.5m，靠近其门轴的侧面距墙不应小于0.5m，正面操作距离不应小于1.2m；

(4) 区域报警控制器宜设在有人值班的房间或场所。

8. 集中报警系统的设计有什么要求？

答：集中报警系统的设计应符合下列要求：

(1) 系统中收设有一台集中报警控制器和两台以上区域报警控制器；

(2) 集中报警控制器需从后面检修时，其后面板距墙不应小于 1.0m；当其中一侧靠墙安装时，另一侧距墙不应小于 1m；

(3) 集中报警控制器的正面操作距离：当设备单列布置时不应小于 1.5m，双列布置时不应小于 2m；在值班人员经常工作的一面，控制盘距墙不应小于 3m；

(4) 集中报警控制器应设置在有人值班的专用房间或消防值班室内；

(5) 区域报警控制器的设置应符合《火灾自动报警系统设计规范》第 3.2.2 条有关要求。

9. 控制中心报警系统的设计有哪些要求？

答：控制中心报警系统设计有下列要求：

(1) 系统中应至少设置一台集中报警控制器和必要的消防控制设备。

(2) 设在消防控制室以外的集中报警控制器，均应将火灾报警信号和消防联动控制信号送消防控制室。

(3) 集中及区域报警控制器的设置。应符合以下要求：

① 一个报警区域宜设置一台区域报警控制器。

② 当用一台区域报警控制器警戒数个楼层时，应在每层楼梯口明显部位装设识别楼层的灯光显示器。

③ 区域报警器安装在墙上时，其底边距地面的高度不应小于 1.5m，靠近其门轴的侧面距墙不应小于 0.5m，操作正面不应小于 1.2m。

④ 区域报警控制器设在有人值班的房间或场所。

⑤ 集中报警控制器从后面检修时，其后面板距墙不小于 1m，当一侧靠墙安装时，另一侧不应小于 1m。

⑥ 集中控制器正面操作距离，当设备单列布置时，不应小于 1.5m，双列布置时不应小于 2m，控制盘排列长度大于 4m 时，两端设不小于 1m 的通道。在值班人员经常工作的一面，控制盘距墙不应小于 3m。

⑦ 集中报警控制器应设置在有人值班的专用房间或消防值班室内。

10. 什么是火灾探测器布置间距、保护面积和保护半径？

答：布置间距：两个相邻火灾探测器中心之间的水平距离。

保护面积：一只火灾探测器能有效探测的地面面积。

保护半径：一只火灾探测器能有效探测的单向最大水平距离。

注：应了解与探测器布置，保护半径和保护面积有关的问题，如：地面面积、高度、屋顶坡度、梁等。

11. 选择探测器类型的基本原则是什么？

答：(1) 火灾初期有阴燃阶段，产生大量的烟和少量的热，很少或没有火焰辐射的应选用感烟探测器。

(2) 火灾发展迅速，产生大量的热、烟和火焰辐射的可选用火焰探测器。

(3) 火灾发展迅速，有强烈的火焰辐射和少量的烟、热的应选用火焰探测器。

(4) 火焰形成特点不可预料，可进行模拟试验，根据试验结果选择探测器。

12. 手动火灾报警按钮的布置有什么要求？

答：(1) 报警区域内每个防火分区，应至少设置一只手动火灾报警按钮，从一个防火分区内的任一位置到最近的一个手动火灾报警按钮的步行距离不应大于 30m。

(2) 手动火灾报警按钮应设置在明显和便于操作的部位,安装在墙上距地(楼)面高度 1.5m 处,且应有明显的标志。

13. 火灾事故广播设计有什么要求?

答:(1) 控制中心报警系统应设置火灾事故广播,集中报警系统宜设置火灾事故广播;

(2) 火灾事故广播扬声器的设置应符合下列要求:

① 民用建筑内扬声器应设置在走道和大厅等公共场所,其数量应能保证从本层任何部位到最近一个扬声器的步行距离不超过 25m,每个扬声器的功率不应小于 3W;

② 工业建筑内设置的扬声器,在其播放范围内最远点的播放声压级应高于背景噪声。

(3) 火灾事故广播与广播音响系统使用时应符合下列要求:

① 火灾时应能在消防控制室将火灾疏散层的扬声器和广播音响扩音机强制转入火灾事故广播状态;

② 床头控制柜内设置的扬声器应有火灾事故广播功能;

③ 消防控制室应能显示火灾事故广播扩音机的工作状态,并能用话筒播音。

(4) 火灾事故广播备用扩音机其容量不应小于火灾事故广播扬声器容量较大的三层扬声器容量的总和。

14. 消防控制室的设计有什么要求?

答:(1) 消防控制室的设置应符合国家现行的有关建筑设计防火规范的规定。

(2) 设有火灾自动报警装置和自动灭火装置的建筑,宜设消防控制室。独立设置的消防控制室,其耐火等级不应低于二级。附设在建筑物内的消防控制室,宜设在建筑物内的底层或地下一层,应采用耐火极限分别不低于 3h 的隔墙和 2h 的楼板,并与其他部位隔开和设置直通室外的安全出口。

(3) 消防控制室的门应向疏散方向开启,并应在入口处设置明显的标志。

(4) 消防控制室内应有显示被保护建筑的重点部位、疏散通道及消防设备所在位置的平面图或模拟图等。

(5) 消防控制室的送、回风管在其穿墙处应设有防火阀。

(6) 消防控制室内严禁与其无关的电气线路及管路穿过。

15. 消防控制设备由什么组成?

答:消防控制设备根据需要可由下列部分或全部控制装置组成:

(1) 集中报警控制器;

(2) 室内消火栓系统的控制装置;

(3) 自动喷水灭火系统的控制装置;

(4) 泡沫、干粉灭火系统的控制装置;

(5) 卤代烷、二氧化碳等管网灭火系统的控制装置;

(6) 电动防火门、防火卷帘的控制装置;

(7) 通风空调、防排烟设备及电动防火阀的控制装置;

(8) 电梯控制装置;

(9) 火灾事故广播设备控制装置;

(10) 消防通讯设备等。
16. 消防控制设备应具备哪些控制和显示功能？
答：(1) 消防控制设备对室内消火栓系统应有下列控制、显示功能：
① 控制消防水泵的启、停；
② 显示启泵按钮启动的位置；
③ 显示消防水泵的工作、故障状态。
(2) 消防控制设备对自动喷水灭火系统应有下列控制、显示功能：
① 控制系统的启、停；
② 显示报警阀、闸阀及水流指示器的工作状态；
③ 显示消防水泵的工作、故障状态。
(3) 消防控制设备对泡沫、干粉灭火系统应有下列控制、显示功能：
① 控制系统的启、停；
② 显示系统的工作状态。
(4) 消防设备对有管网的卤代烷、二氧化碳等灭火系统应有下列控制、显示功能：
① 控制系统的紧急启动和切断装置；
② 由火灾探测器联动的控制设备应具有 30s 可调的延时装置；
③ 显示系统的手动、自动工作状态；
④ 在报警、喷射各阶段，控制室应有相应的声、光报警信号，并能手动切除声响信号；
⑤ 在延时阶段，应能自动关闭防火门、窗，停止通风、空气调节系统。
(5) 火灾报警后，消防控制设备对联动控制对象应有下列功能：
① 停止有关部位的风机，关闭防火阀，并接收其反馈信号；
② 启动有关部位的防烟、排烟风机（包括正压送风机），排烟阀，并接收其反馈信号。
(6) 火灾确认后，消防控制设备对联动控制对象应有下列功能：
① 关闭有关部位的防火门、防火卷帘，并接收其反馈信号；
② 发出控制信号，强制电梯全部停于首层，并接收其反馈信号；
③ 接通火灾事故照明灯和疏散指示灯；
④ 切断有关部位的非消防电源。
(7) 火灾确认后，消防控制设备应按疏散顺序接通火灾报警装置和火灾事故广播，警报装置的控制程序应符合下列要求：
① 二层及二层以上楼层发生火灾，宜先接通着火层及其相邻的上、下层；
② 首层发生火灾，宜先接通本层、二层及地下各层；
③ 地下室发生火灾，宜先接通地下各层及首层。
(8) 消防控制室的消防通讯设备应符合下列要求：
① 消防控制室与值班室、消防水泵房、配电室、通风空调机房、电梯机房、区域报警控制器及卤代烷等管网灭火系统应急操作装置处应设置固定的对讲电话；
② 手动报警按钮处宜设置对讲电话插孔；
③ 消防控制室内应设置向当地公安消防部门直接报警的外线电话。
17. 火灾报警系统的供电有什么要求？
答：火灾自动报警系统应设有主电源及直流备用电源，火灾自动报警系统的主电源应采用消防电源，直流备用电源宜采用火灾自动报警控制器的专用电源。当直流备用电源采用消防系统集中设置的蓄电池时，火灾自动报警控制器应采用单独的供电回路，并能保证在消防系统处于最大负荷状态下不影响报警控制器的正常工作。

18. 消防控制设备工作接地有什么要求？

答：(1) 消防控制设备工作接地电阻值应小于 4Ω；

(2) 采用联合接地时，接地电阻应小于 1Ω；

(3) 当采用联合接地时，应采用专用接地干线由消防控制室引至接地体。专用接地干线应采用铜芯绝缘导线或电缆，其线芯截面积不应小于 $16mm^2$；

(4) 由消防控制室接地板引至各消防设备的接地线，应采用铜芯绝缘软线，其线芯截面积不应小于 $4mm^2$。

19. 报警传输线路导线截面有什么要求？

答：火灾自动报警系统传输线路应采用铜芯绝缘导线，其线芯截面选择除满足报警装置技术条件的要求外尚应满足机械强度的要求，其截面选择如下：

(1) 穿管敷设的绝缘电线线芯截面 $1.0mm^2$；

(2) 线槽内敷设绝缘电线线芯截面 $0.75mm^2$，多芯电缆线芯截面 $0.5mm^2$。

20. 报警传输线路的室内布线有什么要求？

答：(1) 火灾自动报警系统传输线路采用绝缘导线时，应采取穿金属管、硬质塑料、半硬质塑料管或封闭线槽保护方式布线；

(2) 报警线路应采用穿金属管保护，并宜暗敷在非燃烧体结构内，其保护层厚度不应小于 3cm；当必须明敷时，应在金属管上采取防火保护措施；

(3) 不同系统、不同电压、不同电流类别的线路，不应穿于同一根管内或线槽的同一槽孔内。

(4) 横向敷设的报警系统传输线路如采用穿管布线时，不同防火分区的线路不宜穿入同一管内。

(5) 弱电线路的电缆竖井宜与强电线路的电缆竖井分别设置，如受条件限制必须合用时，弱电与强电线路应分别布置在竖井两侧。

(6) 火灾探测器的传输线路宜选择不同颜色的绝缘导线，同一工程相同线路的绝缘导线颜色应一致，接线端子应有标号；

(7) 穿管导线或电缆的总截面积不应超过管内截面积的 40%；

(8) 敷设于封闭式线槽内的绝缘导线或电缆的总截面积不应大于线槽净截面积的 50%；

(9) 布线使用的非金属管材、线槽及其附件应采用不燃烧或非延燃性材料制成。

21. 火灾自动报警系统有什么检测方法？

答：(1) 消防设备电源：其电源的自动切换装置，应进行二次切换实验，每次实验均应正常。

(2) 火灾报警控制器：

① 实际安装数量在 5 台以下者，全部抽验。

② 实际安装数量在 5~10 台者，抽验 5 台。

③ 实际安装数量超过 10 台者，按实际安装数量 3%~5% 的比例，但不少于 5 台抽

验。抽验时每个功能应重复1～2次数值。

被抽验控制器的基本功能应符合现行国家标准《火灾报警控制器通用技术条件》中的功能要求。

(3) 火灾探测器(包括手动报警按钮)：应按下列要求进行模拟火灾响应试验和故障报警抽验：

① 实际安装数量在100只以下者，抽验10只。

② 实际安装数量超过100只，按实际安装数量5%～10%的比例，但抽验不少于10只。

被抽验探测器的试验均应正常。

(4) 室内消火栓：其功能验收应在出水压力符合现行国家有关规范的条件下进行并应符合下列要求：

① 工作泵、备用泵转换运行1～3次；

② 消防控制室内操作启、停泵1～3次；

③ 消火栓处操作启泵按钮按5%～10%的比例抽验。

以上控制功能应正常，信号应正确。

(5) 自动喷水灭火系统：其抽验应在符合现行国家标准《自动喷水灭火系统设计规范》的条件下，抽验下列功能：

① 工作泵与备用泵转换运行1～3次；

② 消防控制室内操作启、停泵1～3次；

③ 水流指示器、闸阀关闭器及电动阀等，按实际安装数量1%～3%的比例进行末端放水试验。

上述控制功能、信号均应正常。

(6) 卤代烷、泡沫、二氧化碳、干粉等灭火系统：其抽验应在符合现行国家各有关系统设计规范的条件下，按实际安装数量2%～3%抽验下列功能：

① 人工启动和紧急切断试验1～3次。

② 与固定灭火设备联动控制的其他设备(包括关闭防火门窗、停止空调风机、关闭防火阀、落下防火幕等)试验1～3次。

③ 抽一个防火区进行喷放试验(卤代烷系统应采用氮气等介质代替)。

上述试验控制功能、信号均应正常。

(7) 电动防火门、防火卷帘：按实际安装数量的10%～20%抽验联动控制功能，其控制功能、信号均应正常。

(8) 通风空调和防排烟设备(包括风机和阀门)：按实际安装数量的10%～20%抽验联动控制功能，其控制功能、信号均应正常。

(9) 消防电梯：应进行1～2次人工控制和自动控制功能检验，其控制功能、信号均应正常。

(10) 火灾事故广播设备：按实际安装数量10%～20%抽验下列功能：

① 在消防控制室选层广播。

② 共用的扬声器强行切换试验。

③ 备用扩音机控制功能试验。

上述控制功能应正常，语音应清楚。

（11）消防通讯设备：应符合下列要求：

① 消防控制室与设备间所设的对讲电话进行 1～3 次通话试验。

② 电话插孔按实际安装数量的 5%～10% 进行通话试验。

③ 消防控制室的外线电话与"119 台"进行 1～3 次通话试验。

上述功能应正常，语音应清楚。

（12）以上各项功能检验中，当有不合格者时，应限期修复或更换并进行复验。复验时，对有抽验比例要求的，应进行加倍试验。

22. 调试火灾报警控制器应该进行哪些功能检验？

答：火灾自动报警系统通电后，应按现行国家标准《火灾报警控制器通用技术条件》中的有关要求对报警控制器进行下列功能检查：

(1) 火灾报警自检功能；

(2) 消声、复位功能；

(3) 故障报警功能；

(4) 火灾优先功能；

(5) 报警记忆功能；

(6) 电源自动转换和备用电源的自动充电功能；

(7) 备用电源的欠压和过压报警功能。

23. 点型火灾探测器安装位置有什么要求？

答：(1) 探测器至墙壁、梁边的水平距离，不应小于 0.5m。

(2) 探测器周围 0.5m 内，不应有遮挡物。

(3) 探测器至空调送风口边的水平距离，不应小于 1.5m，至多孔送风顶棚孔口的水平距离，不应小于 0.5m。

(4) 在宽度小于 1.5m 的内走道顶棚上设置探测器时，宜居中布置，感温探测器的安装间距，不应超过 10m，感烟探测器的安装间距，不应超过 15m，探测器至端墙的距离，不应大于探测器安装间距的一半。

(5) 探测器宜水平安装，当必须倾斜安装时，倾斜角不应大于 45°。

24. 火灾自动报警系统投入运行前应具备哪些条件？

答：(1) 火灾自动报警系统的使用单位应有经过专门培训，并经过考试合格的专人负责系统的管理操作和维护。

(2) 火灾自动报警系统正式使用时，应具有下列文件资料：

① 系统竣工图及设备的技术资料；

② 操作规程；

③ 值班员职责；

④ 值班记录和使用图表。

第五部分　实　训　项　目

【训练 1】认识训练（教师自己找一套消防图）

(1) 目的：增强感性认识，形成宏观印象；
(2) 到消防工程现场或结合图纸，通过观察或识读获得下列信息：本工程属于几类防火；本工程有几个系统；本工程的防火分区和防烟分区各有几个。

【训练 2】报警设备的认识和接线。
(1) 目的：认识报警设备，学会接线；
(2) 能力及标准要求：培养独立操作能力，能区别不同设备，并根据要求自行设计训练过程；
(3) 准备：在实训室找出不同的探测器、模块及有关设备；
(4) 步骤：认识设备，比较它们的不同点；编写训练程序；对探测器、手动报警开关及模块等进行接线；写出实训报告。
(5) 注意事项：找准设备端子，不得损坏设备；
(6) 讨论：感烟探测器、感温探测器比较它们的不同点；手动报警开关及消火栓报警开关的区别；不同模块的接线特点。

【训练 3】
火灾自动报警实训要求：
(1) 学会使用手持编码器编码；
(2) 自己编写实训程序并写出实训报告。
训练 3 火灾自动报警系统设计要求：
(1) 以本学院的某一建筑为题材，并假定为一类建筑，设计火灾自动报警系统；
(2) 算出探测器等设备的数量并进行布置；
(3) 选择手动报警开关、报警器及模块等并进行布置；
(4) 绘制平面图及系统图。

【训练 4】
1. 熟悉灭火设备的外形、作用及使用。
2. 消火栓灭火系统实训。要求：自行设计实训程序，然后写出实训报告。
3. 自动喷洒水灭火系统实训。要求：自行设计实训程序，然后写出实训报告。
4. 气体灭火系统模拟实训。要求：自行设计实训程序，然后写出实训报告。
5. 气溶胶灭火系统模拟实训。要求：自行设计实训程序，然后写出实训报告。

【训练 5】防排烟系统实训的要求：
(1) 熟悉防排烟设施；
(2) 进行防火卷帘二步降试验；
(3) 对排烟口及风机进行试验；
(4) 编出实训程序，实训后，写出实训报告。

【训练 6】广播通信、疏散及消防电梯的实训要求：
(1) 分层广播、对讲；
(2) 疏散指示及火灾照明；
(3) 消防电梯的强降；
(4) 记录实训情况并写出实训报告。

【训练 7】

1. 对一个探测器、手报或消报的安装进行实地考察，必要时可进行拆装，同时写出实训报告；

2. 对一个联动模块的安装进行实地考察，必要时可进行拆装，同时写出实训报告；

3. 消防中心设备的安装实训要求：

（1）目的：能施工，会操作；

（2）设备：自行设计并选取；

（3）写出训练步骤；

（4）模拟安装；

（5）做好消防中心接地的考虑；应满足布线的要求；

（6）写出训练报告。

【训练 8】消防设备安装实训要求：

1. 对一个已竣工的消防控制室进行实地考察，同时写出实训报告；

2. 对一个消防报警主机进行实地考察，并对其相关功能进行了解；

3. 进行一个相关的简单操作，同时写出实训报告；

4. 了解报警控制器的一般调试过程，同时熟悉一般联动编程关系；

5. 了解消防工程的一般验收步骤；

6. 了解探测器及报警控制器的使用及其注意事项。

【训练 9】

1. 某 25 层住宅，建筑面积为 5.8 万 m^2，给出图纸四张，已知条件在图中示出，请作出火灾自动报警系统设计。（教师自找合适图纸进行）

2. 某综合楼消防设计。

【训练 10】预算练习，以第二章中的消防工程为例，做出工程预算。

【训练 11】清单计价练习，采用清单计价法计算第二章中的消防工程。

【训练 12】系统竣工验收方案的编制：

1. 验收程序；

2. 验收报告。

第六部分　资质考试模拟训练

一、填空

1. 消防系统有_____种类型，分别称为_____。

2. 火灾自动报警系统由_____组成。

3. 报警区域应按_____划分，一个报警区域由_____组成。

4. 从主要出入口可看清其内部，其探测区域的面积不超过_____。

5. 在电梯井、升降机井布置探测器时，其位置宜在_____。

6. 楼梯或斜坡道至少垂直距离每_____。

7. 房间被书架、设备等阻断分隔，其顶部至顶棚或梁的距离_____，则每个被隔开的部分至少_____探测器。

8. 当梁高超过 600mm 时，_____。
9. 疏散通道上的防火门应能在火灾时_____。
10. 接地线上不应连接_____。
11. 导线引入线管后要塞住，_____。
12. 端子板的每个接线柱，接线不得超过_____。
13. 我国消防工作执行的方针是_____。
14. 层高在_____、建筑高度在_____的称高层建筑。
15. 消防系统由_____组成。
16. 一个探测区域的面积不宜超过_____。
17. 在空调机房内，探测器应安装在离送风口_____以上的地方，离多孔送风顶棚孔口距离不应_____。
18. 探测器宜水平安装，如果倾斜安装时角度不应_____，如果_____应加平台。
19. 每个防烟分区的建筑面积_____，且防烟分区不应跨越_____。
20. 根据防火类别，保护对象分为_____，分别每级应设置的系统为_____。
21. 控制器的供电电源应采用_____，并有_____标记。
22. 探测器_____不允许有遮挡物。
23. 建筑物一般应设_____的安全出口。
24. 安全疏散路线分为四个阶段，第一阶段为_____；第二阶段为_____；第三阶段为_____；第四阶段为_____。
25. 一个探测区域的面积不宜超过_____。

二、多选
1. 下列场所应单独划分探测区域_____。
   A. 敞开、封闭楼梯间； B. 防烟楼梯前室；
   C. 配电室前室； D. 内走道。
2. 耐火等级分为_____。
   A. 一级； B. 两级；
   C. 三级； D. 一、二级。
3. 火灾确定后，消防控制设备对联动控制对象应有功能为_____。
   A. 切断有关部门的非消防电源； B. 关闭有关部位的排烟口；
   C. 接通火灾事故照明灯； D. 发出电梯强降首层信号。
4. 消防控制室的消防通讯设备应符合_____。
   A. 消防控制室与值班室设对讲电话；
   B. 消防控制室与经理室设对讲电话；
   C. 消防控制室与配电室设对讲电话；
   D. 消防控制室与区域报警控制处设对讲电话
5. 火灾自动报警系统的线路采用铜芯绝缘导线时应满足_____。
   A. 额定电压小于 50V 时，导线的电压等级不应低于交流 380V；

B. 额定电压小于 50V 时，导线的电压等级不应低于交流 250V；
C. 额定电压大于 50V 时，导线的电压等级不应低于交流 500V；
D. 额定电压大于 50V 时，导线的电压等级不应低于交流 220V。

6. 下列场所应单独划分探测区域_____。
   A. 变压器室前室；   B. 管道井；
   C. 消防电梯前室；   D. 建筑物夹层。

7. 耐火等级按_____划分。
   A. 建筑构件；   B. 建筑构件的燃烧性能；
   C. 建筑构件的耐火极限；   D. 建筑构件的燃烧性能和耐火极限。

8. 火灾确认后，消防控制设备对联动控制对象应有功能为_____
   A. 接通疏散指示灯；   B. 关闭有关部位的防火门；
   C. 关闭所有排烟风机；   D. 下降有关部位的防火卷帘。

9. 消防控制室的消防通讯设备应符合_____。
   A. 消防控制室与消防泵房设对讲电话；
   B. 消防控制室与通风空调机房设对讲电话；
   C. 消防控制室与厂长室设对讲电话；
   D. 手动报警按钮处宜设对讲电话插孔。

10. 火灾确认后，消防控制设备对联动控制对象应有功能为_____。
    A. 关闭有关部位的排烟口；   B. 接通疏散火灾事故照明灯；
    C. 发出电梯强降首层信号；   D. 切断有关部位的非消防电源

三、单选题

1. 属于二类防火的是_____。
   A. 建筑高度为 48m 的科研楼；
   B. 建筑高度为 100m 的普通住宅；
   C. 省级邮政楼。

2. 管路长度超过 20m 时，有_____应加一个接线盒。
   A. 一个弯；   B. 两个弯；   C. 三个弯。

3. 某 50m 的建筑，房高为 2.8m，室内有两道梁高分别为 0.62m 和 0.2m，应划为_____探测区域。
   A. 一个；   B. 两个；   C. 三个。

4. 二类建筑每个防火分区的建筑面积为_____。
   A. 2000m²；   B. 1500m²；   C. 1000m²。

5. 属于特级保护对象宜采用_____。
   A. 控制中心报警系统；
   B. 集中报警系统；
   C. 区域报警系统。

6. _____个探测器报警防火门关闭。
   A. 一个；   B. 两个；   C. 三个。

7. 某 18 层建筑，地下有五层，如地下三层着火，应先接通_____的火灾事故广播。

A. 一、二、三层； B. 二、三、四层； C. 地下室、三层

8. 火灾自动报警系统每回路对地绝缘电阻值应大于_____。
A. 30MΩ； B. 20MΩ； C. 10MΩ。

9. 探测器安装位置的正下方及周围_____内不应有遮挡物。
A. 1.5m； B. 1.0m； C. 0.5m。

10. 探测器至送风口边的水平距离应不小于_____。
A. 0.5m； B. 1.0m； C. 1.5m。

11. 管路超过30m时，有_____应加一个接线盒。
A. 一个弯； B. 两个弯； C. 三个弯。

12. 某30m² 的建筑，房高为3.6m，室内有两道梁高分别为0.68m和0.18m，应划为_____探测区域。
A. 一个； B. 两个； C. 三个。

13. 属于一类防火的是_____。
A. 建筑高度为58m的实验楼；
B. 建筑高度为30m的普通住宅；
C. 省级通讯楼。

14. 属于一级保护对象宜采用_____。
A. 控制中心报警系统；
B. 集中报警系统；
C. 区域报警系统。

15. 某30层建筑，如2层楼发生火灾，应先接通_____火灾事故广播。
A. 2、3、4层； B. 1、2、3层； C. 4、5、6层。

16. 属于一类防火的是_____。
A. 17层的普通住宅；
B. 高级住宅；
C. 49m的教学楼。

17. 某40m² 的建筑，房高为4m，屋内有两书架，一个高为3.9m，一个高为2m，应划为_____探测区域。
A. 三个； B. 两个； C. 一个。

18. 一类建筑每个防火分区的建筑面积为_____。
A. 1000m²； B. 1500m²； C. 500m²。

19. 每个防烟分区的建筑面积不宜超过_____。
A. 500m²； B. 600m²； C. 1000m²。

20. _____探测器报警，防火卷帘一步降。
A. 感光； B. 感温； C. 感烟。

21. 某20层建筑，如5层楼发生火灾，应先接通_____火灾报警装置。
A. 首层及全地下室；
B. 5层以上；
C. 4、5、6层。

22. 探测器至墙（梁）边的水平距离不应小于_____。
A. 0.5m；　　　　B. 安装间距的一半；　C. 1m。

四、计算

1. 某阶梯教室，房间高度为 3.5m，地面面积为 30m×32m，房顶坡度 $Q=11°$，属于特级保护建筑，试：(1)选类型；(2)确定探测器的数量；(3)布置。(感烟探测器 $A=80m^2$，$R=6.7m$；感温探测器 $A=20m^2$，$R=3.6m$)

2. 某多媒体教室，房高为 3.6m，房间长 25m，宽 15m，房顶坡度位 9°，属于一级保护建筑。试：(1)选择探测器类型；(2)确定探测器的数量；(3)布置(感烟探测器 $A=80m^2$，$R=6.7m$；感温探测器 $A=20m^2$，$R=3.6m$)。

3. 某煤炉房，地面面积为 20m×10m，房间高度 3m，平顶棚，属于二级保护建筑，试：(1)选择探测器类型；(2)确定探测器的数量；(3)布置(感烟探测器 $A=80m^2$，$R=6.7m$；感温探测器 $A=20m^2$，$R=3.6m$)。

五、简答

1. 手动报警按钮安装时有哪些要求？
2. 消防系统设计的内容有哪些？
3. 对消防系统接地有哪些要求？
4. 消防控制器布置在中心时应有什么要求？
5. 防火卷帘是如何下放和停止的？
6. 对消防控制室有哪些要求？
7. 消防控制器布置在中心时应有什么要求？
8. 消防系统如何设计？
9. 安装消火栓时应如何考虑？
10. 火灾报警控制器的安装要求是什么？
11. 消防专用电话设置有哪些规定？
12. 选择探测器的种类应考虑哪几方面？
13. 系统验收须具备哪些条件？

六、技能考核

1. 编写防火卷帘施工方案。
2. 探测器的编码操作 66 号、98 号。
3. 广播扬声器的安装与布线。
4. 火灾报警调试。

主要参考文献

1 孙景芝主编. 楼宇电气控制系统. 北京：中国建筑工业出版社，2002
2 郎禄平编. 建筑自动防灾系统. 西安：西北建筑工程学院，1993
3 蒋永琨主编. 中国消防工程手册. 北京：中国建筑工业出版社，1998
4 孙景芝主编. 电气消防技术. 北京：中国建筑工业出版社，2005
5 陈一才编著. 楼宇安全系统设计手册. 北京：中国计划出版社，1997
6 梁华编著. 建筑弱点工程设计手册. 北京：中国建筑工业出版社，1998
7 姜文源主编. 建筑灭火设计手册. 北京：中国建筑工业出版社，1997
8 王东涛，徐立君，牛宝平，李永等编. 建筑安装工程施工图集. 北京：中国建筑工业出版社，1998
9 中国计划出版社编. 消防技术标准规范汇编. 北京：中国计划出版社，1999
10 集兴国论文. 点型感烟火灾探测器原理及其性能检验. 及线型火灾探测器原理及其工程应用. 消防技术与产品信息增刊，1996
11 中国建筑设计研究所等. 火灾报警及消防控制. 北京：中国建筑标准设计研究所，1998
12 孙景芝，韩永学主编. 电气消防. 北京：中国建筑工业出版社，2000
13 李东明主编. 自动消防系统设计安装手册. 北京：中国计划出版社，1996
14 陆荣华，史湛华编. 建筑电气安装工长手册. 北京：中国建筑工业出版社，1998
15 北京市建筑设计研究院. 建筑电气专业设计技术措施. 北京：中国建筑工业出版社，1998
16 华东建筑设计研究院编著. 智能建筑设计技术. 上海：同济大学出版社，1996
17 郑强么达主编. 智能建筑设计与施工系列图集. 北京：中国建筑工业出版社，2002
18 马克忠. 建筑安装工程预算与施工组织. 重庆大学出版社，1997
19 吴心伦. 安装工程定额与预算. 重庆：重庆大学出版社，1996
20 张文焕. 电气安装工程定额与预算. 北京：中国建筑工业出版社，1999
21 余辉. 城乡电气工程预算员必读. 北京：中国计划出版社，1992
22 徐鹤生，周广连. 消防系统工程. 北京：高等教育出版社，2004
23 林琅. 现代建筑电气技术资质考试复习问答. 北京：中国电力出版社，2002
24 蒋永琨，王世杰主编. 高层建筑防火设计实例. 北京：中国建筑工业出版社，2004
25 黄文艺，刘碧峰. 消防及安全防范设备安装工程预算知识问答. 北京：机械工业出版社，2004
26 海湾消防设施有限公司. 产品样本及论文等. 秦皇岛：内刊

27 沈瑞珠. 楼宇智能化技术. 北京：中国建筑工业出版社，2004 年
28 郑李明，徐鹤生. 安全防范系统工程. 北京：高等教育出版社，2004
29 郑强么达. 智能建筑设计与施工图集（2）. 北京：中国建筑工业出版社，2002
30 薛颂石. 智能建筑设计与施工图集（3）. 北京：中国建筑工业出版社，2002
31 朱立彤，孙兰. 智能建筑设计与施工图集（5）. 北京：中国建筑工业出版社，2003